VDE-Schriftenreihe Normen verständlich **82**

Schutz in elektrischen Anlagen

Band 3:
Schutz gegen gefährliche Körperströme

Prof. Ing. Dr. phil. Gottfried Biegelmeier
Prof. Dipl.-Ing. Gerhard Kiefer
Obering. Dipl.-Ing. Karl-Heinz Krefter

1998

VDE-VERLAG GMBH • Berlin • Offenbach

Die Deutsche Bibliothek – CIP-Einheitsaufnahme

Biegelmeier, Gottfried:
Schutz in elektrischen Anlagen / Gottfried Biegelmeier ; Gerhard Kiefer ;
Karl-Heinz Krefter. - Berlin ; Offenbach : VDE-VERLAG

Bd. 3. Schutz gegen gefährliche Körperströme. - 1998
(VDE-Schriftenreihe Normen verständlich ; 82)
ISBN 3-8007-2050-7

ISSN 0506-6719

Druck: GAM Media GmbH, Berlin 9811

Vorwort

„Unser Lebensnerv ist die voraussetzungslose Forschung, die nicht das findet, was sie nach Zweckerwägungen und Rücksichtnahmen finden soll und finden möchte, sondern was dem gewissenhaften Forscher als das Richtige erscheint, in einem Wort zusammengefaßt: die Wahrhaftigkeit."

Theodor Mommsen an Lujo Brentano, 1901

In Europa sind die Normen über den Schutz von Menschen und Sachwerten vor Gefahren, die durch den elektrischen Strom entstehen können, weitgehend harmonisiert. Das heißt, daß heute nach einheitlichen Regeln Betriebsmittel hergestellt und Anlagen errichtet werden können. So sehr diese Entwicklung zu begrüßen ist, bedeutet sie aber auch, daß sich der Praktiker von einem Teil seiner ihm seit Jahrzehnten vertrauten Begriffe, Daten und Handlungsanweisungen verabschieden und mit den Europäischen Normen vertraut machen muß. Ein solcher Prozeß fällt um so schwerer, je weiter die neuen Regeln inhaltlich und sprachlich von den bekannten Bestimmungen abweichen. Daß sie abweichen müssen, ergibt sich aus der Natur der Sache. Aus unterschiedlichen nationalen Normen sind einheitliche Europäische Normen entstanden, die zwangsweise nicht alle nationalen Besonderheiten berücksichtigen können.

Solche Überlegungen gelten in besonderer Weise für das schwierige Gebiet der Errichtungsbestimmungen. Diese hängen weitgehend von den klimatischen Bedingungen, dem Lebensstandard der Anlagenbenutzer, der üblichen Installationspraxis und der Art des Stromverteilungsnetzes ab.

Vorausssetzungen für die Sicherheit und die Zuverlässigkeit des Einsatzes der elektrischen Energie sind:

- die verantwortungsbewußte Anwendung der betroffenen Normen,
- die auf die jeweilige Schutzphilosophie abgestimmte Auswahl der Schutzmaßnahmen,
- die richtige Auswahl der Betriebsmittel,
- die ordnungsgemäße Errichtung der Anlagen,
- die fachkundige, objektive Prüfung der Betriebsmittel und Anlagen,
- ihre bestimmungsgemäße Anwendung.

Aufgabe dieser Buchreihe ist es, Grundprinzipien des Gefahrenschutzes in elektrischen Anlagen aufzuzeigen und daraus die technischen Anforderungen an die Methoden und die Mittel für diesen Schutz abzuleiten. Dabei dominieren naturgemäß der Schutz des Menschen und der Nutztiere vor gefährlichen Berührungsströmen.

Jedes System für einen derartigen Schutz muß auf drei Fundamenten aufbauen:

- dem Wissen über die Wirkungen elektrischer Ströme auf Menschen und Nutztiere,
- den Erfahrungen, die aus elektrischen Unfällen abgeleitet werden können, und damit auch aus der Unfallstatistik,

- einer Abschätzung der Zuverlässigkeit und des Restrisikos der verwendeten Schutzeinrichtungen unter Berücksichtigung technischer und wirtschaftlicher Möglichkeiten.

Aus diesem Grund werden in der **Buchreihe „Schutz in elektrischen Anlagen"** – herausgegeben in der VDE-Schriftenreihe unter den Nummern 80 bis 84 – in **Band 1 „Gefahren durch den elektrischen Strom"** (erschienen unter der VDE-Schriftenreihen-Nummer 80) die Wirkungen des elektrischen Stroms auf Menschen und Nutztiere behandelt. Die Grundlage dafür bietet der IEC-Bericht 479, der neu bearbeitet worden ist und den neuesten Stand des Wissens auf diesem Fachgebiet darstellt. Darauf folgen Studien über die Statistik elektrischer Unfälle aus internationaler Sicht.
Ebenso wichtig sind klare, in den Normen enthaltene Begriffsbestimmungen, wie z. B. für die Fehlerspannung (Erdungsspannung), prospektive Berührungsspannung und Berührungsspannung, wobei es aufgrund neuester Erkenntnisse der Elektropathologie möglich ist, bei den üblichen Umgebungsbedingungen, also z. B. für Hausinstallationen, gleiche konventionelle Grenzwerte für Menschen und Nutztiere einzuführen, also 65 V für die Fehlerspannung und 50 V für die prospektive Berührungsspannung. Dies führt zu einer Vereinfachung der Errichtung elektrischer Niederspannungsanlagen.
Aus den Ergebnissen von Anlagenüberprüfungen in verschiedenen Ländern können jetzt auch Aussagen über die Zuverlässigkeit und das Restrisiko des derzeitigen Stands der Schutztechnik in Niederspannungsanlagen gemacht werden. All diese Fragen werden in der Buchreihe „Schutz in elektrischen Anlagen" ausführlich behandelt.
In **Band 2 „Erdungen, Berechnung, Ausführung und Messung"** (erschienen unter der VDE-Schriftenreihen-Nummer 81) werden alle Fragen besprochen über Erdungen, ihre Berechnung, die Messung des Erdungswiderstands, der Schrittspannung und der Berührungsspannung an einem Erder, die Korrosion und ihre Probleme, die durch die moderne Technik der Wasserleitungsnetze mit isolierenden Wasserrohren entstehen. Auch alle mathematischen Ableitungen und Berechnungsformeln werden dargestellt.
Ausführlich werden in **Band 3 „Schutz gegen gefährliche Körperströme"** (erschienen unter der VDE-Schriftenreihen-Nummer 82) die Schutzmaßnahmen, ihre Auswahl und Anwendung behandelt. In der internationalen Normung hat sich für den Schutz gegen gefährliche Körperströme (Berührungsströme) eine neue Schutzphilosophie entwickelt, die als „Prinzip der dreifachen Sicherheit" bezeichnet werden kann und aus Basisschutz, Fehlerschutz und Zusatzschutz besteht.
Der Band 3 untersucht die in der Praxis auftretenden Gefährdungsmodelle bei unterschiedlichen Versorgungsnetzen und Installationsanlagen und zeigt in den jeweiligen Zusammenhängen die Funktion und Wirkung des Schutzes auf.
Die daraus ableitbare Auswahl und Anwendung der in den Normen enthaltenen Schutzmaßnahmen führen zu optimalen Schutzbedingungen.

In **Band 4 „Schutz gegen Überströme, Überspannungen, Brandschutz und Blitzschutz"** (erscheint unter der VDE-Schriftenreihen-Nummer 83) werden der Schutz gegen Überströme und Überspannungen sowie der Brandschutz und der Blitzschutz vorgestellt.
Der Überstromschutz wurde auf eine neue Grundlage gestellt, wobei die neu definierten Installationsarten mit zugeordneten Bemessungsströmen I_r, aus denen die zulässigen Strombelastbarkeiten I_z abgeleitet werden, wesentlich bessere Schutzbedingungen sicherstellen können, als es früher nur durch drei Installationsgruppen möglich war. Mit der Festlegung, daß die Ausschaltung bei 1,45-fachem I_z erfolgen muß, wobei die Überstrom-Schutzeinrichtungen zumindest weitgehend den großen Prüfstrom $I_z = 1{,}45\ I_n$ einhalten müssen, ergibt sich jetzt die einfache Installationsregel, daß der Nennstrom I_n der Überstrom-Schutzeinrichtung gleich oder kleiner sein muß als der zulässige Dauerstrom (Strombelastbarkeit) der Leitung.
Der Überspannungs- und der Blitzschutz gewinnen infolge der Überspannungsempfindlichkeit elektronischer Bauelemente immer mehr an Bedeutung. Sie werden in Band 4 dieser Buchreihe ausführlich erörtert, wobei ihre Grenzen und Möglichkeiten sorgfältig aufgezeigt werden.
Betrachtet werden sowohl Schaltüberspannungen als auch atmosphärische Überspannungen, wobei letztere in ihrer Intensität um Zehnerpotenzen streuen können und infolgedessen ein zuverlässiger Schutz beim Gewitter nur begrenzt möglich ist, abgesehen davon, daß der direkte Blitzeinschlag ein besonders großes Problem darstellt.
Ein umfassender Überspannungsschutz setzt sich aus Schutzmaßnahmen in den Verteilungsnetzen und in den Verbraucheranlagen zusammen. Es werden die technischen und die wirtschaftlichen Bedingungen aufgezeigt, unter denen der Überspannungsschutz erforderlich ist, und wann auf ihn verzichtet werden kann.
Die Normen gehen davon aus, daß der Brandschutz durch die anderen, ohnehin erforderlichen Schutzmaßnahmen, wie den Schutz gegen gefährliche Berührungsströme, den Schutz bei Überströmen, den Überspannungs- und Blitzschutz, zuverlässig sichergestellt wird. Lediglich bei besonderer Gefährdung als Folge von speziellen Umgebungs- und Betriebsbedingungen (z. B. in feuergefährdeten Betriebsstätten) sind ergänzende Maßnahmen erforderlich, die ausführlich erläutert werden. Vor dem Hintergrund unterschiedlicher Brandursachen gilt es, sowohl die Brandgefahr, die durch elektrische Anlagen entstehen kann, als auch die Einwirkung des Brandes auf elektrische Anlagen und damit möglicherweise die Zerstörung lebenserhaltender Funktionen zu verhindern, mindestens aber zu begrenzen.
Schließlich werden in **Band 5** die **„Schutzeinrichtungen"** (erscheint unter der VDE-Schriftenreihen-Nummer 84) besprochen. Als Einleitung behandelt ein ausführliches Kapitel die Grundlagen der Schaltgerätetechnik wie Schaltspannungen, Eigenschaften des Lichtbogens, elektrische Kontakte, die Mechanik der Schaltschlösser und Probleme der Erwärmung. Es wird durch umfassende Begriffsbestimmungen und Definitionen abgeschlossen.

Das Kapitel 2 behandelt die Niederspannungssicherungen mit einem historischen Rückblick und den wesentlichen Eigenschaften wie Kennlinien, konventionelle Prüfströme, Schaltspannungen und Verlustleistung.
Im Kapitel 3 werden die Leitungsschutzschalter aus moderner Sicht dargestellt. Betriebseigenschaften wie Schaltvermögen, Ausschaltzeiten, $I^2 \cdot t$-Werte und Selektivität werden besprochen.
Auf besonderes Interesse dürften die Fehlerstrom-Schutzschalter stoßen, die im Kapitel 4 behandelt werden. Bauformen, Betriebsdaten wie Nennfehlerstrom, Stoßstromfestigkeit und Selektivitätsprobleme werden aufgrund des neuesten Wissenstands behandelt.
Schwierig ist das Kapitel Überspannungs-Schutzeinrichtungen, weil auf diesem Gebiet die Normung noch voll in Fluß ist. Es werden alle Formen dieser Betriebsmittel wie Luftfunkenstrecken, Varistoren, Schutzdioden etc. mit ihren Betriebseigenschaften erklärt. Auch das Prinzip des Ableitertrennschalters wird dargestellt. Soweit als möglich werden aufgrund der in Diskussion stehenden internationalen Normen die Betriebseigenschaften wie Bemessungsspannung, Schutzpegel, Nennableitstoßstrom etc. diskutiert.
Neu sind die in Kapitel 6 enthaltenen Isolations-Überwachungseinrichtungen. Es werden sowohl Isolations-Überwachungseinrichtungen mit überlagerter Meßgleichspannung (insulation monitoring device) als auch Fehlerstrom-Überwachungseinrichtungen (residual current monitors, RCM) und eine Vielzahl von Ableitstrom-Überwachungseinrichtungen, die erst in den letzten Jahren bekannt geworden sind, besprochen, wobei letztere vor allem als Überwachungseinrichtungen für ortsveränderliche Betriebsmittel auf dem Markt sind.
Am Schluß jedes Kapitels befindet sich ein umfangreiches Literaturverzeichnis.

Abschließend weisen die Verfasser noch auf folgenden wichtigen Umstand hin, der beim Studium dieser Buchreihe und der einschlägigen nationalen und internationalen Normen unbedingt beachtet werden muß:
Der Inhalt dieser Buchreihe baut auf technisch-wissenschaftlichen Erkenntnissen auf und gibt die Meinung der Verfasser wieder, wobei die Folgerungen für die Praxis des Elektroinstallateurs einfach und praxisnah sind.
Grundsätzlich sind natürlich die geltenden Normen für alle Arbeiten heranzuziehen. Es zeigt sich aber, daß zusätzliche Informationen, vor allem über die richtige Auswahl der Schutzmaßnahmen, gebraucht werden. Sie sind in dieser Buchreihe enthalten und sollen zur Praxisnähe, Wirtschaftlichkeit, Zuverlässigkeit und zum optimalen Schutz beitragen.

G. Biegelmeier
Wien

G. Kiefer
Karlsruhe

K.-H. Krefter
Dortmund

im August 1998

Inhalt

1 Prinzip der dreifachen Sicherheit

Wenn man rückblickend die Geschichte des Elektroschutzes betrachtet, so war die erste Sicherheitsmaßnahme gegen den Elektrounfall die Verhinderung der Gefahren, die durch die direkte Berührung unter Spannung stehender Teile (aktive Teile) gegenüber Erde oder von aktiven Teilen mit verschiedenem Potential entstehen.
Dieser Schutz „gegen direktes Berühren“ wird erreicht durch Basisisolierung, Abdeckungen oder Umhüllungen sowie Hindernisse oder Abstand. Damit ist der Basisschutz als erste Sicherheitsmaßnahme gegen elektrische Unfälle definiert.
Aber dieser Basisschutz allein konnte – wie man bald erkannte – Elektrounfälle nicht verhindern. Alterungserscheinungen sowie mechanische, thermische oder chemische Beanspruchungen führen zum Versagen des Basisschutzes. Dadurch können einerseits durch Beschädigung äußerer Isolierungen oder bei fehlenden Abdeckungen aktive Teile direkt berührbar werden oder andererseits durch Isolationsfehler der Basisisolierung im Innern des Geräts äußere leitfähige Teile Fehlerspannungen annehmen. Die beiden Fälle sollten streng voneinander unterschieden werden (**Bild 1.1**). Direkt berührbare aktive Teile, wie blanke Klemmen oder Leitungen mit beschädigter Isolierhülle, sind sichtbar, und die Gefahr ist damit erkennbar.
Tritt dagegen im Innern des Geräts ein Fehler der Basisisolierung auf, z. B. ein Durchschlag oder Kriechwegbildung, so ist nicht erkennbar, daß berührbare Teile unter Spannung stehen. Im ersten Fall kann man sich gegen den Fehler schützen, indem man den sichtbaren Schaden behebt, also das Gerät repariert; im zweiten Fall

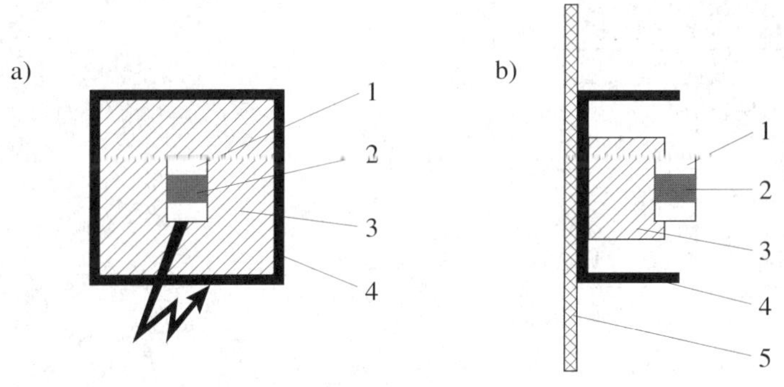

Bild 1.1 Versagen des Basisschutzes
a) Isolationsfehler der Basisisolierung im Innern des Geräts durch Überschlag, Durchschlag oder Kriechwegbildung, Fehler nicht erkennbar;
b) aktive Teile infolge fehlender Abdeckungen oder schadhafter Gehäuse direkt berührbar; Fehler erkennbar
1 aktive Teile
2 Betriebsisolierung
3 Basisisolierung
4 äußere leitfähige Teile (Körper)
5 Grundplatte

müssen Maßnahmen getroffen werden, daß entweder bei einem Fehler der Basisisolierung äußere leitfähige Teile keine gefährliche Fehlerspannung annehmen (z. B. durch Schutzisolierung, Schutz durch Kleinspannung (SELV) oder Schutztrennung) oder es erfolgt eine automatische Ausschaltung des fehlerhaften Geräts. Der Fehlerschutz im weitesten Sinne besteht also in der Sorgfalt beim Umgang mit elektrischen Betriebsmitteln und der Reparatur sichtbarer Schäden sowie in den Schutzmaßnahmen bei indirektem Berühren, um auch gegen nicht erkennbare Gefahren zu schützen.

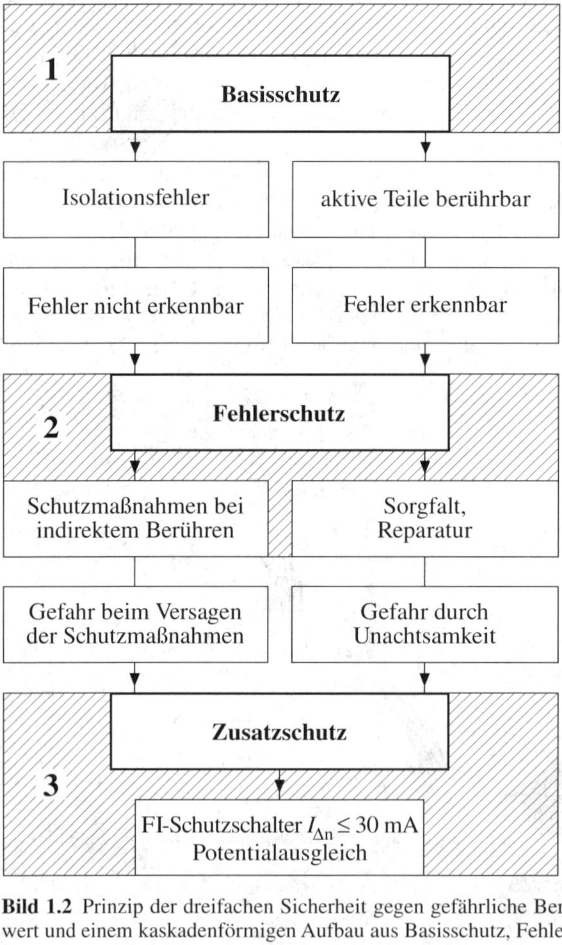

Bild 1.2 Prinzip der dreifachen Sicherheit gegen gefährliche Berührungsströme mit höchstem Schutzwert und einem kaskadenförmigen Aufbau aus Basisschutz, Fehlerschutz und Zusatzschutz

Wenn man also den Basisschutz als erste und wichtigste Maßnahme gegen gefährliche Berührungsströme ansieht, dann bildet der Fehlerschutz die zweite Barriere gegen den Tod durch Elektrizität. Als Fehlerschutz im engeren Sinn sind dann die klassischen Schutzmaßnahmen bei indirektem Berühren anzusehen.
Die Erfahrung hat gezeigt, daß auch der Fehlerschutz versagen kann. Schutzleiter können brechen oder verwechselt werden. Abdeckungen fehlen, aktive Teile sind zugänglich.
Auch die Schutzisolierung kann versagen, oder Geräte fallen in die Badewanne. Es handelt sich häufig um Fehlerereignisse, bei denen der Fehlerschutz nicht wirksam

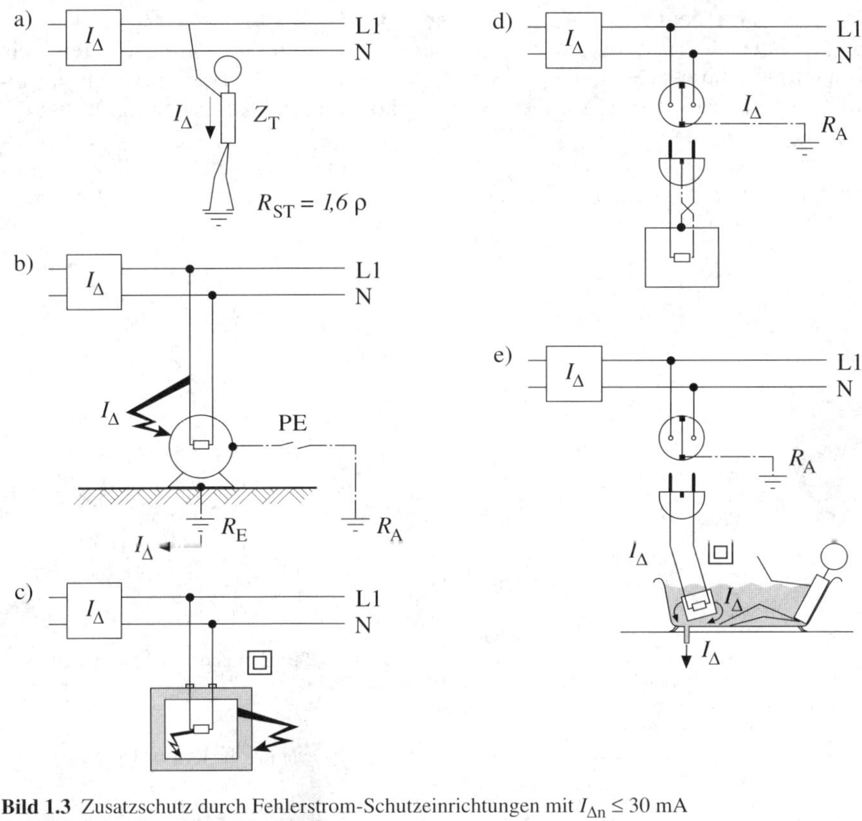

Bild 1.3 Zusatzschutz durch Fehlerstrom-Schutzeinrichtungen mit $I_{\Delta n} \leq 30$ mA
a) bei direktem Berühren aktiver Teile
b) bei Schutzleiterunterbrechungen, zufällige oder zwangsläufige Erdung des Betriebsmittels
c) bei Isolationsfehlern in Betriebsmitteln der Schutzklasse II (schutzisolierte Geräte)
d) bei Schutzleiterverwechslungen
e) bei in die Badewanne gefallenen Betriebsmitteln

werden kann, z. B. wenn der gefährliche Berührungsstrom nicht ausreicht, den fehlerbehafteten Stromkreis rechtzeitig zu unterbrechen. In solchen Fällen kann eine dritte Schutzebene wirksam werden, die Fehlerströme unterbricht oder auf ungefährliche Werte begrenzt.

Die Fehlerstrom-Schutzschaltertechnik ermöglicht es, auch dann noch zu schützen, wenn die zweite Barriere gegen Elektrounfälle zusammengebrochen ist. Durch den Zusatzschutz mit Fehlerstrom-Schutzschaltern mit einem Nennfehlerstrom $I_{\Delta n} \leq$ 30 mA kann eine dritte Ebene gegen den Stromtod aufgebaut werden. Damit entsteht ein kaskadenförmiges System der dreifachen Sicherheit mit höchstem Schutzwert, das in **Bild 1.2** dargestellt ist.

Bild 1.3 zeigt die Schutzfunktion des Zusatzschutzes durch Fehlerstrom-Schutzeinrichtungen mit einem Nennwert des Fehlerstroms $I_{\Delta n} \leq 30$ mA.

Man kann den Begriff des Zusatzschutzes erweitern, wenn man ihn ganz allgemein als eine Maßnahme ansieht, die den Schutz gegen gefährliche Berührungsströme erhöht und Gefahren verringert, die entstehen können, wenn der Fehlerschutz und/ oder Basisschutz versagen.

Auch der Potentialausgleich setzt die Berührungsspannungsgefahr herab, und zwar auch dann, wenn der Fehlerschutz versagt. Dies gilt auch für isolierende Böden und

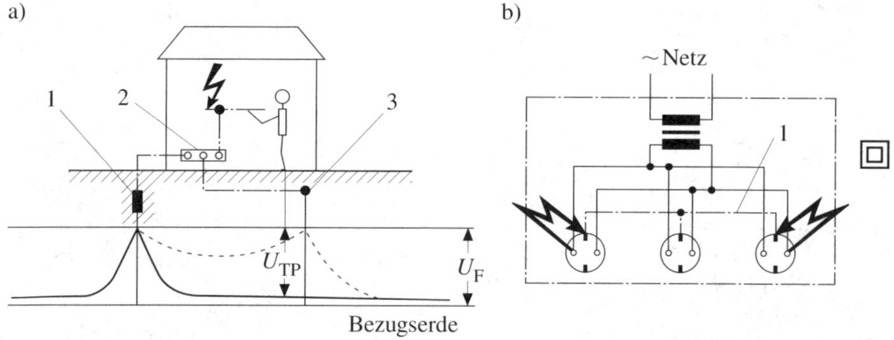

Bild 1.4 Zusatzschutz durch Potentialausgleich

a) Verringerung der prospektiven Berührungsspannung U_{TP} durch den Hauptpotentialsausgleich
 1 Fehlerspannung führendes Erdungssystem (z. B. Banderder)
 2 Potentialausgleichsschiene
 3 leitendes Wasserrohrnetz
 voll ausgezogen: Spannungstrichter, wenn das Wasserrohrnetz nicht mit der Potentialausgleichsschiene verbunden ist
 strichliert: Spannungstrichter bei Verbindung des Wasserrohrnetzes mit der Potentialausgleichsschiene

b) Verhinderung von Berührungsspannungen bei der Schutztrennung und Doppelfehlern durch einen Potentialausgleichsleiter
 1 Potentialausgleichsleiter

U_F Fehlerspannung
U_{TP} prospektive Berührungsspannung

Wände, nicht leitende Wasser-, Heizungs- oder Ablaufrohre. Häufig ist es in einer modernen Wohnung gar nicht mehr möglich, fremde leitfähige Teile mit Erdpotential zu finden. So bilden eigentlich auch der Potentialausgleich und der nicht leitende Raum, also nicht leitende Baustoffe, eine Art Zusatzschutz, der den Fehlerstrom auf ungefährliche Werte begrenzt. Daher sollten der Potentialausgleich und der nicht leitende Raum nicht als vollwertige Maßnahmen des Fehlerschutzes angesehen werden, weil ja im Fehlerfall die Erkennung des Fehlers ohne Ausschaltung nicht möglich ist und außerdem die Grenzen des Schutzes durch Potentialausgleich kaum meßbar und damit auch nicht feststellbar sind. **Bild 1.4** zeigt Beispiele für den Zusatzschutz durch Potentialausgleich.

Definitionen

Schutz gegen direktes Berühren/Basisschutz
Schutz von Personen und Nutztieren vor Gefahren durch den elektrischen Strom, die sich aus einer Berührung mit aktiven Teilen elektrischer Betriebsmittel ergeben. Es kann sich um einen vollständigen Schutz oder teilweisen Schutz handeln.
Der vollständige Schutz ist für elektrische Betriebsmittel und Anlagen, die von elektrotechnischen Laien benutzt bzw. betrieben werden, zwingend vorgeschrieben. Bei teilweisem Schutz besteht nur ein Schutz gegen zufälliges Berühren, z. B. in abgeschlossenen elektrischen Betriebsstätten. Der Schutz gegen direktes Berühren wird auch als Basisschutz bezeichnet. Bei einem kaskadenförmigen Aufbau des Schutzes gegen gefährliche Berührungsströme kann der Basisschutz auch als erste Schutzebene bezeichnet werden.

Schutz bei indirektem Berühren/Fehlerschutz
Schutz von Personen und Nutztieren vor Gefahren, die sich im Fehlerfall (Versagen der Basisisolierung) aus einer Berührung mit Körpern oder fremden leitfähigen Teilen ergeben können (zweite Schutzebene bei kaskadenförmigem Aufbau des Schutzes gegen gefährliche Berührungsströme).

Zusatzschutz
Ergänzende Maßnahme zum Schutz gegen gefährliche Berührungsströme, wenn der Basisschutz und/oder der Fehlerschutz versagen oder aufgrund der Fehlersituation nicht schützen können (dritte Schutzebene).

2 Basisschutz (Schutz gegen direktes Berühren)

2.1 Vollständiger und teilweiser Schutz

2.1.1 Basisisolierung, Betriebsisolierung

Die Internationale Elektrotechnische Kommission (IEC) hat ein Sicherheitskonzept entwickelt, durch das sichergestellt werden soll, daß alle Teile der Elektroinstallation zusammen mit den elektrischen Betriebsmitteln dasselbe Sicherheitsniveau haben.

Dafür wurde die IEC-Publikation 61140 „Schutz gegen elektrischen Schlag, Allgemeine Gesichtspunkte für Installationen und Betriebsmittel" geschaffen. Der Basisschutz schließt in diesem Zusammenhang vor allem die Basisisolierung ein, durch die ein vollständiger Schutz gegen direktes Berühren aktiver Teile erreicht wird.

Auch Abdeckungen oder Umhüllungen bieten einen vollständigen Schutz gegen direktes Berühren aktiver Teile, wenn diese durch die jeweils vorgeschriebene Schutzart gegen Berühren geschützt sind.

Hindernisse stellen dagegen nur einen teilweisen Schutz gegen direktes Berühren dar. Sie schließen das absichtliche Berühren durch bewußtes Umgehen des Hindernisses nicht aus.

Schließlich bildet auch der Schutz durch Abstand nur einen teilweisen Schutz gegen direktes Berühren im Handbereich.

Der Schutz gegen direktes Berühren aktiver Teile durch Isolieren wird also mit der Basisisolierung erzielt, die die aktiven Teile vollständig umschließt und nur mit Werkzeug oder durch Zerstören entfernt werden kann. Dabei ist zwischen Basisisolierung und Betriebsisolierung zu unterscheiden. So werden z. B. isolierte Starkstromleitungen von Isolierstoff umhüllt, und für Installations- und Verbrauchsgeräte sind zwischen aktiven Teilen und äußeren leitfähigen Teilen Kriech- und Luftstrecken vorgeschrieben, die eine ausreichende Basisisolierung sicherstellen (**Bild 2.1**).

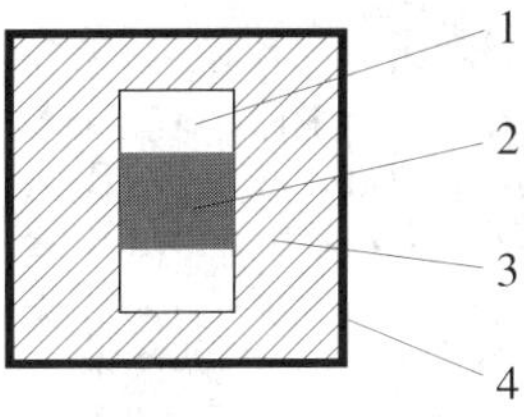

Bild 2.1 Prinzipielle Darstellung der Basisisolierung und Betriebsisolierung

1 aktive Teile
2 Betriebsisolierung
3 Basisisolierung
4 äußere leitfähige Teile (Körper)

Die Prüfung der Basisisolierung erfolgt entweder durch eine Prüfung mit Wechselspannung mit einer Prüfdauer, die meist bei einer Minute liegt, oder neuerdings auch mit Stoßspannungen. Oft wird die Höhe der Prüfwechselspannung festgelegt mit

$2\,U_n + 1000\,V$,

wobei U_n die Nennspannung des Betriebsmittels bedeutet.

Die Stoßspannungsprüfung erfolgt mit Stoßwellen im µs-Bereich, wobei meist die Stoßspannungswelle der Form 1,2/50 µs verwendet wird. Die Scheitelwerte der Prüfspannung liegen bei einigen kV.
Die Prüfspannungen werden für die Prüfung der Basisisolierung zwischen den miteinander verbundenen aktiven Teilen und den äußeren leitfähigen Teilen, für die Prüfung der Betriebsisolierung zwischen den aktiven Teilen untereinander angelegt. Die Spannungsprüfungen garantieren somit eine ausreichende Spannungsfestigkeit im neuwertigen Zustand. Damit auch im normalen Gebrauch bei Feuchtigkeit und Verschmutzungen eine ausreichende Isolierung gewährleistet bleibt, wird die Spannungsprüfung nach Feuchtlagerung und nach den verschiedenen Typprüfungen (Verhalten im Gebrauch, Schaltvermögensprüfung) noch einmal mit herabgesetzten Prüfwerten durchgeführt. Die Kriechstrecken sind für die Sicherheit bei Staub, Schmutz und Feuchtigkeitsablagerungen repräsentativ. Da bei der fabrikationsmäßigen Herstellung eines Betriebsmittels die konstruktionsbedingten Werte der Kriech- und Luftstrecken genau eingehalten werden können, nicht aber bei den Montagearbeiten in den Anlagen, müssen an den Stellen, wo bei der Montage Gefahren entstehen können, etwa im Anschlußraum oder gegenüber Montagerahmen bzw. bei Verschiebung von Geräten, entsprechend größere Abstände eingehalten werden, die in den jeweiligen Gerätenormen enthalten oder aus Erfahrung bekannt sind.
Es ist klar, daß die Basisisolierungen Anforderungen in bezug auf mechanische, chemische und thermische Festigkeit erfüllen müssen, die den gegebenen Betriebsbedingungen entsprechen. So werden z. B. Lackierung, Emaillierung und die normale Beschichtung mit Kunststoff, sofern sie nicht besonderen Prüfbedingungen entspricht, nicht als Basisisolierung anerkannt.
Der Schutz durch Abdecken kann durch Gehäuse oder Barrieren erreicht werden. Barrieren verhindern das Berühren aktiver Teile in einer bestimmten Richtung, z. B. durch eine Öffnung des Gehäuses. Gehäuse umschließen allseitig die aktiven Teile. Das Schutzziel ist erreicht, wenn die Abdeckung durch ihre Art, Größe, Anordnung, Festigkeit, Haltbarkeit usw. jedes Berühren aktiver Teile wirksam und dauerhaft verhindert, wobei die Beanspruchungen, denen die Abdeckungen üblicherweise ausgesetzt sind, zu berücksichtigen sind. Für die Prüfung der Abdeckungen in bezug auf den Schutz gegen direktes Berühren geben die Bau- und Prüfnormen für die verschiedenen Betriebsmittel genaue Anweisungen. In diesem Zusammenhang wird auf die **Schutzarten** Bezug genommen, die gegen das Eindringen fester Fremdkör-

per in Betriebsmittel, den Berührungsschutz und den Schutz gegen Wasser gelten. Das System der Schutzarten wird im Abschnitt 2.2 beschrieben.
Der normale Schutzumfang wird mit IP 2X gefordert, aber für horizontale Flächen von Abdeckungen, die durch herabfallende Gegenstände beansprucht werden, ist die Schutzart IP 4X vorgeschrieben. Die Prüfung nach IP 2X erfolgt danach nur mit einer Kugel von 12 mm Durchmesser, und es wird nur das Eindringen geprüft. Für die Prüfung des Berührungsschutzes wird zusätzlich die Prüfung mit dem Prüffinger nach **Bild 2.2**, dessen drehbare Gelenke in die ungünstigste Lage gebracht werden, durchgeführt.
In den Bauvorschriften für elektrische Betriebsmittel sind noch eine Reihe weiterer Prüfgeräte für den Schutz gegen direktes Berühren aktiver Teile genormt (**Bild 2.3**). So wird der Prüfstift (Bild 2.3a) für die Prüfung von Öffnungen in den Abdeckungen von schutzisolierten Geräten verwendet, der Stift (Bild 2.3b) für Geräte, an denen mit spitzen Gegenständen, z. B. einer Gabel, hantiert wird, und der Prüfkegel (Bild 2.3c) wird bei sichtbar glühenden Wärmeelementen zugelassen, die durch allpolige Schalter geschaltet werden. Wird hingegen nur ein einpoliger Schalter verwendet, dann muß die normale Prüfung mit dem Prüffinger nach Bild 2.2 angewendet werden, denn es kann ja vorkommen, daß nur der Neutralleiter geschaltet ist und das Heizelement auch im ausgeschalteten, also nicht glühenden Zustand, noch unter Spannung steht.
Für das Entfernen oder Öffnen von Abdeckungen gelten zusätzliche Bestimmungen. Normalerweise dürfen Abdeckungen nur mit Werkzeug oder Schlüssel entfernbar sein. Dies ist besonders bei Klemmenabdeckungen wichtig. Hantieren mit Werkzeugen oder Schlüsseln gilt als bewußte Handlung, wobei sich der Handelnde der Gefahr wohl bewußt ist, die durch die Abnahme der Abdeckung aktiver Teile entsteht.

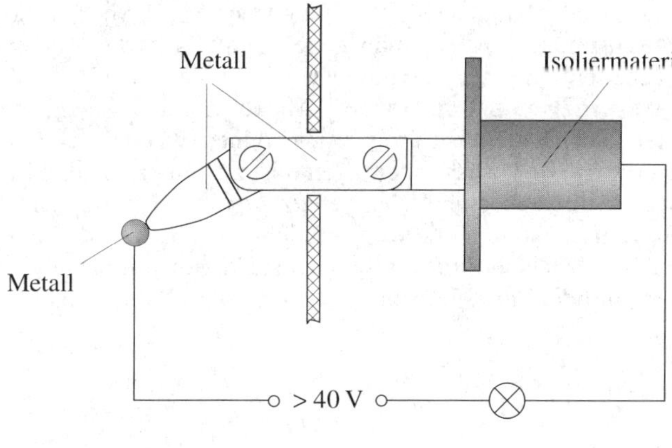

Bild 2.2 Prüffinger für das Prüfen des Schutzes gegen direktes Berühren aktiver Teile (Schutzart IP 2X)

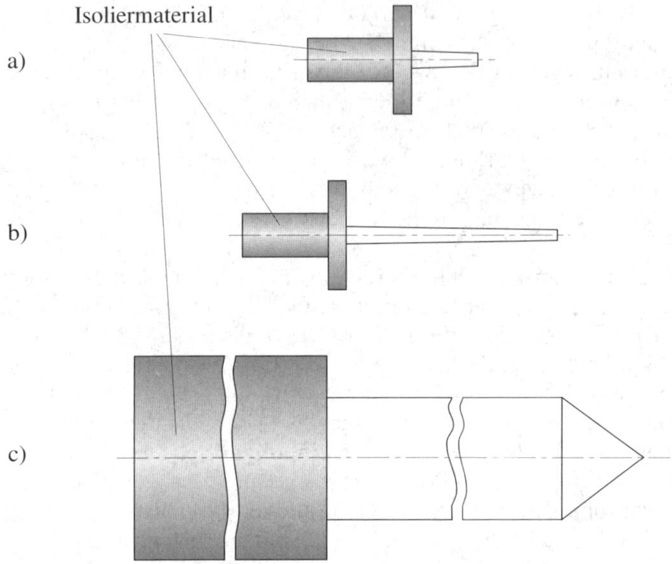

Bild 2.3 Prüfgeräte für die Prüfung des Schutzes gegen direktes Berühren nach den Bauvorschriften verschiedener Haushaltsgeräte
a) Prüfstift für schutzisolierte Geräte
b) Prüfstift für Geräte, an denen mit ähnlich spitzen Gegenständen hantiert wird
c) Prüfkegel für Geräte mit glühenden Heizelementen

Eine weitere Möglichkeit besteht darin, die Spannung an aktiven Teilen, die nach Entfernen oder Öffnen einer Abdeckung ohne Werkzeug oder Schlüssel berührt werden können, vorher auszuschalten, wobei man gegebenenfalls darauf achten muß, daß Kondensatoren dabei entladen werden müssen.
Man kann natürlich auch so vorgehen, daß man innere Abdeckungen vorsieht, die die aktiven Teile so abdecken, daß sie nicht berührt werden können, wenn die äußere Umhüllung entfernt oder geöffnet wird. Zusammenfassend ist zu bemerken, daß für die Betriebsmittel, die von elektrotechnischen Laien benutzt werden, der vollständige Schutz gegen direktes Berühren aktiver Teile vorgeschrieben ist. Er wird dadurch erreicht, daß man entweder die Basisisolierung zwischen den aktiven Teilen und der leitfähigen Abdeckung vorsieht oder eine Abdeckung aus Isolierstoff selbst als Basisisolierung benutzt.

Definitionen

Basisisolierung
Isolierung der aktiven Teile, um den Schutz gegen gefährliche Berührungsströme sicherzustellen. Die Basisisolierung muß nicht identisch mit der Betriebsisolierung sein.

Betriebsisolierung/Funktionsisolierung
Notwendige Isolierung für den ordnungsgemäßen Betrieb des elektrischen Betriebsmittels.

2.1.2 Schutz durch Hindernisse und Abstand

Wesentlich geringere Forderungen werden an den Schutz durch Hindernisse und an den Schutz durch Abstand, also an den teilweisen Schutz gegen direktes Berühren gestellt.
Der Schutz durch Hindernisse umfaßt Forderungen gegen die zufällige Annäherung an aktive Teile, z. B. durch Schutzleisten, Geländer, Gitterwände. Diese Hindernisse dürfen ohne Schlüssel oder Werkzeug abnehmbar sein, sie müssen jedoch so befestigt sein, daß ein unbeabsichtigtes Entfernen verhindert ist. Wie bereits erwähnt, ist diese Maßnahme nur für Räume zulässig, die von Elektrofachkräften oder elektrotechnisch unterwiesenen Personen betreten werden, also im allgemeinen nur für abgeschlossene elektrische Betriebsstätten.
Der Schutz durch Abstand wird erreicht, wenn sich gleichzeitig berührbare Teile unterschiedlichen Potentials außerhalb des Handbereichs befinden, wobei Teile als gleichzeitig berührbar angesehen werden, wenn sie weniger als 2,5 m voneinander entfernt sind. Ist die Standfläche durch ein Hindernis begrenzt, so beginnt der Handbereich an diesem Hindernis. An Stellen, an denen üblicherweise sperrige oder lange leitfähige Gegenstände gehandhabt werden, müssen die geforderten Abstände entsprechend vergrößert werden.
Man versteht unter Handbereich einen Bereich, den eine Person von üblicherweise betretenen Standflächen aus mit den Händen erreichen kann (**Bild 2.4a**).
Wenn jedoch das Berühren aktiver Teile, die sich in einer Höhe von mindestens 1,5 m über der Standfläche befinden, nicht unmittelbar von unten möglich ist, so gilt der Grenzwert des Handbereichs von 2,5 m für die Summe von lotrechtem und waagrechtem Abstand (**Bild 2.4b**).
Es gibt noch eine Ausnahme für den Schutz gegen direktes Berühren. In größeren Anlagen müssen gelegentlich Schaltschränke geöffnet werden, um Relais, Überstrom-Schutzeinrichtungen usw. einzustellen oder zu verändern. Diese gelegentlichen Handhabungen werden von Elektrofachkräften oder elektrotechnisch unterwiesenen Personen durchgeführt. Üblicherweise sind dabei im geöffneten Schaltschrank aktive Teile direkt berührbar. Um aber die Wahrscheinlichkeit des Berührens in diesen Fällen zu verringern, werden von den für die Unfallverhütung verant-

a)

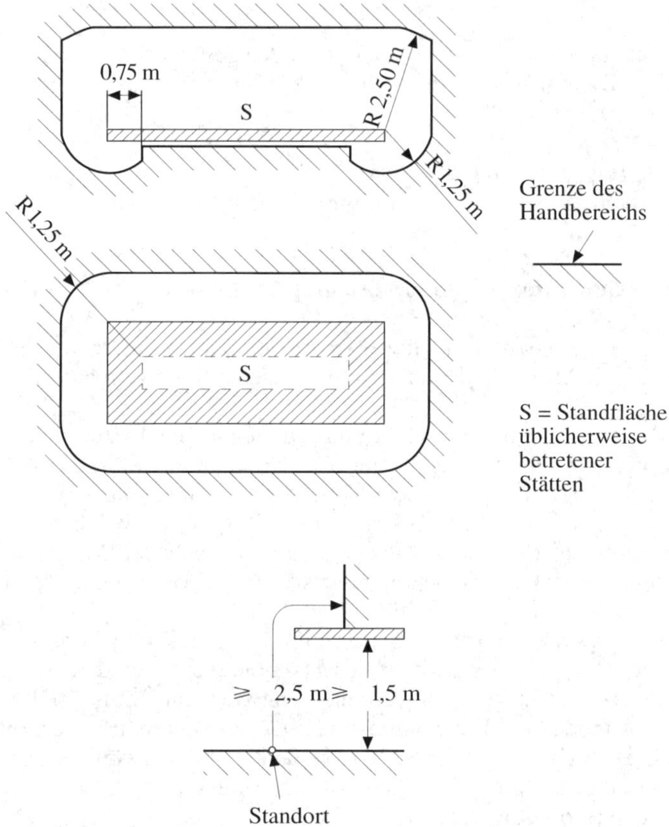

b)

Bild 2.4 Handbereich
a) allgemein
b) wenn die aktiven Teile nicht unmittelbar von unten berührbar sind
(Quelle: DIN VDE 0100-200:1993-11)

wortlichen Stellen in den verschiedenen Ländern für das gelegentliche Handhaben in Schaltschränken und Schalttafeln usw. Schutzräume verlangt. Das heißt, daß sich in der Umgebung eines Betätigungselements in bestimmten Abständen keine aktiven Teile befinden dürfen bzw. daß diese durch zusätzliche Abdeckungen gegen Berühren geschützt werden müssen (siehe z. B. DIN VDE 0106 Teil 100). Als Beispiel dafür zeigt **Bild 2.5** den Schutzraum gegen direktes Berühren beim Handhaben von Betätigungselementen in Verteilungsanlagen, an denen gelegentlich Einstellungen (z. B. von Relais) vorgenommen werden müssen.

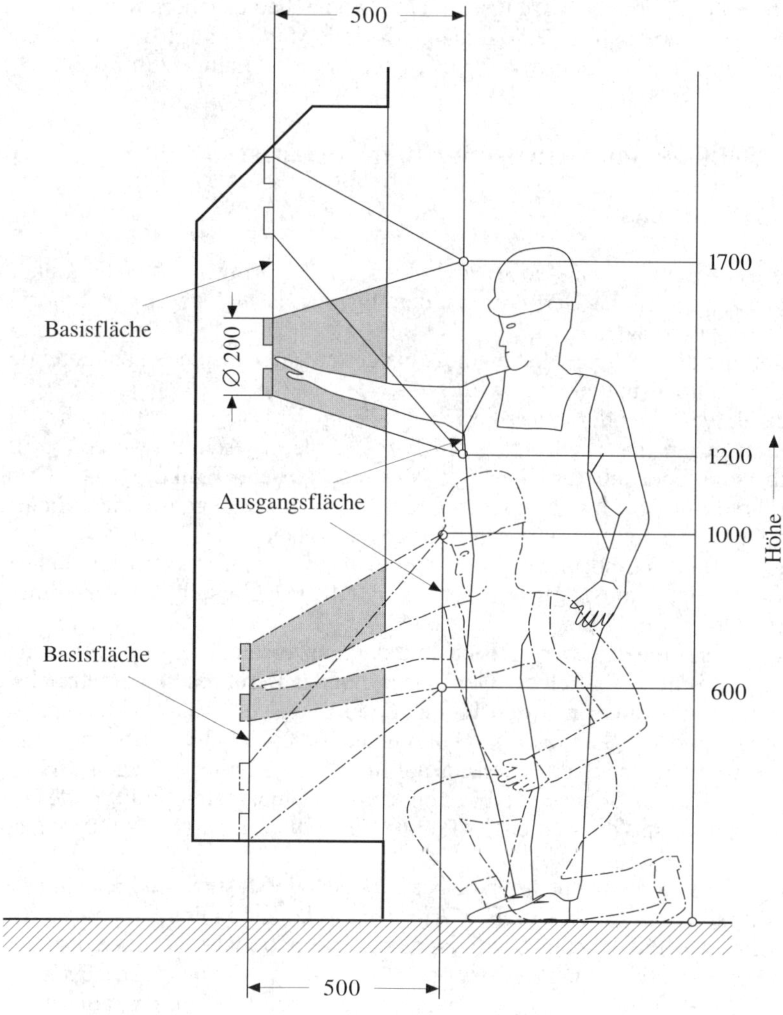

Bild 2.5 Schutzraum gegen direktes Berühren bei gelegentlichem Handhaben von Bedienungselementen für verschiedene Einbautiefen bei stehender oder kniender Haltung
(Quelle: DIN VDE 0106-100:1995-02)

In wenigen Fällen macht man beim Schutz gegen direktes Berühren aus betrieblichen Gründen Ausnahmen. Dies ist z. B. bei manchen Glüh- und Schmelzöfen oder elektrochemischen Anlagen der Fall. Man hilft sich dann z. B. durch Standortisolierung oder durch Unterweisung. Am bekanntesten ist das Beispiel der Glühlampenfassungen oder der Schraubsicherungselemente, wo bei herausgenommener Lampe oder Sicherungseinsatz aktive Teile zugänglich sind. Man begnügt sich dann, den Schutz beim Lampeneinschrauben und bei eingeschraubter Lampe zu fordern.

2.2 Schutzarten elektrischer Betriebsmittel

2.2.1 Allgemeines

Elektrische Betriebsmittel müssen sowohl gegen das Eindringen fester Fremdkörper, und dazu zählt auch das Berühren mit dem Finger, als auch gegen das Eindringen von Wasser geschützt werden.
Welchen Umfang dieser Schutz haben muß, hängt von den Umständen ab, unter denen das Gerät montiert und genutzt wird.
Meist sollen aktive Teile oder innere bewegte Teile (in der Folge als gefährliche Teile bezeichnet) gegen das Eindringen von Fremdkörpern geschützt werden; z. B. kann Staub Isolationen überbrücken oder die mechanische Funktion behindern. Durch Berühren mit dem Finger oder mit spitzen leitenden Gegenständen können außerdem elektrische oder mechanische Unfälle entstehen.
Das gleiche gilt für das Eindringen von Wasser, wobei Fragen der Korrosion und der Verringerung der Isolationsfestigkeit, bedingt durch Feuchtigkeit und Verschmutzung, in den Vordergrund treten.
Die Schutzart eines elektrischen Betriebsmittels kennzeichnet die Gesamtheit der Maßnahmen des Schutzes durch ein Gehäuse gegen das Berühren von gefährlichen Teilen, gegen Eindringen von festen Fremdkörpern und von Wasser. Man spricht von einer um so höheren Schutzart, je vollkommener diese Maßnahmen sind.
Für häufig verwendete Schutzarten werden auf Installationsgeräten oft auch Bildzeichen verwendet. Für die Schutzart gibt es ein Bezeichnungssystem in Form des sogenannten IP-Codes, das durch die IEC-Publikation 529 bzw. durch EN 60529 festgelegt ist.
In Deutschland waren die Schutzarten bisher in DIN 40050 festgelegt. Jetzt sind sie, geringfügig modifiziert, in DIN VDE 0470 Teil 1 „Schutzarten durch Gehäuse (IP-Code)“ beschrieben, die die deutsche Fassung der internationalen Normen darstellt.
Wenn auch dieses Bezeichnungssystem für die meisten Arten von elektrischen Betriebsmitteln geeignet ist, sollte nicht davon ausgegangen werden, daß alle in den Normen aufgeführten Schutzarten auf ein einzelnes bestimmtes Betriebsmittel anwendbar sind. Der Hersteller eines Betriebsmittels muß also unter Berücksichtigung der Bedingungen beim normalen Gebrauch die Auswahl unter den zur Verfügung stehenden Schutzarten treffen und die Konstruktion des Betriebsmittels entsprechend anpassen.
Die Schutzart eines Gehäuses wird nach IEC durch den IP-Code in folgender Weise gekennzeichnet:

IP 2 3 C H

Code-Buchstaben
(International Protection) — IP

erste Kennziffer
Berührungs- und Fremdkörperschutz
(Ziffern 0 bis 6 oder Buchstabe X) — 2

zweite Kennziffer
Wasserschutz
(Ziffern 0 bis 8 oder Buchstabe X) — 3

zusätzlicher Buchstabe (fakultativ)
(Buchstaben A, B, C, D) — C

ergänzender Buchstabe (fakultativ)
(Buchstaben H, M, S, W) — H

Zusätzliche Buchstaben und/oder ergänzende Buchstaben dürfen ersatzlos weggelassen werden.
Wenn mehr als ein ergänzender Buchstabe verwendet wird, ist die alphabetische Reihenfolge anzuwenden.
Hat ein Gehäuse unterschiedliche Schutzarten für unterschiedlich vorgesehene Montageanordnungen, so müssen die betreffenden Schutzarten vom Hersteller in den Anleitungen, die den jeweiligen Montageanordnungen zugeordnet sind, angegeben werden.
Werden nur Anforderungen an eine Art des Schutzes gestellt, z. B. an den Fremdkörperschutz oder an den Wasserschutz, so ist anstelle des nicht geforderten Schutzes und damit für die entsprechende Kennziffer ein „X“ zu setzen, beispielsweise:

IP X 3

3 — Wasserschutz: Schutz gegen Sprühwasser, schräg bis 60°

X — Berührungs- und Fremdkörperschutz: ist freigestellt, also keine besonderen Anforderungen oder:

IP 5 X

Wasserschutz: ist freigestellt, also keine besonderen Anforderungen

Berührungsschutz: vollständiger Berührungsschutz
Fremdkörperschutz: Schutz gegen Staubablagerungen

Es wird auf den Unterschied der Kennziffer „0“ bzw. „X“ hingewiesen:
- 0 bedeutet: kein besonderer Schutz gefordert,
- X bedeutet: der Schutzgrad ist freigestellt.

Die genannten Schutzarten nach DIN VDE 0470 Teil 1 gelten grundsätzlich für Betriebsmittel und auch für elektrische Anlagen. Je nach Notwendigkeit variieren allerdings die Forderungen an die jeweiligen Schutzgrade. Abdeckungen und Umhüllungen in der Elektroinstallation sind grundsätzlich nach der Schutzart IP 2X auszulegen. Horizontale Oberflächen, die eine Anlage nach oben hin abdecken, müssen jedoch mindestens der Schutzart IP 4X genügen. Das bedeutet, Einführungen von Leitungen dürfen nach Fertigstellung der Anlage jedenfalls keine größeren Spalten bzw. Löcher als 1 mm aufweisen.
Abdeckungen und Umhüllungen dürfen nur mit entsprechendem Werkzeug (oder Schlüsseln) entfernt werden können, oder es muß sichergestellt sein, daß vor dem Entfernen das Ausschalten der Spannung an allen aktiven Teilen zwangsweise erfolgt.
Eine weitere Ausnahme von der „Werkzeug-Forderung“ ist dann zulässig, wenn nach Entfernen der Abdeckung sich dort eine weitere „Zwischen-Abdeckung“ befindet, die wenigstens der Schutzart IP 2X entspricht.

Definition

Schutzart
Kennzeichnung von Art und Umfang der Maßnahmen, die
- das direkte Berühren spannungsführender oder bewegter Teile an elektrischen Betriebsmitteln und
- das Eindringen von Fremdkörpern oder von Wasser in elektrische Betriebsmittel verhindern.

2.2.2 Schutz gegen das Berühren von gefährlichen Teilen und gegen feste Fremdkörper

Ein gefährliches Teil kann entweder elektrisch oder mechanisch den Berührenden gefährden. Man unterscheidet daher zwischen gefährlichen aktiven und gefährlichen mechanischen Teilen. Gefährliche elektrische Teile können unter bestimmten äußeren Einflüssen einen elektrischen Schlag verursachen. Gefährliche mechanische Teile können durch ihre Bewegung bei Berührung gefährlich sein. Ausgenommen davon sind glatte, sich drehende Wellen.
Die nachfolgende **Tabelle 2.1** gibt Kurzbeschreibungen und Definitionen für die Schutzgrade gegen das Berühren von gefährlichen Teilen.
Die erste Kennziffer gibt also an, daß das Gehäuse Personen Schutz gegen das Berühren von gefährlichen Teilen gewährt, indem das Eindringen eines Teils des menschlichen Fingers oder eines Gegenstands, der von einer Person gehalten wird, verhindert oder begrenzt wird und gleichzeitig das Gehäuse dem Betriebsmittel Schutz gegen das Eindringen von Fremdkörpern gewährt.

erste Kennziffer	**Schutzgrad**	
	Kurzbeschreibung	**Definition**
0	nicht geschützt	–
1	geschützt gegen das Berühren von gefährlichen Teilen mit dem Handrücken	die Berührungssonde, Kugel 50 mm Durchmesser, muß ausreichend Abstand von gefährlichen Teilen haben
2	geschützt gegen das Berühren von gefährlichen Teilen mit einem Finger	der gegliederte Prüffinger 12 mm Durchmesser, 80 mm Länge, muß ausreichend Abstand von gefährlichen Teilen haben
3	geschützt gegen das Berühren von gefährlichen Teilen mit einem Werkzeug	die Berührungssonde, 2,5 mm Durchmesser, darf nicht eindringen
4	geschützt gegen das Berühren von gefährlichen Teilen mit einem Draht	die Berührungssonde, 1,0 mm Durchmesser, darf nicht eindringen
5	geschützt gegen das Berühren von gefährlichen Teilen mit einem Draht	die Berührungssonde, 1,0 mm Durchmesser, darf nicht eindringen
6	geschützt gegen das Berühren von gefährlichen Teilen mit einem Draht	die Berührungssonde, 1,0 mm Durchmesser, darf nicht eindringen
Anmerkung: Bei den Kennziffern 0 bis 2 ist der Schutz gegen das Berühren von gefährlichen Teilen nur erfüllt, wenn ein ausreichender Abstand eingehalten wird. Wegen der gleichzeitig gültigen Anforderung nach Tabelle 2.2 wurde bei den Kennziffern 3 und 4 die Definition „darf nicht eindringen" angegeben.		

Tabelle 2.1 Schutzgrade gegen das Berühren von gefährlichen Teilen, bezeichnet durch die erste IP-Kennziffer (Quelle: DIN VDE 0470-1:1992-11)

Ein Gehäuse darf nur mit einem durch die erste IP-Kennziffer angegebenen Schutzgrad bezeichnet werden, wenn es auch alle niedrigeren Schutzgrade erfüllt.
Die Schutzgrade gegen feste Fremdkörper haben naturgemäß eine ähnliche Bedeutung, wie bei dem Berühren gefährlicher Teile und sind aus **Tabelle 2.2** zu ersehen.

erste Kennziffer	**Schutzgrad**		**Bildzeichen**
	Kurzbeschreibung	**Definition**	
0	nicht geschützt	–	
1	geschützt gegen feste Fremdkörper 50 mm Durchmesser und größer	die Objektsonde, Kugel 50 mm Durchmesser, darf nicht voll eindringen	
2	geschützt gegen feste Fremdkörper 12,5 mm Durchmesser und größer	die Objektsonde, Kugel 12,5 mm Durchmesser, darf nicht voll eindringen	
3	geschützt gegen feste Fremdkörper 2,5 mm Durchmesser und größer	die Objektsonde, Kugel 2,5 mm Durchmesser, darf überhaupt nicht eindringen	
4	geschützt gegen feste Fremdkörper 1,0 mm Durchmesser und größer	die Objektsonde, Kugel 1,0 mm Durchmesser, darf überhaupt nicht eindringen	
5	staubgeschützt	Eindringen von Staub ist nicht vollständig verhindert, aber Staub darf nicht in einer solchen Menge eindringen, daß das zufriedenstellende Arbeiten des Geräts oder die Sicherheit beeinträchtigt wird	
6	staubdicht	kein Eindringen von Staub	
Anmerkung: Der volle Durchmesser der Objektsonde darf nicht durch eine Öffnung des Gehäuses hindurchgehen.			

Tabelle 2.2 Schutzgrade gegen feste Fremdkörper, bezeichnet durch die erste IP-Kennziffer (Quelle: DIN VDE 0470-1:1992-11)

2.2.3 Schutz gegen Wasser

Die zweite Kennziffer macht eine Aussage über den Umfang des Schutzes gegen Eindringen von Wasser, der z. B. durch Gehäuse, vergleichbare Abdeckungen, Umhüllungen oder ähnliches erreicht wird.
In der nachfolgenden **Tabelle 2.3** sind die Kurzbeschreibungen und Definitionen für die Schutzgrade gegen Wasser angegeben.

zweite Kennziffer	Schutzgrad Kurzbeschreibung	Definition	Bildzeichen
0	nicht geschützt	–	
1	geschützt gegen Tropfwasser (tropfwassergeschützt)	senkrecht fallende Tropfen dürfen keine schädlichen Wirkungen haben	
2	geschützt gegen Tropfwasser, wenn das Gehäuse bis zu 15° geneigt ist	senkrecht fallende Tropfen dürfen keine schädlichen Wirkungen haben, wenn das Gehäuse um einen Winkel bis zu 15° beiderseits der Senkrechten geneigt ist	–
3	geschützt gegen Sprühwasser (regengeschützt)	Wasser, das in einem Winkel bis zu 60° beiderseits der Senkrechten gesprüht wird, darf keine schädlichen Wirkungen haben	
4	geschützt gegen Spritzwasser (spritzwassergeschützt)	Wasser, das aus jeder Richtung gegen das Gehäuse spritzt, darf keine schädlichen Wirkungen haben	
5	geschützt gegen Strahlwasser (strahlwassergeschützt)	Wasser, das aus jeder Richtung als Strahl gegen das Gehäuse gerichtet ist, darf keine schädlichen Wirkungen haben	
6	geschützt gegen starkes Strahlwasser	Wasser, das aus jeder Richtung als starker Strahl gegen das Gehäuse gerichtet ist, darf keine schädlichen Wirkungen haben	–
7	geschützt gegen die Wirkungen beim zeitweiligen Untertauchen in Wasser (wasserdicht)	Wasser darf nicht in einer Menge eintreten, die schädliche Wirkungen verursacht, wenn das Gehäuse unter genormten Druck- und Zeitbedingungen zeitweilig in Wasser untergetaucht ist	
8	geschützt gegen die Wirkungen beim dauernden Untertauchen in Wasser (druckwasserdicht)	Wasser darf nicht in einer Menge eintreten, die schädliche Wirkungen verursacht, wenn das Gehäuse dauernd unter Wasser getaucht ist unter Bedingungen, die zwischen Hersteller und Anwender vereinbart werden müssen; die Bedingungen müssen jedoch schwieriger sein als für die Kennziffer 7	 ...bar ...m

Tabelle 2.3 Schutzgrade gegen Wasser, bezeichnet durch die zweite IP-Kennziffer (Quelle: DIN VDE 0470-1:1992-11)

Beim Wasserschutz bis zur Kennziffer 6 bedeutet die Bezeichnung, daß auch die Anforderungen für alle niedrigeren Kennziffern erfüllt sind. Ein Betriebsmittel mit der Kennzeichnung IP X7 (zeitweiliges Untertauchen) oder IP X8 (dauerndes Untertauchen) muß nicht zwangsläufig auch die Forderungen an den Schutz gegen Strahlwasser IP X5 oder starkes Strahlwasser IP X6 erfüllen. Sind beide Forderungen erfüllt, so muß das Betriebsmittel mit der Doppelkennzeichnung beider Anforderungen versehen sein, z. B. IP X5/IP X7.

2.2.4 Zusätzlicher Schutz gegen das Berühren von gefährlichen Teilen und ergänzende Kennzeichnungen

Nach der IP-Kennzeichnung kann durch einen zusätzlichen Buchstaben ein besonderer Schutz gegen das Berühren von gefährlichen Teilen angegeben werden.
Zusätzliche Buchstaben werden nur verwendet:

- wenn der tatsächliche Schutz gegen das Berühren von gefährlichen Teilen höher ist, als durch die erste Kennziffer angegeben
- oder wenn nur der Schutz gegen das Berühren von gefährlichen Teilen angegeben wird. Die erste Kennziffer wird dann durch ein X ersetzt.

Der zusätzliche (fakultative) Buchstabe hat also nur eine Bedeutung für den Schutz von Personen und trifft eine Aussage über den Berührungsschutz gefährlicher Teile mit:

- Handrücken Buchstabe A,
- Finger Buchstabe B,
- Werkzeug Buchstabe C,
- Draht Buchstabe D.

Dieser höhere Schutz kann z. B. durch Abdeckungen, geeignete Formen von Öffnungen oder Abstände innerhalb der Gehäuse erreicht werden.
Nach einem etwa vorhandenen zusätzlichen Buchstaben kann, falls erforderlich, noch ein ergänzender Buchstabe vorgesehen werden. Dieser hat eine ergänzende Information für Ausnahmefälle, und die Produktnorm muß das zusätzliche Verfahren, das während der Prüfungen für eine solche Klassifizierung auszuführen ist, klar angeben.

Buchstabe	Bedeutung
H	Hochspannungs-Betriebsmittel
M	geprüft auf schädliche Wirkungen durch den Eintritt von Wasser, wenn die beweglichen Teile des Betriebsmittels (z. B. der Rotor einer umlaufenden Maschine) in Betrieb sind
S	geprüft auf schädliche Wirkungen durch den Eintritt von Wasser, wenn die beweglichen Teile des Betriebsmittels (z. B. der Rotor einer umlaufenden Maschine) im Stillstand sind
W	geeignet zur Verwendung unter festgelegten Wetterbedingungen und ausgestattet mit zusätzlichen schützenden Maßnahmen oder Verfahren

Tabelle 2.4 Bisher festgelegte ergänzende Buchstaben und ihre Bedeutung
(Quelle: DIN VDE 0470-1:1992-11)

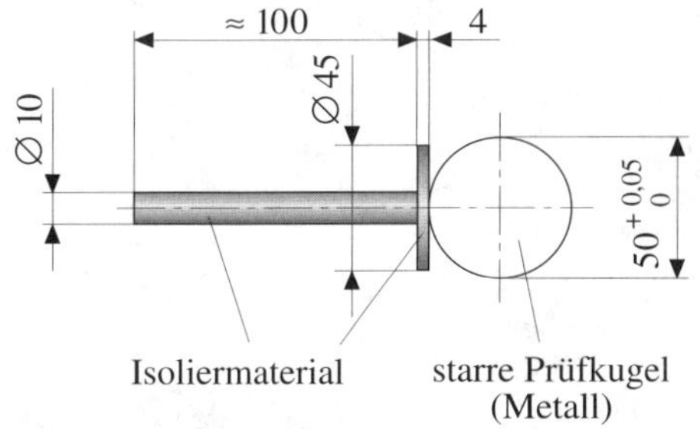

Bild 2.6 Zugangssonde: Kugel, Durchmesser 50 mm (Quelle: DIN VDE 0470-1:1992-11)

Für die zusätzlichen Buchstaben wurden A, B, C und D reserviert. Folgende ergänzende Buchstaben wurden bereits festgelegt und haben die in **Tabelle 2.4** angeführten Bedeutungen.

Zur Prüfung der Anforderungen nach Tabelle 2.1 stehen verschiedene Prüfsonden zur Verfügung.

Mit diesen Prüfsonden (Zugangssonden) kann auch die Einhaltung der Anforderungen nach den zusätzlichen Buchstaben A bis D überprüft werden.

Bei der Prüfung auf Handrückensicherheit (zusätzlicher Buchstabe A) wird die Zugangssonde nach **Bild 2.6** mit einer Prüfkraft von 50 N ± 10 % am Prüfobjekt angelegt. Dabei muß ein ausreichender Abstand zu gefährlichen Teilen eingehalten werden.

Bei der Prüfung auf Fingersicherheit (zusätzlicher Buchstabe B) wird die Zugangssonde nach **Bild 2.7** mit einer Prüfkraft von 10 N ± 10 % am Prüfobjekt angelegt. Dabei muß ein ausreichender Abstand zu gefährlichen Teilen eingehalten werden.

Bei der Prüfung auf Schutz gegen Zugang mit Werkzeugen (zusätzlicher Buchstabe C) wird die Zugangssonde nach **Bild 2.8** mit einer Prüfkraft von 3,0 N ± 10 % am Prüfobjekt angelegt. Dabei muß ein ausreichender Abstand zu gefährlichen Teilen eingehalten werden.

Bei einer Prüfung auf Schutz gegen Zugang mit einem Draht (zusätzlicher Buchstabe D) wird die Zugangssonde nach **Bild 2.9** mit einer Prüfkraft von 1,0 N ± 10 %

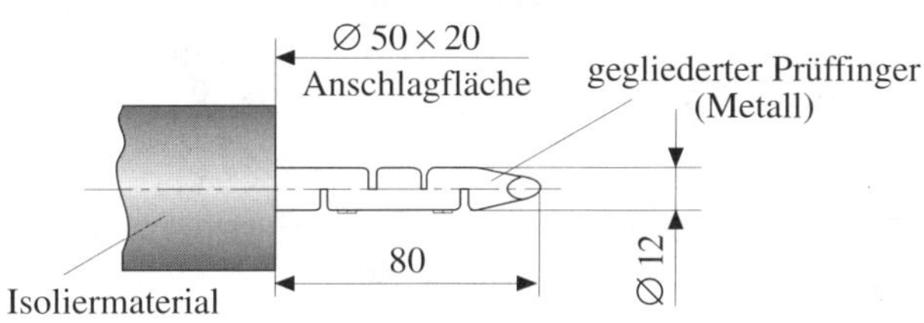

Bild 2.7 Zugangssonde: gegliederter Prüffinger (Quelle: DIN VDE 0470-1:1992-11)

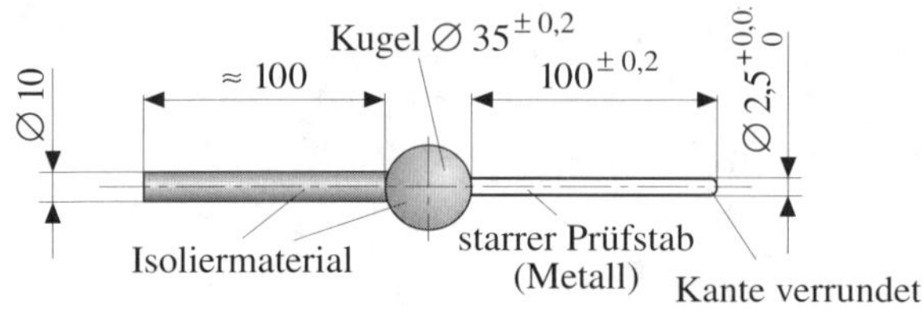

Bild 2.8 Zugangssonde: Prüfstab 2,5 mm (Quelle: DIN VDE 0470-1:1992-11)

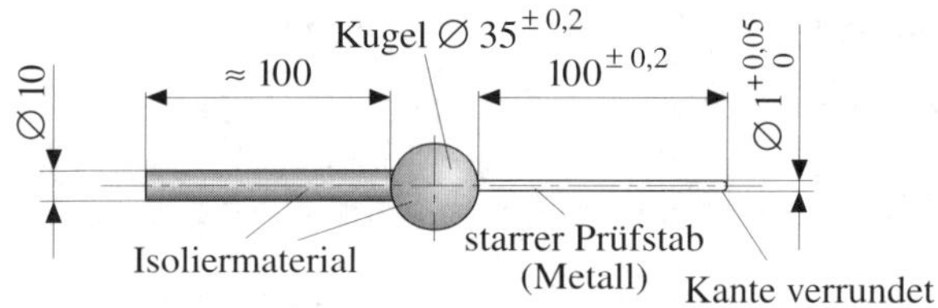

Bild 2.9 Zugangssonde: Prüfdraht 1 mm (Quelle: DIN VDE 0470-1:1992-11)

am Prüfobjekt angelegt. Dabei muß ein ausreichender Abstand zu gefährlichen Teilen eingehalten werden.

In **Bild 2.10** ist als Beispiel eine Prüfung mit dem Prüfstab 2,5 mm gezeigt.

Während die Prüfungen mit den verschiedenen Zugangssonden vom Anwender leicht nachvollziehbar und auch nachprüfbar sind, sind die Prüfungen auf Wasserschutz nur mit umfangreichen Prüfeinrichtungen möglich. Solche Prüfungen werden üblicherweise in dafür akkreditierten Prüflaboratorien durchgeführt.

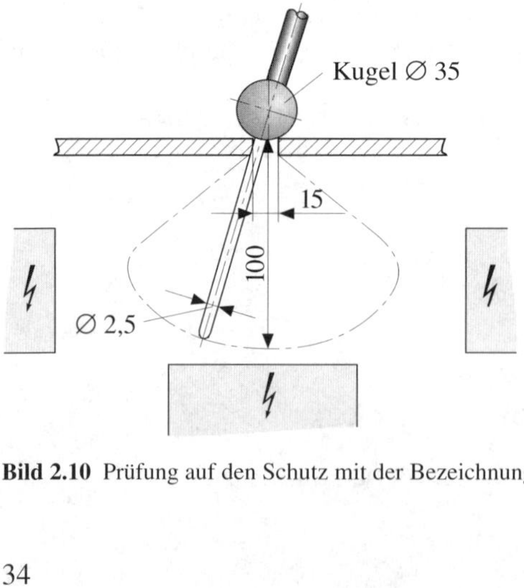

Bild 2.10 Prüfung auf den Schutz mit der Bezeichnung IP1XC

2.2.5 Anwendungen

Nachfolgend werden Beispiele für typische Zahlen und Buchstabenkombinationen genannt:

IP 12
- Berührungsschutz: Schutz gegen Berührung mit dem Handrücken,
- Fremdkörperschutz: Schutz gegen feste Fremdkörper mit 50 mm Durchmesser,
- Wasserschutz: Schutz gegen schräg (15°) tropfendes Wasser,

IP X4
- Berührungsschutz: freigestellt,
- Fremdkörperschutz: freigestellt,
- Wasserschutz: Schutz gegen Spritzwasser aus allen Richtungen,

IP 3XH
- Berührungsschutz: Schutz gegen Berührung mit Werkzeugen,
- Fremdkörperschutz: Schutz gegen feste Fremdkörper mit 2,5 mm Durchmesser,
- Wasserschutz: freigestellt,
- Betriebsmittel für Hochspannung,

IP 23CS
- Berührungsschutz: Schutz gegen Berührung mit Fingern,
- Fremdkörperschutz: Schutz gegen feste Fremdkörper mit 12,5 mm Durchmesser,
- Wasserschutz: Schutz gegen Spritzwasser schräg bis 60°,
- Schutz von Personen, die mit Werkzeugen mit einem Durchmesser von 2,5 mm und einer Länge von 100 mm umgehen,
- Schutz gegen schädliche Wirkungen durch das Eindringen von Wasser, geprüft, während alle Teile des Betriebsmittels im Stillstand sind,

IP 66/IP 67
- Berührungsschutz: Schutz gegen Berührung mit einem Draht,
- Fremdkörperschutz: staubdicht,
- Wasserschutz: Schutz gegen starkes Strahlwasser und Schutz gegen zeitweiliges Untertauchen in Wasser.

Für Betriebsmittel und für elektrische Anlagen in Betriebsstätten und Räumen besonderer Art (DIN VDE 0100, Teile der Gruppe 700) sind Schutzarten teilweise für den speziellen Fall gesondert festgelegt.
Tabelle 2.5 soll einen schnellen Überblick über die verschiedenen Schutzarten in Abhängigkeit der unterschiedlichen Anwendungsfälle geben.
Der Anwender wird häufig in der Praxis noch alte Kurzzeichen für die Schutzarten auf Betriebsmitteln bzw. in schriftlichen Geräteunterlagen finden.

DIN VDE 0100	**Schutzarten**		
Teil 701 Räume mit Badewanne oder Dusche	Bereich	öffentliche Bäder	Bäder im Wohnbereich
	0 1 2 3	IP X7 IP X5 IP X5 IP X5	IP X7 IP X4, IP X5 1) IP X4 IP X1 2)
	1) bei Strahlwasser 2) für Leuchten genügt IP X0		

DIN VDE 0100	**Schutzarten**		
Teil 704 Baustellen	Betriebsmittel	Schutzart	Anmerkung
	Anlaßwiderstände*	IP 44	außerhalb von Schaltanlagen und Verteilern
	Abzweigdosen	IP X4	
	Baustromverteiler AV-Schrank	IP 43	Meßeinrichtung im AV-Schrank
	Ersatzstromversorgungsanlagen	IP 23	Anwendung im Freien
	handgeführte Elektrowerkzeuge	IP 2X	
	Handleuchten	IP X5	
	Hebezeuge	IP 23	
	Installationsmaterial	IP X4	
	Kleinstbaustromverteiler	IP 43	
	Kräne	IP 23	
	Leitungsroller	IP X4	
	Leuchten	IP X3	
	Maschinen*	IP 44	außerhalb von Schaltanlagen im Freien
	Regelwiderstände*	IP 44	
	Schalt- und Steuergeräte*	IP 44	
	Schaltanlagen	IP 43	
	Schweißstromquellen	IP 23	Anwendung im Freien
	Steckvorrichtungen	IP X4	
	steckbare Verteilungseinrichtung als Speisepunkt	IP 43	
	Verteiler	IP 43	
	Wärmegeräte	IP X4	
	* auf Kränen IP 23		

DIN VDE 0100	**Schutzarten**		
Teil 705 Landwirtschaftliche und gartenbauliche Anwesen	Betriebsmittel	Schutzart	Anmerkung
	Schaltanlagen	IP 54	mindestens
	Verteiler	IP 54	mindestens
	Schaltgeräte	IP 54	mindestens
	Überstrom-Schutzeinrichtungen	IP 54	mindestens
	Anlasser	IP 54	mindestens
	Transformatoren	IP 54	mindestens
	Maschinen	IP 44	mindestens
	Klemmenkästen	IP 54	mindestens
	Elektrowerkzeuge		nach DIN VDE 0740
	Leuchten	IP 54	mindestens

Tabelle 2.5 Schutzarten für unterschiedliche Anwendungsfälle der Betriebsmittel und Forderungen in bezug auf Schutzarten für Betriebsstätten und Räume besonderer Art

DIN VDE 0100	Schutzarten
Teil 706 Leitfähige Bereiche mit begrenzter Bewegungsfreiheit	Schutz gegen direktes Berühren (auch bei Schutzkleinspannung) durch ↑ Abdeckung oder ↑ Umhüllungen von mindestens der Schutzart IP 2X

DIN VDE 0100	Schutzarten			
Teil 720 Feuergefährdete Betriebsstätten	Betriebsmittel	Schutzart		Anmerkungen
		Feuergefährdung durch Staub oder/und Fasern	Feuergefährdung durch andere leichtentzündliche feste Stoffe als Staub oder/und Fasern	
	Installationsschalter	IP 5X	IP 4X	abgedeckte Ausführung
	Steckvorrichtung	IP 5X	IP 4X	
	Schaltanlagen	IP 5X	IP 4X	
	Verteiler	IP 5X	IP 4X	
	Anlasser	IP 5X	IP 4X	
	Transformatoren	IP 5X	IP 4X	
	Maschinen[1] (Motoren, Generatoren)	IP 5X	IP 4X	
	Maschinen[1] mit Käfigläufer	IP 5X zugehöriger Klemmkasten IP 5X	IP 4X	
	Schaltgeräte (Ausschalter, Motorschutzschalter)	IP 5X	IP 4X	
	Stromschienensysteme nach DIN VDE 0100 Teil 733	IP 5X	IP 4X	
	Elektrowärmegeräte[2]	IP 5X	IP 4X	
	Handleuchten	IP 5X	IP 4X	
	Leuchten	IP 5X	IP 4X	[3] und [4]
	1) ausgenommen handgeführte Elektrowerkzeuge nach Normen der Reihe DIN VDE 0740 2) vom Hersteller angegebene einzuhaltende Abstände zu brennbaren Stoffen sind zu beachten 3) Leuchten für Betriebsstätten, die durch Staub oder/und Fasern feuergefährdet sind, müssen das Zeichen FF tragen 4) in feuergefährdeten Betriebsstätten, für die Leuchten der Schutzart IP 4X verwendet werden dürfen, sind folgende Festlegungen zu beachten: • Einbauteile wie Lampen oder heiße Lampenteile dürfen nicht aus der Leuchte herausfallen können • an Orten, an denen mit mechanischer Beschädigung zu rechnen ist, müssen Leuchten durch Vorrichtungen, z. B. Schutzgitter, Schutzkörbe, geschützt werden			

Tabelle 2.5 (Fortsetzung) Schutzarten für unterschiedliche Anwendungsfälle der Betriebsmittel und Forderungen in bezug auf Schutzarten für Betriebsstätten und Räume besonderer Art

DIN VDE 0100	Schutzarten
Teil 721 Caravans, Boote und Jachten sowie ihre Stromversorgung auf Camping- bzw. an Liegeplätzen	Steckdosen – IP X4

DIN VDE 0100	Schutzarten		
Teil 722 Fliegende Bauten, Wagen und Wohnwagen nach Schaustellerart	Betriebsmittel	Schutzart	Anmerkung
	Stromkreisverteiler	IP 54	bei Unterbringung in trockenen Räumen darf die Schutzart dem Aufstellungsort entsprechen
	Lichtketten	IP X4	
	Leuchtstofflampenleuchten	IP 54	überdachtes Anbringen IP 53
	Transformatoren Schaltgeräte elektrische Maschinen	IP 23 IP 23 IP 23	nicht bei regengeschützter Aufstellung

DIN VDE 0100	Schutzarten	
Teil 726 Hebezeuge	elektrische Maschinen, Anlaß- und Regelwiderstände auf Kränen	IP 23

DIN VDE 0100	Schutzarten
Teil 729 Aufstellen und Anschließen von Schaltanlagen und Verteilern	Schaltanlagen und Verteiler müssen nach dem Aufstellen die angegebene Schutzart für feste Fremdkörper und Eindringen von Wasser aufweisen. Geringere Schutzarten als IP 2X sind nach DIN VDE 0100 Teil 731 nur in elektrischen Betriebsstätten oder abgeschlossenen elektrischen Betriebsstätten zulässig.

DIN VDE 0100	Schutzarten
Teil 732 Hausanschlüsse in öffentlichen Kabelnetzen	Hausanschlußkasten – Schutzart nach Art der Umgebung

DIN VDE 0100	Schutzarten
Teil 737 Feuchte und nasse Bereiche und Räume; Anlagen im Freien	• feuchte, nasse Bereiche und Räume IP X1 • bei Umfang mit Strahlwasser IP X4 sind die Betriebsmittel unmittelbar dem Wasserstrahl ausgesetzt, ist eine entsprechend höhere Schutzart zu wählen • geschützte Anlagen im Freien IP X1 • ungeschützte Anlagen im Freien IP X3

Tabelle 2.5 (Fortsetzung) Schutzarten für unterschiedliche Anwendungsfälle der Betriebsmittel und Forderungen in bezug auf Schutzarten für Betriebsstätten und Räume besonderer Art

alt	neu
P 00	IP 00
P 11	IP 11
P 22	IP 23
P 50	IP 50
P 31	IP 41
P 32	IP 43
P 33	IP 44
P 34	IP 54

Tabelle 2.6 Kurzzeichen für Schutzarten – alte und neue Bezeichnungen im Vergleich

Zum schnellen Vergleich sind in der **Tabelle 2.6** die alten und die neuen Kurzzeichen einander gegenübergestellt.
Die Bildzeichen (Gitter, Tropfen), die in den Tabellen angegeben sind, entstammen einzelnen Normen für Betriebsmittel nach den früheren VDE- bzw. CEE-Normen und sind auf kleinen Geräten (z. B. Installationsschalter) leichter anzubringen als die volle Ziffernkennzeichnung.

2.3 Literatur zu Kapitel 2

Kiefer, G.: Schutzarten durch Gehäuse (IP-Code). EVU-Betriebspraxis 33 (1994) H. 3 S. 52 – 57

3 Grundlagen für den Fehlerschutz (Schutz bei indirektem Berühren)

3.1 Allgemeine Begriffe

In Verbindung mit dem Schutz bei indirektem Berühren werden eine Reihe von elektrotechnischen Begriffen verwendet, die in Deutschland seit vielen Jahren in der Norm DIN VDE 0100 und seit 1982 im Teil 200 dieser Norm enthalten sind. Ein Teil dieser Begriffe wurde mit gleicher Bedeutung in das „Internationale Elektrotechnische Wörterbuch" (IEV) aufgenommen, das zukünftig weiter vervollständigt werden soll. Der Begriff Starkstromanlage wird in Deutschland im Energiewirtschaftsgesetz gleichlautend definiert. Darüber hinaus werden die in der öffentlichen Energieversorgung häufig verwendeten Begriffe Verteilungsnetz und Verbraucheranlage in den Allgemeinen Versorgungsbedingungen (AVBEltV) übereinstimmend mit den Normen erläutert.
Die wichtigsten Begriffe, die für die weitere Betrachtung des Fehlerschutzes von Bedeutung sind, werden nachfolgend beschrieben.

Starkstromanlage
Elektrische Anlagen mit Betriebsmitteln zum Anwenden elektrischer Energie (Erzeugen, Umwandeln, Speichern, Fortleiten, Verteilen, Verbrauchen) mit dem Zweck des Verrichtens von Arbeit, z. B. in Form von mechanischer Arbeit, zur Wärme- und Lichterzeugung oder bei elektrochemischen Vorgängen. Nach dem Energiewirtschaftsgesetz ist das Endprodukt maßgebend. Es handelt sich dann um eine Starkstromanlage, wenn elektrische Arbeit verrichtet wird.

Verteilungsnetz
Gesamtheit aller dem Fortleiten elektrischer Energie dienenden Anlagen und Betriebsmittel (z. B. Freileitungen, Kabel, Schaltanlagen) von der Stromquelle bis zum Beginn der Verbraucheranlage. Unter Verteilung wird eine beliebige Schaltanlage verstanden. Dies kann ein Schaltschrank, ein Schaltkasten, aber auch eine Steuer-, Meß- oder Regelanlage sein.

Verbraucheranlage
Gesamtheit aller elektrischen Betriebsmittel einschließlich der Hauptleitung nach dem Hausanschlußkasten oder, wo dieser nicht vorhanden ist, nach den Abgangsklemmen der letzten Verteilung vor den Verbrauchsmitteln. Eine Verbraucheranlage wird als Hausinstallation bezeichnet, wenn ihre Betriebsspannung auf 250 V gegen Erde beschränkt bleibt und ihre Ausführung den elektrischen Anlagen für Wohnungen oder vergleichbaren Anwendungsfällen entspricht. Der Planer und Errichter muß davon ausgehen, daß Verbraucheranlagen bzw. Hausinstallationen von elektrotechnischen

Laien genutzt und bedient werden und daß solche Anlagen in vielen Fällen keiner regelmäßigen Überwachung unterzogen werden. Dies erfordert eine sorgfältige Auswahl der elektrischen Betriebsmittel und die Errichtung zuverlässiger Anlagen.

Die **Hauptleitung** als Verbindung zwischen dem Hausanschlußkasten und den Meßeinrichtungen (Zählerverteiler) ist Teil der Verbraucheranlage.

Abgrenzung zwischen Verteilungsnetz und Verbraucheranlage

Die Abgrenzung zwischen Verteilungsnetz und Verbraucheranlage wird in **Bild 3.1** und **Bild 3.2** dargestellt. Für die verschiedenen Leitungsabschnitte sind Bezeichnungen üblich bzw. genormt. Sie sind in den Bildern benannt.

Gefährliche Berührungsspannung

Spannung, die unter bestimmten Bedingungen (z. B. Umgebung, Stromweg) im Körper von Menschen oder Nutztieren einen schädlichen elektrischen Schlag verursachen kann.

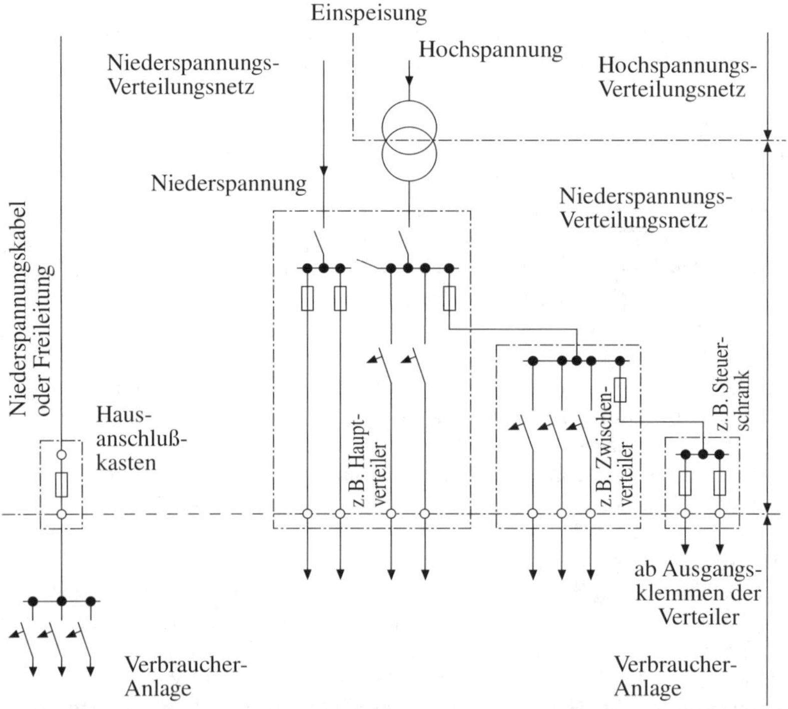

Bild 3.1 Abgrenzung zwischen Verteilungsnetz und Verbraucheranlage in industriellen und gewerblichen Anlagen

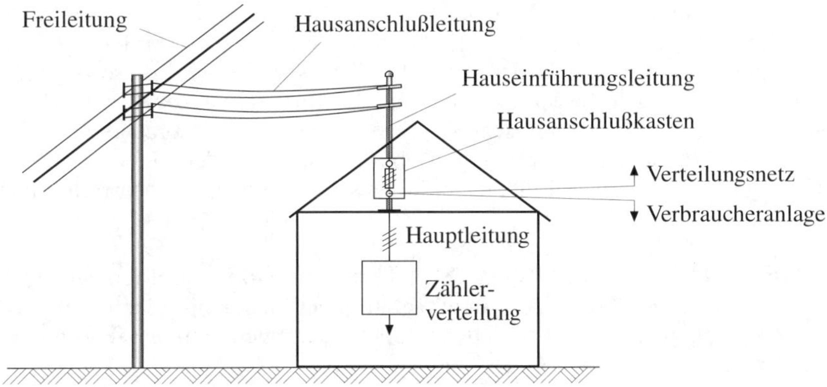

Bild 3.2 Benennungen für Installationsabschnitte im Netz, den Hausanschluß und die Verbraucheranlage bei Vorhandensein eines Hausanschlusses

Gefährlicher Berührungsstrom (schädlicher elektrischer Schlag)
Strom, der den Körper eines Menschen oder Nutztieres durchfließt und dabei eine Elektrisierung mit elektropathologischen Wirkungen hervorruft, die vorübergehend oder dauernd die Gesundheit eines Menschen oder Nutztieres beeinträchtigen können. Sekundärwirkungen, wie Schreckreaktionen, z. B. ein Sturz von einer Leiter, gelten nicht als solche Wirkungen.

Restrisiko einer Elektrisierung
Verbleibendes Risiko eines schädlichen elektrischen Schlags oder der dabei auftretenden Sekundärwirkung trotz Einhaltung der Bestimmungen für den Schutz gegen gefährliche Berührungsströme.

Gebiete mit geschlossener Bebauung sind Gebiete, in denen durch die Dichte der Bebauung Fundamenterder, Versorgungseinrichtungen und sonstige Einbauten mit Erderwirkung in ihrer Gesamtheit wie Maschenerder wirken. In Gebieten mit geschlossener Bebauung ist eine einwandfreie elektrische Trennung von Anlagenerdern (R_A) gegen die Gesamtheit aller Betriebserder (R_B) des Versorgungssystems nicht möglich.

3.2 Leiter und leitfähige Teile

Bei den leitfähigen Teilen einer elektrischen Anlage unterscheidet man zwischen Teilen, die im normalen Betrieb unter Spannung stehen, also für die Stromleitung bestimmt sind, und leitfähigen Teilen, die im Fehlerfall Spannung annehmen können. Der Begriff „unter Spannung stehen“ ist unabhängig von der Höhe der Spannung. Sie kann Werte von der ungefährlichen Kleinspannung bis zu den gefährlichen Spannungen annehmen. In der englischen Fachsprache wird diese Begriffstrennung mit „*live parts*“ (alle Spannungen) und „*hazardous live parts*“ (gefährliche Spannung) ermöglicht. In der deutschen Sprache müßte man entsprechend „aktive Teile“ und „gefährliche aktive Teile“ sagen, aber entsprechend der allgemeinen Praxis wird in der Folge „aktives Teil“ als leitfähiges Teil definiert, dessen Berührung gefährlich ist.

Aktive Teile sind Leiter oder leitfähige Teile, die bei ungestörtem Betrieb, ggf. auch bei Erdschlüssen im Verteilungsnetz, unter gefährlicher Spannung stehen. Gefährliche Spannungen können zwischen aktiven Teilen oder einem aktiven Teil und der Bezugserde auftreten.

Stromführende Teile sind Leiter oder leitfähige Teile, die im normalen Betrieb oder bei Fehlern für die Stromleitung bestimmt sind.

Unter Berücksichtigung obiger Festlegungen ergeben sich folgende Definitionen für die Leiter einer elektrischen Anlage:

Außenleiter sind Leiter, die Stromquellen mit Verbrauchsmitteln verbinden, aber nicht vom Mittel- oder Sternpunkt ausgehen. Außenleiter sind daher immer aktive und stromführende Teile.

Neutralleiter ist ein mit dem Mittel- bzw. Sternpunkt des Netzes verbundener Leiter, der geeignet ist, zur Übertragung elektrischer Energie beizutragen. Neutralleiter sind daher immer stromführende und per Definition auch aktive Teile. Ob sie gefährliche aktive Teile sind, hängt von den Betriebserdungen des Verteilungsnetzes ab.
Allgemein gilt, daß im TN-System (siehe Abschnitt 3.4.2) der Neutralleiter kein gefährliches aktives Teil ist, weil die Erdungsbedingungen immer eingehalten werden müssen und bei Erdschlüssen im Hochspannungsnetz die PEN-Leiterspannung und damit auch der mit dem PEN-Leiter in der Transformatorenstation oder in einem Verteiler verbundene Neutralleiter keine gefährlichen Spannungen annehmen kann. Er muß deshalb beim Auftrennen des Stromkreises weder im Verteilungsnetz noch in der Verbraucheranlage geschaltet werden.
Auch im TT-System (siehe Abschnitt 3.4.3) gilt der Neutralleiter nicht als gefährlicher aktiver Leiter, wenn die Erdungsbedingungen eingehalten werden. Erdschlüsse im Niederspannungsnetz können keine gefährlichen Spannungen des Neutralleiters hervorrufen, da er nicht mit den Schutzleitern der Verbraucheranlagen verbunden ist. Deshalb können die Erdungen in den Transformatorenstationen ausschließlich nach den Bedingungen des TT-Systems, also unabhängig von den Erdschlüssen im Hochspannungsnetz, bemessen werden. In der Normendiskussion wurde in Verbindung mit dem TT-System der Begriff des *wirksam geerdeten Neutralleiters* geprägt.

Das bedeutet, daß im Fehlerfall die Spannung des Neutralleiters gegen Erde kleiner ist als die maximal zulässige prospektive Berührungsspannung.
In einem solchen Fall braucht der Neutralleiter im Verteilungsnetz nicht geschaltet zu werden. In den Verbraucheranlagen muß er dagegen geschaltet werden, weil im TT-System die Ausschaltbedingung im Verteilungsnetz nicht gefordert wird.
In den meisten Fällen gilt im TT-System der Neutralleiter wie im TN-System als wirksam geerdet, da der vierte Leiter im Verteilungsnetz an vielen Stellen mit Erde (Betriebserder) verbunden wird.
Ist der Neutralleiter im TT-System nicht wirksam geerdet – und das ist z. B. derzeit in Frankreich oder Italien der Fall –, muß der Neutralleiter sowohl im Verteilungsnetz als auch in den Verbraucheranlagen geschaltet werden, und das bedeutet bei Drehstromnetzen vierpolige Schaltgeräte.
Im TN- und TT-System wird der Neutralleiter in den Verbraucheranlagen ebenso isoliert verlegt wie die Außenleiter.

Schutzleiter (PE-Leiter) ist ein Leiter, der für die Schutzleiter-Schutzmaßnahmen gegen gefährliche Berührungsströme erforderlich ist, um die elektrische Verbindung zu einem der nachfolgenden Teile herzustellen:
- Körper der elektrischen Betriebsmittel,
- fremde leitfähige Teile,
- Haupterdungsklemme,
- Erder,
- geerdeter Punkt der Stromquelle oder künstlicher Sternpunkt.

PEN-Leiter ist ein geerdeter Leiter, der zugleich die Funktion des PE-Leiters und des Neutralleiters erfüllt.

Es sind folgende Buchstaben-Kennzeichnungen genormt:
- Außenleiter L1, L2, L3
- Neutralleiter N
- Schutzleiter PE
- PEN-Leiter PEN

Bezüglich der Farbkennzeichnung gilt für die verschiedenen Leiterarten:
- Außenleiter sind in der Regel schwarz oder braun gekennzeichnet. Sie können auch hellblau (blau) gekennzeichnet sein, wenn der blaue Leiter nicht als Neutralleiter verwendet wird. Bei der Kennzeichnung von einadrigen Leitern sind alle Farben außer gelb und grün zulässig. Nicht zulässig sind zwei- oder mehrfarbige Kennzeichnungen aller Art.
- Neutralleiter sind, wenn eine hellblaue (blaue) Ader vorhanden ist, hellblau zu kennzeichnen. Ist keine hellblaue Ader vorhanden, kann dem Neutralleiter eine beliebige Farbe, nicht aber grün-gelb, zugeordnet werden.
- Schutzleiter dürfen nur grün-gelb gekennzeichnet werden.
- PEN-Leiter dürfen, wie Schutzleiter, nur grün-gelb gekennzeichnet werden.

Der Vollständigkeit halber werden noch folgende, häufig vorkommende Begriffe definiert:

Körper, äußere leitfähige Teile sind leitfähige Teile elektrischer Betriebsmittel, die normalerweise nicht unter Spannung stehen, die aber im Fehlerfall, z. B. beim Versagen der Basisisolierung, Spannung annehmen können.

Inaktive Teile sind leitfähige Teile elektrischer Betriebsmittel, die nicht aktive Teile oder stromführende Teile sind und im Fehlerfall unter gefährlicher Spannung stehen können, aber nicht berührbar sind. Sie können zum Beispiel im Innern eines Isolierstoffgehäuses angeordnet sein.

Fremdes leitfähiges Teil ist ein leitfähiges Teil, das nicht zur elektrischen Anlage gehört, das jedoch elektrische Potentiale einschließlich des Erdpotentials einbringen kann.
Beispiel: Metallene Rohrsysteme, Gebäudekonstruktionsteile, leitfähige Fußböden und Wände, aber z. B. keine Zentralheizkörper, die an isolierende Rohrsysteme angeschlossen sind, oder metallene Türrahmen.

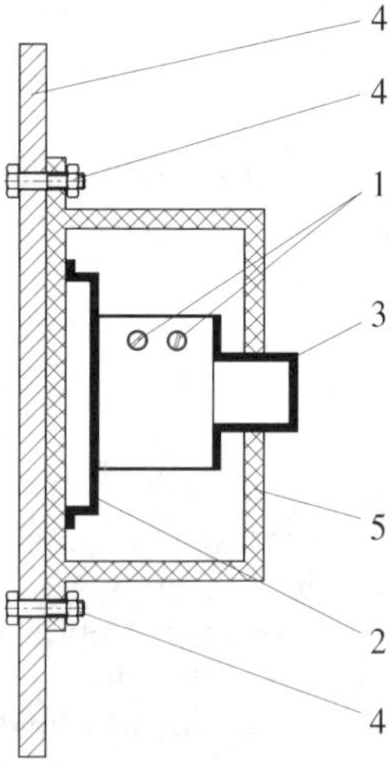

Bild 3.3 Definitionen
1 Anschlußklemmen, aktive Teile
2 nicht berührbarer, metallener Geräteträger als inaktives Teil
3 leitfähiges, berührbares Teil des Betriebsmittels als Körper
4 Metallwand mit Befestigungsschrauben als fremdes leitfähiges Teil
5 Isolierstoffgehäuse

Schutzisolierung ist eine Schutzmaßnahme bei indirektem Berühren, die hergestellt wird durch eine zusätzliche Isolierung zur Basisisolierung oder durch eine Verstärkung der Basisisolierung, und zwar in einer solchen Art, daß bei einem Versagen der Basisisolierung keine gefährlichen Berührungsströme zum Fließen kommen können (siehe auch Kapitel 5).

Schutztrennung ist eine Schutzmaßnahme bei indirektem Berühren, bei der Betriebsmittel vom speisenden Netz sicher elektrisch getrennt und die schutzgetrennten aktiven Teile nicht geerdet werden (siehe auch Kapitel 5).

In **Bild 3.3** sind die genannten Definitionen dargestellt.

3.3 Schutzklassen elektrischer Betriebsmittel

3.3.1 Allgemeines

Es ist selbstverständlich, daß elektrische Betriebsmittel für den vorgesehenen Verwendungszweck geeignet sind und den einschlägigen Normen entsprechen müssen. Sie müssen auch ordnungsgemäße Aufschriften tragen, d. h. ein Ursprungszeichen besitzen und richtige Nennangaben auf dem Leistungsschild führen. Sie müssen so ausgewählt werden, daß sie den zu erwartenden elektrischen Beanspruchungen und den äußeren Einflüssen am Verwendungsort standhalten. Das heißt, daß die Betriebsmittel die richtige Schutzart gegen Fremdkörper-, Berührungs- und Wasserschutz aufweisen müssen und der Schutz gegen gefährliche Berührungsströme gegeben sein muß (Basisschutz und Fehlerschutz). Weitere Umwelteinflüsse sind zu beachten (Feuchtigkeit, mechanische Erschütterungen, Umgebungstemperaturen, Explosionsgefahr etc.). Die im Kurzschlußfall auftretenden thermischen und dynamischen Beanspruchungen sind zu berücksichtigen.
Auch die beim Normalbetrieb zu erwartenden Erwärmungen müssen richtig eingeschätzt werden. Das bedeutet, daß falsche, thermisch isolierende Abdeckungen, die einen Wärmestau verursachen, vermieden werden müssen.
Sowohl bei in Serie gefertigten Betriebsmitteln als auch bei Anfertigung von Einzelstücken (z. B. Zusammenbau eines Verteilers in der Werkstatt) müssen die vorschriftsmäßigen Kriech- und Luftstrecken eingehalten werden. Man versteht unter Kriechstrecke die kürzeste Strecke längs einer Isolierstoffoberfläche zwischen zwei Bezugspunkten. Luftstrecke ist dagegen die kürzeste als Fadenmaß gemessene Strecke in Luft zwischen zwei Bezugspunkten (**Bild 3.4**).
Kriechstrecken und Luftstrecken müssen die erforderliche Isolation für den Betrieb des Geräts, also der aktiven Teile mit verschiedenen Potentialen untereinander (Betriebsisolierung), und die Isolation für den Schutz gegen gefährliche Berührungsströme (also aktive Teile gegen leitfähige, berührbare Teile) sicherstellen (Basisisolierung).

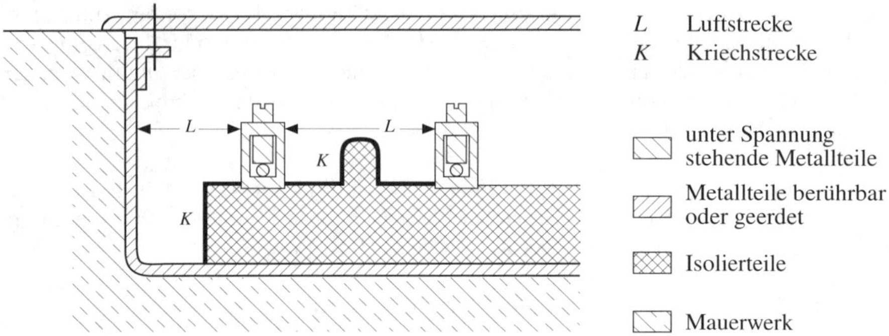

Bild 3.4 Luftstrecken und Kriechstrecken

Wie der Schutz gegen gefährliche Berührungsströme klassifiziert werden kann, wird in der IEC-Publikation 61140 beschrieben, die die Betriebsmittel in verschiedene Schutzklassen einteilt. Durch die Schutzklasse wird einerseits die Art der Basisisolierung (also der Basisschutz) festgelegt, andererseits auch der Fehlerschutz (Schutz bei indirektem Berühren).
Die nachfolgende **Tabelle 3.1** gibt einen Überblick über die Klassifizierung elektrischer Betriebsmittel nach Schutzklassen.
In **Bild 3.5** sind diese Bauformen dargestellt.

Definition

Schutzklasse
Kennzeichnung der Maßnahmen des Fehlerschutzes mit römischen Ziffern:
I Schutzleiteranschluß der Körper,
II Schutzisolierung,
III Schutz durch Kleinspannung.

Schutzklasse	Bildzeichen	Basisschutz	Fehlerschutz
0	–	Basisisolierung	nicht vorhanden
I	–	Basisisolierung	Schutzleiteranschluß, Stecker mit Schutzkontakt
II		Basisisolierung	zusätzliche Isolierung verstärkte Isolierung
III		schwächere Basisisolierung in manchen Fällen	Schutz durch Kleinspannung SELV und PELV

Tabelle 3.1 Klassifizierung elektrischer Betriebsmittel nach Schutzklassen

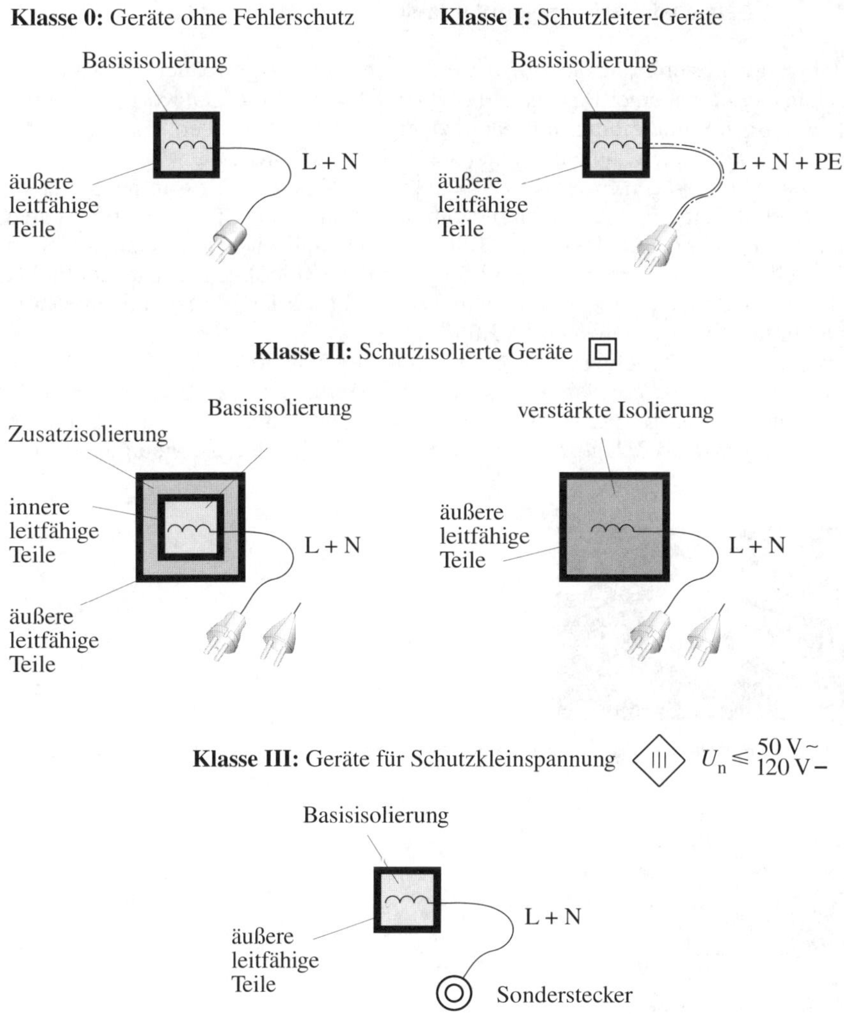

Bild 3.5 Prinzipielle Darstellung der Schutzklassen elektrischer Betriebsmittel

3.3.2 Betriebsmittel der Schutzklasse 0

Vor Jahrzehnten wurde die Schutzklasse 0 am meisten angewendet. Es waren die einfachen Geräte mit einer Basisisolierung der aktiven Teile gegen Körper und einer zweiadrigen Anschlußleitung mit einem zweipoligen Lichtstecker. Man findet derartige Geräte auch noch heute in manchen Ländern, z. B. in den USA und Japan, wo die Netzspannung gegen Erde nur 120 V bzw. 100 V beträgt. Bekommen derartige Geräte einen Isolationsfehler, dann bleiben die gefährlichen Spannungen bestehen, bis man merkt „das Gerät elektrisiert" oder bis ein Unfall entsteht. In vielen Ländern ist diese Geräteklasse verboten und mit ihr auch der zweipolige Lichtstecker und all die kleinen Flachstecker, die auseinander geschraubt werden können, um eine zweiadrige Leitung anzuschließen (**Bild 3.6**).
In den Ländern, die durchweg mit Netzspannungen bis 250 V gegen Erde arbeiten, hat man sich dagegen zu der Auffassung durchgerungen, daß Betriebsmittel der Klasse 0 nicht zulässig sind. Damit sind Geräte mit einer normalen Basisisolierung, wie z. B. die in **Bild 3.7** gezeigte Fernsehleuchte mit äußeren Metallteilen, und

Bild 3.6 Vorschriftswidriger Flachstecker (Leitungen auswechselbar, Stifte auf der ganzen Länge blank)

Bild 3.7 Vorschriftswidrige Fernsehleuchte der Klasse 0 mit zweipoligem Stecker und zweiadriger Anschlußleitung

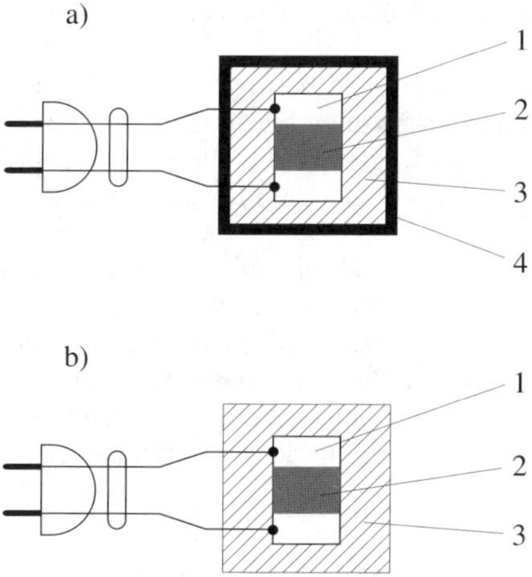

Bild 3.8 Prinzipieller Aufbau von Betriebsmitteln der Schutzklasse 0
a) mit äußeren leitfähigen Teilen
b) mit äußeren Teilen aus Isolierstoff
1 aktive Teile des Betriebsstromkreises
2 Betriebsisolierung zwischen aktiven Teilen
3 Basisisolierung zwischen aktiven Teilen und Körper
4 äußere leitfähige Teile (Körper)

zweiadriger Leitung mit Konturenstecker nicht mehr vorschriftsmäßig. **Bild 3.8** zeigt den prinzipiellen Aufbau von Betriebsmitteln der Schutzklasse 0.

3.3.3 Betriebsmittel der Schutzklasse I

Bei Betriebsmitteln der Schutzklasse I sind ebenfalls die äußeren leitfähigen Teile (Körper) nur durch die Basisisolierung von den aktiven Teilen isoliert.
Der Körper ist jedoch gut leitend mit einer Anschlußstelle für den Schutzleiter verbunden. Zu äußeren leitfähigen Teilen zählen auch Metallteile, die von Lacken, Kunststoffbeschichtungen und ähnlichen Oberflächenschutzmitteln überzogen sind. Falls jedoch derartige leitfähige Teile durch doppelte oder verstärkte Isolation oder durch einen mit dem Schutzleiter verbundenen metallenen Schirm von den aktiven Teilen getrennt sind, brauchen sie nicht mit dem Schutzleiteranschluß verbunden werden. Ebensowenig müssen kleinere Metallteile, die bei normalem Gebrauch des Betriebsmittels nicht berührt, oder infolge ihrer Kleinheit weder umfaßt werden noch großflächig mit dem menschlichen Körper in Berührung kommen, nicht an den Schutzleiter angeschlossen werden. Diese Ausnahme gilt z. B. für Befestigungsschrauben oder Nieten und Leistungsschilder. Berührbare äußere Teile aus Isolier-

stoff brauchen im allgemeinen ebenfalls nur durch die Basisisolierung von den aktiven Teilen isoliert sein.

Ob man verlangt, daß derartige Isolierstoffteile, wenn sie beim Gebrauch bestimmungsmäßig in der Hand gehalten werden oder mit fremden leitfähigen Teilen dauernd in Verbindung stehen, durch eine doppelte oder verstärkte Isolierung von aktiven Teilen getrennt sein müssen, hängt von den Bauvorschriften für die verschiedenen Geräte ab.

Betriebsmittel der Schutzklasse I müssen also eine Anschlußstelle für den Schutzleiter haben, die deutlich gekennzeichnet sein muß und für die zusätzliche Vorschriften hinsichtlich des Korrosionsschutzes und des Schutzes gegen Lockerung bestehen. Anschlußleitungen für Betriebsmittel der Schutzklasse I müssen einen Schutzleiter enthalten, und Steckverbindungen müssen einen Schutzkontakt besitzen.

Bild 3.9 zeigt den prinzipiellen Aufbau von Betriebsmitteln der Schutzklasse I.

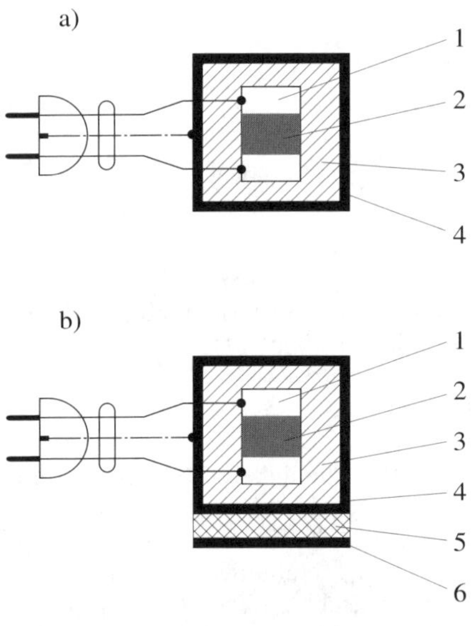

Bild 3.9 Prinzipieller Aufbau von Betriebsmitteln der Schutzklasse I

a) alle äußeren leitfähigen Teile (Körper) mit dem Schutzleiter verbunden

b) ein äußeres leitfähiges Teil durch doppelte Isolierung von aktiven Teilen und dem übrigen Körper getrennt

1 aktive Teile des Betriebsstromkreises

2 Betriebsisolierung zwischen aktiven Teilen

3 Basisisolierung zwischen aktiven Teilen und Körper

4 äußere leitfähige Teile

5 Zusatzisolierung

6 äußerer leitfähiger Teil, der nicht mit dem Schutzleiteranschluß verbunden sein muß

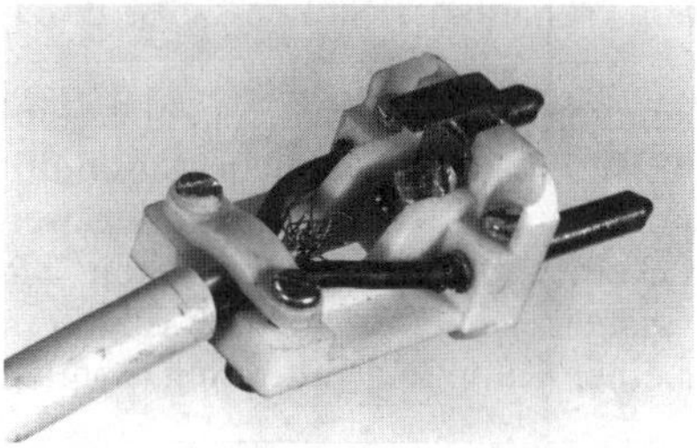

Bild 3.10 Schutzleiterunterbrechung durch abgerissene Litze verursachte tödlichen Elektrounfall

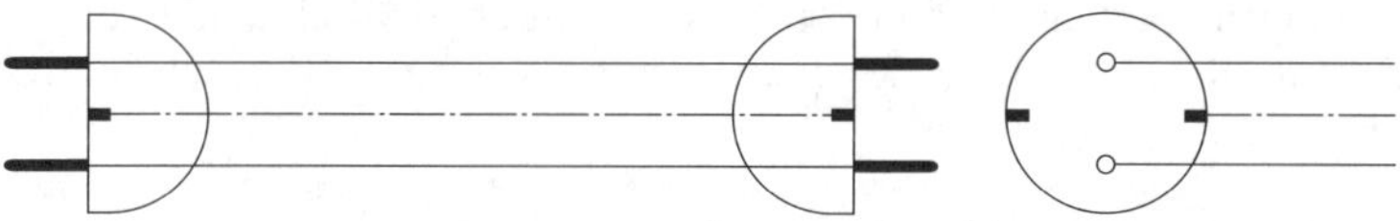

Bild 3.11 Der Berührung zugängliche, Spannung führende Steckerstifte bei einer Verlängerungsleitung, bei der vorschriftswidrig an beiden Enden ein Stecker montiert ist

In diesem Zusammenhang soll auch der Schutzleiteranschluß in Anschlußleitungen erwähnt werden. Im Stecker oder in der Kupplungsdose soll das Schutzleiterende immer länger sein als die Enden der unter Spannung stehenden Adern, damit beim Versagen der Zugentlastung der Schutzleiter zuletzt auf Zug beansprucht und zuerst die Spannung führenden Leitungen aus den Klemmen gerissen werden (**Bild 3.10**). Wird gegen diese Regel der Technik verstoßen, dann kann es leicht zum Unfall kommen.

In der Folge werden einige praktische Hinweise für Anschlußleitungen von Betriebsmitteln der Schutzklasse I gegeben. Bewegliche Anschlußleitungen sind eine der Hauptursachen von Elektrounfällen. Beschädigte Anschlußleitungen sollen als

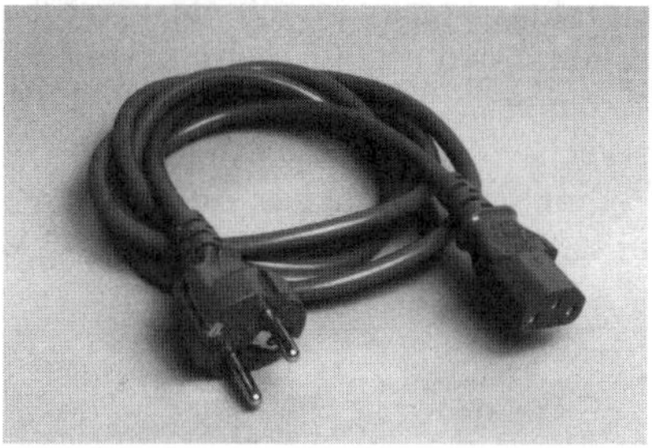

Bild 3.12 Geräteanschlußleitung mit Schutzkontaktstecker, Schutzleiter und normgerechtem Gerätestecker

Ganzes ausgewechselt werden. Es ist gefährlich, schadhafte Stellen, z. B. durch Umwickeln mit Isolierband, zu reparieren.
Bei gezogenen Steckern dürfen Stifte nie Spannung führen. Dieser Fehler wird manchmal bei Verlängerungsleitungen gemacht (**Bild 3.11**). Bewegliche Anschlußleitungen mit Gerätesteckdosen (Geräteanschlußleitungen) und Kupplungsdosen (Verlängerungsleitungen) müssen auf alle Fälle einen Schutzleiter enthalten. Sie müssen an einem Ende mit einem Schutzkontaktstecker und am anderen Ende mit einer Gerätesteckdose mit Schutzkontakt oder einer Kupplung mit Schutzkontakt versehen sein (**Bild 3.12**).

3.3.4 Betriebsmittel der Schutzklasse II (schutzisolierte Betriebsmittel)

Bild 3.13 zeigt den prinzipiellen Aufbau von Betriebsmitteln der Schutzklasse II. Die Schutzisolierung als Maßnahme des Fehlerschutzes wird ausführlich in Abschnitt 5.5 besprochen.

3.3.5 Betriebsmittel der Schutzklasse III

Betriebsmittel der Schutzklasse III sind für den Betrieb mit Kleinspannung gebaut. Die Nennspannung darf daher die für die Kleinspannung vorgeschriebenen Grenzwerte von 50 V für Wechselstrom und 120 V (vergleiche Band 1 Abschnitt 3.3.3 der VDE-Schriftenreihe 80) für Gleichstrom nicht überschreiten. Diese Nennspannungen werden bei den Maßnahmen des Fehlerschutzes Schutz durch Kleinspannung SELV und PELV eingesetzt. Bei der Kleinspannung PELV sind oft aber auch Betriebsmittel zulässig, die nicht der Schutzklasse III entsprechen müssen. Zu beachten ist, daß die Grenzwerte für die Leerlaufspannungen gelten, wenn die Primärspannung der Schutztransformatoren der Nennspannung entspricht.
Wesentlich ist, daß für Betriebsmittel der Schutzklasse III eine Basisisolierung verlangt wird, die einer Nennspannung von 250 V entspricht, und auch der Schutz gegen direktes Berühren gegeben sein muß.
Betriebsmittel der Schutzklasse III sind mit dem international genormten Kurzzeichen nach **Bild 3.14** gekennzeichnet.
Anschlußleitungen haben keinen Schutzleiter, und als Steckvorrichtungen werden Sonderbauformen verwendet, z. B. die international genormte Rundsteckvorrichtung. **Bild 3.15** zeigt als Beispiel die Kleinspannungssteckvorrichtung 16 A, 42 V, bei der am Innenkragen der Dose eine Unverwechselbarkeitsnase vorgesehen ist. Der Stecker für die Nennspannung 42 V besitzt eine entsprechende Ausnehmung. Der Stecker für 24 V hat keine Nut, und damit kann er nicht in die Dose für 42 V eingeführt werden.

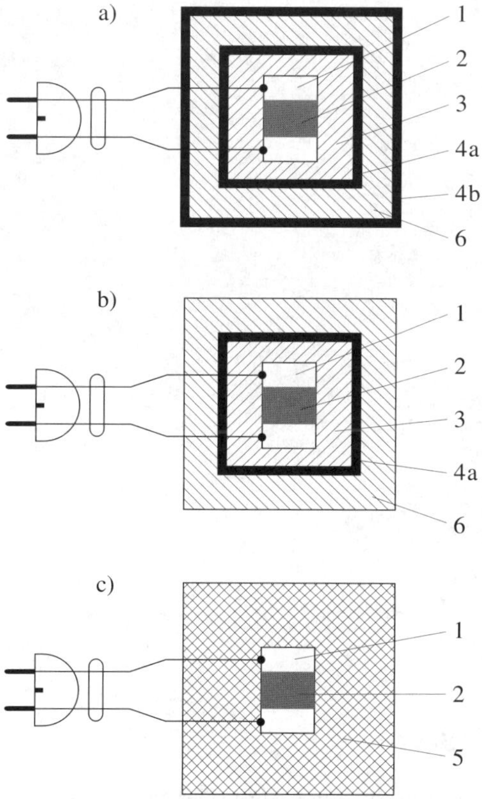

Bild 3.13 Prinzipieller Aufbau von Betriebsmitteln der Schutzklasse II
a) Schutzzwischenisolierung
b) Schutzisolierumhüllung mit inneren leitfähigen Teilen (inaktiven Teilen)
c) Schutzisolierumhüllung mit verstärkter Isolierung
1 aktive Teile des Betriebsstromkreises
2 Betriebsisolierung zwischen aktiven Teilen
3 Basisisolierung zwischen aktiven Teilen und inneren leitfähigen Teilen
4a innere leitfähige Teile (inaktive Teile)
4b äußere leitfähige Teile (Körper)
5 verstärkte Isolierung
6 Zusatzisolierung

Bild 3.14 Bildzeichen für Betriebsmittel der Schutzklasse III

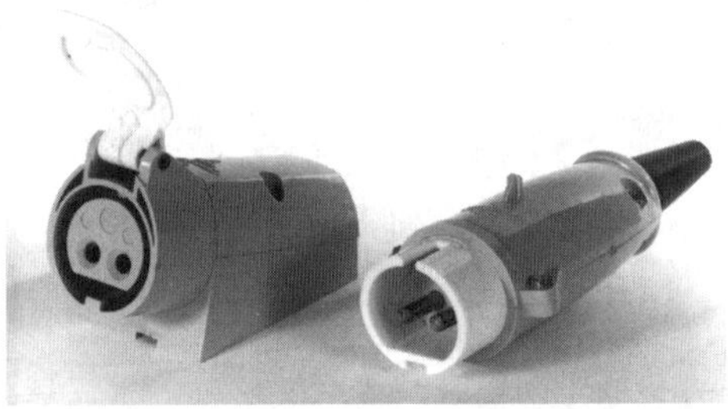

Bild 3.15 Internationale Rundsteckvorrichtung für Kleinspannung 16 A, 42 V

3.4 Verteilungssysteme (Netzsysteme)

3.4.1 Einteilung und Kennzeichnung der Verteilungssysteme nach IEC-Publikation 364

Der Begriff Verteilungssystem hat sich für die Gesamtheit aller Leitungen, Kabel und sonstiger elektrischer Betriebsmittel von der Stromquelle bis zu den Verbrauchsgeräten, einschließlich aller Erdverbindungen und Schutzleiter, entwickelt. Charakteristische Merkmale des Verteilungssystems sind:

- die Art und Zahl der aktiven Leiter,
- die Art der Erdverbindungen.

Die Zahl der aktiven Leiter beschränkt sich bei den üblicherweise verwendeten Wechselstromsystemen auf Einphasen-2-Leiter-Systeme und auf Drehstrom-3- bzw. Drehstrom-4-Leiter-Systeme.

Das System nach Art der Erdverbindungen macht Aussagen zum Schutzleiter bzw. PEN-Leiter und beschreibt die Erdungsverhältnisse im Netz und in der Verbraucheranlage. Das System legt damit die Bedingungen fest für die Auswahl der Schutzleiter-Schutzmaßnahmen zum Schutz gegen gefährliche Berührungsströme.

Grundsätzlich kann man bei elektrischen Verteilungsnetzen zwischen betriebsmäßig geerdeten Netzen und von Erde isolierten Netzen unterscheiden. In der IEC-Klassifikation, die aus zwei Buchstaben besteht, wird die Art der Erdung des Verteilungsnetzes durch den ersten Buchstaben gekennzeichnet.

I bedeutet Isolierung des Netzes gegen Erde oder Verbindung des Sternpunkts über hochohmige Impedanzen (mittelbare Erdung) oder Überspannungsableiter bzw. Funkenstrecken (offene Erdung).
Isolierte Netze können geringe Ausdehnung haben (Schutz durch Kleinspannung (SELV), Schutztrennung), mittlere Größe (IT-System für einen Operationssaal oder einen Industriebetrieb) oder, wie in Norwegen, ganze Stadtteile versorgen (öffentliches Versorgungsnetz 3 ~ 230 V als IT-System).

T bedeutet die unmittelbare Erdung des Netzes (im allgemeinen des Neutralleiters, PEN- oder Schutzleiters). An diese Betriebserdungen werden definierte Anforderungen gestellt, die in den weiteren Abschnitten beschrieben werden.

Der zweite Buchstabe kennzeichnet die Art der Verbindung des Schutzleiters in der Verbraucheranlage.

T bedeutet direkte Erdung der Körper der zu schützenden elektrischen Betriebsmittel mit der Erde außerhalb des Einflußbereichs der Betriebserder.

N bedeutet direkte Verbindung der Körper der zu schützenden elektrischen Betriebsmittel mit dem Transformator durch den PEN-Leiter oder den Schutzleiter, die im allgemeinen an mehreren Stellen im Verteilungsnetz und in der Verbraucheranlage unmittelbar geerdet sind.

In der Praxis hat sich gezeigt, daß es schwierig ist, mit der Kurzbezeichnung der Systeme nach Art der Erdverbindung auch die Schutzmaßnahmen durch automatische Ausschaltung vollständig zu erfassen. So kann z. B. das TT-System sowohl die klassische Schutzerdung mit der Ausschaltung des Fehlers durch Überstrom-Schutzeinrichtungen, als auch die Fehlerstrom-Schutzschaltung bedeuten; ebenso das IT-System die Schutzerdung eines isolierten Verteilungsnetzes einer ganzen Stadt oder einer begrenzten Versorgungsanlage. Für alle eben genannten Systeme sind aber die notwendigen praktischen Maßnahmen in den Verbraucheranlagen bei der Errichtung der Installation voneinander verschieden.

Daher ist das in IEC-Publikation 364 (Electrical installations of buildings, Part 3: Assessment of general characteristics) beschriebene Kennzeichnungssystem, das auch erkennen lassen soll, welche Schutzmaßnahme in der Verbraucheranlage verwendet wird, problematisch. Es wurde in dem Bemühen entwickelt, international einheitliche Bezeichnungen der Schutzssysteme zu definieren. Dies ist insoweit gelungen, als die Bezeichnungen für die Art der Erdverbindungen die Bedingungen für die Auswahl der Schutzmaßnahmen beschreiben.

3.4.2 TN-System

Definition

Ein TN-System bezeichnet ein Niederspannungs-Verteilungsnetz einschließlich der Stromquelle und den Verbraucheranlagen, in dem ein Leiter über einen oder mehrere Betriebserder niederohmig geerdet ist und in dem die Körper der zu schützenden elektrischen Betriebsmittel über Schutzleiter mit dem geerdeten Leiter verbunden sind.
Je nach Anordnung dieses Schutzleiters werden drei Arten von TN-Systemen unterschieden:

TN-S-System wenn Schutzleiter und Neutralleiter im gesamten Netz getrennt geführt sind (**Bild 3.16**),

TN-C-System wenn die Funktionen von Schutzleiter und Neutralleiter im gesamten Netz in einem einzigen Leiter, dem PEN-Leiter, zusammengefaßt sind (**Bild 3.17**),

TN-C-S-System wenn die Funktionen von Schutzleiter und Neutralleiter in einem Teil des Netzes in einem einzigen Leiter, dem PEN-Leiter, zusammengefaßt sind, während diese Leiter im übrigen Teil des Netzes getrennt geführt werden (**Bild 3.18**).

Im Prinzip bedeutet daher das TN-System nichts anderes als die weltweit am häufigsten angewendete Methode des Fehlerschutzes, die im deutschen Sprachgebrauch früher als „Nullung", in England als „protective multiple earthing (PME)" und in Australien als „multiple earthed neutral (MEN)" bezeichnet wird. Die Bezeichnung Nullung wurde ja von der Vorstellung abgeleitet, daß mit dieser Schutzmaßnahme das Potential der Körper der geschützten Geräte auf „Null", also auf Erdpotential, gehalten werden kann.

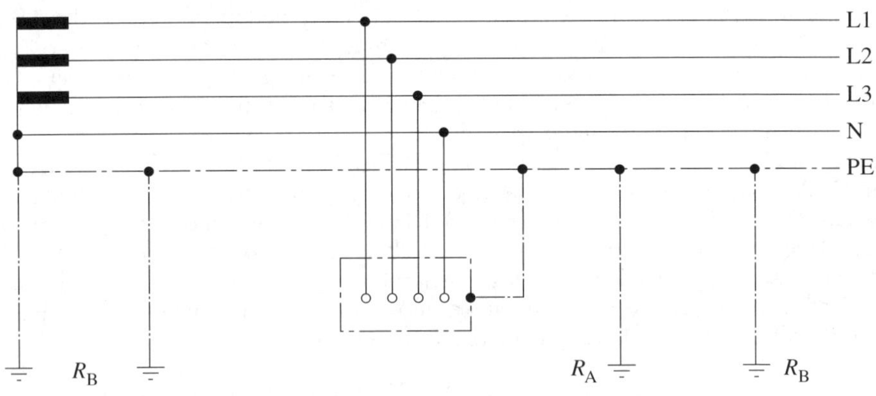

Bild 3.16 TN-S-System
R_B Gesamterdungswiderstand aller Betriebserden
R_A Erdungswiderstand der Verbraucheranlage

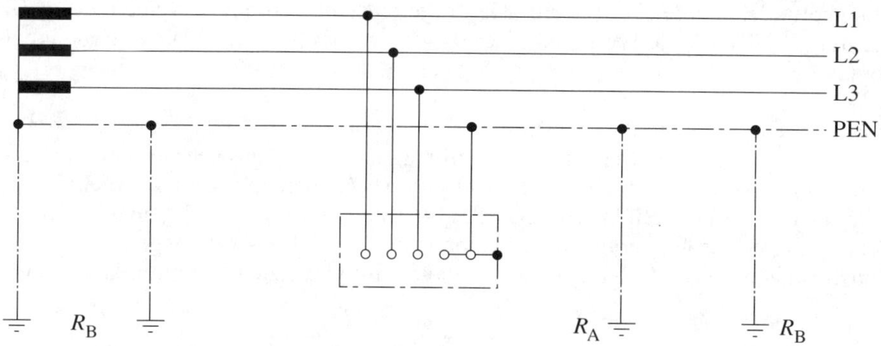

Bild 3.17 TN-C-System
R_B Gesamterdungswiderstand aller Betriebserden
R_A Erdungswiderstand der Verbraucheranlage

Anstelle der früheren Bezeichnung Nullung wird die vergleichbare Schutzmaßnahme nach den heutigen Normen „Schutz durch automatische Ausschaltung im TN-System mit Überstrom-Schutzeinrichtungen" genannt.
Da sich diese Bezeichnung wohl kaum in den Sprachgebrauch des Praktikers einbürgern wird, lag es nahe, den verkürzten Begriff „TN-System" zu wählen, der aber, wie bereits beschrieben, die tatsächlichen Verhältnisse nur unzulänglich wiedergibt. Deutlicher wäre schon, wenn neben dem TN-System die jeweils zu verwendende Ausschalteinrichtung angegeben oder eine in allen Sprachen annehmbare Bezeich-

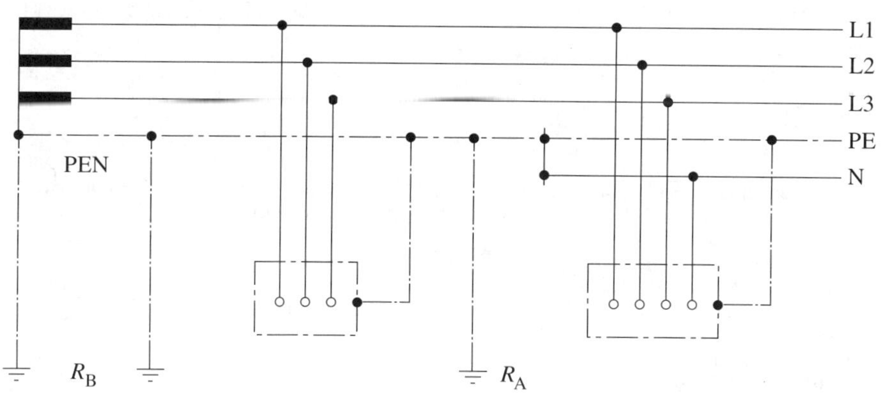

Bild 3.18 TN-C-S-System
R_B Gesamterdungswiderstand aller Betriebserden
R_A Erdungswiderstand der Verbraucheranlage

nung gefunden würde. Der Begriff „Neutralleiter-Schutzerdung“ (protective neutral earthing, PNE) könnte beispielsweise als eine einheitliche Bezeichnung geeignet sein.

Im einzelnen ist zu den drei TN-Systemen zu bemerken:
Im TN-S-System ist der Schutzleiter im allgemeinen mehrmals geerdet, der Neutralleiter ist nur am Eingang mit dem Schutzleiter verbunden und sonst wie die Außenleiter isoliert verlegt (Bild 3.16). Das TN-S-System wird für die allgemeine Stromversorgung nur selten verwendet, aber manchmal z. B. für Großanlagen mit Eigentransformator oder in Gebäuden bzw. Anlagen mit vernetzten Kommunikationsein-

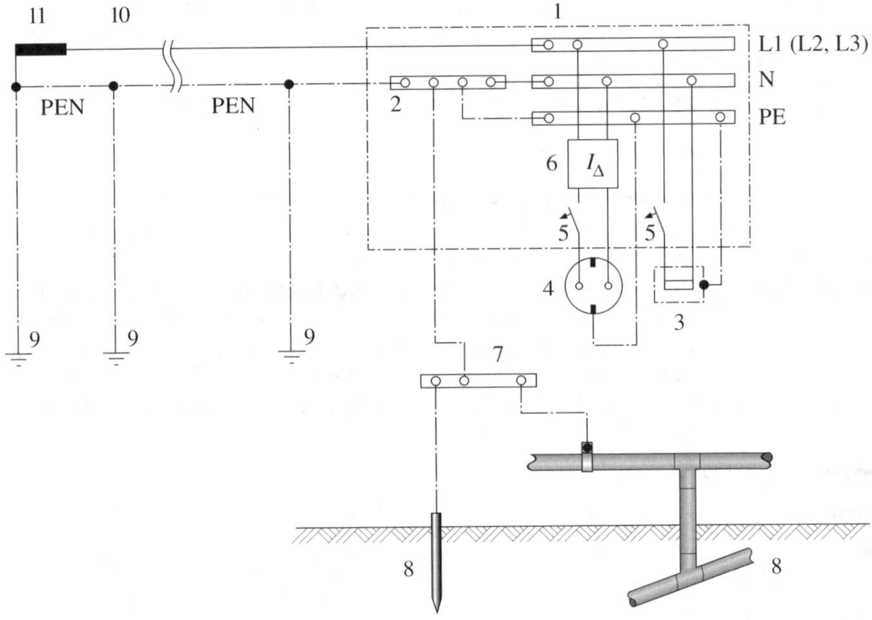

Bild 3.19 Vereinfachte Darstellung einer Hausinstallation mit Netztransformator und Verteilungsnetz 3N ~ 50 Hz 400/230 V, in der das TN-System als Fehlerschutz angewendet wird
1 Hauptverteiler mit Meßeinrichtungen
2 Trennklemme oder Schiene von PEN auf PE und N
3 fest angeschlossene Betriebsmittel
4 Stromkreise mit Steckdosen mit Zusatzschutz durch FI-Schutzschalter
5 Leitungsschutzschalter
6 FI-Schutzschalter, Nennfehlerstrom 30 mA, für den Zusatzschutz
7 Potentialausgleichsschiene
8 Anlagenerder R_A
9 Betriebserder R_B des Netzes, verbunden über den PEN-Leiter
10 Verteilungsnetz
11 Netztransformator

richtungen, die für ihren zuverlässigen Betrieb eine möglichst fremdspannungsarme Erde erfordern.
Im TN-C-System gibt es weder einen Neutralleiter noch einen Schutzleiter. Die Verbindungen vom PEN-Leiter zu den Körpern der zu schützenden elektrischen Betriebsmittel werden bei den Anschlußstellen, z. B. in den Steckdosen, durchgeführt.

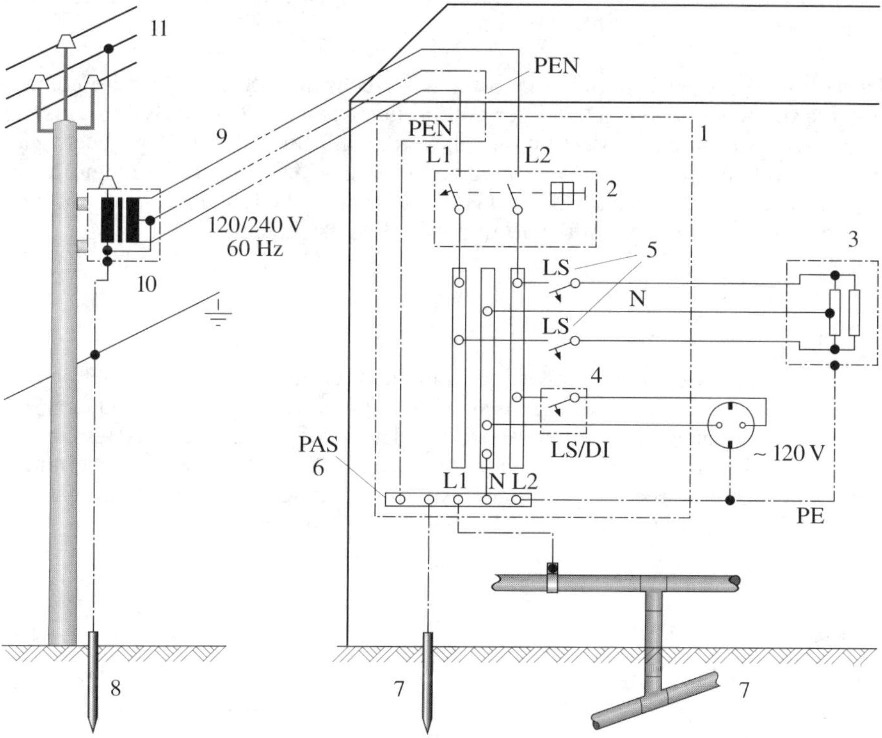

Bild 3.20 Vereinfachte Darstellung einer amerikanischen Hausinstallation mit Masttransformator und Hausanschlußleitung 2N ~ 60 Hz 240/120 V, in der das TN-System als Fehlerschutz angewendet wird
1 Hauptverteiler
2 Hauptschalter
3 fest angeschlossene Betriebsmittel
4 Stromkreise mit Steckdosen mit Zusatzschutz durch FI-Schutzschalter (LS/DI), Nennfehlerstrom 5 mA
5 Leitungsschutzschalter
6 Potentialausgleichsschiene und Trennung von PEN auf PE und N
7 Anlagenerder R_A
8 Betriebserder R_B
9 Hausanschlußleitung
10 Masttransformator
11 Hochspannungsnetz

Der PEN-Leiter wird im Verteilungsnetz mehrmals geerdet und ist in den Verbraucheranlagen mit der Verbrauchererdung verbunden. Dieses System wurde früher auch als „klassische Nullung“ bezeichnet.
Im TN-C-S-System wird üblicherweise der Neutralleiter vom PEN-Leiter in der Verbraucheranlage abgezweigt und wird nach der Abzweigung wie die Außenleiter isoliert verlegt. Der PEN-Leiter ist wie beim TN-C-System im Verteilungsnetz mehrmals geerdet und ist in den Verbraucheranlagen mit der Verbrauchererdung verbunden.

Diese komplizierten Unterteilungen mit den Buchstaben S und C sind eigentlich überflüssig. Sie ergeben sich bei der praktischen Anwendung des TN-Systems von selbst. Die zu erfüllenden Bestimmungen werden in Abschnitt 4.1 besprochen. Zum besseren Verständnis werden vereinfachte Schemata für Hausinstallationen für das europäische Verteilungsnetz 3N ~ 50 Hz 400/230 V und das amerikanische System 2N ~ 60 Hz 240/120 V in **Bild 3.19** und **Bild 3.20** dargestellt.

3.4.3 TT-System

Definition
Ein TT-System bezeichnet ein Niederspannungs-Verteilungsnetz einschließlich der Stromquelle und den Verbraucheranlagen, in dem ein Leiter (vorwiegend der Neutralleiter) über einen oder mehrere Betriebserder niederohmig geerdet ist und in dem die Körper der zu schützenden elektrischen Betriebsmittel der Verbraucheranlage über Schutzleiter mit Erdern verbunden sind, die von den Betriebserdern unabhängig sind, d. h. elektrisch nicht beeinflußt werden (**Bild 3.21**).

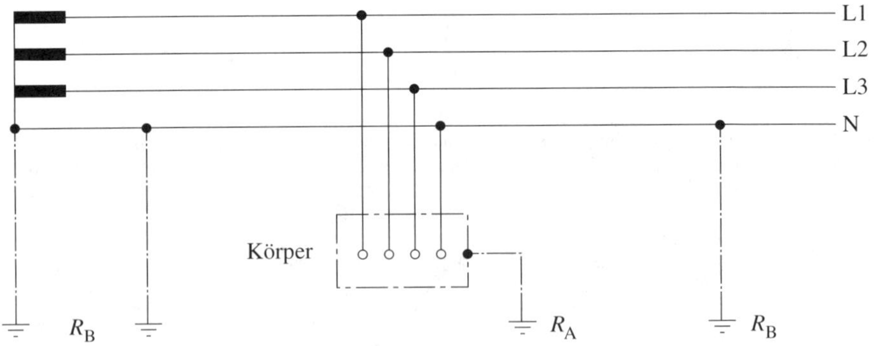

Bild 3.21 TT-System
R_B Gesamterdungswiderstand aller Betriebserden
R_A Erdungswiderstand der Verbraucheranlage

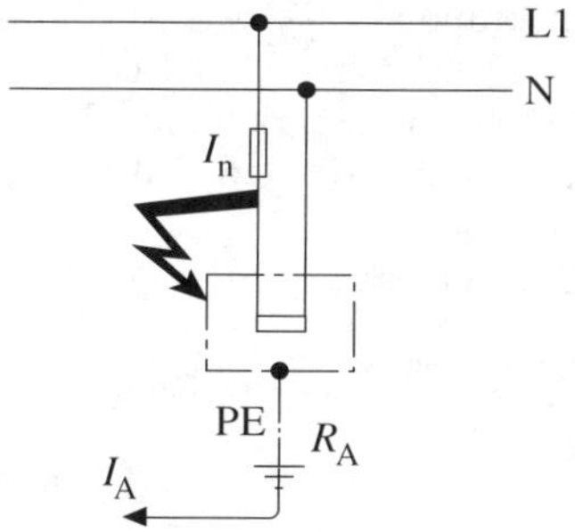

Bild 3.22 Schutz durch automatische Ausschaltung im TT- bzw. IT-System mit Überstrom-Schutzeinrichtung
I_A Ausschaltstrom der dem Betriebsmittel vorgeschalteten Überstrom-Schutzeinrichtung

Die Schwierigkeit im TT-System liegt darin, daß es in Gebieten mit geschlossener Bebauung kaum möglich ist, die Erdungen der Verbraucheranlagen so anzuordnen, daß sie außerhalb des Einflußbereichs der Betriebserden des Verteilungsnetzes liegen. Außerdem wird nicht unterschieden, ob die Ausschaltung durch Überstrom-Schutzeinrichtungen oder Fehlerstrom-Schutzeinrichtungen erfolgt. In der Praxis allerdings wird als Folge der Ausschaltbedingungen in nahezu allen Fällen die Fehlerstrom-Schutzeinrichtung zur Anwendung kommen.
Anstelle der genormten Bezeichnung „Schutz durch automatische Ausschaltung im TT-System mit Fehlerstrom-Schutzeinrichtung" wird häufig auch hier die einfache Abkürzung „TT-System" verwendet und dabei vorausgesetzt, daß in der Praxis als Ausschalteinrichtung der Fehlerstrom-Schutzschalter verwendet wird.

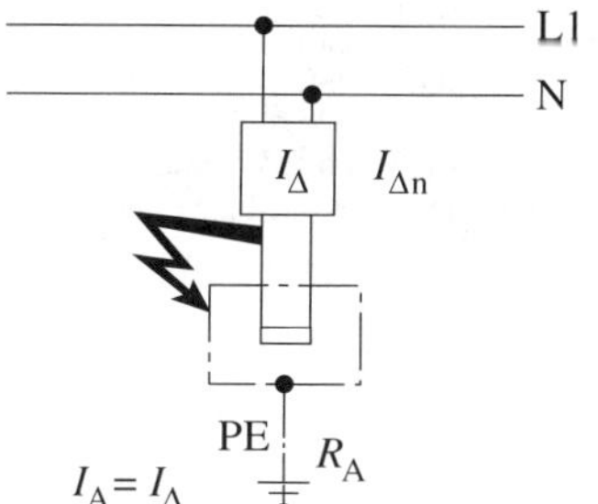

Bild 3.23 Schutz durch automatische Ausschaltung im TT- bzw. IT-System mit Fehlerstrom-Schutzeinrichtung
$I_A = I_\Delta$ Ausschaltstrom der dem Betriebsmittel vorgeschalteten FI-Schutzeinrichtung mit dem Nennfehlerstrom $I_{\Delta n}$

In Anlehnung an den neuen Begriff Neutralleiter-Schutzerdung (TN-System) könnte hier die Bezeichnung „Fehlerstrom-Schutzerdung“ (protective residual current earthing) oder für die seltene Verwendung der Überstrom-Schutzeinrichtung Überstrom-Schutzerdung (protective over-current earthing) gewählt werden (**Bild 3.22** und **Bild 3.23**).
Im Prinzip sind dann diese beiden Methoden des Fehlerschutzes auch im IT-System (siehe Abschnitt 3.4.4) anwendbar.
Die zu erfüllenden Anforderungen im TT- und IT-System werden in den Abschnitten 4.2 bis 4.4 besprochen.

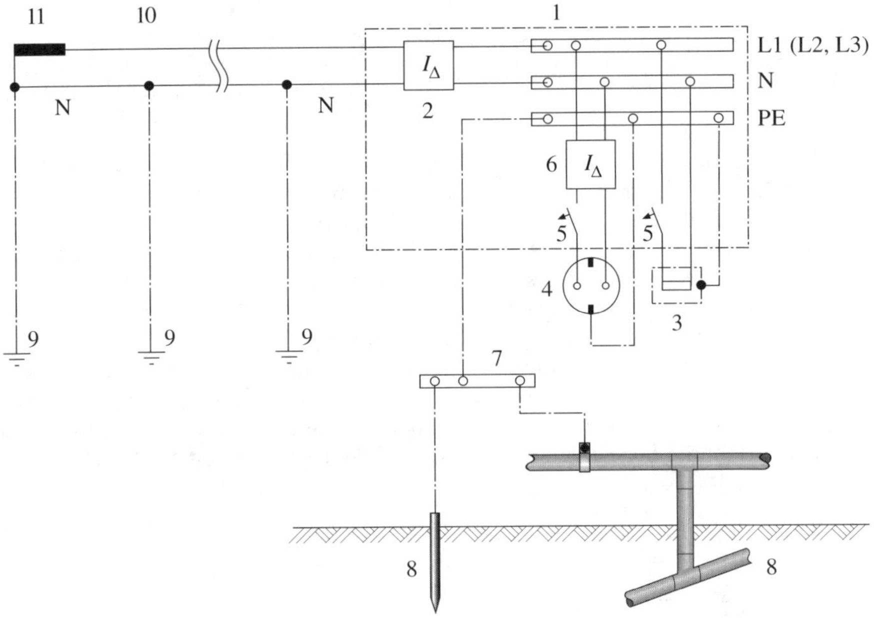

Bild 3.24 Vereinfachte Darstellung einer Hausinstallation mit Netztransformator und Verteilungsnetz 3N ~ 50 Hz 400/230 V, in der als Fehlerschutz das TT-System mit Fehlerstrom-Schutzeinrichtung angewendet wird.
1 Hauptverteiler
2 Fehlerstrom-Schutzschalter, z. B. mit Nennfehlerstrom 300 mA, für den Fehlerschutz
3 fest angeschlossene Betriebsmittel
4 Stromkreise mit Steckdosen mit Zusatzschutz durch FI-Schutzschalter
5 Leitungsssschutzschalter
6 FI-Schutzschalter, Nennfehlerstrom 30 mA für den Zusatzschutz
7 Potentialausgleichsschiene
8 Anlagenerder R_A
9 Betriebserder R_B
10 Verteilungsnetz
11 Netztransformator

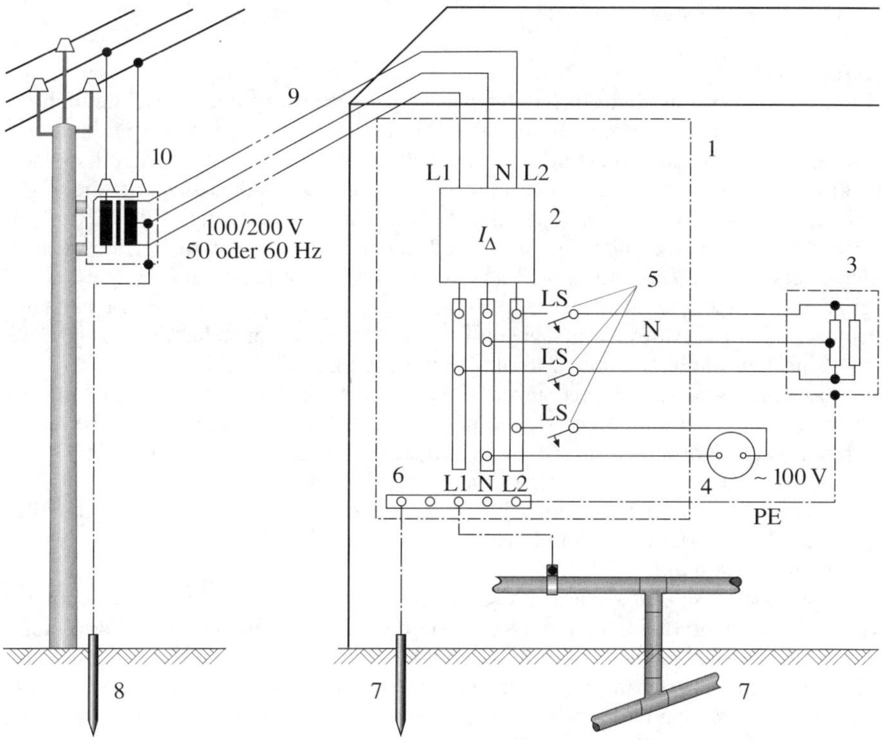

Bild 3.25 Vereinfachte Darstellung einer japanischen Hausinstallation mit Masttransformator und Hausanschlußleitung 2N ~ 50 oder 2N ~ 60 Hz 200/100 V (in der östlichen Hälfte Japans wird die Frequenz 50 Hz, im Westen 60 Hz benutzt), in der als Fehlerschutz das TT-System mit Fehlerstrom-Schutzeinrichtung angewendet wird

1 Hauptverteiler
2 Fehlerstrom-Schutzschalter (meist mit Nennfehlerstrom 30 mA)
3 fest angeschlossene Betriebsmittel
4 Stromkreise mit Steckdosen ohne Schutzleiteranschluß
5 Leitungsschutzschalter
6 Potentialausgleichsschiene
7 Anlagenerder R_A
8 Betriebserder R_B
9 Hausanschlußleitung
10 Masttransformator

Bild 3.24 und **Bild 3.25** zeigen vereinfachte Schemata für Hausinstallationen für das europäische Verteilungsnetz 3N ~ 50 Hz 400/230 V und das japanische System 2N ~ 50 oder 60 Hz 200/100 V.

3.4.4 IT-System

Definition

Ein IT-System bezeichnet ein Niederspannungs-Verteilungsnetz einschließlich der Stromquelle und den Verbraucheranlagen, das keine niederohmige Verbindung zwischen geerdeten Teilen einerseits und den Außenleitern und – falls vorhanden – dem Neutralleiter andererseits aufweist und in dem die Körper der zu schützenden Betriebsmittel der Verbraucheranlage über Schutzleiter geerdet sind (**Bild 3.26**). Eine Verbindung des Netzes über hochohmige Impedanzen (mittelbare Betriebserdung) oder Überspannungsableiter bzw. Funkenstrecken zur Erde ist zulässig.

Bei IT-Systemen mit geringer Ausdehnung begrenzt das von Erde isolierte Netz den Strom, der beim Berühren eines gegen Erde unter Spannung stehenden Leiters über den Menschen fließt, so stark, daß die Berührung ungefährlich ist.

Als Anwendung in der Praxis steht das IT-System mit Isolationsüberwachung im Vordergrund. Dabei handelt es sich um einzelne Verbraucheranlagen, deren Betrieb auch bei einem Körperschluß weitergeführt werden muß, wie z. B. in einem Operationssaal des Krankenhauses oder in Industrieanlagen.

Die Isolations-Überwachungseinrichtung zeigt den Isolationszustand an und meldet den ersten Fehler, der dann möglichst bald behoben wird, bevor ein zweiter Körperschluß zur Ausschaltung führt.

Der erste Körperschluß stellt noch keine Gefahr dar. Der fehlerhafte Außenleiter nimmt einfach Erdpotential an und das System wird zu einem geerdeten Verteilungsnetz. Beim zweiten, gleichzeitig auftretenden Fehler erfolgt dann die Ausschaltung, z. B. durch eine Überstrom-Schutzeinrichtung, und dies kann in manchen Anlagen zu einem Gefahrenzustand führen (z. B. Ausfall der Stromversorgung im Operationssaal).

Versorgt im Gegensatz dazu ein Transformator ein allgemeines, von Erde isoliertes Verteilungsnetz mit vielen Verbraucheranlagen, dann ist offenkundig die Isolations-Überwachung mit Meldung in jeder Verbraucheranlage sinnlos, weil der Isolations-

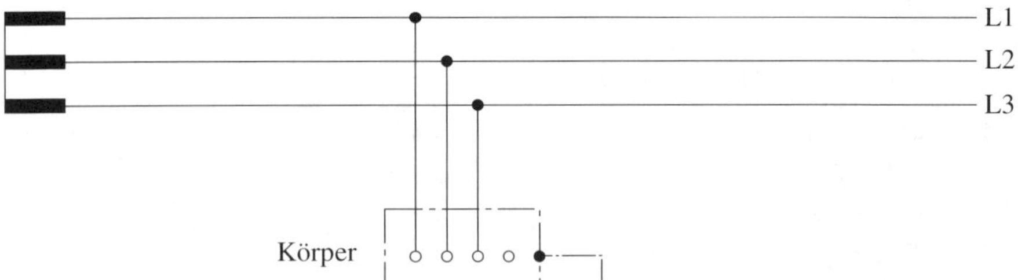

Bild 3.26 IT-System
R_A Erdungswiderstand der Verbraucheranlagen

fehler ja in jeder Anlage auftreten kann und in allen Anlagen angezeigt würde. Selbst wenn man – wie neuerdings in Norwegen – versucht, Überwachungseinrichtungen einzusetzen, die nur den Isolationsfehler in der fehlerbehafteten Anlage melden, kann diese Lösung nicht befriedigen.
Anstelle des alten Begriffs Schutzleitungssystem kann das IT-System mit Isolationsüberwachung kurz mit „Isolations-Überwachungssystem" (protective insulation monitoring) bezeichnet werden.

3.5 Fehlerströme und Fehlerspannungen bei Isolationsfehlern

3.5.1 Körper- und Erdschlüsse im IT-System

Das gegen Erde isoliert betriebene Netz ist dadurch gekennzeichnet, daß kein aktiver Leiter des Stromkreises mit Erde verbunden ist. Der hierdurch entstehende Vorteil ist der, daß im Falle eines ersten Fehlers (Erdschluß, Körperschluß) kein Kurzschlußstrom zum Fließen kommen kann, sondern lediglich ein relativ kleiner Fehlerstrom fließt, dessen Größe durch die Isolationswiderstände R_E und den kapazitiven Erdschlußstrom I_C bestimmt wird. Die Verhältnisse, die bei einem Isolationsfehler im gegen Erde isolierten Netz auftreten, sind in **Bild 3.27** dargestellt.
Der bei einem Isolationsfehler fließende Strom ist normalerweise so klein, daß die vorgeschaltete Überstrom-Schutzeinrichtung nicht anspricht. Rechnerisch ergeben sich beim einpoligen Erdschluß mit $R_F = 0\ \Omega$ folgende Fehlerströme I_F:

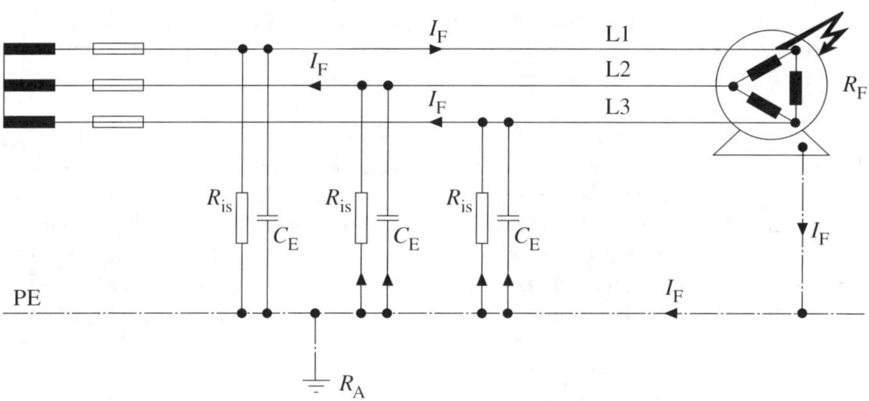

Bild 3.27 Isolationsfehler im ungeerdeten Netz; schematische Darstellung für Gebiete mit geschlossener Bebauung
R_A Erdungswiderstand der Verbraucheranlage
R_{is} Isolationswiderstand eines Leiters gegen Erde
C_E Kapazität eines Leiters gegen Erde
R_F Übergangswiderstand an der Fehlerstelle

- für Wechselstromnetze:

$$I_F = U_0 \cdot \omega \cdot C_E,$$

- für Drehstromnetze mit $U = \sqrt{3} \cdot U_0$:

$$I_F = \frac{U}{\sqrt{3}} \cdot \omega \cdot C_E,$$

wobei:
$R >> 1/(\omega C_E)$
U Außenleiterspannung in V,
U_0 Spannung Außenleiter gegen Neutralleiter in V,
ω Kreisfrequenz $\omega = 2 \cdot \pi \cdot f$ in 1/s.

Da die Isolationswiderstände und Leiterkapazitäten von der Ausdehnung der Netze abhängen, ist ein ungeerdetes Netz besonders dann günstig, wenn es relativ klein ist. In Netzen mit räumlich größerer Ausdehnung (Industrienetze) ist es möglich, daß die Isolationswiderstände und Leiterkapazitäten eine genügend niederohmige Verbindung zur Erde darstellen, so daß beim Berühren der aktiven Teile bzw. erdschlußbehafteter Körper gefährliche Ströme über den menschlichen Körper zur Erde fließen.

Erkenntnis
In einem Netz ohne betriebsmäßige Erdung wird die Größe eines über die Fehlerstelle fließenden Stroms (Fehlerstrom) durch die Kapazitäten der Leiter gegen Erde und den Isolationszustand des Netzes bestimmt.

Der fehlerbehaftete Stromkreis wird daher unter bestimmten Voraussetzungen im Fall des ersten Fehlers nicht ausgeschaltet, sondern kann weiter betrieben werden, um z. B. einen begonnenen Arbeitsprozeß abschließen zu können.
Ein in manchen Ländern noch vorkommendes Netz dieser Art ist das 3 ~ 230-V-Dreiecksnetz. Bei diesem Netz ist in der Transformatorenstation an einem Eckpunkt der Dreieckwicklung zum Schutz gegen den Übertritt von Hochspannung eine Überspannungs-Sicherung angebracht. Infolge der unvermeidlichen Erdisolations- und Kapazitätsströme der Leitungen, Kabel und Verbraucher in den Anlagen bildet sich nun ein künstlicher Sternpunkt aus, der in den meisten Fällen nahezu symmetrisch liegt. So werden in einem isolierten Drehstromnetz 3 ~ 230 V mit einem hochohmigen Voltmeter normalerweise Spannungen der drei Leiter, zum Beispiel gegen die Wasserleitung als Erde, zwischen 100 V und 160 V gemessen. Der Stromkreis schließt sich bei dieser Messung über die Isolationswiderstände und Kapazitäten des Netzes, die oft bei kleineren Netzen mehrere 100 kΩ kapazitiven Blindwiderstand besitzen. Natürlich bricht in diesem Fall die Spannung, wenn zum Beispiel eine

Glühlampe dem Voltmeter parallel geschaltet wird, fast völlig zusammen, denn es wird dadurch praktisch ein einpoliger Erdschluß im System erzeugt. Die Verhältnisse sind in **Bild 3.28** dargestellt.
Je nach der Netzsituation fließen dabei Ströme, die von wenigen Milliampere bis zu einigen Ampere oder sogar bis zum Kurzschluß gehen können. In Stadtnetzen 3 ~ 230 V liegt der Fehlerstrom meist bei einigen Zehntel Ampere. Es ist auch zu

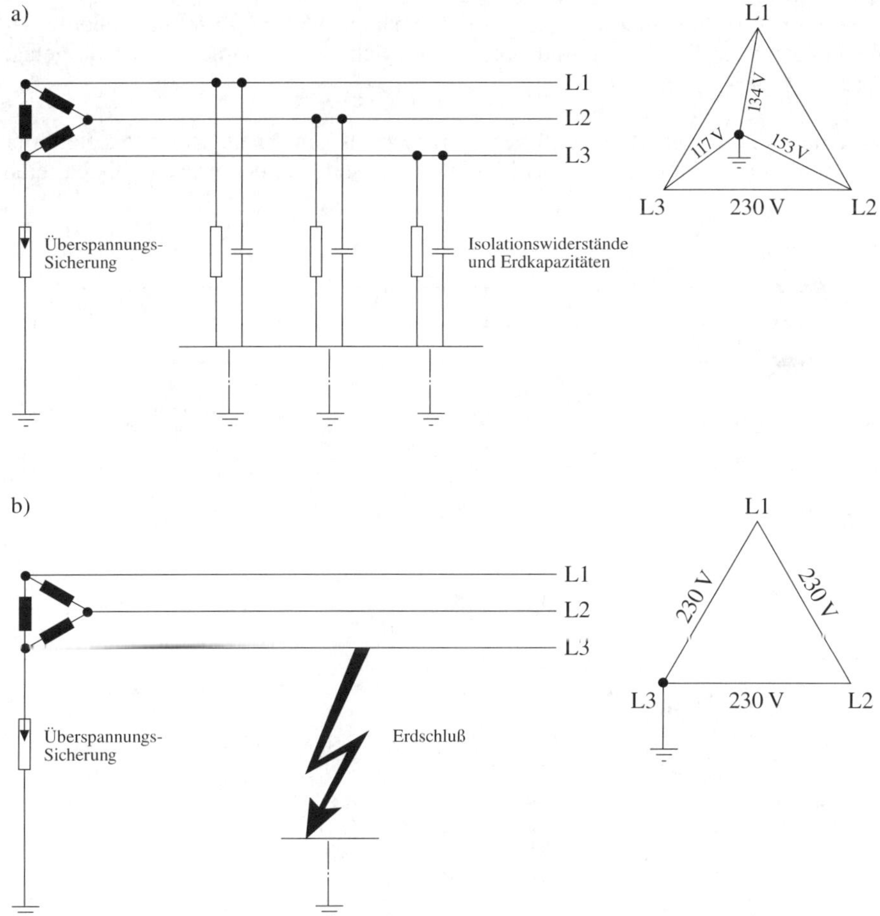

Bild 3.28 Spannungen gegen Erde im ungestörten Betrieb und bei Erdschluß im isolierten Drehstromnetz 3 ~ 230 V
a) ungestörter Betrieb
b) Erdschluß

erkennen, daß beim Erdschluß die beiden gesunden Leiter die volle Außenleiterspannung gegen Erde annehmen, also im 3 ~ 230-V-Netz eine Spannung von 230 V gegen Erde haben.
Diese Spannung muß auch für die Errichtung der Schutzmaßnahmen und für die Messung der Berührungsspannung zugrunde gelegt werden, da ein Erdschluß in einem isolierten Netz immer auftreten und längere Zeit bestehen bleiben kann.

Erkenntnis
In einem von Erde isolierten Netz muß als Spannung gegen Erde die Außenleiterspannung für die Errichtung und Prüfung der Schutzmaßnahmen zugrunde gelegt werden.

Bei einem einpoligen Erdschluß verlagert sich also in einem isolierten Netz der Sternpunkt des Systems, wie in Bild 3.28b dargestellt, in den erdschlußbehafteten

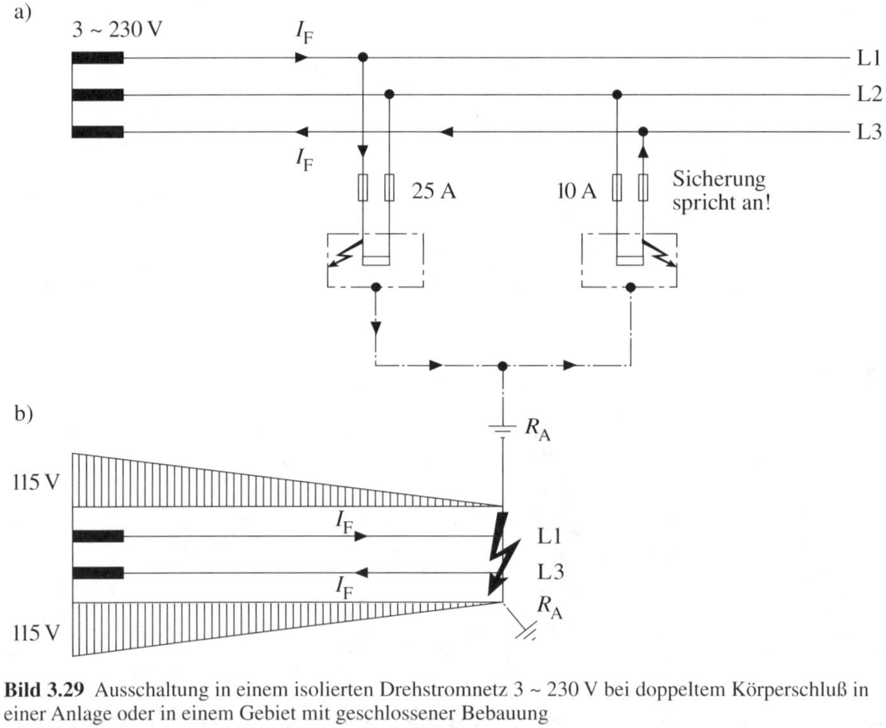

Bild 3.29 Ausschaltung in einem isolierten Drehstromnetz 3 ~ 230 V bei doppeltem Körperschluß in einer Anlage oder in einem Gebiet mit geschlossener Bebauung
a) Verbraucheranlage mit Doppelfehler (Schaltbild)
b) Potentialverteilung im Netzsystem (Spannungsverteilung gegen Erde)
R_A Erdungswiderstand der Verbraucheranlage

Außenleiter. Die gesamte Spannung liegt an den Isolationswiderständen des Netzes, und im allgemeinen fließt nur ein kleiner Strom, der die vorgeschalteten Leitungs-schutz-Einrichtungen nicht zum Ansprechen bringt. Sind die zu schützenden Geräte geerdet, besteht noch keine Gefahr, da der fehlerhafte Außenleiter und damit auch die körperschlußbehafteten Metallteile keine Spannung gegen Erde annehmen. Kommt aber ein zweiter Fehler in einem anderen Außenleiter hinzu, liegt also ein Doppelerdschluß vor, dann fließt ein durch den Widerstand der Fehlerschleife begrenzter Fehlerstrom, und es spricht die Sicherung des Verbrauchers an, der am schwächsten abgesichert ist. Der einpolige Körperschluß des höher abgesicherten Verbrauchers bleibt bestehen (**Bild 3.29**).
Dabei muß beachtet werden, daß während des Doppelfehlers in einer örtlich begrenzten Installation kaum eine Gefahr besteht, weil der Schutzleiter und damit die Körper der angeschlossenen Geräte nur eine geringe Fehlerspannung durch den Spannungsfall im Schutzleiter annehmen. Das Erdpotential im Netz (Spannung gegen Erde) steigt beginnend in der fehlerhaften Installation gegen den Transformator hin an und erreicht dort den höchsten Wert von etwa 115 V.

3.5.2 Körper- und Erdschlüsse im TN-System und TT-System

Bei einem geerdeten Netz wird bewußt in Kauf genommen, daß beim ersten Fehler ein Fehlerstrom zum Fließen kommt, der so groß sein muß, daß eine automatische Ausschaltung des fehlerbehafteten Stromkreises erfolgt. Die Höhe des Fehlerstroms wird durch die Impedanz der Fehlerschleife bestimmt. Diese setzt sich aus folgenden Einzelimpedanzen zusammen (**Bild 3.30**):

- Impedanz des vorgelagerten Netzes,
- Impedanz des Transformators,
- Impedanz des Außenleiters (Hinleitung bis zur Fehlerstelle),
- Impedanz des Fehlers,
- Erdungswiderstand der Verbraucheranlage R_A im TT-System,
- Gesamterdungswiderstand aller Betriebserden des geerdeten Leiters R_B (Neutralleiters) im TT-System,
- Impedanz des Schutzleiters im TT-System bzw.
- Impedanz des PEN-Leiters bzw. Schutzleiters im TN-System mit den parallel geschalteten Verbrauchererdungen R_A und Betriebserdungen R_B.

Im bebauten Gebiet ist es im allgemeinen nicht möglich, R_B und R_A durch Erdungsmessungen zu bestimmen, sondern nur als Summenwiderstand bei einer Schleifenmessung.
Die Isolationsfehlerströme über C_E und R_{is} sind gegenüber dem Fehlerstrom I_F vernachlässigbar. Die Fehlerströme über die Erde fließen als Teilströme über sämtliche Betriebserder zum Netz zurück.
In öffentlichen und industriellen Verteilungsnetzen ist ein geerdetes Netz das am häufigsten vorkommende Netzsystem. Aus einer Umfrage des VDEW ist abzuleiten,

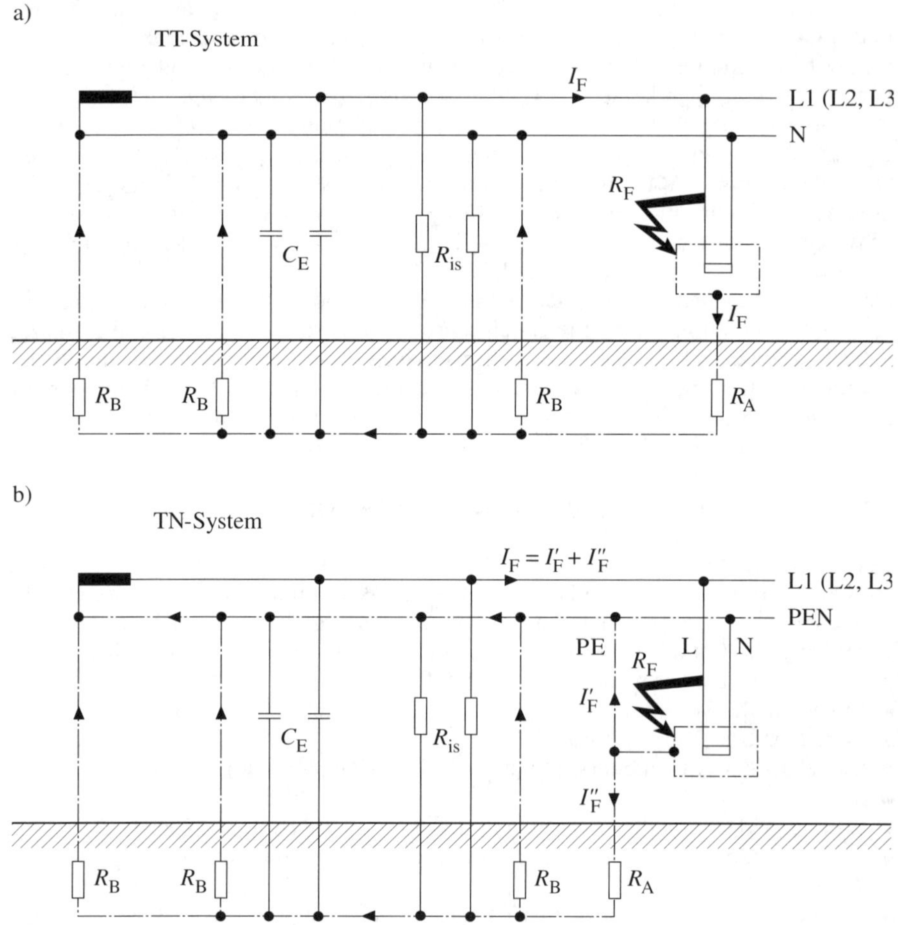

Bild 3.30 Isolationsfehler im geerdeten Netz

a) Isolationsfehler im TT-System

b) Isolationsfehler im TN-System (Fehlerstrom = Kurzschlußstrom)

R_B Gesamterdungswiderstand aller Betriebserden

R_A Erdungswiderstand der Verbraucheranlage

R_F Widerstand an der Fehlerstelle

R_{is} Isolationswiderstand der Leiter gegen Erde

C_E Erdkapazitäten der Leiter

I_F Fehlerstrom

I'_F, I''_F im TN-System Teilfehlerströme über den PEN-Leiter bzw. über die Erde

daß in der Bundesrepublik Deutschland mehr als 99 % aller öffentlichen Niederspannungsnetze geerdet sind.
Bei geerdeten Drehstromnetzen 3N ~ 400/230 V wird der Sternpunkt des Netztransformators über die sogenannte Stationserde (Betriebserdung) unmittelbar geerdet. Für die Bemessung der Betriebserdung, die in der Folge mit R_B bezeichnet wird, gelten folgende Überlegungen:

- Die Betriebserdung muß einen wirksamen Schutz bieten, wenn durch einen Isolationsfehler in der Transformatorenstation Hochspannung auf die Niederspannungsseite übertritt.
- Bei Erdschlüssen auf der Niederspannungsseite muß ein Schutz gegen unzulässige Spannungserhöhungen der Außenleiter gegen Erde sichergestellt sein. Tritt im Niederspannungsnetz ein Erdschluß auf, dann verursacht die treibende Spannung von U_0 = 230 V über die beiden in Reihe geschalteten Erdungswiderstände der Erdschlußstelle R_E und der Betriebserdung R_B einen Fehlerstrom I_F (**Bild 3.31**).

Dieser Fehlerstrom ruft an den Erdungswiderständen eine Fehlerspannung hervor, die bei der Betriebserdung gegeben ist durch:

$$U_F = U_V = I_F \cdot R_B = \frac{U_0}{R_B + R_E} \cdot R_B .$$

Praktisch verlagert sich dadurch der Sternpunkt im Spannungsdreieck in Richtung zu einem Dreieckspunkt, und die Spannung der gesunden Außenleiter gegen Erde steigt an. Die Spannung der Außenleiter gegen den Neutralleiter U_0 (230 V), die ja

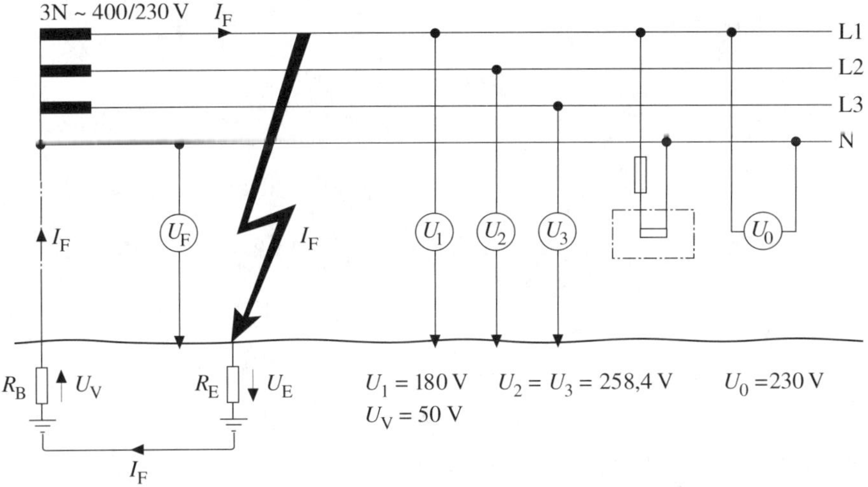

Bild 3.31 Spannungsverschiebung beim Außenleitererdschluß im Drehstromnetz 3N ~ 400 V

für die angeschlossenen Geräte maßgebend ist, ändert sich dagegen nicht, wie aus Bild 3.31 zu erkennen ist. Die Isolation gegen Erde wird bei den angeschlossenen Geräten stärker beansprucht, und zwar durch die nunmehr überhöhte Spannung der gesunden Außenleiter gegenüber Erde. In den VDE-Bestimmungen wird auf diesen Fehlerfall Rücksicht genommen, und die Kriech- und Luftstrecken für die verschiedenen Betriebsmittel sind für Spannungen bis 250 V, häufig sogar 400 V, gegen Erde bemessen.

Es ist wichtig zu wissen, wie groß die Sternpunkt-Verlagerungsspannung U_V sein darf, damit die Spannung der gesunden Außenleiter gegen Erde nicht größer als $U_m = 250$ V wird. Aus dem Spannungsdreieck in **Bild 3.32** kann der gesuchte Wert nachvollzogen werden. Es ist:

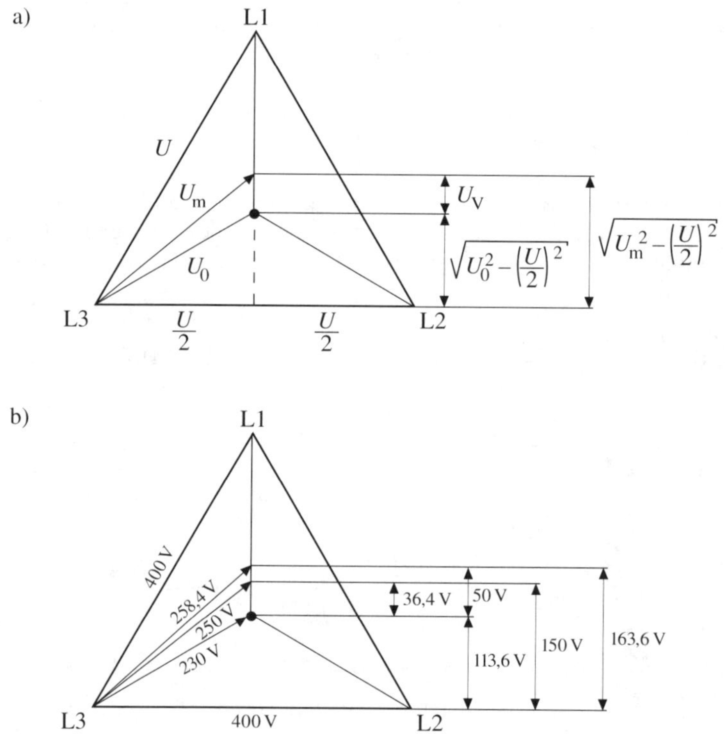

Bild 3.32 Berechnung der Sternpunkt-Verlagerungsspannung
a) mathematische Zusammenhänge
b) zulässige Grenzwerte für 3N ~ 400 V

$$U_V = \sqrt{U_m^2 - \left(\frac{U}{2}\right)^2} - \sqrt{U_0^2 - \left(\frac{U}{2}\right)^2},$$

mit:

U Außenleiterspannung in V,
U_0 Spannung Außenleiter gegen Neutralleiter in V,
U_m höchste Spannung in V, die mit Rücksicht auf die Isolation noch zulässig ist,
U_V Sternpunkt-Verlagerungsspannung in V.

Für das Drehstromsystem U/U_0 = 400 V/230 V und U_m = 250 V ergibt sich:

$$U_V = \sqrt{250^2\,V^2 - 200^2\,V^2} - \sqrt{230^2\,V^2 - 200^2\,V^2} = 36{,}4\ V.$$

Verursacht also der Fehlerstrom, der über die Betriebserdung fließt, einen Spannungsfall, der größer ist als U_V = 36,4 V, dann wird die Spannung, mit der die Isolation der Betriebsmittel beansprucht wird, größer werden als U_m = 250 V.
Da es sich bei den erwähnten Spannungsverschiebungen gegen Erde um Fehlerspannungen handelt, wie in Band 80 der VDE-Schriftenreihe, Abschnitt 3, gezeigt wird, liegen die Berührungsspannungen praktisch immer wesentlich unter den Fehlerspannungen. Für die Bemessung der Betriebserdungen kann die in der Hochspannungsschutztechnik übliche Fehlerspannungsgrenze von 65 V in die Überlegungen einbezogen werden. Durch die Überspannungen bei Erdschlüssen werden besonders die Überspannungsableiter beansprucht. Für diese Schutzgeräte war immer eine Bemessungsspannung von 280 V üblich, durch die den Überspannungen bei Erdschlüssen und den Schwankungen der Netzspannung Rechnung getragen wurde. Rechnet man mit einer zulässigen Überspannung von 280 V gegen Erde, dann ergibt sich nach der oben angegebenen Gleichung eine zulässige Spannungsverschiebung von U_V = 82,5 V.
Begrenzt man daher die zulässige Fehlerspannung bei Erdschlüssen auf 65 V, dann wird sicher auch bei Netzspannungsschwankungen der für Ableiter übliche Wert von 280 V nicht überschritten.
Für die Berechnung der zulässigen Werte für die Betriebserden, in Abhängigkeit vom Widerstand an der Erdschlußstelle, ergibt sich dann mit 65 V für die maximal zulässige Fehlerspannung des Neutral- oder PEN-Leiters gegen Erde:

$$\frac{R_B}{R_E} \leq \frac{U_{F\,(max)}}{U_0 - U_{F\,(max)}}.$$

Werden für U_F = 65 V und für U_0 = 230 V eingesetzt, so ergibt sich für den kleinsten zulässigen Ausbreitungswiderstand R_E des Erdschlusses im Verteilungnetz:

$$R_E \geq \frac{U_0 - U_{F\,(max)}}{U_{F\,(max)}} R_B = \frac{230\ V - 65\ V}{65\ V} R_B,$$

$$R_E \geq 2{,}5\ R_B \quad \text{(Erdschlußbedingung)}.$$

Das bedeutet, daß im Falle eines Außenleitererdschlusses die Sternpunkt-Verlagerungsspannung unbedenklich ist, wenn der Gesamterdungswiderstand aller Betriebserden R_B kleiner ist als rund der halbe Wert (40 %) des Ausbreitungswiderstands R_E an der Erdschlußstelle.

Von den Elektrizitätsversorgungsunternehmen wird bei geerdeten Netzen ein Gesamterdungswiderstand R_B aller Betriebserden unter 2 Ω angestrebt. Ist diese Bedingung erfüllt, dann können also Erdschlüsse mit Ausbreitungswiderständen $R_E \geq 5\ \Omega$ das Netz nicht gefährden. Jeder gute Erder mit Erdungswiderständen unter 5 Ω, über den ein Erdschluß erfolgen kann, muß mit dem geerdeten Leiter des Netzes (PEN-Leiter oder Neutralleiter) verbunden werden.

Der Gesamterdungswiderstand R_B kann nicht mit einer normalen Erdungsmessung bestimmt werden. Er ist daher aus der Parallelschaltung der einzeln zu messenden Erdungswiderstände – unter Berücksichtigung des ohmschen Widerstands des PEN-Leiters – zu errechnen oder besser als Mittelwert mehrerer Messungen im Netz zu bestimmen. Darüber wurde bereits in Band 81 der VDE-Schriftenreihe, Abschnitt 3.4, berichtet.

Erkenntnis

Zur Begrenzung der Sternpunkt-Verlagerungsspannung und damit der Neutralleiter-(PEN-Leiter)spannung gegen Erde soll der Gesamterdungswiderstand der Betriebserden so niedrig wie möglich sein. Ein Wert von 2 Ω ist anzustreben. Bei schlechten Bodenverhältnissen soll er jedenfalls kleiner sein als etwa die Hälfte des Erdungswiderstands, der bei Außenleitererdschlüssen entsprechend den Verhältnissen im Verteilungsnetz erwartet werden kann.

Derartige Erdschlüsse können durch Seilrisse im Freileitungsnetz und durch Kabelschäden im verkabelten Verteilungsnetz auftreten. Die Erdausbreitungswiderstände hängen naturgemäß vom spezifischen Erdwiderstand ab, und dies soll in der Folge für ein Verteilungsnetz in einem Gebiet ohne geschlossene Bebauung untersucht werden.

Für Verteilungsnetze in Gebieten mit geschlossener Bebauung, wo also alle Erder wie ein gemeinsamer Maschenerder wirken, verlieren R_A, R_B und R_E ihre physikalische Bedeutung. In diesem Fall ist das Problem der Spannungserhöhung durch Erdschlüsse im Verteilungsnetz leicht zu lösen, wie nachstehend gezeigt wird.

Die oben dargestellten allgemeinen Regeln für Betriebserden gelten sowohl für Verteilungsnetze, in denen Schutzmaßnahmen mit automatischer Ausschaltung im TN-

System zugelassen sind, als auch für Verteilungsnetze, in denen Schutzmaßnahmen mit automatischer Ausschaltung im TT-System angewendet werden.
Zunächst sollen Betriebserdungen in Gebieten ohne geschlossene Bebauung besprochen werden.
In der Praxis entsteht das Problem, welche Werte für den kleinsten Erdausbreitungswiderstand im Fehlerfall angenommen werden können. Man muß hier zwischen den Seilrissen in Freileitungsnetzen und Kabelschäden unterscheiden.
In der Folge werden Messungen beschrieben, die von der EVN, Energie-Versorgung Niederösterreich AG, durchgeführt worden sind. Zuerst wurden die Erdausbreitungswiderstände von am Boden aufliegenden Leitungsseilen 70 mm²/Al gemessen, wobei Böden mit stark unterschiedlichen spezifischen Erdwiderständen ausgewählt wurden. Die Meßanordnung ist in **Bild 3.33** dargestellt.
Das Seil wurde mit einer Länge von 40 m in Nachahmung eines Seilrisses am Erdboden aufgelegt, und mittels einer Strom-Spannung-Messung wurde der Schleifenwiderstand ermittelt. Gleichzeitig wurde der spezifische Erdwiderstand mit der Methode nach Wenner bei einem Sondenabstand von 1 m gemessen. Vom gemessenen Schleifenwiderstand wurde der Widerstand der Betriebserde des Ortsnetzes abgezogen, der immer mindestens um eine Zehnerpotenz kleiner war. Die Ergebnisse sind aus der **Tabelle 3.2** zu ersehen.
Die Meßwerte streuen naturgemäß sehr stark. Berechnet man mit den entsprechenden Werten des spezifischen Erdwiderstands ρ_E den Erdausbreitungswiderstand R_E eines Banderders mit der Länge $l = 40$ m nach der Gleichung:

$$R_E = \frac{2\,\rho_E}{l},$$

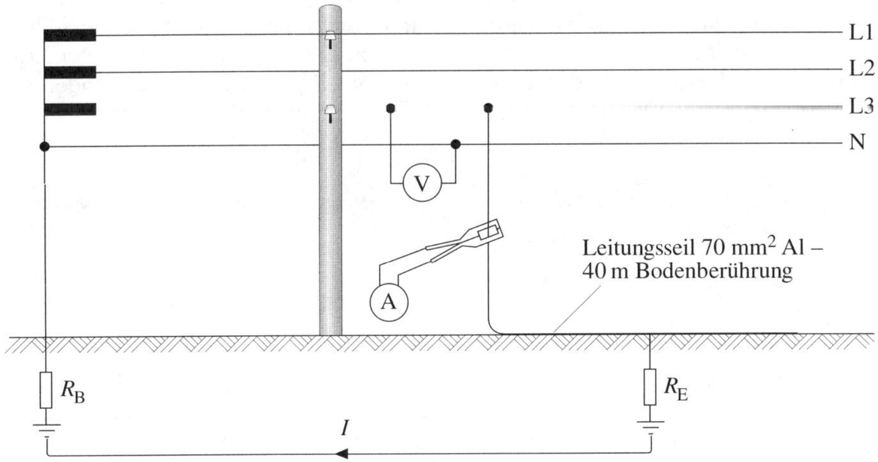

Bild 3.33 Anordnung zur Messung von Erdausbreitungswiderständen bei Seilrissen im Freileitungsnetz

Messung Nr.	ρ_E Ωm	Meßstrom A	Meß-spannung V	Ortsnetz R_B Ω	Messung R_E Ω	Band-erder*) Ω
1	15	15,00	235	0,50	15,20	0,75
2	19	7,10	215	0,10	30,00	0,95
3	21	1,90	235	0,50	123,20	1,05
4	29	2,50	220	2,70	85,30	1,45
5	32	2,20	230	0,37	104,20	1,60
6	33	2,50	220	0,40	87,60	1,65
7	62	1,40	220	1,07	156,10	3,10
8	88	4,50	225	0,60	49,40	4,40
9	99	2,50	225	0,90	89,10	4,95
10	147	0,90	225	0,90	249,10	7,35
11	170	0,77	230	0,57	298,10	8,50
12	330	0,60	225	0,80	374,20	16,50
13	370	1,70	225	0,50	131,80	18,50
14	581	0,95	225	0,80	236,00	29,00
15	603	0,47	225	0,52	478,20	30,00
16	753	2,60	234	4,66	85,34	36,65
17	1137	1,80	235	3,60	126,96	56,85
18	4228	1,20	228	3,88	203,39	211,40

*) Erdausbreitungswiderstand, berechnet mit $R_E = 2\,\rho_E/l$ bei einer Banderderlänge von 40 m.

Tabelle 3.2 Erdausbreitungswiderstände bei Seilrissen im Freileitungsnetz

dann liegen, wie zu erwarten, fast alle Meßwerte über den Rechenwerten. Dies ist leicht verständlich, wenn man das lockere Aufliegen des Seils auf dem Erdboden bedenkt. Es kann aber für die Meßwerte eine untere Hüllkurve gefunden werden, die über der Kurve liegt, die sich rechnerisch für den Banderder ergibt. Bemerkenswerterweise nähern sich die beiden Kurven in dem Bereich spezifischer Erdwiderstände über 2000 Ωm. **Tabelle 3.3** zeigt die Abhängigkeit der gemessenen Werte der Erdausbreitungswiderstände R_E sowie der sich aus der Rechnung mit der Banderdergleichung ergebenden Werte aus den spezifischen Erdwiderständen.

ρ_E spezifischer Erdwiderstand Ωm	R_E gemessen Ω	R_E gerechnet Ω	maximal zulässige Werte für R_B Ω
100	35	5	10
200	45	10	10
400	65	20	15
1000	100	50	25
2000	130	100	40
4000	210	200	80

Tabelle 3.3 Gemessene und berechnete Erdausbreitungswiderstände bei Seilrissen und Normungsvorschlag für den maximal zulässigen Gesamterdungswiderstand eines Niederspannungs-Verteilungsnetzes in Abhängigkeit vom spezifischen Erdwiderstand (gerundete Werte)

Sie enthält außerdem Werte für den maximal zulässigen Gesamterdungswiderstand aller Betriebserden in Abhängigkeit vom kleinsten im Netzbereich zu erwartenden spezifischen Erdwiderstand.
Die Darstellung der Meßwerte in Abhängigkeit vom spezifischen Erdwiderstand findet sich in **Bild 3.34**. In diesem Bild sind auch die untere Hüllkurve der Meßwerte und die Werte für die maximal zulässigen Gesamterdungswiderstände der Betriebserden enthalten.
Noch günstiger liegen die Verhältnisse im Kabelnetz. Die meisten Fehler im Kabelnetz entstehen durch Grabarbeiten und Abreißen der Kabel mit der Baggerschaufel oder durch Isolationsschäden.
Um auch hier in der Praxis auftretende Erdausbreitungswiderstände im Erdschlußfall abschätzen zu können, wurden Messungen für drei verschiedene Fehlerannahmen eines in unmittelbarer Nähe einer Transformatorstation eingegrabenen Niederspannungskabels NAYY-O 4 × 150 mm² durchgeführt, wodurch die Fehlerstellen nur einige Meter von der Erdungsanlage der Transformatorenstation entfernt waren. Die Kabel mit den Fehlerstellen waren in einer Tiefe von etwa 1 m vergraben.

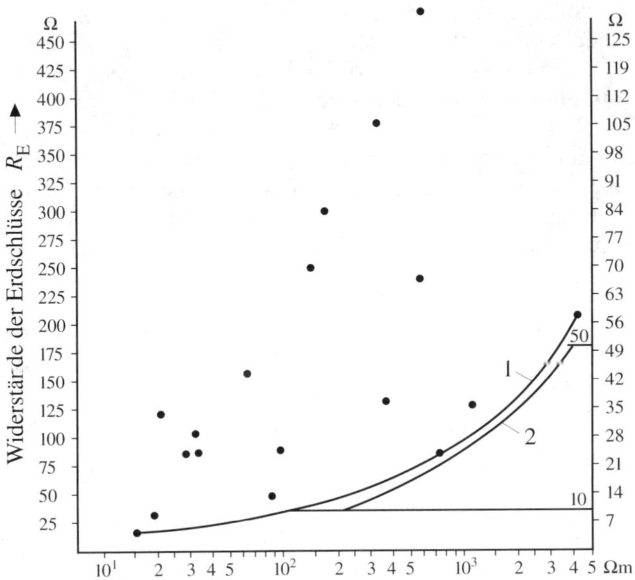

Bild 3.34 Meßwerte von R_E und untere Hüllkurve der minimal zulässigen Werte der Erdausbreitungswiderstände R_E und der daraus berechneten maximal zulässigen Werte der Gesamtwiderstände der Betriebserden R_B in Abhängigkeit vom spezifischen Erdwiderstand ρ_E

1 untere Hüllkurve der Meßwerte von R_E

2 maximal zulässige Werte für R_B

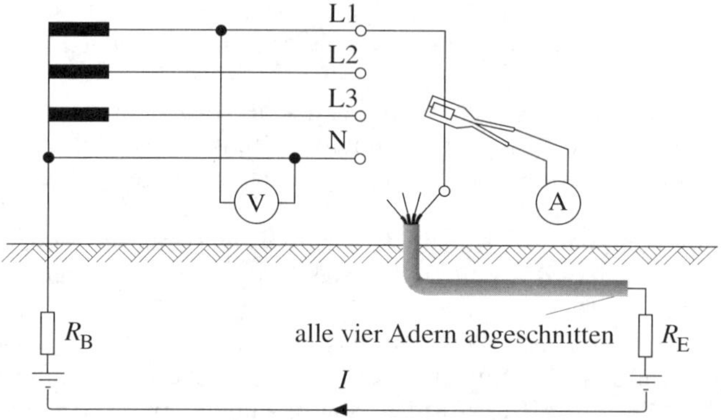

Bild 3.35 Messung des Erdausbreitungswiderstands eines abgeschnittenen Erdkabels mit einer Strom-Spannung-Messung (Messungen Nr. 1 und 2)

Es wurden folgende Fehlerstellen geschaffen:

- Das Kabel wurde mit einer Säge allpolig durchtrennt. Bei der Messung wurde nur ein Leiter des Kabels an Spannung gelegt und der Fehlerstrom gemessen. Die Messung wurde dann mit einer zweiten Ader wiederholt (**Bild 3.35**, Messungen Nr. 1 und 2).
- Zwei Leiter des Kabelendes wurden auf einer Länge von etwa 6 cm abisoliert. Wie bei den Messungen Nr. 1 und 2 wurde nur ein Leiter des Kabels an Spannung gelegt und der Fehlerstrom gemessen. Die Messung wurde dann mit einer zweiten Ader wiederholt (**Bild 3.36**, Messungen Nr. 3 und 4).

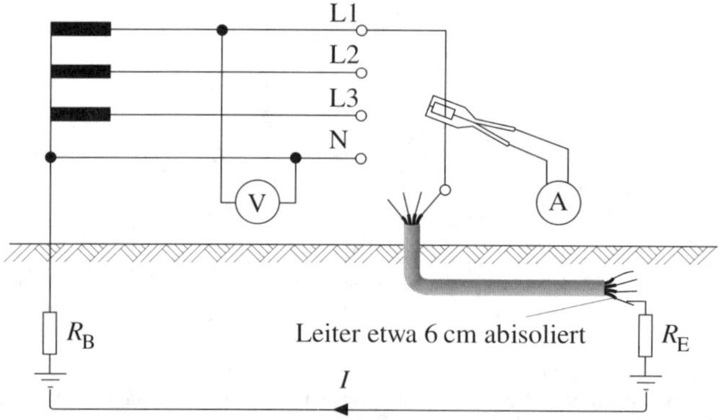

Bild 3.36 Messung des Erdausbreitungswiderstands von 6 cm lang abisolierten Einzeladern eines Erdkabels mit einer Strom-Spannung-Messung (Messungen Nr. 3 und 4)

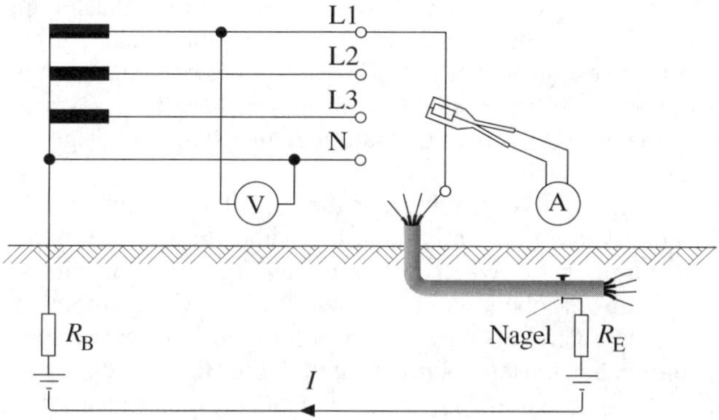

Bild 3.37 Messung des Erdausbreitungswiderstands eines durchgenagelten Erdkabels mit einer Strom-Spannung-Messung (Messung Nr. 5)

- In das Kabel wurde ein Nagel so eingeschlagen, daß ein Leiter Erdverbindung hatte. Dieser Leiter wurde an Spannung gelegt und der Fehlerstrom gemessen (**Bild 3.37**, Messung Nr. 5).

Die Messungen wurden zuerst als Strom-Spannung-Messungen ausgeführt, wobei die Strommessung mit einem Zangenstromwandler erfolgte. Danach wurden die Meßwerte mit einem digitalen Erdungsmesser (Fabrikat Norma D 3950) kontrolliert. Die Meßergebnisse sind aus **Tabelle 3.4** zu ersehen.

Die Erdausbreitungswiderstände liegen, wie zu erwarten war, etwa tausendmal höher als bei Fehlern an Freileitungen. Damit ist in Kabelnetzen die Bedingung $R_B \leq 0{,}4\ R_E$ praktisch immer als erfüllt anzusehen. In jedem Fall ist sie erfüllt, wenn R_B die maximal zulässigen Werte nach Tabelle 3.3 nicht überschreitet.

Zu beachten ist, daß die Werte für den resultierenden Gesamterdungswiderstand R_B ermittelt wurden, um die Wirksamkeit der Schutzmaßnahmen bei Fehlern in den

Messung Nr.	Meßstrom mA	Meßspannung V	Messung R_E in kΩ	
			(1)	(2)
1	3,0	234	78,0	64,2
2	4,4	234	53,2	47,3
3	4,6	234	50,9	46,2
4	4,0	234	58,5	53,8
5	1,5	234	155,3	142,4

(1) R_E ermittelt aus der Strom-Spannung-Messung
(2) R_E gemessen mit Erdungsmeßbrücke
Der spezifische Erdwiderstand an der Fehlerstelle betrug 397 Ωm; der Gesamterdungswiderstand R_B des Ortznetzes betrug 0,9 Ω.

Tabelle 3.4 Erdausbreitungswiderstände bei Kabelschäden

Niederspannungsanlagen sicherzustellen. Andere Einflußgrößen auf die Auslegung der Betriebserde bleiben bei der vorausgegangenen Betrachtung unberücksichtigt. Die relativ hohen Werte sollten deshalb auf Sonderfälle bei ungünstigen Erdungsverhältnissen beschränkt bleiben, weil z. B. der Überspannungsschutz des Verteilungsnetzes wegen der eingebauten Überspannungsableiter möglichst niedrige Erdungswiderstände wünschenswert macht.
Ferner muß bedacht werden, daß die Anwendbarkeit dieser Erleichterung nur für Böden mit hohem spezifischen Erdwiderstand sinnvoll ist und durch die Bestimmungen für die Erdungsspannungen für Wechselstromanlagen mit Nennspannungen über 1 kV und die sich daraus ergebende maximal zulässige Erdungsimpedanz eingeengt ist. Bei dem meist angewandten Zusammenschluß von Hochspannungsschutzerde und Niederspannungsbetriebserde sind zusätzlich die Bestimmungen für die Hochspannungsschutzerde einzuhalten. Dies ist, wie nachfolgend ausgeführt wird, in Gebieten mit geschlossener Bebauung problemlos. Außerdem wird es in ungünstigen Fällen erfahrungsgemäß fast immer möglich sein, den Nachweis zu erbringen, daß die zulässigen Berührungsspannungen nicht überschritten werden. Bei Gebieten mit geschlossener Bebauung muß es sich durchaus nicht um große Gebiete mit Vermaschung der Betriebserdungen, Fundamenterder und Versorgungseinrichtungen mit Erderwirkung (leitende Wasserrohrnetze, falls noch vorhanden, usw.) wie Städte oder ganze Dörfer handeln. Schon einige Gebäude, deren Fundamenterder, etwa über Wasserrohrnetze, miteinander verbunden sind, können zusammen mit der Betriebserde der Transformatorenstation einen Maschenerder bilden.
Im Gebiet dieses Maschenerders ist dann die Bedingung $R_B \leq 0{,}4\ R_E$ in jedem Fall erfüllt. Tritt nämlich ein Erdschluß auf, dann ist er entweder leitend mit dem Maschenerder verbunden, wodurch Berührungsspannungen vermieden werden, oder er ist, wie früher beschrieben, hochohmig, verglichen mit dem Erdungswiderstand des Maschenerders, und damit wird wieder jede Gefahr durch Berührungsspannung vermieden. Deswegen ist auch in Gebieten mit geschlossener Bebauung der Zusammenschluß von Hochspannungs- und Niederspannungs-Erdungsanlagen bzw. der Anschluß an eine gemeinsame Erdungsanlage bedingungslos zulässig.
Es wird jedoch ausdrücklich darauf hingewiesen, daß Wasserrohrnetze und Wasserverbrauchsleitungen in neu errichteten elektrischen Verteilungsnetzen und Verbraucheranlagen in ihrer Wirksamkeit als Erder für die Auslegung des Fehlerschutzes (z. B. Berechnung des Erdungswiderstands) nicht berücksichtigt werden dürfen.
Zur Abschätzung des niedrigsten zu erwartenden R_E scheint ein Vorschlag brauchbar, wonach ein Leitungsriß in einer Freileitung angenommen wird, bei dem 10 m Leiterseil satt am Boden zu liegen kommen. Der Erdausbreitungswiderstand dieses Leiterstücks wird gleich dem eines ebenso langen Oberflächenerders angenommen, womit die Abschätzung auf der sicheren Seite liegt.
Für $U_0 = 230$ V können die höchst zulässigen Ausbreitungswiderstände der Gesamtheit aller Betriebserder **Bild 3.38** und **Bild 3.39** entnommen werden. Für davon abweichende Spannungswerte kann R_E mit der bekannten Gleichung für einen Oberflächenerder berechnet werden:

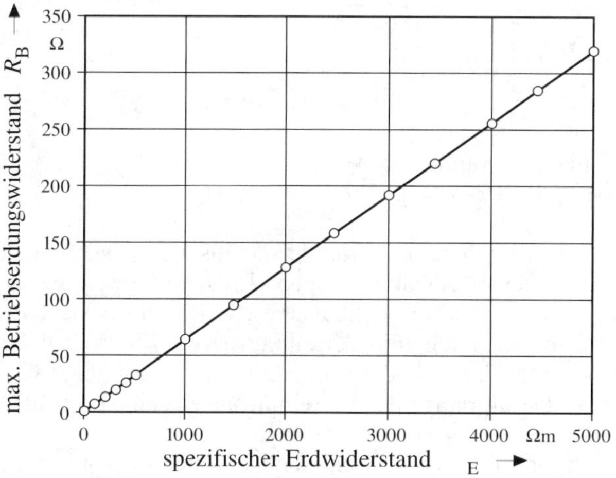

Bild 3.38 Höchstzulässige Werte des Gesamterdungswiderstands aller Betriebserder R_B in Abhängigkeit vom spezifischen Erdwiderstand ρ_E (bis 5000 Ωm) für U_0 = 230 V

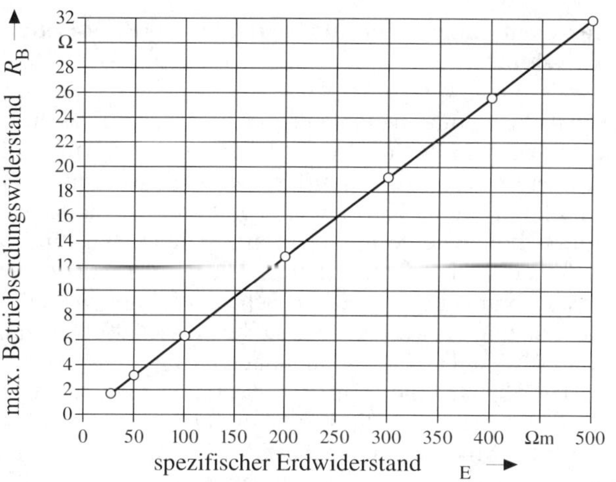

Bild 3.39 Höchstzulässige Werte des Gesamterdungswiderstands aller Betriebserder R_B in Abhängigkeit vom spezifischen Erdwiderstand ρ_E (Detailbereich bis 500 Ωm) für U_0 = 230 V

$$R_E = \frac{\rho_E}{\pi \cdot L} \ln \frac{2 \cdot L}{d},$$

mit:

L Länge des Leiterseils 10 m (angenommener Wert),

d Durchmesser des Leiterseils 0,015 m (angenommener Wert) .

Für die Abschätzung wird der niedrigste zu erwartende spezifische Erdwiderstand in jenen Gebieten des Verteilungsnetzes gewählt, in denen Erdschlüsse infolge von Freileitungsrissen angenommen werden können (kleinster zu erwartender Wert von R_E). Dabei bleiben Stellen mit im Vergleich zum Verteilungsnetz geringer örtlicher Ausdehnung, wie z. B. Wasserläufe, Tümpel oder schmale Sumpfzonen, unberücksichtigt, da sie im Vergleich zur Gesamtlänge des Verteilungsnetzes ein vernachlässigbares Restrisiko darstellen.
Diese Bedingung gilt also auch für TT-Systeme, wenn der Neutralleiter als nicht aktiver Teil betrachtet werden soll und daher nicht geschaltet wird. Ist sie nicht erfüllt, wie z. B. in den französischen oder italienischen Verteilungsnetzen, dann muß der Neutralleiter geschaltet werden, und dies bedeutet vierpolige Schaltgeräte. Dadurch entstehen zusätzliche Kosten für die Anlagenerrichtung.

3.5.3 Kurzschlüsse zwischen Außenleiter und Neutralleiter (PEN-Leiter) im TN- und TT-System

Isolationsfehler in elektrischen Anlagen führen nicht nur zu Körper- oder Erdschlüssen, sondern auch zu Kurzschlüssen zwischen den Außenleitern oder den Außenleitern und dem Neutralleiter. Letztere können sowohl in TN-Systemen als auch in TT-Systemen zu Überspannungen führen, wobei Kurzschlüsse im Verteilungsnetz zwar nur selten auftreten, aber dafür bei hohen Fehlerimpedanzen und dadurch bedingten geringen Kurzschlußströmen längere Zeit anstehen können. Die durch sie erzeugten Überspannungen in den Verbraucheranlagen können zu Schäden führen, wobei im TT-System keine zeitliche Begrenzung vorgegeben ist, da die Ausschaltbedingung im Verteilungsnetz nicht gefordert wird. Die Überspannungen haben Sinusform mit Netzfrequenz und sind von den Überspannungen, wie sie durch Gewitter oder Schaltvorgänge entstehen, zu unterscheiden, die in Form von Stoßspannungen auftreten und nur im Zeitbereich von Mikrosekunden oder Millisekunden wirksam sind. Der Schutz gegen atmosphärische und Schaltüberspannungen wird im Band 83 der VDE-Schriftenreihe besprochen.
Die Höhe der netzfrequenten Überspannungen durch Kurzschlüsse kann wie folgt abgeschätzt werden.
Bild 3.40 zeigt die Überspannungen und Fehlerspannungen, die bei einem Kurzschluß zwischen einem Außenleiter und dem Neutral-(PEN-)Leiter in einem Drehstromsystem 3N ~ 400/230 V durch Nullpunktverschiebungen entstehen. Die Be-

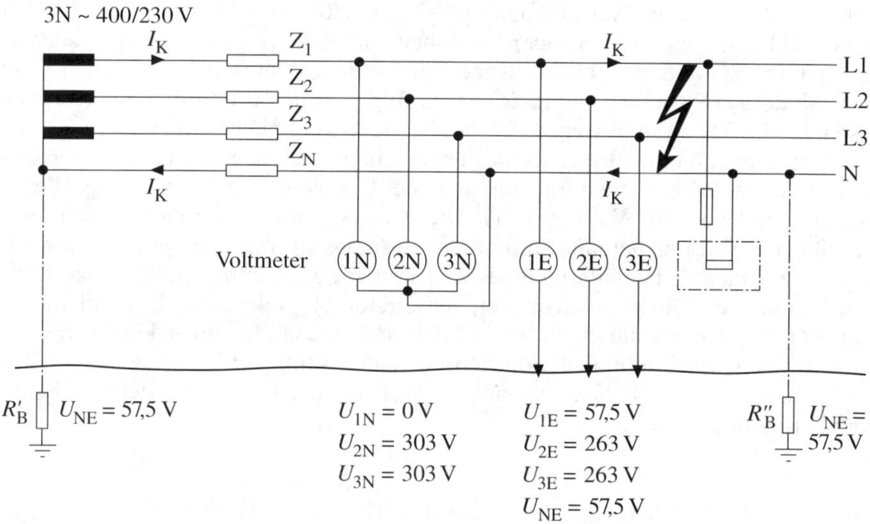

Bild 3.40 Spannungsverhältnisse in einem Drehstromnetz 3N ~ 400/230 V bei einem Kurzschluß im Verteilungsnetz zwischen Außenleiter und Neutral-(PEN-)Leiter für den Fall $Z_1 = Z_N$ und $R'_B = R''_B$

Z_1 Impedanz des Außenleiters
Z_N Impedanz des Neutralleiters (PEN-Leiters)
R'_B resultierender Erdungswiderstand in der Nähe der Transformatorenstation
R''_B resultierender Erdungswiderstand in der Nähe der Kurzschlußstelle
I_K Kurzschlußstrom

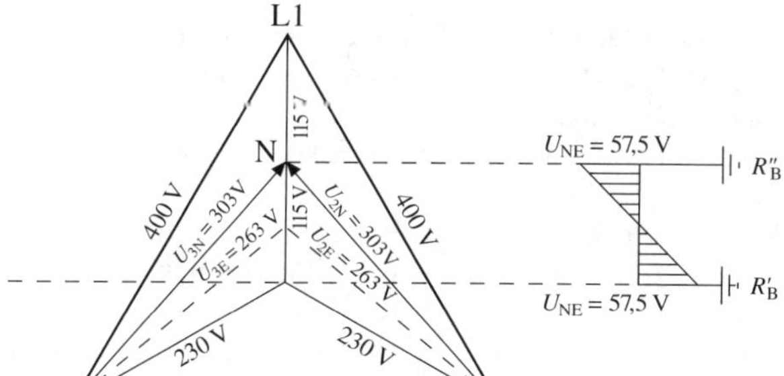

Bild 3.41 Schematische Darstellung der Überspannungen und Fehlerspannungen im Spannungsdreieck bei einem Kurzschluß entsprechend Bild 3.40

rechnung der Nullpunktverschiebung ist sinngemäß wie beim Erdschluß möglich (siehe Bild 3.32). Nimmt man der Einfachheit halber die Impedanzen des Außenleiters und des Neutralleiters bis zur Kurzschlußstelle als ohmsch und gleich groß an, dann erhält man Spannungswerte, wie sie in **Bild 3.41** dargestellt sind. In der Praxis, besonders im TN-System wegen der Parallelerden zum Neutral-(PEN-)Leiter, dessen Impedanz immer niedriger als die der Außenleiter ist, liegen dann die Überspannungen der beiden gesunden Außenleiter in der Umgebung der Kurzschlußstelle unter dem Wert von 303 V (Bild 3.41). Diese Überspannungen treten in den kurzschlußnahen Verbraucheranlagen in allen Zweileiterstromkreisen auf, die von den beiden gesunden Außenleitern eingespeist werden, z. B. in den Steckdosen. Diese Überspannungen führen in kurzer Zeit zur Zerstörung vieler Betriebsmittel, die besonders gegen Überspannungen empfindlich sind, wie Glühlampen, Fernsehapparate etc. Je nach der Verteilung der Betriebserden des Neutral-(PEN-)Leiters wird dessen Spannungsfall als Fehlerspannung in der Nähe der Kurzschlußstelle und beim Transformator meßbar.

3.6 Gefährdungswahrscheinlichkeit und Restrisiko

Der Begriff der Sicherheit, als unverzichtbarer Basisbegriff für alle weiteren Überlegungen, ist heute als „Freiheit von unvertretbaren Schadensrisiken" weitestgehend anerkannt.
Dies bedeutet, daß Sicherheit eine Freiheit ist, die jedes unvertretbare Schadensrisiko ausschließt und es erlaubt, eine Situation eindeutig nur als sicher oder gefährlich zu klassifizieren. Ziel der Normung im Bereich der Sicherheitstechnik ist es, klar zum rechten Handeln anzuweisen, um Sicherheit zu erreichen und Gefahren auszuschließen.
Alle mit dem Themenkreis geführten Diskussionen um die eindeutige Abgrenzung von „Sicherheit" und „Gefahr" sind der Fachwelt bekannt, so daß hier nur auf die Kernaussagen eingegangen wird. Die Abgrenzung von Gefahr und Sicherheit ist durch die Einführung des Begriffs „höchstes vertretbares Risiko" getroffen; die Zusammenhänge sind in **Bild 3.42** dargestellt.
In der Praxis muß nun durch geeignete Maßnahmen sichergestellt werden, daß das Risiko, das nach Anwendung von Schutzmaßnahmen verbleibt, möglichst gering ist, in keinem Fall jedoch größer als das höchste vertretbare Risiko (Grenzrisiko).
Der Begriff des höchsten vertretbaren Risikos darf jedoch keinesfalls mit dem Begriff des Restrisikos verwechselt werden, da es ja das Bestreben jedes mit sicherheitsrelevanten Aufgaben beschäftigten Technikers sein muß, das niemals vollständig auszuschließende Restrisiko möglichst weit unter die vertretbare Grenze zu drücken.
Das in den einzelnen Ländern der Welt in den Niederspannungsanlagen zu fordernde (und vom Elektrizitätsanwender erwartete) Restrisiko ist erfahrungsgemäß sehr unterschiedlich. Darüber hinaus ist auch das höchste vertretbare Risiko nicht für alle

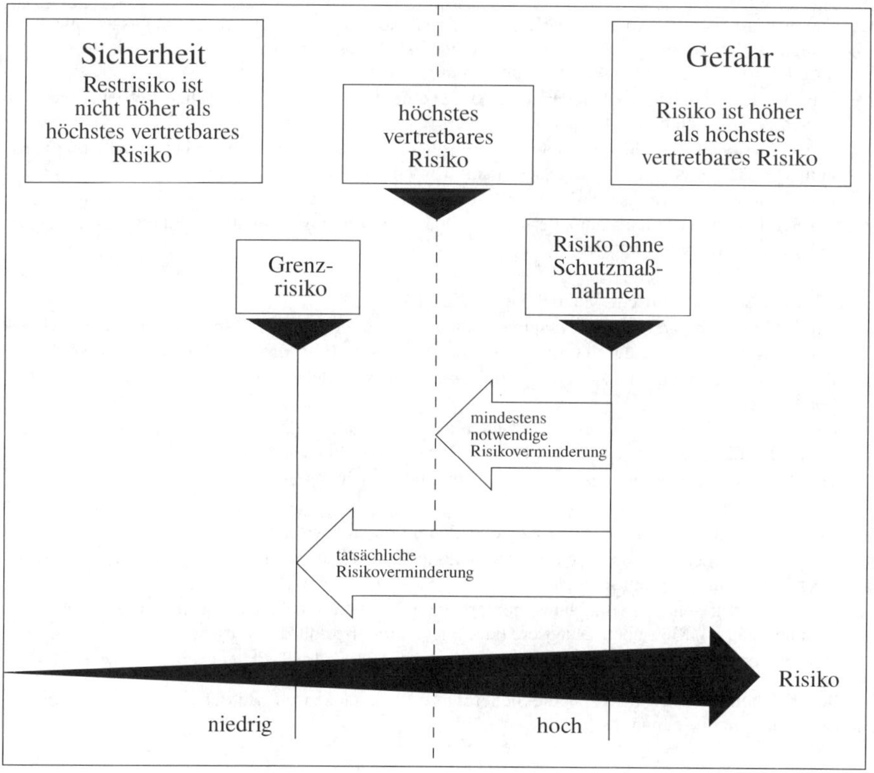

Bild 3.42 Grundsätze der Sicherheitsphilosophie

Niederspannungsanlagen identisch, sondern von den besonderen Umständen der Nutzung von Anlagen oder Anlagenteilen abhängig. So ist z. B. das höchste vertretbare Risiko in landwirtschaftlichen und gartenbaulichen Anwesen unterschiedlich von jenem in Büros.
Auch das Komfortbedürfnis der Anlagennutzer, das sich indirekt in der Art der in der Anlage zum Einsatz kommenden elektrischen Betriebsmittel ausdrückt (z. B. intelligente Hausleittechnik), wirkt sich auf das vom Elektrizitätsanwender (unausgesprochen) von der Anlage erwartete Grenzrisiko aus.
Aufgabe einer verantwortungsbewußten Normung ist es also, für elektrische Betriebsmittel und Anlagen das Grenzrisiko für die Sicherheit der Elektrizitätsanwendung festzuschreiben. So werden etwa in der Niederspannungsrichtlinie der Europäischen Gemeinschaft (73/23/EWG) die in **Tabelle 3.5** aufgeführten Sicherheitsziele für die Umschreibung dieses Grenzrisikos genannt.

1.	Die wesentlichen Merkmale, von deren Kenntnis und Beachtung eine bestimmungsgemäße und gefahrlose Verwendung abhängt, sind auf den elektrischen Betriebsmitteln oder, falls dies nicht möglich ist, auf einem beigefügten Hinweis angegeben.
2.	Das Herstellerzeichen oder die Handelsmarke ist deutlich auf den elektrischen Betriebsmitteln oder, wenn dies nicht möglich ist, auf der Verpackung angebracht.
3.	Die elektrischen Betriebsmittel sowie ihre Bestandteile sind so beschaffen, daß sie sicher und ordnungsgemäß verbunden oder angeschlossen werden können.
4.	Die elektrischen Betriebsmittel sind so konzipiert und beschaffen, daß bei bestimmungsgemäßer Verwendung und ordnungsgemäßer Unterhaltung der Schutz vor den in den Punkten 5 bis 11 aufgeführten Gefahren gewährleistet ist.
Darüber hinaus sind technische Maßnahmen vorzusehen,	
5.	damit Menschen und Nutztiere angemessen vor den Gefahren einer Verletzung oder anderen Schäden geschützt sind, die durch direkte oder indirekte Berührung verursacht werden können;
6.	daß keine Temperaturen, Lichtbogen oder Strahlungen entstehen, aus denen sich Gefahren ergeben können;
7.	daß Menschen, Nutztiere und Sachen angemessen vor nicht elektrischen Gefahren geschützt werden, die erfahrungsgemäß von elektrischen Betriebsmitteln ausgehen;
8.	daß die Isolierung den vorgesehenen Beanspruchungen angemessen ist.
Ebenso sind technische Maßnahmen vorzusehen, damit die elektrischen Betriebsmittel	
9.	den vorgesehenen mechanischen Beanspruchungen soweit standhalten, daß Menschen, Nutztiere oder Sachen nicht gefährdet werden;
10.	unter den vorgesehenen Umgebungsbedingungen den nicht mechanischen Einwirkungen soweit standhalten, daß Menschen, Nutztiere oder Sachen nicht gefährdet werden;
11.	bei den vorgesehenen Überlastungen Menschen, Nutztiere oder Sachen in keiner Weise gefährden.

Tabelle 3.5 Wichtigste Angaben über die Sicherheitsziele für elektrische Betriebsmittel zur Verwendung innerhalb bestimmter Spannungsgrenzen

Es handelt sich also um sehr allgemeine Festlegungen, die als Leitlinie für die zu erstellenden Normen für elektrische Betriebsmittel und Anlagen aufzufassen sind. Bei allen Bemühungen um die sichere Verwendung elektrischer Betriebsmittel ist klar zu erkennen, daß es keine absolute Sicherheit gibt.

Die elektrotechnischen Normen legen also das höchste zulässige Grenzrisiko und damit die von den Normen geforderte Gefährdungswahrscheinlichkeit bei der Elektrizitätsanwendung fest.

Überlegungen zum Grenzrisiko müssen jedoch, insbesondere in gewerblich und/oder industriell genutzen Verbraucheranlagen, zunehmend vor dem Hintergrund der Schadensfolgekosten geführt werden. Schadensfolgekosten können dabei als Kosten definiert werden, die unter anderem infolge unzureichender Zuverlässigkeit der Energieversorgung (z. B. durch Fehlauslösen von Fehlerstromschutzschaltern bei Gewittern) bei Ausfall einer Anlage, eines Anlagenteils oder eines Betriebsmittels entstehen. Ohne Anspruch auf Vollständigkeit zu erheben, sind die wesentlichen Komponenten der möglichen Schadensfolgekosten in **Bild 3.43** zusammengestellt.

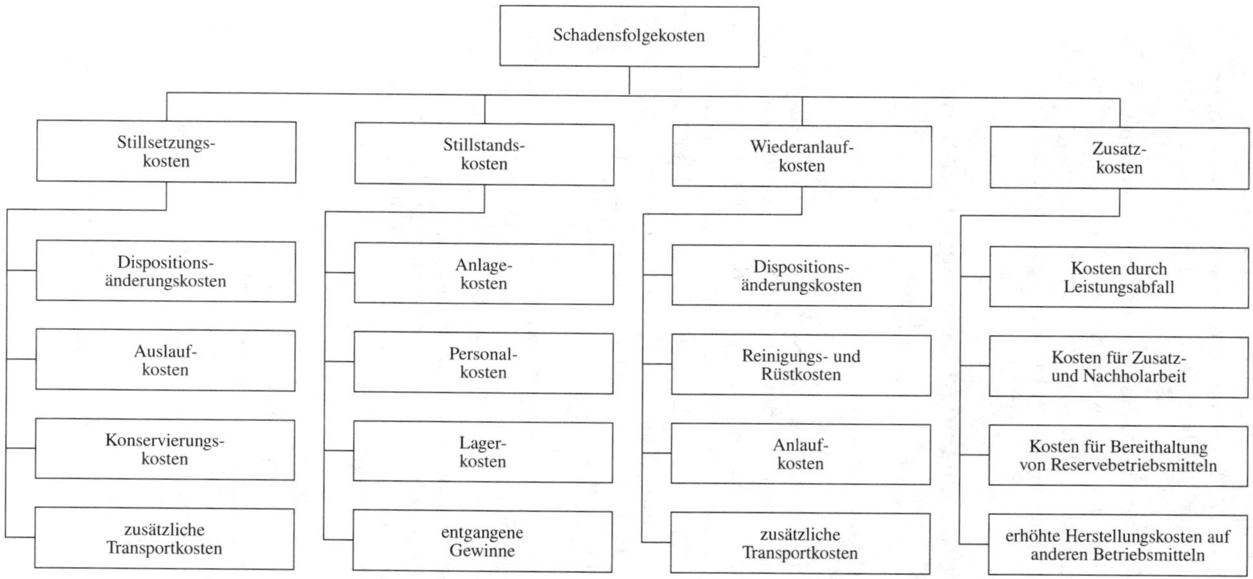

Bild 3.43 Schadensfolgekosten und ihre Komponenten

Die obigen Ausführungen haben allgemeine Bedeutung. Die Schwierigkeit besteht darin, sie in die Praxis umzusetzen. Die Bestimmung des Grenzrisikos erfordert große Erfahrung hinsichtlich Unfall- und Ausfallrisiken bei elektrischen Anlagen und Betriebsmitteln.
Alle Fragen des zulässigen Grenzrisikos und die einschlägigen Diskussionen in den Normengremien haben in jedem Fall größte wirtschaftliche Bedeutung. Setzt man das Grenzrisko zu hoch an, dann erhöht man die Unfallgefahr, ist es zu niedrig, dann entstehen unnötig hohe finanzielle Belastungen für den Eigentümer der Anlagen.

3.7 Einteilung, Schutzziele und Anwendungsgrenzen des Fehlerschutzes

3.7.1 Einteilung des Fehlerschutzes

Wie in Abschnitt 3.4 ausführlich erklärt, bilden die Systeme nach Art der Erdverbindungen nur das Gerüst für eine Einteilung der verschiedenen Möglichkeiten des Fehlerschutzes bei Ausschaltung des Fehlers über einen Schutzleiter. Nicht erfaßt werden der Fehlerschutz ohne Schutzleiter, wie Schutzisolierung, Schutztrennung, Schutz durch Kleinspannung (SELV und PELV). Das TT-System bildet dabei den Oberbegriff für die früher mit Schutzerdung und Fehlerstromschutzschaltung bezeichneten Schutzmaßnahmen, das IT-System kann ebenfalls eine Schutzerdung bedeuten, oder aber in Verbindung mit der Isolationsüberwachung das bekannte Schutzleitungssystem.
Es liegt nahe, für den Praktiker eine Einteilung der Maßnahmen des Fehlerschutzes zu schaffen, die an die bisher gewohnte Praxis anschließt, wobei – wie in Abschnitt 3.4 gezeigt – eine einfache Übersetzungsmöglichkeit der deutschen Benennungen zumindest in die englische Sprache angestrebt werden kann.
Berücksichtigt man diese Gesichtspunkte, dann kommt man zu folgender Einteilung, wobei den deutschen Benennungen auch die für die englische Sprache vorgeschlagenen Übersetzungen angefügt sind.

Fehlerschutz mit Schutzleiter
Schutz durch automatische Ausschaltung beim ersten Fehler:
- TN-System mit Überstrom-Schutzeinrichtung, früher Nullung
  protective neutral earthing
- TT-System mit Fehlerstrom-Schutzeinrichtung, früher Fehlerstrom-Schutzschaltung
  protective residual current earthing
- TT-System mit Überstrom-Schutzeinrichtung, früher Schutzerdung
  protective overcurrent earthing

Schutz durch Meldung ohne Ausschaltung beim ersten Fehler:

- IT-System mit Isolations-Überwachungseinrichtung, früher Schutzleitungssystem, Schutz-Isolationsüberwachung, Isolations-Überwachungssystem
  protective insulation monitoring

Fehlerschutz ohne Schutzleiter (PE-Leiter)

- Schutztrennung
  protective separation
- Schutz durch Kleinspannung (SELV und PELV)
  safety extra low voltage
- Schutzisolierung (doppelte Isolierung und verstärkte Isolierung)
  protective insulation (double insulation and reinforced insulation)

3.7.2 Schutzziele und Anwendungsgrenzen

Man kann bei den Schutzzielen deutlich zwischen den Maßnahmen mit oder ohne Schutzleiter (PE-Leiter) unterscheiden.
Schutzleiter bedeutet bei dieser Einteilung den geerdeten Schutzleiter (PE-Leiter) und nicht den Potentialausgleichsleiter, der nach IEV auch ein Leiter mit Schutzfunktion, also ein Schutzleiter ist.
Der Fehlerschutz mit Schutzleiter ist allgemein anwendbar, z. B. in Hausinstallationen, Gewerbe, Industrie oder Landwirtschaft. Nur bei der Schutzmaßnahme IT-System mit Isolations-Überwachungseinrichtung werden ein Eigentransformator und eine örtlich genau umschriebene Anlage vorausgesetzt.
Vorausgesetzt werden auch beim Fehlerschutz mit Schutzleiter Umgebungsbedingungen, wie sie in den oben beschriebenen Anlagen auftreten, also in Gebäuden, aber auch außerhalb von Gebäuden, in Höfen, Gärten etc. und in landwirtschaftlichen Betriebsstätten. Je nach der angewendeten Maßnahme sind die auftretenden Fehlerspannungen während des Ausschaltens sehr verschieden. So werden im TN-System die Fehlerspannungen in der Regel unter 65 V bleiben, nur bei Endstromkreisen können sie Werte erreichen, die im Netz 3N ~ 400/230 V aber fast immer unter 100 V liegen. Im Gegensatz dazu treten während des Ausschaltvorgangs im TT-System sehr oft Fehlerspannungen auf, die bei 200 V liegen. Im IT-System wieder liegt es im Prinzip dieser Maßnahme, daß beim ersten Fehler die Fehlerspannungen sehr gering sind und in der Nähe des Potentials der Bezugserde bleiben.
Die prospektiven Berührungsspannungen U_{TP} und die Berührungsspannungen U_T liegen immer unter den Fehlerspannungen U_F, wobei für Berührungsspannungen unter etwa 100 V die menschliche Haut einen beachtlichen zusätzlichen Schutz bietet. Bei 200 V verschwindet dieser Hautwiderstand innerhalb von Millisekunden, und daher bieten die Maßnahmen des Fehlerschutzes mit Schutzleiter bei besonderen Umgebungsbedingungen, wie sie etwa in engen, leitfähigen Räumen bestehen, nur einen sehr bedingten Schutz. In jedem Fall kommt es während des Ausschaltens des Fehlers bei gleichzeitiger Berührung zu einer mehr oder weniger heftigen Elek-

trisierung. Hier liegen dann die Anwendungsgrenzen dieser Maßnahmen. Sitzt z. B. ein Mensch auf dem Boden und hält mit beiden Händen ein fehlerhaftes Gerät, dann beträgt sein Körperwiderstand bei U_T = 50 V im Mittel 650 Ω. Wenn man z. B. im TN-System 50 V Berührungsspannung annimmt, dann liegt mit 80 mA die Gefährdung zwar theoretisch an der Flimmergrenze, aber bei einer Ausschaltung unter einer Herzperiode besteht sicher keine Lebensgefahr. Bei U_T = 200 V dagegen (TT-System) begrenzt nur der Körperinnenwiderstand R_i den Berührungsstrom. Für den gleichen Stromweg (Hände – Rumpf) fließt dann mit R_i = 250 Ω ein Strom von fast 1 A durch den Körper. In der vulnerablen Herzphase kann damit Flimmern schon bei einer Durchströmungsdauer von einer Halbwelle Wechselstrom (10 ms) auftreten. Nun ist die Wahrscheinlichkeit derartiger Extremfälle sehr gering, dort wo sie aber infolge der Umgebungsbedingungen häufiger zu erwarten sind, also z. B. bei Arbeiten in Kesseln, oder dort, wo man bei Auftreten eines Fehlers eine Elektrisierung überhaupt vermeiden will, muß man den Fehlerschutz ohne Schutzleiter anwenden. Dabei darf man nicht vergessen, daß der Schutzleiter auch Gefahren verursachen kann, z. B. bei Schutzleiterunterbrechungen oder Verwechslungen. Sie können allerdings durch den Zusatzschutz der modernen Schutztechnik (siehe Kapitel 6) weitgehend vermieden werden.
Der Fehlerschutz ohne Schutzleiter hat den Nachteil, daß er nur in begrenztem Umfang anwendbar ist und damit auf Sonderfälle beschränkt bleibt. Sehr bedeutend hat sich die Schutzisolierung bei den tragbaren Elektrogeräten erwiesen, während sie bei der Anlagentechnik auf jene Teile der Anlage beschränkt bleibt, die nicht durch Maßnahmen des Fehlerschutzes mit Schutzleiter geschützt werden können, also z. B. Betriebsmittel, die vor den Schutzschaltern installiert sind.
Die Schutztrennung wird mit Erfolg angewendet, wenn ein oder wenige Betriebsmittel in besonders gefährlicher Umgebung verwendet werden, oder wenn eine Elektrisierung beim ersten Fehler vermieden werden soll, z. B. wegen möglicher Sekundärschäden, wie ein Sturz von einer Leiter.
Schutz durch Kleinspannung (SELV und PELV) sind bei ähnlichen Betriebsbedingungen von Nutzen, können aber wegen der erforderlichen großen Leiterquerschnitte nur sehr begrenzt bei leistungsschwachen Betriebsmitteln zur Anwendung kommen. SELV schützt auch dann, wenn ein stromführender Leiter direkt berührt wird, das heißt, SELV ermöglicht gleichzeitig Fehlerschutz und Zusatzschutz.

3.8 Literatur zu Kapitel 3

Hosemann: Sicherheitstechnisches Grundkonzept, Unterlagen zu einem Vortrag; VDE-Fachtagung Sicherheits- und Unfallforschung, Leipzig, 1994.
EWG-Niederspannungsrichtlinie: Richtlinie des Rates vom 19. Februar 1973 zur Angleichung der Rechtsvorschriften der Mitgliedstaaten betreffend elektrische Betriebsmittel zur Verwendung innerhalb bestimmter Spannungsgrenzen (73/23/EWG).

Junge, H. D.; Müller, G.: Elektrotechnik (Schadensfolgekosten). Weinheim: VCH-Verlagsgesellschaft, 1994.
Biegelmeier, G.; Mörx, A.: Die Klassifikation der Netzsysteme nach IEC-Publikation 364 – ein fehlerhaftes Konzept. ÖZE Österreich. Zeitschrift für Elektrotechnik 46 (1993) H. 7/8, S. 378 – 382.
Biegelmeier, G.; Mörx, A.: Risikoverminderung für Elektrounfälle. Elektrie (1996) H. 9/10/11, S. 334 – 346.

4 Fehlerschutz mit Schutzleiter (PE-Leiter)

4.1 TN-System (früher Nullung)

4.1.1 Prinzip und Stand der Technik

Im TN-System wird jener Teil der Fehlerschleife, der bei der klassischen Schutzerdung durch das Erdreich gebildet wird, durch einen metallischen Leiter ersetzt. Dieser Leiter hat sowohl die Aufgabe, die Funktion des Schutzleiters (PE) wahrzunehmen als auch den Betriebsstrom (Neutralleiterfunktion, N) zu führen. Aus der Bezeichnung PE und N wurde in den Normen PEN-Leiter (siehe Abschnitt 3.2). Er wurde früher als Nulleiter bezeichnet, weil man, wie bereits gesagt, annahm, daß er Erdpotential, also „Nullpotential" führt. Tritt ein Körperschluß auf, dann fließt der Fehlerstrom durch den Außenleiter zur Fehlerstelle und von dort durch den PEN-Leiter zurück zum Transformator. In modernen Verteilungsnetzen haben Außenleiter und PEN-Leiter denselben Querschnitt, das heißt, daß rund die halbe Netzspannung gegen Erde U_0 als Spannungsfall im Außenleiter auftritt. Da der PEN-Leiter aber an vielen Stellen im Verteilungsnetz über die Betriebserden und durch die an ihn angeschlossenen Erdungen der Verbraucheranlagen geerdet ist, fließt ein Teil des Fehlerstroms über die Erde, wodurch wiederum der PEN-Leiter-Spannungsfall verkleinert wird. Durch die Betriebserdungen bleibt die Fehlerspannung des PEN-Leiters bei Kurzschlüssen im Verteilungsnetz praktisch immer unter 65 V und in den Verbraucheranlagen bei den Endstromkreisen unter 100 V. Dies bedeutet, daß der Hautwiderstand eines Menschen einen hohen Schutzwert behält und tödliche Unfälle sehr unwahrscheinlich werden.

Vereinfachte Darstellungen von Hausinstallationen mit dem TN-System als Fehlerschutz für europäische und amerikanische Verhältnisse wurden bereits in Bild 3.19 und Bild 3.20 gezeigt.

Da bei Kurzschlüssen im Verteilungsnetz Überstrom-Schutzeinrichtungen große Nennströme besitzen, in den Verbraucheranlagen dagegen LS-Schalter kleine Nennströme, muß man mit den vorgegebenen Schleifenwiderständen im Verteilungsnetz höhere Ausschaltzeiten zulassen als in den Verbraucheranlagen. Dies ist wegen der geringen Gefährdungswahrscheinlichkeit durchaus vertretbar. Näheres darüber findet sich in Abschnitt 4.1.3.

Der Erdungswiderstand des PEN-Leiters soll so niedrig wie möglich sein. Zu dieser Forderung leisten die an den PEN-Leiter angeschlossenen Erdungen der Verbraucheranlagen einen wertvollen Beitrag, der auch im Verteilungsnetz mit TN-System einen besseren Überspannungsschutz sicherstellt als ein vergleichbares TT-System, bei dem ja die Verbrauchererdungen nicht mit dem Neutralleiter des Netzes verbunden werden dürfen.

Die immer wieder diskutierten Gefahren durch Störungen im Verteilungsnetz (Außenleiter- oder PEN-Leiterbruch und Verwechslungen Außenleiter/PEN-Leiter)

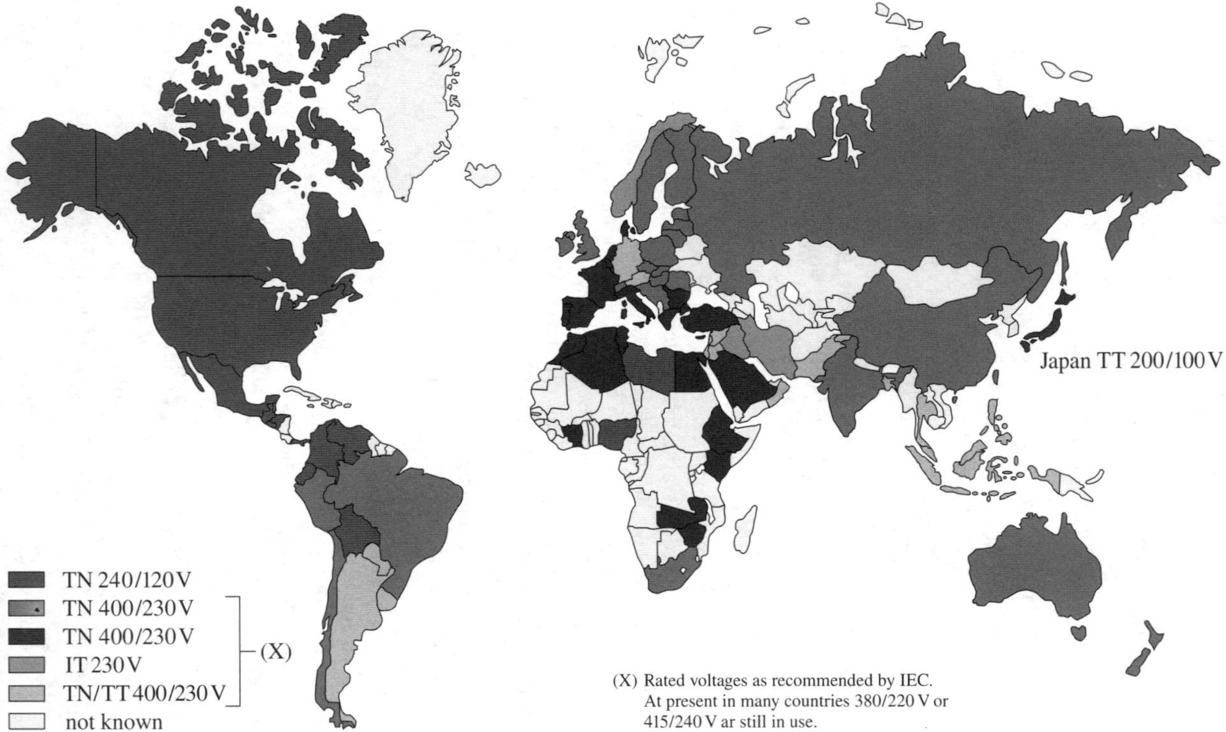

Bild 4.1 Anwendung der TN-, TT- und IT-Systeme in den verschiedenen Ländern der Erde

stellen ein vernachlässigbares Sicherheitsrisiko dar. Sie sind wesentlich geringer als die Gefahren, die durch Versagen von FI-Schutzschaltern entstehen, wenn der FI-Schutzschalter die Ausschaltung im Fehlerfall allein übernehmen muß.
Bei einer detaillierten Bewertung des TN- und TT-Systems entsprechend den vorausgegangenen Abschnitten muß man davon ausgehen, daß sich die Tendenz zum TN-System künftig weiter verstärken wird. Dafür sprechen folgende Gründe:

- Bei gleichartigen Fehlern sind im TN-System die Berührungsspannungen und damit das verbleibende Grenzrisiko geringer.
- Bei gleichen Anforderungen an die Betriebserde werden im TN-System günstigere Werte erreicht, weil die Erder der Verbraucheranlagen mit dem PEN-Leiter verbunden werden.
- Durch die Vermaschung der Erden über den PEN-Leiter und den dadurch bedingten niedrigeren Erdungswiderstand wird der Überspannungsschutz des Netzes wesentlich verbessert.
- Das TN-System kann mit der Selektivität der Ausschalteinrichtungen im Fehlerfall die größte Betriebssicherheit gewährleisten. Nicht betroffene Stromkreise bleiben mit der elektrischen Energie versorgt.
- Das TN-System erlaubt auf einfache Weise den Schutz im Verteilungsnetz, z. B. in Stationen an Kabelverteilerschränken, Lichtmasten usw.

Aus diesen Gründen ist es verständlich, daß das TN-System schon heute, weltweit gesehen, die am häufigsten angewendete Schutzmaßnahme bei indirektem Berühren darstellt. Sie ist z. B. in USA, Kanada, Mittelamerika, Japan, Volksrepublik China, Gemeinschaft unabhängiger Staaten (GUS), Polen, CSFR, Ungarn, Schweden und Schweiz sowie in der Mehrzahl der Netze in England und in Deutschland die Regel und hat sich durchaus bewährt (**Bild 4.1**).
Für den Schutz durch automatische Ausschaltung im TN-System mit Überstrom-Schutzeinrichtungen gilt folgende *Definition*:
Maßnahme des Fehlerschutzes, bei der die berührbaren leitfähigen Teile entweder direkt oder über einen PE-Leiter mit dem PEN-Leiter verbunden sind und die mit einem Fehler behafteten Anlagenteile durch Überstrom-Schutzeinrichtungen ausgeschaltet werden.
Unter bestimmten Bedingungen sind für das Ausschalten im Fehlerfall auch Fehlerstrom-Schutzeinrichtungen zulässig.

4.1.2 Fehlerspannungen, prospektive Berührungsspannungen und Berührungsspannungen im TN-System

Zur Beurteilung der bei Isolationsfehlern auftretenden Fehlerspannungen wird zunächst daran erinnert, daß diese durch die Impedanzen von Außenleitern und PEN- bzw. PE-Leitern und die Verteilung der Betriebs- und Verbrauchererdungen bestimmt werden.

Dies soll in der Folge sowohl für das Verteilungsnetz als auch für die Verbraucheranlagen untersucht werden. Das Wesentliche erkennt man aus der vereinfachten Darstellung nach **Bild 4.2** für den Fall eines Isolationsfehlers im Verteilungsnetz. Schon vor längerer Zeit wurden von der Oberösterreichischen Kraftwerke AG (OKA) umfangreiche Messungen in einem Freileitungsnetz im ländlichen Versorgungsbereich durchgeführt. Obwohl in diesem Netz der PEN-Leiter mit einem klei-

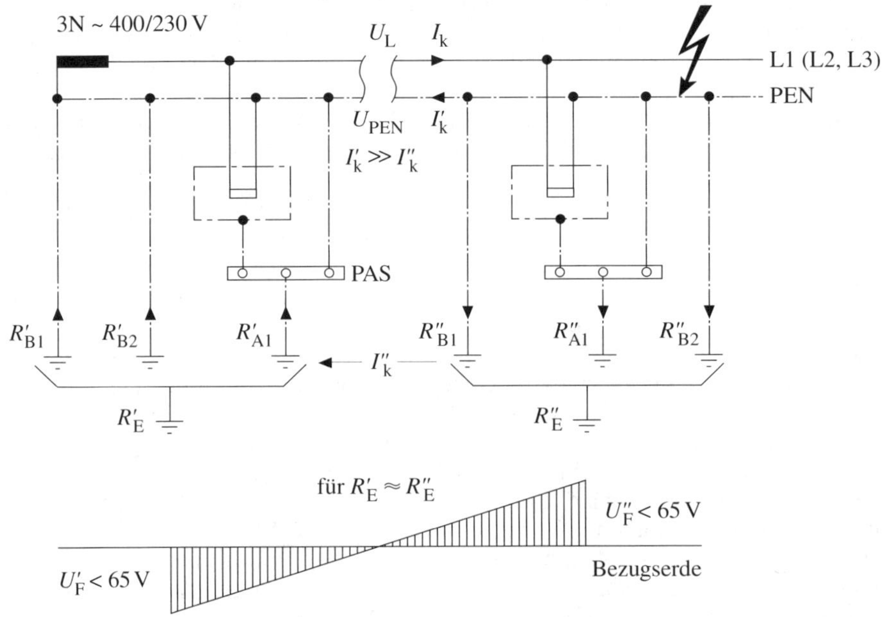

Bild 4.2 Vereinfachte Darstellung der Fehlerspannungen bei einem Isolationsfehler im Verteilungsnetz bei Anwendung des TN-Systems; die Fehlerspannungen, welche bei einem Kurzschluß Außenleiter – PEN-Leiter in die Anlage verschleppt werden, bleiben in der Regel unter 65 V.

U_L	Spannungsfall im Außenleiter immer größer 115 V
U_{PEN}	Spannungsfall im PEN-Leiter immer kleiner 115 V, da ein Teil des Kurzschlußstroms über die Betriebs- und Verbrauchererdungen fließt
I_k	Kurzschlußstrom im Außenleiter
I_k'	Teil-Kurzschlußstrom im PEN-Leiter
I_k''	Teil-Kurzschlußstrom durch die Erde
R_{B1}', R_{B2}', R_{A1}', ... usw.	Erdungswiderstände des PEN-Leiters und der Verbraucheranlagen in der Umgebung der Transformatorenstation
R_{B1}'', R_{B2}'', R_{A1}'', ... usw.	Erdungswiderstände des PEN-Leiters und der Verbraucheranlagen in der Nähe der Netzausläufer
R_E', R_E''	resultierende Gesamterdungswiderstände
U_F'	Fehlerspannung des PEN-Leiters in der Nähe der Transformatorenstation
U_F''	Fehlerspannung des PEN-Leiters in der Nähe der Netzausläufer
PAS	Potentialausgleichsschiene

neren Querschnitt verlegt war als die Außenleiter, hat sich gezeigt, daß bei Kurzschlüssen zwischen Außenleiter und PEN-Leiter im Verteilungsnetz die Fehlerspannungen des PEN-Leiters nur selten 65 V überschreiten. Der diesbezügliche Bericht findet sich in der Literatur am Ende dieses Abschnitts.

Wegen der Wichtigkeit der Erkenntnisse, die aus den ersten Messungen gewonnen worden sind, wurden vor kurzem ebenfalls im Versorgungsbereich der OKA ähnliche Messungen im Netz durchgeführt, die in der Folge beschrieben werden.

In einem ländlichen Versorgungsgebiet wurden am Ende eines Netzausläufers (Strang 3 in Bild 4.3) über einen Leistungsschalter mehrere Kurzschlüsse zwischen einem Außenleiter und dem PEN-Leiter eingeleitet. Das Verteilungsnetz ist überwiegend ein Niederspannungs-Freileitungsnetz. Die Stränge 2 und 3 werden bis zum Beginn der Freileitungen ein kurzes Stück von der Transformatorenstation weg als Kabel geführt.

Der PEN-Leiter ist an den in **Bild 4.3** gekennzeichneten Stellen über acht Betriebserder geerdet. Der Gesamterdungswiderstand des Netzes wird durch die an den PEN-Leiter angeschlossenen Erdungen der 17 Verbraucheranlagen wesentlich verbessert. Die nach der Strom-Spannung-Methode ermittelte Erdungsimpedanz des Ortsnetzes beträgt 0,46 Ω. Die Erdungsimpedanzen der acht Betriebserdungen können **Tabelle 4.1** entnommen werden.

Bild 4.3 zeigt in einer Übersicht das Ortsnetz mit den drei Strängen, den Betriebserdungen, den Verbraucheranlagen, den Meßstellen für die Fehlerspannungen und die Kurzschlußstelle. Die Messungen der prospektiven Berührungsspannungen und der Berührungsspannungen wurden in dem landwirtschaftlichen Anwesen, Verbraucheranlage V 3/7, durchgeführt.

Die Kurzschlußauslösung des Leistungsschalters wurde so eingestellt, daß die Kurzschlußdauer auf etwa 10 s begrenzt war. Während der Kurzschlüsse wurden in acht Verbraucheranlagen die Fehlerspannungen und in einer Anlage zusätzlich die prospektiven Berührungsspannungen und die Berührungsspannungen gemessen. Die Fehlerspannungen und prospektiven Berührungsspannungen wurden mit Voltmetern mit 40 kΩ Innenwiderstand, die Berührungsspannungen mit 1 kΩ (im Stall mit 333 Ω) gemessen. Die Messung der prospektiven Berührungsspannungen und der Berührungsspannungen erfolgte mit der üblichen Meßplatte 25 cm × 25 cm, unter die ein nasses Tuch gelegt wurde. Dabei war im Keller und Stall des Anwesens trockener Betonboden, im Hof ein Grasstreifen als Auflage für die Meßplatte vorgegeben.

Der Abstand der Meßsonden für die Spannungsmessungen von der Meßstelle betrug bei den Masterdungen etwa 25 m, bei der Transformatorstation (PEN-Leiter) 100 m und bei den Verbraucheranlagen 50 m bis 100 m. Frühere Untersuchungen haben gezeigt, daß damit etwa 80 % bis 90 % der tatsächlich gegen Bezugserde auftretenden Fehlerspannungen erfaßt werden, weil die Spannungstrichter nach einigen zehn Metern relativ flach verlaufen.

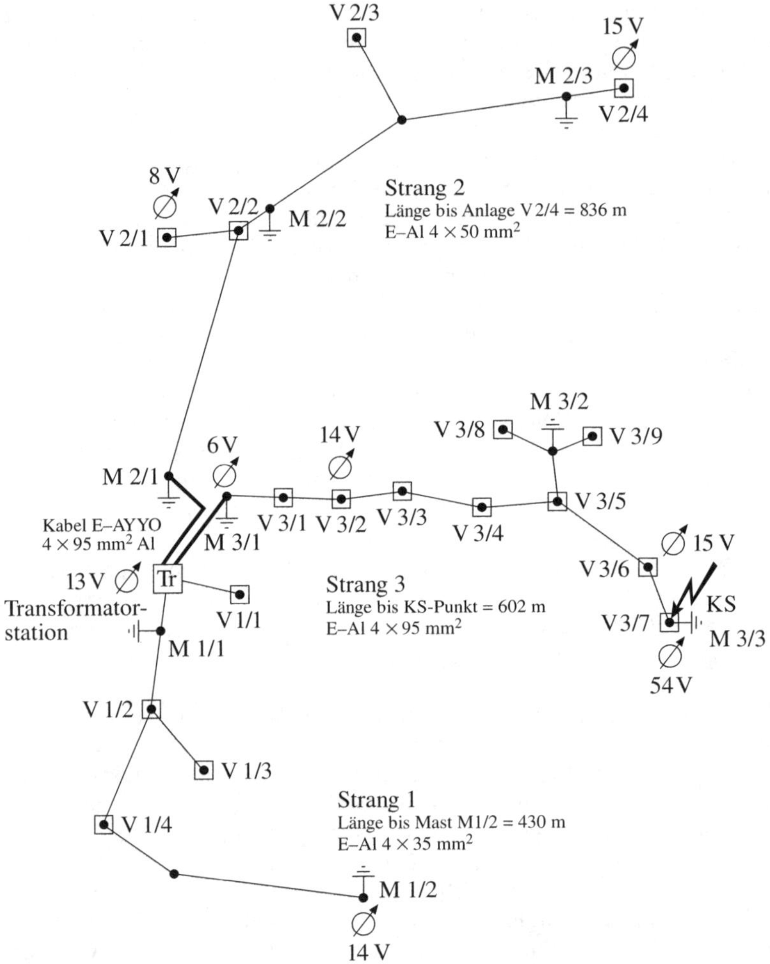

Bild 4.3 Prinzipdarstellung des für die Messungen verwendeten Ortsnetzes
Meßpunkt
Nsp.-Kabel
Nsp.-Freileitung
Die Spannungsangaben in Volt bedeuten die gemessenen Fehlerspannungen des PEN-Leiters; 17 Verbraucheranlagen V 1/1 ... V 3/9; 8 Masterdungen M 1/1 ... M 3/3

Strang Nr.	Mast	Erdungswiderstand in Ω
3	M 3/1	9,5
3	M3/2	11,6
3	M3/3	5,3
2	M2/1	9,7
2	M2/2	3,6
2	M2/3	10,2
1	M 1/1	8,4
1	M 1/2	10,3

Tabelle 4.1 Erdungswiderstände der Betriebserdungen R_B

Die Außenleiterspannungen gegen den PEN-Leiter wurden in der Transformatorenstation gemessen. Sie betrugen rund 240 V, wobei während des Kurzschlusses die Spannung des kurzschlußbehafteten Außenleiters auf rund 220 V gesunken ist.
Die Ergebnisse der Messungen können **Tabelle 4.2** und **Tabelle 4.3** entnommen werden.
Der Erdungswiderstand R_A der Verbraucheranlage V 3/6 betrug 3,4 Ω. Während des Kurzschlusses betrug der Fehlerstrom vom PEN-Leiter zur Verbrauchererdung V 3/7 16 A. Der Kurzschlußstrom an der Kurzschlußstelle Außenleiter/PEN-Leiter betrug rund 440 A.
Man erkennt die Bedeutung der Verbindung der Erdungen der Verbraucheranlagen mit dem PEN-Leiter für die Absenkung des Gesamterdungswiderstands. Die Parallelschaltung aller Masterder ergibt einen resultierenden Erdungswiderstand (Lei-

Strang Nr.	Meßstelle	Erdungs-widerstand R_E Ω	U_V V	U_F V
3	Verbraucheranlage V 3/7	5,3	0,2	54
3	Verbraucheranlage V 3/6	3,4	1,7	51
3	Verbraucheranlage V 3/2	2,4	0,5	14
3	Kabelüberführungsmast M3/1	9,5	0,4	6
–	Transformatorenstation	–	0,1	13
1	Freileitungsmast M 1/2	10,3	0,9	14
2	Verbraucheranlage V 2/1	4,0	0,3	8 (x)
2	Verbraucheranlage V 2/4	8,0	0,3	15

Tabelle 4.2 Meßergebnisse des Netzversuchs entsprechend Bild 4.3; Fehlerspannungsmessungen
U_V Spannungsverschiebung des PEN-Leiters gegen Bezugserde ohne Kurzschluß bei normalem Netzbetrieb
U_F Fehlerspannung PEN-Leiter-Bezugserde während des Kurzschlusses
R_E Ausbreitungswiderstand des Einzelerders (R_B bei den Masterdungen, R_A bei den Verbrauchererdungen)
(x) Meßwert durch zu geringen Sondenabstand beeinflußt

Meßstelle	prospektive Berührungsspannung U_{TP} in V	Berührungsspannung U_T in V
Keller	10	7
Stall	6	4
Hof (Rasen)	11	6

Tabelle 4.3 Prospektive Berührungsspannungen und Berührungsspannungen während des Kurzschlusses im Verteilungsnetz in der Verbraucheranlage V 3/6 (landwirtschaftliches Anwesen)

tungswiderstände vernachlässigt) von 1,2 Ω, während die Messung der Erdungsimpedanz des Ortsnetzes mit den Verbrauchererdungen 0,46 Ω ergeben hat, also einen um 60 % niedrigeren Wert.

Nimmt man an, daß über die PEN-Leiterverbindungen der Verbraucheranlagen V 3/5 bis V 3/9 und die Masterdung M 3/2 am Ende des Strangs 3 je rund 10 A zur Erde abgeflossen sind, also 60 A, dann bedeutet dies für den PEN-Leiter strommäßig eine Entlastung von schätzungsweise 15 % des Kurzschlußstroms (440 A), die auch eine Verringerung des Spannungsfalls im PEN-Leiter bewirkt.

Am Ende des Strangs 3 wurde die Fehlerspannung des PEN-Leiters mit rund 55 V gemessen (Meßstelle V 3/7), in der Transformatorenstation mit rund 15 V und zwar mit einer Phasendrehung von 180°, die im Oszillogramm erkennbar war (siehe Bild 4.2). Nach diesen Messungen betrug also der Spannungsfall des PEN-Leiters 70 V, während sich aus dem um 15 % reduzierten PEN-Leiterstrom ein Wert von 106 V ergäbe. Daraus kann man schätzen, daß bei den Messungen der Fehlerspannung nur 65 % des bis zur ideellen Bezugserde auftretenden Werts erfaßt worden sind. Wie immer es auch sei, für die Gefährdung sind die prospektiven Berührungsspannungen maßgebend, die in der Umgebung der Anlagen, etwa im 20-m-Bereich, auftreten. Hier hat der Feldversuch gezeigt, welche Vorteile die Schutzmaßnahme im TN-System dadurch besitzt, daß sie die Fehlerspannungen während des Ausschaltens des Fehlers, die im TT-System praktisch immer bei 200 V liegen, auf Werte unter 50 V absenkt.

Interessant ist auch, daß durch den Kurzschluß auf Strang 3 die übrigen, von der gleichen Transformatorenstation abgehenden Stränge nur wenig betroffen sind (rund 15 V Fehlerspannung). In einem Gebiet mit geschlossener Bebauung würden die Ergebnisse noch günstiger ausfallen.

Nun ist die Wahrscheinlichkeit des Auftretens derartiger Netzfehler sehr gering und auf den gleichen Zeitraum bezogen sicher kleiner als die Gesamtwahrscheinlichkeit von Körperschlüssen in den durch das Netz versorgten Verbraucheranlagen. Allerdings werden Fehlerspannungen des PEN-Leiters in alle geschützten Verbraucheranlagen verschleppt, in denen aber infolge der Verbrauchererdung und über den Hauptpotentialausgleich die prospektiven Berührungsspannungen wesentlich kleiner sind als die Fehlerspannung des PEN-Leiters. Tatsächlich sind durch derartige Netzfehler noch keine Unfälle bei Menschen in den Verbraucheranlagen bekannt

geworden und Unfälle von Nutztieren nur dann, wenn im Stall kein Potentialsteuergitter vorhanden war.
Bei Isolationsfehlern in den Verbraucheranlagen muß zunächst beachtet werden, daß infolge des Potentialausgleichs die prospektiven Berührungsspannungen fast immer wesentlich unter der Fehlerspannung liegen, meist bei wenigen Volt oder wenigen zehn Volt. Nur an den Enden einzelner Stromkreise treten manchmal Fehlerspannungen auf, die jedoch immer unter 100 V liegen, wenn es sich um ein Niederspannungsnetz 3N ~ 400/230 V handelt, also unter der Hälfte der Systemspannung gegen Erde U_0 (z. B. im amerikanischen System 2N ~ 240/120 V unter 60 V).
Ein Beispiel aus der Praxis soll die in Verbraucheranlagen bei Körperschlüssen auftretenden prospektiven Berührungsspannungen zeigen (**Bild 4.4**).

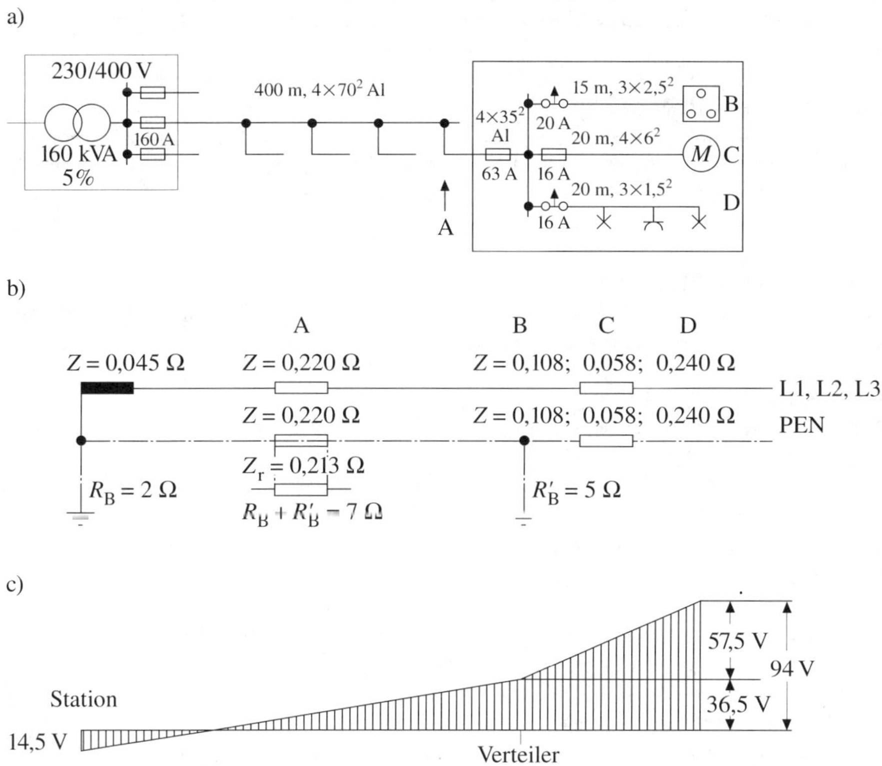

Bild 4.4 Ausschaltströme und Fehlerspannungen des PEN-Leiters und des PE-Leiters in einer Verbraucheranlage im TN-System mit Überstrom-Schutzeinrichtung
a) Leiterlängen und Querschnitte
b) Widerstandswerte der Leitungen und Erdungen
c) Fehlerspannungen bei einem Körperschluß in Punkt D

Die Mindestausschaltströme der Überstrom-Schutzeinrichtungen für die Einhaltung der für den Fehler vorgeschriebenen Ausschaltzeiten sind leicht einzuhalten.
Man erkennt, daß nur der fehlerhafte Stromkreis (z. B. bei einem Körperschluß in Punkt D) eine Fehlerspannung annimmt, die in der Nähe der halben Netzspannung gegen Erde liegt, aber auch nur dann, wenn der Spannungsfall im PE-Leiter des Endstromkreises höher ist als im PEN-Leiter und am Leitungsende der PE-Leiter über angeschlossene Geräte nicht zwangsläufig oder zufällig geerdet ist. Bei einem Körperschluß in D beträgt die Fehlerspannung U_F = 94 V, wobei durch den Spannungsfall im Schutzleiter die prospektive Berührungsspannung U_{TP} zu den Gehäusen der benachbarten Geräte in B und C 57,5 V beträgt. Die mit dem PE-Leiter verbundenen fehlerfreien Geräte nehmen die Fehlerspannung der Potentialausgleichsschiene U_F = 36,5 V an. Gegen die Standflächen liegen dann die Berührungsspannungen wegen der Zusatzwiderstände (Standort, Gebäude, Kleider) entsprechend niedriger.

Kurzschluß L – PEN in A
Kurzschlußstrom 450 A, Ausschaltbedingung $I_a = 1{,}6 \times 160$ A (Stationssicherung) = 256 A eingehalten. In manchen Ländern wird im Verteilungsnetz ein Ausschaltfaktor $m = 2{,}5$ gefordert. Die Ausschaltbedingung wäre mit 400 A auch dann noch eingehalten.

Kurzschluß L – PE in B
Kurzschlußstrom 310 A, Ausschaltbedingung $I_a = 5 \times 20$ A (Leitungsschutzschalter, Kennlinie B oder C) = 100 A eingehalten.

Kurzschluß L – PE in C
Kurzschlußstrom 370 A, Ausschaltbedingung $I_a = 5 \times 16$ A (Schmelzsicherung, Kennlinie gL) = 80 A eingehalten.

Kurzschluß L – PE in D
Kurzschlußstrom 230 A, Ausschaltbedingung $I_a = 5 \times 16$ A (Leitungsschutzschalter, Kennlinie B oder C) = 80 A eingehalten.

Auch in Verbraucheranlagen wurden Messungen der Fehlerspannungen und der Berührungsspannungen durchgeführt. Die Messungen wurden in einem vom OKA-Freileitungsnetz versorgten Einfamilienhaus durchgeführt, wobei die Meßschaltung nach **Bild 4.5** verwendet wurde. Die Anlage wurde entweder nur über den Fundamenterder geerdet (TT-System Stellung 1 des Umschalters) oder als Anlage im TN-System (Stellung 2 des Umschalters, Fundamenterder und PEN-Leiter verbunden) betrieben.
Die notwendigen Meßströme wurden dem Fundamenterder bzw. dem PEN-Leiter mittels eines Regeltransformators (Stellung 1) oder eines induktiven Vorwiderstands (Stellung 2) aufgedrückt. Die dabei auftretenden Fehlerspannungen wurden

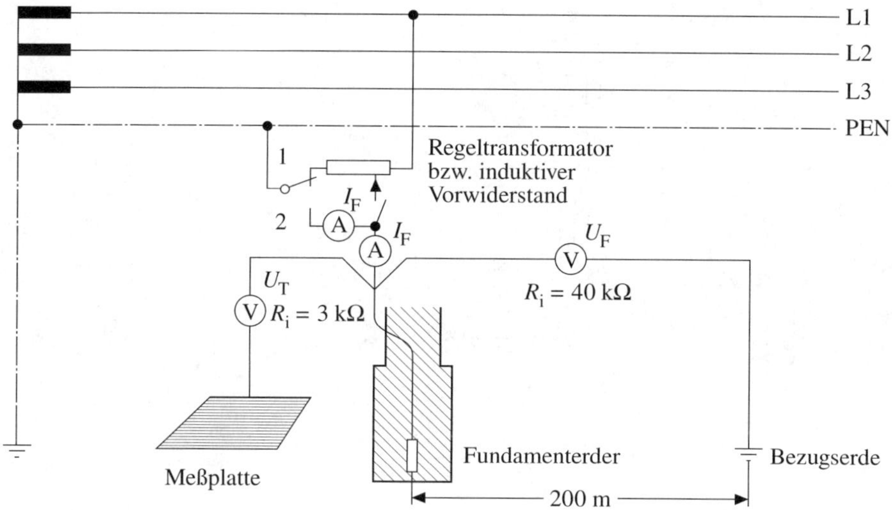

Bild 4.5 Meßschaltung für Fehler- und Berührungsspannungsmessung
Umschalterstellung 1
Umschalterstellung 2
I_F Fehlerstrom
U_T Berührungsspannungsmessung
U_F Fehlerspannungsmessung

mit einem Voltmeter ($R_i = 40$ kΩ) gegen eine etwa 200 m weit entfernte Sonde gemessen. Zur Messung der Berührungsspannungen im Haus wurde dem Fundamenterder bzw. dem PEN-Leiter ein konstanter Fehlerstrom aufgedrückt. Die Messung der Berührungsspannungen in den verschiedenen Räumen gegen die mit dem Fundamenterder verbundenen Metallteile erfolgte mit der üblichen Meßplatte und einem Voltmeter mit 3 kΩ Innenwiderstand. Da es sich um den Neubau eines Hanghauses handelte, in dem noch keine Bodenbeläge vorhanden waren, lag die Meßplatte über einem nassen Tuch auf dem Estrich. Diese extremen Verhältnisse waren erwünscht, weil man dabei die höchstmöglichen Berührungsspannungen messen konnte. Die Messungen wurden sowohl im Obergeschoß als auch im Keller an den in **Bild 4.6** gekennzeichneten Stellen vorgenommen.
Die Messungen mußten mit unterschiedlicher Fehlerspannung durchgeführt werden. Deren Höhe wurde einerseits durch die durch den Regeltransformator gegebene Begrenzung des Meßstroms und andererseits durch die Notwendigkeit, Gefährdungen durch Spannungsverschleppungen zu vermeiden, bestimmt. Der Schleifenwiderstand des Verteilungsnetzes betrug 1 Ω, der Erdungswiderstand des Fundamenterders 4 Ω, die Freileitungslänge 850 m. Die Meßwerte bei den aufgedrückten Prüfströmen wurden auf die maximal möglichen Fehlerströme (45 A Fundament-

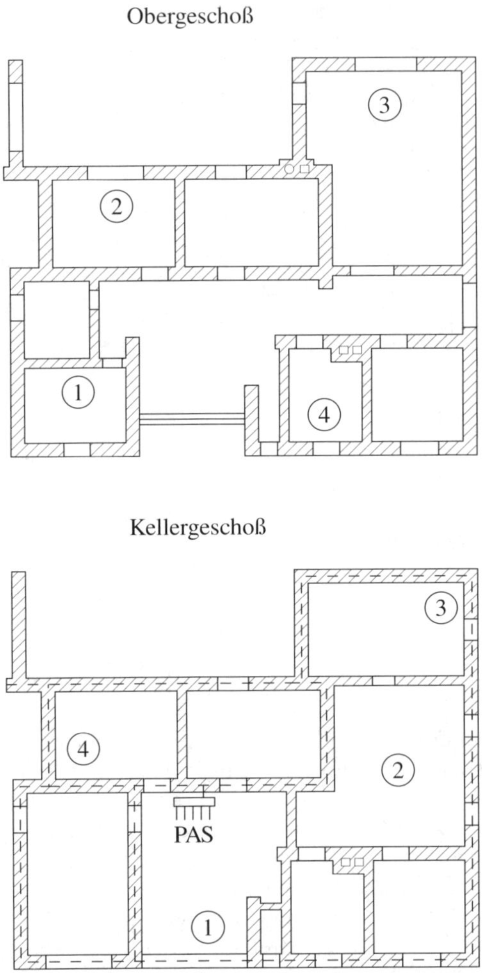

Bild 4.6 Berührungsspannungsmessungen in einem über eine Freileitung versorgten Einfamilienhaus
1 … 4 Meßstellen der Berührungsspannung
- - - - - Fundamenterder
PAS Potentialausgleichsschiene

erder allein und 220 A Fundamenterder und PEN-Leiter) umgerechnet. Als Fehlerspannungen ergaben sich dabei 171 V bei 45 A über den Fundamenterder (TT-System) und 100 V im TN-System bei 220 A Fehlerstrom. Die umgerechneten Meßwerte der Berührungsspannungen sind der **Tabelle 4.4** zu ersehen.

Meßpunkt (siehe Bild 4.6)	1	2	3	4
Berührungspannung im TN-System in Volt				
Kellergeschoß	24	17	15	28
Obergeschoß	14	20	13	13
Berührungsspannung im TT-System in Volt				
Kellergeschoß	41	31	24	45
Obergeschoß	19	32	21	22

Tabelle 4.4 Umgerechnete Werte der gemessenen Berührungsspannungen in einem über eine Freileitung versorgten Einfamilienhaus im TN- und TT-System

Besonders wichtig ist auch die Kenntnis, der außerhalb der Gebäude, z. B. im Hof oder Garten, zu erwartenden Fehlerspannungen und Berührungsspannungen. OKA-Messungen in der Umgebung eines Rohbaus mit Fundamenterder haben dafür wertvolle Ergebnisse erbracht. Die alte Regel, daß die prospektiven Berührungsspannungen, die als Gefährdungsspannungen in der Umgebung von Gebäuden auftreten, bei der Hälfte der Fehlerspannungen liegen, hat sich wieder bestätigt. Nur wenn Spannungsverschleppungen des Potentials der Bezugserde über leitende Metallteile, etwa Rohrleitungen, auftreten, kann die prospektive Berührungsspannung den vollen Wert der Fehlerspannung erreichen.
Bild 4.7 zeigt ein von freiem Gelände (Wiesen und Äcker) umgebenes Einfamilienhaus mit einem Fundamenterder, dessen Erdausbreitungswiderstand mit 12 Ω gemessen wurde. Der spezifische Erdwiderstand in der näheren Umgebung des Wohnhauses wurde mit 200 Ωm bestimmt. Wird dem Fundamenterder über einen Vorwiderstand über das Netz ein Fehlerstrom aufgedrückt, kann die Verteilung der Fehlerspannung in der Umgebung des Gebäudes und im Gebäude, z. B. im Keller, mit der vorher beschriebenen Meßplatte oder mit Sonden bestimmt werden. Es wurden sowohl die prospektive Berührungsspannung U_{TP} mit einem Innenwiderstand des Voltmeters von 40 kΩ als auch die Berührungsspannung U_T mit einem Innenwiderstand von 3 kΩ gemessen. In Bild 4.7 sind diese Spannungsverlaufe für die prospektive Berührungsspannung (Kurve 1) und für die Berührungsspannung (Kurve 2) in der Umgebung des Hauses und im Keller dargestellt. Im Keller wurde auf dem Estrich mit der Platte gemessen, die auf ein nasses Tuch gelegt wurde. Der relativ geringe Unterschied zwischen prospektiver Berührungsspannung und Berührungsspannung außerhalb des Gebäudes ist durch den gut leitenden Boden (ρ = 200 Ωm) bedingt, durch den der Standortwiderstand auf wenige 100 Ω abgesenkt wird. Im Gebäudeinnern werden durch den Fundamenterder Fehlerspannung und Berührungsspannung stark abgesenkt, außerhalb des Hauses dagegen mißt man schon wenige Meter neben den Außenmauern des Gebäudes prospektive Berührungsspannungen (z. B. beim Arbeiten mit Elektrowerkzeugen außerhalb des Gebäudes im Hof oder Garten), die mehr als die Hälfte der Fehlerspannung betragen. Die Potentialsteuerung durch Fundamenterder hat daher außerhalb der Gebäude nur wenig Bedeutung.

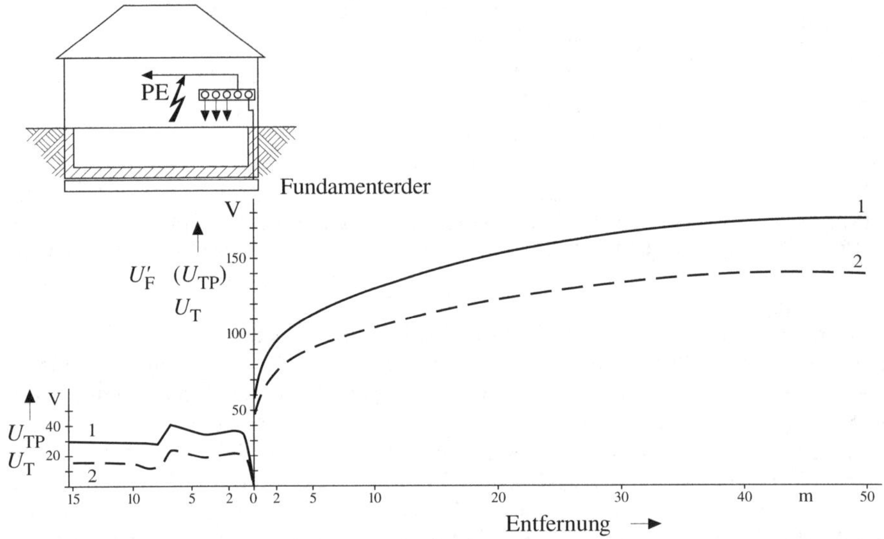

Bild 4.7 Verlauf des Spannungstrichters im Keller eines Wohnhauses und in dessen Umgebung im Freiland (Haus mit Fundamenterder, umgerechnete Spannungswerte für satten Körperschluß)
1 Teilfehlerspannungen bzw. prospektive Berührungsspannungen (Voltmeter mit 40 kΩ Innenwiderstand)
2 Berührungsspannungen (Voltmeter mit 3 kΩ Innenwiderstand)
U_{TP} Teilfehlerspannungen (prospektive Berührungsspannungen)
U_T Berührungsspannungen

4.1.3 Ausschaltbedingungen

Das Prinzip des TN-Systems besteht darin, daß bei einem Isolationsfehler zwischen einem Außenleiter und dem PEN- oder Schutzleiter der Fehler durch die nächste vorgeschaltete Überstrom-Schutzeinrichtung, also durch eine Schmelzsicherung oder einen Leitungsschutzschalter, ausgeschaltet wird, und zwar sowohl im Verteilungsnetz als auch in der Verbraucheranlage. Wird der Fehler nicht ausgeschaltet, kann es zu Spannungsverschleppungen auf andere Betriebsmittel kommen.
In den Normen wird für Verbraucheranlagen mit einer Nennspannung U_0 von 230 V AC gegen Erde eine Ausschaltzeit verlangt von:

- 0,4 s für Stromkreise mit Steckdosen und für Betriebsmittel, die während des Betriebs in der Hand gehalten werden,
- 5 s für alle anderen Stromkreise.

Für Verteilungsnetze ist keine Ausschaltzeit vorgegeben. Es wird lediglich verlangt, daß im Fehlerfall ein Strom fließen muß, bei dem die vorgeschaltete Überstrom-Schutzeinrichtung ausschaltet. Als Ausschaltstrom im Verteilungsnetz ist in

Deutschland der 1,6-fache Nennstrom (großer Prüfstrom) für Schmelzsicherungen genormt.
Wegen der vorher beschriebenen Absenkung der Fehlerspannung durch den Spannungsfall im Außenleiter und durch die Erdungen des PEN-Leiters ist die Ausschaltzeit von untergeordneter Bedeutung, sie kann in den Verbraucheranlagen einige Sekunden betragen. Im Verteilungsnetz haben alle praktischen Erfahrungen gezeigt, daß es genügt, die Schleifenwiderstände so niedrig zu halten, daß an den Enden der Netzausläufer mindestens der große Prüfstrom der Schmelzsicherungen ($1{,}6 \cdot I_n$) zum Fließen kommt, womit selbst in diesen Grenzfällen die Ausschaltung innerhalb einiger zehn Minuten erfolgt. Bei Fehlern, die näher bei der Transformatorstation liegen, erfolgt sie entsprechend schneller.
Im TN-System ist also zu fordern, daß die Kennwerte der Überstrom-Schutzeinrichtungen und die Querschnitte der Leiter so ausgewählt werden müssen, daß bei Auftreten eines Fehlers mit vernachlässigbarer Impedanz an beliebiger Stelle im Verteilungsnetz oder in der Verbraucheranlage zwischen einem Außenleiter und dem Schutzleiter oder PEN-Leiter oder den damit verbundenen Körpern von Betriebsmitteln die automatische Ausschaltung erfolgt.
Fordert man für die Ausschaltbedingung des Verteilungsnetzes am Ende der Netzausläufer den großen Prüfstrom, dann muß also die Schleifenimpedanz Z_s beim satten Kurzschluß zwischen Außenleiter und PEN-Leiter kleiner sein als

$$Z_S \leq \frac{U_0}{1{,}6 \cdot I_n}.$$

Darin ist I_n der Nennstrom der vorgeschalteten Schmelzsicherung und U_0 die Netzspannung gegen Erde.
Beachtet man die geringere Wahrscheinlichkeit des Auftretens eines Isolationsfehlers im Verteilungnetz und die geringere Unfallgefahr, so ist es möglich, auch eine Lösung für den Fall anzugeben, daß die Ausschaltbedingung im Verteilungsnetz an den Enden von Netzausläufern nicht mehr eingehalten ist. Das kommt manchmal, wenn auch selten, in ländlichen Freileitungsnetzen vor.
Man kann in diesem Fall eine Ausnahme von der Ausschaltbedingung im Verteilungsnetz zugestehen, wenn die folgenden Bedingungen erfüllt sind:

- In dem Teil des Verteilungsnetzes, in dem die Ausschaltbedingung nicht eingehalten werden kann, darf in den Verbraucheranlagen der Schutz durch automatische Ausschaltung im TN-System nicht als Fehlerschutz angewendet werden.
- In dem Teil des Verteilungsnetzes, in dem Isolationsfehler zwischen Außenleitern und PEN-Leiter nicht ausgeschaltet werden, muß dafür gesorgt werden, daß keine unzulässigen Fehlerspannungen, also Spannungen über einer zu vereinbarenden (konventionellen) Fehlerspannungsgrenze U_{FL} hinaus, die man mit 65 V annehmen kann, in das übrige Netz und dessen Verbraucheranlagen verschleppt werden.

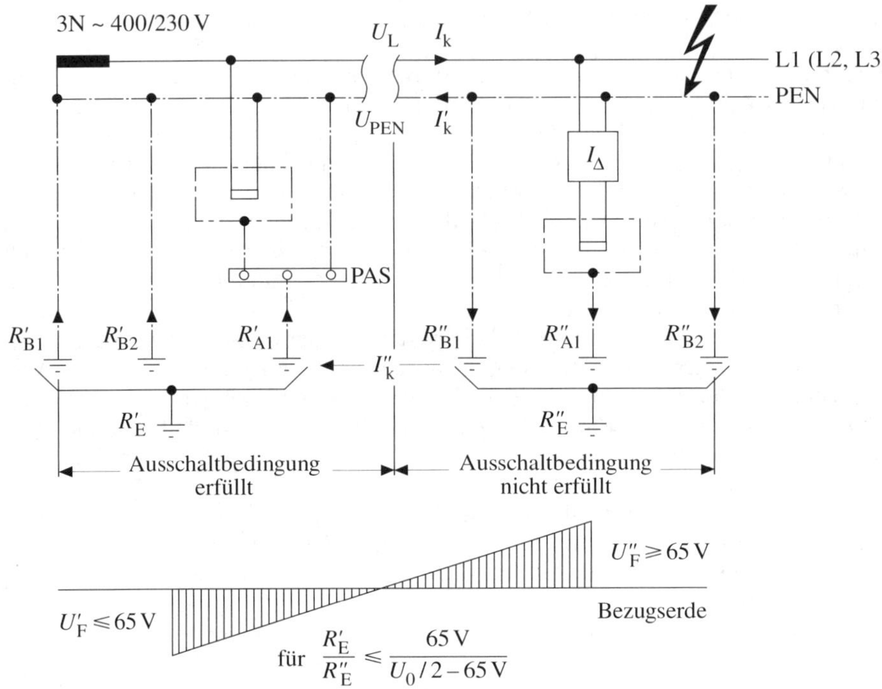

Bild 4.8 Vereinfachte Darstellung der Fehlerspannungen bei einem Isolationsfehler in einem Netzausläufer eines Verteilungsnetzes, wenn die Ausschaltbedingung des TN-Systems nicht eingehalten wird. Die Fehlerspannungen, welche bei einem Kurzschluß Außenleiter – PEN-Leiter in die Anlagen verschleppt werden, bleiben in der Regel unter 65 V.

U_0	Netzspannung gegen Erde
U_L	Spannungsfall im Außenleiter immer größer 115 V
U_{PEN}	Spannungsfall im PEN-Leiter immer kleiner 115 V, da ein Teil des Kurzschlußstroms über die Betriebs- und Verbrauchererdungen fließt
I_k	Kurzschlußstrom im Außenleiter
I'_k	Teil-Kurzschlußstrom im PEN-Leiter
I''_k	Teil-Kurzschlußstrom durch die Erde
R'_{B1}, R'_{B2}, R'_{A1}, ...	Erdungswiderstände des PEN-Leiters und der Verbraucheranlagen in der Umgebung der Transformatorenstation
R''_{B1}, R''_{B2}, R''_{A1}, ...	Erdungswiderstände des PEN-Leiters und der Verbraucheranlagen in der Nähe der Netzausläufer
R'_E, R''_E	resultierende Gesamterdungswiderstände
U'_F	Fehlerspannung des PEN-Leiters in der Nähe der Transformatorenstation
U''_F	Fehlerspannung des PEN-Leiters in der Nähe der Netzausläufer
PAS	Potentialausgleichsschiene

Diese Bedingung ist erfüllt, wenn

$$\frac{R'_E}{R''_E} \leq \frac{U_{FL}}{\frac{U_0}{2} - U_{FL}}$$

eingehalten wird. Dies ergibt mit $U_{FL} = 65$ V:

$$R'_E < 1{,}3 \cdot R''_E.$$

Dabei sind R'_E und R''_E die resultierenden Erdungswiderstände aller Erdungen (Betriebserdungen und Erdungen der angeschlossenen Verbraucheranlagen) des PEN-Leiters in der Nähe der Transformatorenstation bzw. des Netzausläufers, bei dem die Ausschaltbedingung nicht eingehalten ist (**Bild 4.8**).
Es ergibt sich also zur Begrenzung der Fehlerspannung die einfache Regel, daß die Spannungsverschleppung unzulässiger Fehlerspannungen in den Teil des Verteilungsnetzes, in dem das TN-System angewendet wird, vermieden wird, wenn die resultierenden Erdungswiderstände R'_E und R''_E etwa den gleichen Wert haben. Zu diesem Ergebnis führt auch die einfache Betrachtung des Spannungsfalls im PEN-Leiter. Er liegt ja immer unter der halben Netzspannung gegen Erde, das sind 115 V im Netz 3N ~ 400/230 V. Ist der resultierende Erdungswiderstand der Betriebserden und der Erdungen der Verbraucheranlagen im Teil des Netzes mit TN-System gleich oder kleiner als der resultierende Erdungswiderstand der Betriebserden des Netzausläufers, auf dem die Ausschaltbedingung nicht eingehalten wird und daher das TT-System angewendet werden muß (daher entfallen die Verbrauchererdungen für den PEN-Leiter), dann liegt die Fehlerspannung im Netz mit TN-System sicher unter 115 V/2 = 57,5 V. Praktisch wird sie sogar wesentlich unter 65 V liegen, weil in der Regel viel mehr Erdungen in diesem Netzteil wirksam sein werden als beim Netzausläufer. Im Zweifelsfall kann das EVU ohne Schwierigkeiten die Einhaltung dieser Forderung durch entsprechende Erdungsmessungen überprüfen.

Erkenntnis
Die Ausschaltbedingung im TN-System kann im Verteilungsnetz ohne Schwierigkeiten eingehalten werden.
Hinsichtlich der Einhaltung der Ausschaltbedingung in den Verbraucheranlagen ist folgendes zu beachten:
Überstrom-Schutzeinrichtungen sind, von seltenen Ausnahmen abgesehen, ohne Probleme für die Ausschaltung der Fehler geeignet.
Fehlerstrom-Schutzeinrichtungen (in der Folge als FI-Schutzschalter bezeichnet) können nicht ohne weiteres für diesen Zweck eingesetzt werden, weil sie Kurzschlüsse zwischen einem Außenleiter und dem Neutralleiter in der Verbraucheranlage nicht erkennen und folglich auch nicht ausschalten (**Bild 4.9**).

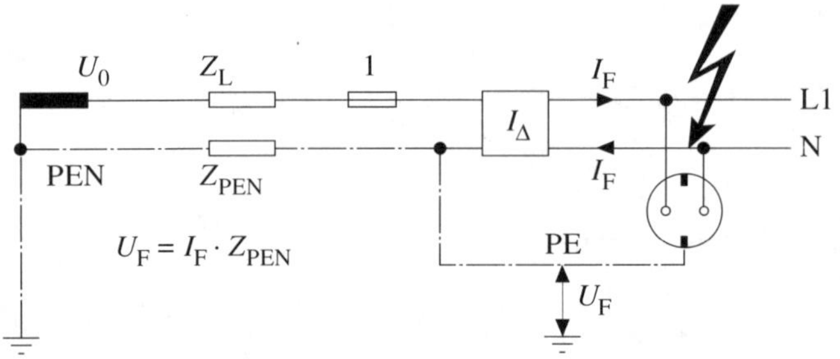

Bild 4.9 FI-Schutzschalter in einer Verbraucheranlage mit TN-System. Der Schutzschalter löst nicht aus, wenn ein Isolationsfehler zwischen Außenleiter und Neutralleiter auftritt.
1 nächste dem FI-Schutzschalter vorgeschaltete Überstrom-Schutzeinrichtung

Zusätzliche Schwierigkeiten können bei FI-Schutzschaltern mit netzspannungsabhängiger Auslösung dadurch entstehen, daß die Auslösespannung bei satten Körperschlüssen unter den Auslösewert absinkt (**Bild 4.10**).
FI-Schutzschalter werden daher in Verbraucheranlagen mit TN-System nur für den Zusatzschutz, z. B. für Stromkreise mit Steckdosen, und für den Brandschutz, z. B. als Zentralschalter, in der Ausführung stoßstromfest und selektiv (Bauart S) verwendet. Dadurch wird die Sicherheit der Elektrizitätsanwendung wesentlich erhöht.
Nur in Sonderfällen, z. B. bei langen Endstromkreisen, kann es vorkommen, daß die Ausschaltbedingung mit Überstrom-Schutzeinrichtungen nicht eingehalten werden kann. Dann dürfen FI-Schutzschalter mit netzspannungsunabhängiger oder netz-

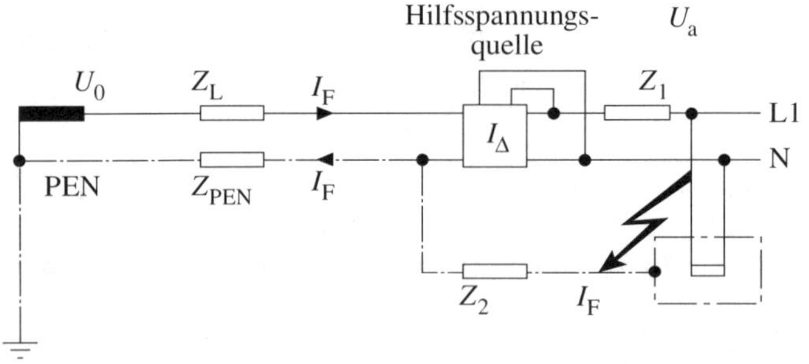

Bild 4.10 FI-Schutzschalter mit netzspannungsabhängiger Auslösung bei Spannungsabsenkung und sattem Körperschluß Außenleiter – Schutzleiter

U_0	Spannung Außenleiter – Neutralleiter
U_a	Betriebsspannung der Verstärkereinrichtung für die Fehlerstromauslösung
Z_L, Z_{PEN}	Impedanzen der Netzschleife
Z_1, Z_2	Impedanzen der Fehlerschleife in der Verbraucheranlage

spannungsabhängiger Auslösung für die Ausschaltung verwendet werden, wenn folgende Bedingung eingehalten ist:
Bei Auftreten eines Fehlers mit vernachlässigbarer Impedanz zwischen einem Außenleiter und Neutralleiter am Ende des Endstromkreises muß der Mindestkurzschlußstrom (Ausschaltstrom) der nächsten dem FI-Schutzschalter vorgeschalteten Überstrom-Schutzeinrichtung mindestens das 2,5-fache ihres Nennstroms betragen. Dies gilt sowohl für Schmelzsicherungen als auch für LS-Schalter (**Bild 4.11**). Durch die hohe Impedanz des Endstromkreises wird bei vernachlässigbarem Restrisiko eine gefährliche PEN-Leiterspannung oder eine zu hohe Absenkung der Auslösespannung bei Fehlerstrom-Schutzeinrichtungen, deren Funktion von der Netzspannung abhängt, vermieden.
Unter Beachtung des oben Gesagten kann die Ausschaltbedingung für Verteilungsnetze und Verbraucheranlagen wie folgt festgelegt werden:

$Z_S \cdot I_A = U_0$,

Z_S Impedanz der Fehlerschleife, ermittelt durch Rechnung oder Messung,
I_A Ausschaltstrom der dem Betriebsmittel vorgeschalteten Überstrom-Schutzeinrichtung,
U_0 Nennspannung gegen den PEN-Leiter.

Der Ausschaltstrom wird errechnet mit Hilfe der Beziehung

$I_A = m \cdot I_n$,

unter Verwendung der Werte m aus **Tabelle 4.5**.

I_n Nennstrom der Überstrom-Schutzeinrichtung,
m Ausschaltstromfaktor.

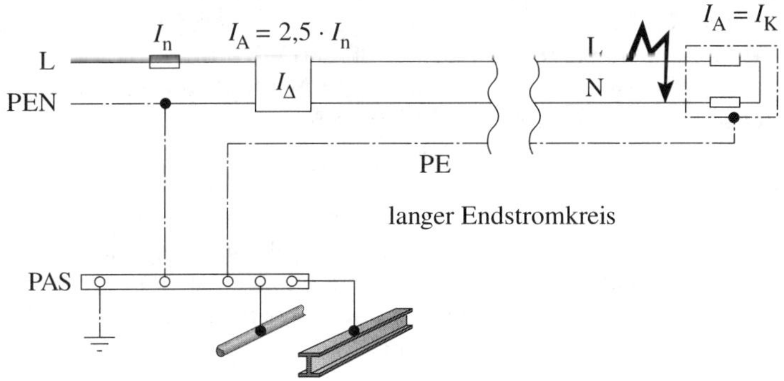

Bild 4.11 Fehlerstrom-Schutzeinrichtung zur Erfüllung der Ausschaltbedingung bei langen Endstromkreisen
$I_A = I_K$ Kurzschlußstrom L – N am Ende des Endstromkreises; FI-Schutzeinrichtung löst nicht aus

Art der Überstrom-Schutzeinrichtungen		Faktor *m* in Verbraucheranlagen nach der letzten Verteilung oder nach dem Hausanschluß	Faktor *m* in Kabel- und Freileitungsnetzen einschließlich Hausanschlußkasten und für Überstrom-Schutzeinrichtungen in der Haupt(Steig-)leitung***)
Schmelzsicherung gL*)		5	1,6
Leitungsschutzschalter**)	B	5	1,6
	C	10	
	D	20	

*) Für von gL abweichende Kennlinien ist *m* so zu wählen, daß die Ausschaltung innerhalb von 5 s erfolgt.

**) Für von B, C und D abweichende Kennlinien ist *m* so wählen, daß die Magnetauslösung des LS-Schalters anspricht.

***) Für geerdete 500-V- und 690-V-Netze beträgt der Faktor $m = 2{,}5$. Dieser Faktor ist auch für Netze 3N ~ 400/230 V anzustreben.

Tabelle 4.5 Zuordnung des Nennstroms in der Überstrom-Schutzeinrichtung zum errechneten oder gemessenen Mindestkurzschlußstrom (Ausschaltstrom) $I_A = m \cdot I_n$

Die Forderung nach dem Ansprechen der Magnetauslösung bei LS-Schaltern in Verbraucheranlagen erhöht die Verfügbarkeit der Versorgung mit elektrischer Energie, weil bei Fehlern in Endstromkreisen die LS-Schalter ausschalten und nicht Gruppen- oder Zentral-FI-Schutzeinrichtungen der Bauart G oder S, die für den Zusatzschutz oder Brandschutz installiert sind.
Die Ausschaltung erfolgt in diesem Fall innerhalb von wenigen Millisekunden und damit in einer kürzeren Zeit, als die Normen für die Mindestauslösezeit von FI-Schutzeinrichtungen der Bauart G oder S vorschreiben (siehe Band 84 der VDE-Schriftenreihe, Abschnitt 2.4).
Dadurch wird auch die Überspannungsbeanspruchung von Betriebsmitteln verringert, die über nicht vom Kurzschluß betroffene Außenleiter versorgt werden. In derartigen Stromkreisen können in einem Netz 3N ~ 400/230 V bei Kurz- oder Körperschlüssen Überspannungen zwischen Außenleiter und Neutralleiter auftreten, die bis zu 300 V erreichen können (siehe Abschnitt 3.5.3).

Erkenntnis

Die Ausschaltbedingung im TN-System kann in den Verbraucheranlagen ohne Schwierigkeiten mit Überstrom-Schutzeinrichtungen eingehalten werden.
In Sonderfällen (z. B. bei langen Endstromkreisen) können auch Fehlerstrom-Schutzeinrichtungen dafür verwendet werden, wobei jedoch die Ausschaltbedingung für die vorgeschaltete Überstrom-Schutzeinrichtung zu beachten ist.

4.1.4 Erdungsbedingungen

Wie in den vorhergehenden Abschnitten erklärt, hängen die im Falle eines Körperschlusses auftretenden Fehlerspannungen im TN-System wesentlich von der Höhe und der Verteilung der Widerstände der Betriebserdungen des PEN-Leiters und der Erdungen in den Verbraucheranlagen ab. Dies gilt auch für Störungen im Verteilungsnetz bei Kurzschlüssen oder Erdschlüssen bzw. Unterbrechungen des PEN-Leiters, alles Fälle, die in modernen Netzen kaum mehr auftreten und dann meist auch nur bei Freileitungen.

Die Betriebserdungen in einem Verteilungsnetz, in dem das TN-System als Maßnahme des Fehlerschutzes angewendet wird, haben also folgende Aufgabe:

- die Vermeidung von zu hohen Fehlerspannungen durch Spannungsverschleppung bei Isolationsfehlern im Mittelspannungsnetz. Die Bemessung der Erdungen in dieser Hinsicht wird in Kapitel 9 behandelt;
- die Vermeidung von zu hohen Fehlerspannungen bei Erdschlüssen im Niederspannungsnetz. Die Bedingung zur Einhaltung dieser Forderung wurde in Abschnitt 3.5 behandelt;
- die Vermeidung von zu hohen Fehlerspannungen durch Rückwirkungen von Netzausläufern, bei denen die Ausschaltbedingung nicht eingehalten werden kann, auf den Teil des Verteilungsnetzes, in dem das TN-System angewendet wird. Diese Frage wurde im vorhergehenden Abschnitt ausführlich behandelt.

In jedem Fall besteht die Grundforderung, die auch hinsichtlich eines bedingten Schutzes bei PEN-Leiterunterbrechungen zu stellen ist, daß der PEN-Leiter in der Nähe der Stromquelle (des Transformators) und nahe an den Enden der Netzausläufer zu erden ist. Dabei gelten als Netzausläufer Abzweige mit einer Länge von mehr als 100 m.

Erkenntnis

Die Erdungsbedingungen für das TN-System können im allgemeinen in Verteilungsnetzen 3N ~ 400/230 V eingehalten werden. Dies gilt sowohl hinsichtlich möglicher Erdschlüsse als auch bei Netzausläufern, in denen die Ausschaltbedingung nicht sichergestellt werden kann.

Bezüglich des Schutzes gegen Übertritt von Hochspannung sind die in Kapitel 9 beschriebenen Maßnahmen zu treffen.

Die Einhaltung der Ausschaltbedingung und der Erdungsbedingung macht also in der Praxis keine besonderen Schwierigkeiten. Ebenso können die Verlegebedingungen bei gebotener Sorgfalt leicht eingehalten werden, die im nächsten Abschnitt besprochen werden. Damit wird das TN-System zur hochwertigen, allgemein anwendbaren Maßnahme des Fehlerschutzes in Niederspannungsanlagen.

4.1.5 Verlegungsbedingungen

Bei der Verlegungsbedingung, die früher auch dritte Nullungsbedingung genannt wurde, hat es nie besondere Probleme gegeben.
Folgendes war und ist zu beachten:

- Die PEN-Leiter und Erdungsleiter sind normgerecht zu bemessen.
- Da der PEN-Leiter Schutzfunktion hat, darf er weder unterbrochen noch durch einpolige Überstrom-Schutzeinrichtungen gesichert werden. Ist der PEN-Leiter zusammen mit den Außenleitern schaltbar, so muß das im PEN-Leiter liegende Schaltstück beim Einschalten vor- und beim Ausschalten nacheilen. Für Schalter mit Momentschaltung genügt gleichzeitiges Schalten von PEN- und Außenleitern. Solche Schalter dürfen auch Überstromauslöser im PEN-Leiter haben (Stationsschutzschalter), wenn beim Ansprechen der Schalter allpolig ausschaltet.
- Vom PEN-Leiter abzweigende Neutralleiter dürfen nicht als Schutzleiter bzw. PEN-Leiter gekennzeichnet sein. Sie können, müssen aber nicht gemeinsam mit Außenleitern geschaltet werden. In der Regel werden in Verbraucheranlagen mit dem TN-System Neutralleiter, die als wirksam geerdet gelten, nicht geschaltet. Ausnahmen bilden FI-Schutzschalter für den Brandschutz und LS-Schalter mit Fehlerstromauslösung für den Zusatzschutz. Hier kann das Schalten des Neutralleiters die Fehlersuche erleichtern.
- Weitere Festlegungen betreffen das Verwenden des Bleimantels und konzentrischer Leiter von Kabeln als PEN-Leiter.
- Die alte Forderung, daß in Freileitungsnetzen der PEN-Leiter nicht oberhalb der Außenleiter verlegt werden darf, gilt weiter, hat aber an Bedeutung verloren. Freileitungsnetze werden ja mehr und mehr durch Kabelnetze verdrängt, und wo sie noch bestehen und erweitert werden, verwendet man häufig Sonderleiter (Polyethylen-isolierte Freileitungsleiter, z. B. NFA2X – 4 × 70 mm², 1 kV).
- In Verbraucheranlagen ist der PEN-Leiter wie die Außenleiter zu isolieren und zu verlegen, wobei bei Rohrverlegung oder Mehraderleitungen eine gemeinsame Umhüllung erforderlich ist.
- Der vom PEN-Leiter ausgehende Schutzleiter darf nach der Aufteilung nicht mehr mit dem Neutralleiter verbunden werden. Dies würde ja zu einer Aufteilung des Betriebsstroms führen, wobei der Teil, der unkontrolliert über den Schutzleiter und die Erdungen fließt, zu Fehlauslösungen der in der Anlage eingebauten FI-Schutzschalter führen würde. Deshalb ist es auch nicht möglich, FI-Schutzschalter etwa in alte Anlagen einzubauen, in denen nach der Einbaustelle noch Verbindungen des PEN- oder Schutzleiters mit dem Neutralleiter vorhanden sind.

Wenn in Freileitungsnetzen ein Leiterriß bei einem Außenleiter auftritt und es dabei zu einem Dauerkontakt zwischen PEN- und Außenleiter kommt, kann es bis zur Ausschaltung zu Spannungsverschleppungen von einigen 10 V in die Verbraucheranlagen kommen (**Bild 4.12**).
Bei modernen Netzen treten derartige Fälle nur noch sehr selten auf und stellen ein vertretbares Restrisiko dar.

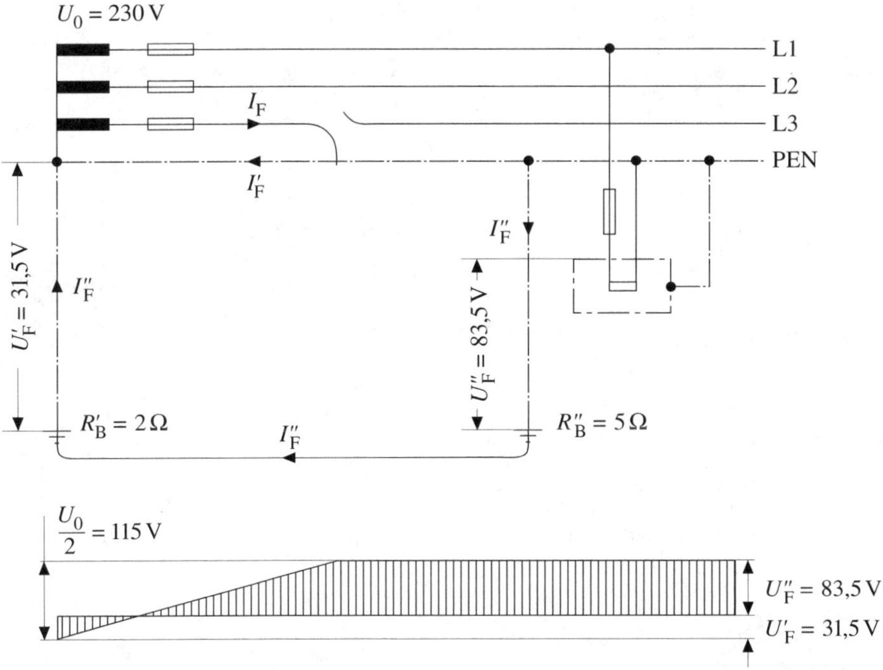

Bild 4.12 Verschleppung von Fehlerspannungen bei Bruch des Außenleiters im Verteilungsnetz
I_F, I'_F, I''_F Fehlerströme

Ebenfalls selten kommen PEN-Leiterverwechslungen bei Reparaturen in den Verteilungsnetzen oder Verbraucheranlagen vor, wobei dann die hohe Außenleiterspannung auf die geschützten Betriebsmittel verschleppt wird. Sorgfalt bei den Arbeiten und eine deutliche Farbkennzeichnung schaffen hier Abhilfe.

Die zahlreichen Erdungen des PEN-Leiters über die Betriebserdungen des Verteilungsnetzes und die an den PEN-Leiter angeschlossenen Erdungen der Verbraucheranlagen verkleinern die Gefahr bei PEN-Leiterunterbrechungen, weil der Fehlerstrom über die Erde ausweichen kann (**Bild 4.13**). Bei eingeschalteten Verbrauchsgeräten verringert deren Widerstand R die Fehlerspannung, wie **Bild 4.14** an einem Beispiel zeigt.

Natürlich werden derartige Fehler sofort erkannt, weil eine Betriebsstörung auftritt. PEN-Leiterunterbrechungen oder Verwechslungen PEN-Leiter und Außenleiter bei der Montage sind in Verbraucheranlagen weitaus gefährlicher als im Verteilungsnetz.

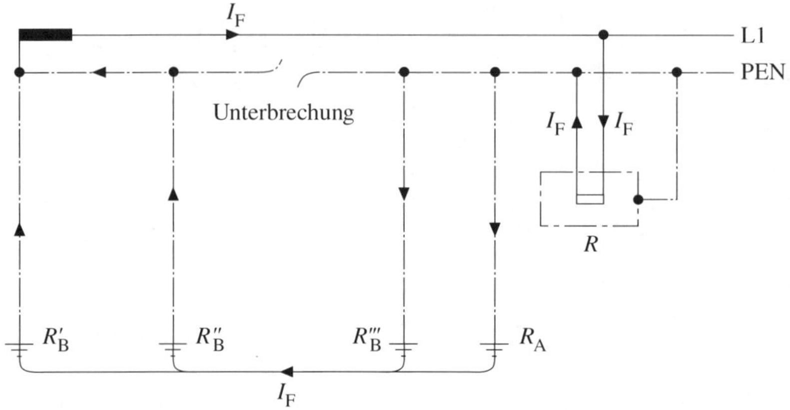

Bild 4.13 Fehlerspannungen bei Unterbrechung des PEN-Leiters im Verteilungsnetz durch ein eingeschaltetes Verbrauchsgerät mit dem Widerstand R

R	Widerstand des Verbrauchsgeräts
R'_B, R''_B, R'''_B	Betriebserdungen des Verteilungsnetzes
R_A	Erdung der Verbraucheranlage

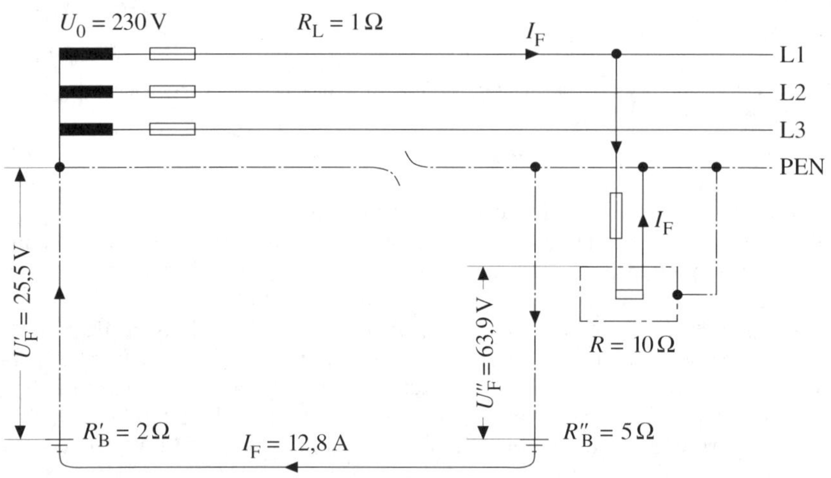

Bild 4.14 Beispiel für Fehlerspannungen bei PEN-Leiterunterbrechung im Verteilungsnetz

R	Widerstand des Verbrauchsgeräts
R'_B	resultierender Erdungswiderstand auf der Transformatorseite
R''_B	resultierender Erdungswiderstand des abgetrennten PEN-Leiters

Eine übersichtliche Installation und sorgfältigste Kennzeichnung des PEN- und Schutzleiters sind deshalb unabdingbare Erfordernisse.
Wird beispielsweise im Zuge einer Anlagenerweiterung (oder -änderung) in einer Verbindungsdose der PEN-Leiter mit einem Außenleiter verwechselt, werden die Gerätegehäuse unter Spannung gesetzt.
Die auftretende Gefährdung bei Unterbrechung des PEN-Leiters in einer Verbraucheranlage soll mit folgendem Unfall (**Bild 4.15**) dokumentiert werden.
In einer Verbraucheranlage wurde entgegen den geltenden Vorschriften in den PEN-Leiter eine 10-A-Schmelzsicherung eingebaut. Diese Sicherung schmolz aus einem nicht näher bekannten Grund durch; der PEN-Leiter war infolgedessen unterbrochen. Durch das Einschalten der Küchenleuchte oder durch den eingeschalteten Kühlschrank kam über die Verbindung in der Steckdose das Kühlschrankgehäuse an die volle Spannung des Außenleiters. Ein tödlicher Unfall war die Folge.
Die Verbindungen zwischen PEN-Leiter und PE-Leiter sind in Altinstallationen oft erst in der Steckdose unmittelbar vor dem Verbraucher vom PEN-Leiter abgezweigt (Bild 4.15). Beim – unsachgemäßen – Umklemmen einer Verteilerdose mit Verwechslung von PEN-Leiter und Außenleiter entstehen gefährliche Situationen.
Aus diesem Grund ist diese Ausführung ohne besonderen Schutzleiter nur mehr bei Leiterquerschnitten ab 10 mm^2 zulässig. Eine zeitgemäße Installation einer Verbraucheranlage ist fünfadrig durchzuführen, bestehend aus drei Außenleitern, Neutralleiter und Schutzleiter.
In Gebäuden mit vernetzten Kommunikationseinrichtungen (z. B. in Bürohäusern mit Datenverarbeitungsanlagen) werden Schutzleiter und Neutralleiter getrennt bis zur Stromquelle (Hausanschlußkasten oder Transformator) geführt (**Bild 4.16**). So bleiben der Schutzleiter und die mit ihm verbundenen leitfähigen Teile im ungestörten Betrieb auch bei asymmetrischer Belastung frei von Strömen. Auf diese Weise werden Potentialdifferenzen zwischen den geerdeten Anlagenteilen, die zur Beeinträchtigung der Kommunikationseinrichtungen führen können, vermieden. Ziel bei

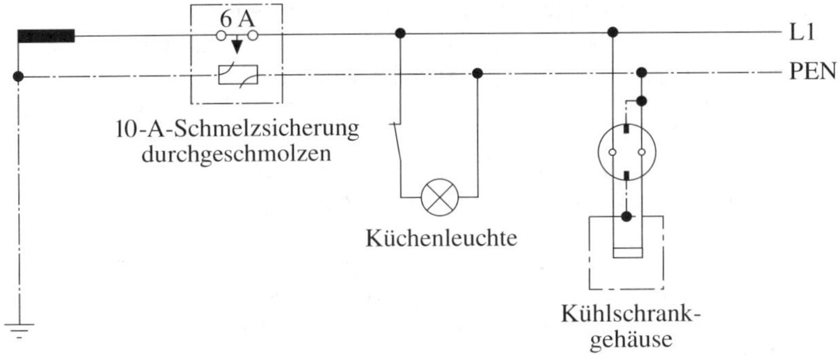

Bild 4.15 Tödlicher Elektrounfall durch PEN-Leiterunterbrechung in einer Verbraucheranlage

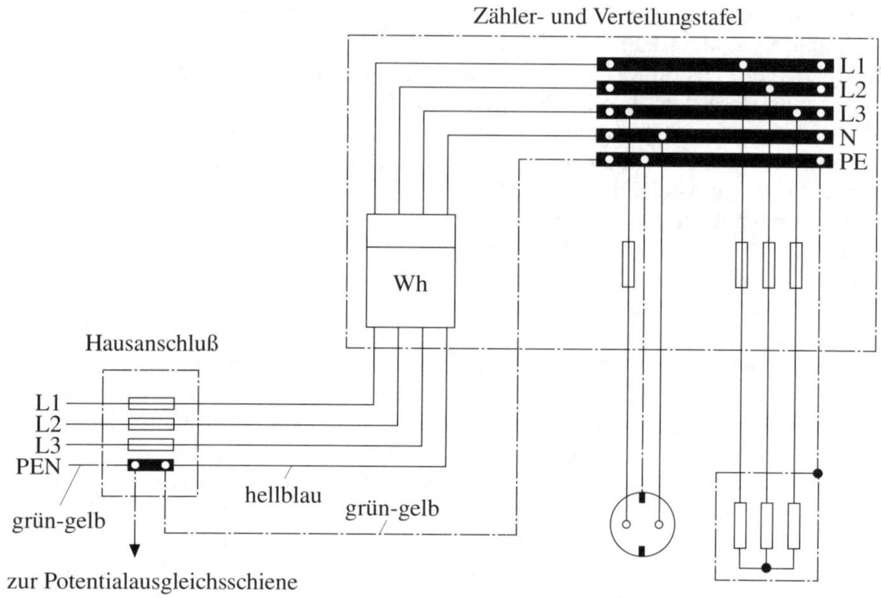

Bild 4.16 TN-System mit Überstrom-Schutzeinrichtungen mit getrennt verlegtem, bis zum Hausanschlußkasten geführtem Schutzleiter (TN-C-S-System)

dieser Installationsform (TN-S-System bzw. TN-C-S-System) ist die „fremdspannungsarme Erde" im gesamten Gebäude.
In vielen Fällen wird der Schutzleiter und der Neutralleiter nur in einem Teil der Verbraucheranlage getrennt geführt (TN-C-S-System). Der Schutzleiter wird im Zählerverteiler an den PEN-Leiter angeschlossen, in jedem Fall aber vor der Einbaustelle etwa vorhandener FI-Schutzschalter. Meistens ist auch noch eine direkte Verbindung zwischen dem PEN-Leiter und der Potentialausgleichsschiene im Zuge des Hauptpotentialausgleichs vorhanden (siehe Abschnitt 6.2).
Bild 4.17 zeigt Beispiele für die Installation von Anlagenteilen ohne oder mit getrennt verlegtem Schutzleiter.
Bei mehrfeldrigen Verteilern kann der Neutralleiter vom PEN-Leiter in jedem Feld abgezweigt werden. Dies ist z. B. bei Doppeleinspeisung von besonderer Bedeutung.
Das TN-System ist auch in Verbraucheranlagen zulässig, die mit Netzspannungen über 250 V gegen Erde versorgt werden, z. B. geerdete 500-V- oder 690-V-Netze.
Beim 3N ~ 690-V-Netz beträgt die Spannung gegen Erde 400 V. Beim Körperschluß tritt im TN-System im PEN-Leiter ein Spannungsfall von 200 V auf, der durch die Betriebserdungen auf unter 100 V Fehlerspannung reduziert wird. Zur Vermeidung

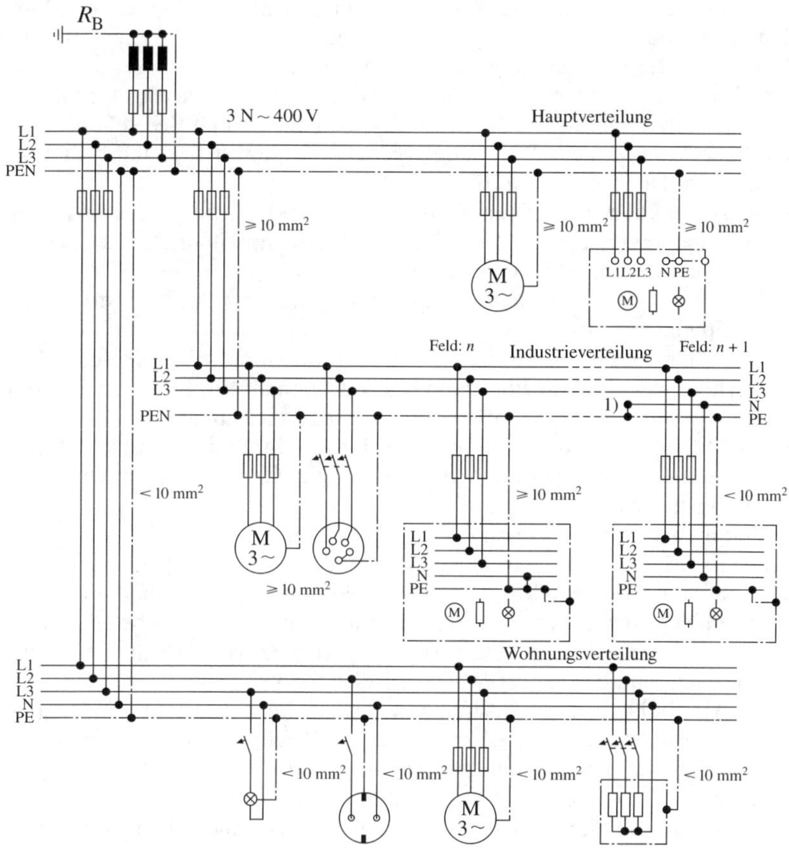

Bild 4.17 Beispiel für die Anwendung des TN-Systems mit Überstrom-Schutzeinrichtungen ohne getrennt verlegtem und mit getrennt verlegtem Schutzleiter

von Gefahren bei der Ausschaltung wird der zusätzliche Potentialausgleich vorgeschrieben. Infolge der Potentialsteuerung und des hohen Fehlerstromanteils über das Erdungssystem kann davon ausgegangen werden, daß die prospektiven Berührungsspannungen in der gesamten Anlage unter 65 V liegen.

4.1.6 Zusammenfassung

Die IEC- und CENELEC-Normen für die Errichtung von Niederspannungsanlagen beschreiben die mit Erfolg weltweit angewendete Methode des Schutzes gegen gefährliche Berührungsströme durch automatische Ausschaltung mit Überstrom-

Schutzeinrichtungen im TN-System (früher Nullung). Für diese Maßnahme als Schutz bei indirektem Berühren (Fehlerschutz) werden das Prinzip beschrieben und ihre praktischen Anwendungsmöglichkeiten analysiert.
Eine kritische Betrachtung der bei Isolationsfehlern im Verteilungsnetz oder in der Verbraucheranlage auftretenden Fehlerspannungen und deren Ausschaltung zeigt deutliche Vorteile des TN-Systems gegenüber dem TT-System mit FI-Schutzeinrichtungen. Diese bestehen in:

- der Absenkung der Fehlerspannung unter 100 V infolge des Spannungsfalls im Außenleiter mit der Aufteilung des Fehlerstroms über PEN-Leiter und die Betriebs- und Verbrauchererdungen,
- der hohen Zuverlässigkeit der Fehlerausschaltung durch Überstrom-Schutzeinrichtungen,
- der hohen Verfügbarkeit der Versorgung mit elektrischer Energie infolge der Sicherheit gegen Fehlauslösungen bei Auftreten atmosphärischer Überspannungen und der Selektivität der Überstrom-Schutzeinrichtungen,
- der Mitbenutzung der Verbrauchererdungen durch deren Anschluß an den PEN-Leiter und dadurch bedingt einem geringeren Gesamterdungswiderstand des Verteilungsnetzes,
- kleineren atmosphärischen Überspannungen,
- einem einfachen und wirkungsvollen Einbau von Überspannungsableitern,
- der technisch einwandfreien und problemlosen Anwendbarkeit in Anlagen mit hohen Nennstromstärken, wie in der Industrie, dem Gewerbe oder anderen Großverbrauchern sowie im Verteilungsnetz selbst, z. B. bei Kabelverteilerschränken, Stationen, und bei der öffentlichen Beleuchtung,
- der Möglichkeit, den Zusatz- und Brandschutz durch FI-Schutzeinrichtungen sicherzustellen, für die die kostengünstige Wechselstrombauform, netzspannungsabhängig oder netzspannungsunabhängig, verwendet werden kann,
- den geringen Kosten bei der Errichtung der Anlage.

Ein Durchdenken der Probleme zeigt, daß bei der praktischen Anwendung des TN-Systems im Verteilungsnetz und in der Verbraucheranlage drei Bedingungen eingehalten werden müssen:

- die Ausschaltbedingungen,
- die Erdungsbedingungen,
- die Verlegungsbedingungen.

Die Erfüllung dieser Bedingungen ist jedoch, wie gezeigt wurde, immer möglich, und zwar auch in Ausnahmefällen, z. B. bei langen Netzausläufern oder in Verbraucheranlagen mit langen Endstromkreisen. Damit wird das TN-System nahezu überall anwendbar als eine Maßnahme des Fehlerschutzes gegen gefährliche Berührungsströme durch Ausschalten, wenn der Basisschutz versagt.
Mit FI-Schutzeinrichtungen für den Zusatzschutz und den Brandschutz kann eine optimale Sicherheit der Elektrizitätsanwendung erreicht werden. **Bild 4.18** zeigt eine Verbraucheranlage mit TN-System als Fehlerschutz, FI-Schutzeinrichtungen für den Zusatzschutz von Stromkreisen mit Steckdosen und als Hauptschalter für

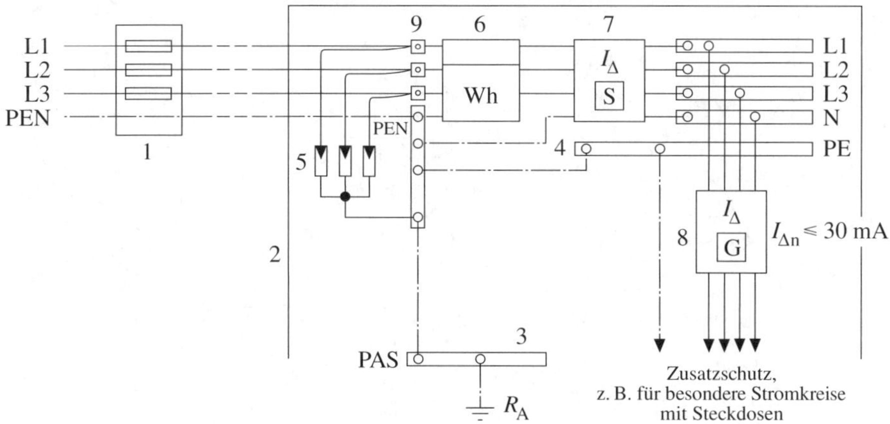

Bild 4.18 Modernes Schutzsystem gegen gefährliche Berührungsströme in einer Verbraucheranlage; TN-System mit Überstrom-Schutzeinrichtungen als Fehlerschutz; FI-Schutzeinrichtungen für den Zusatzschutz von Stromkreisen mit Steckdosen und als Hauptschalter für den Brandschutz drei Überspannungsableiter für den Überspannungs-Grobschutz

1 Hausanschlußkasten
2 Zählerverteiler
3 Potentialausgleichsschiene
4 Schutzleiterschiene
5 Überspannungsableiter
6 Meßeinrichtung
7 FI-Schutzschalter Bauart stoßstromfest-selektiv „S", z. B. mit einem Nennfehlerstrom 300 mA für den Brandschutz
8 FI-Schutzschalter Bauart stoßstromfest „G" für den Zusatzschutz
9 PEN-Leiterschiene (Klemme) und Außenleiterklemmen

den Brandschutz und drei Überspannungsableitern für den Überspannungs-Grobschutz.

Es wird ein neuer Begriff „Neutralleiter-Schutzerdung" (protective neutral earthing) für die umständliche Bezeichnung „Schutz durch automatische Ausschaltung im TN-System mit Überstrom-Schutzeinrichtungen" vorgeschlagen, der ohne zusätzliche Erklärungen verständlich ist.

4.2 TT-System mit Fehlerstrom-Schutzeinrichtungen für die Ausschaltung (früher Fehlerstrom-Schutzschaltung)

4.2.1 Prinzip und Stand der Technik

Führen zu einem Verteilungspunkt mehrere stromführende Leitungen, so ist in jedem Augenblick die Summe der zufließenden Ströme gleich der Summe der abfließenden Ströme (Erstes Kirchhoffsches Gesetz). Anders formuliert heißt dies, daß die Gesamtzahl der Elektronen, die durch die verschiedenen Leiter fließen, unverändert bleibt, es können weder Ladungsträger verlorengehen noch aus dem „Nichts" dazugewonnen werden (**Bild 4.19**).

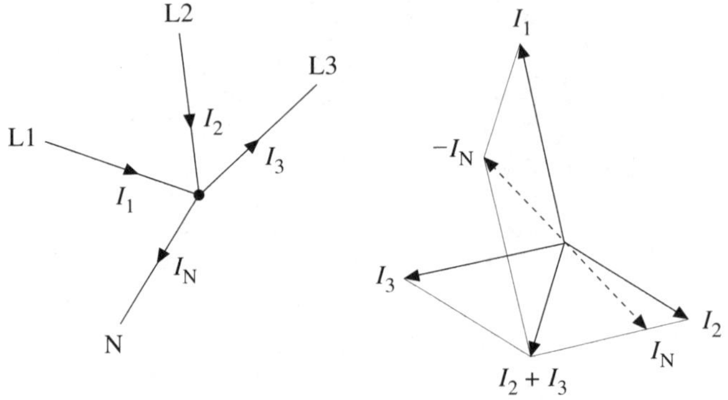

$$I_1 + I_2 + I_3 + I_N = 0$$

Bild 4.19 Erstes Kirchhoffsches Gesetz in Drehstromanlagen

Diese Aussage gilt – unabhängig von Frequenz und Kurvenform – auch für Drehstrom. Für die Pfeildarstellung der Ströme bedeutet dies, daß die (geometrische) Summe der Ströme, die einem Knotenpunkt zufließen, gleich Null ist. Ist das Netz unsymmetrisch belastet, ergänzt der Strom, der durch den Neutralleiter zum Transformator zurückfließt, die Summe der Außenleiterströme zu Null.
Jede Eintrittstelle in eine Verbraucheranlage kann nun als „Knotenpunkt" des Netzes gesehen werden. Die Summe der durch den Knoten fließenden Ströme ist so lange gleich null, so lange kein Strom „verloren geht", d. h. kein Isolationsfehler in der Anlage auftritt.
Führt man die Einspeiseleitung durch einen Summenstromwandler, so wird dieser im Normalbetriebsfall nicht erregt (**Bild 4.20**).
Tritt in der Anlage ein Isolationsfehler auf, fließt ein Teil des Stroms über die Erde zum Transformator zurück, und der Wandler wird erregt. Verbindet man den Summenstromwandler mit der Auslösespule eines Schalters, wird der Schalter ausschalten, wenn der den Wandler erregende Differenzstrom einen bestimmten Wert übersteigt. Die Auslösung des Schalters ist nur vom Fehlerstrom und nicht von der Fehlerspannung abhängig – daher die Bezeichnung Fehlerstrom-Schutzschalter (FI-Schutzschalter).
In den internationalen Normen wird der FI-Schutzschalter als „Differenzstrom-Schutzschalter" oder in Englisch „residual current operated circuit-breaker, RCCB" bezeichnet. Da es sich manchmal nicht um ein Einzelgerät handelt, sondern um eine Kombination getrennter Baueinheiten, z. B. Summenstromwandler, Relais, Leistungsschalter, gibt es eine noch allgemeinere Bezeichnung mit Fehlerstrom-Schutzeinrichtung oder in Englisch „residual current device, RCD".
Das TT-System mit Fehlerstrom-Schutzeinrichtungen beruht demnach im Prinzip darauf, daß die geometrische Summe der Ströme, die in der Einspeisung einer Ver-

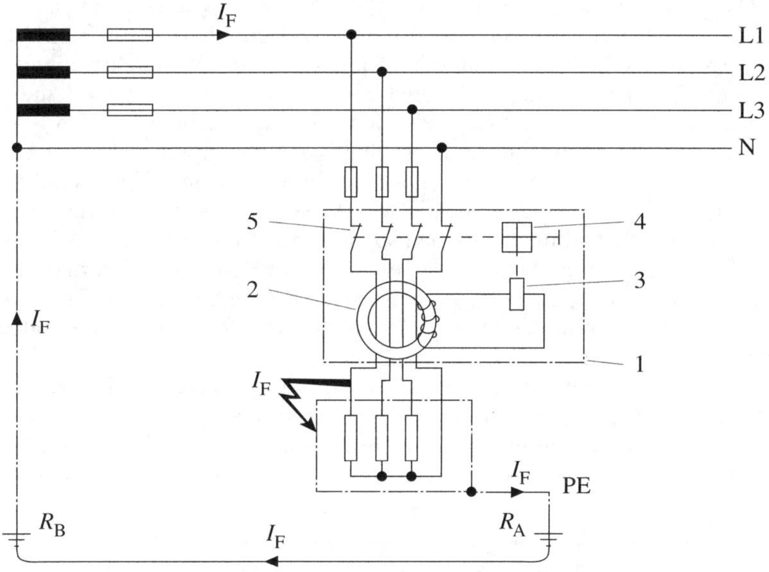

Bild 4.20 Prinzip des TT-Systems mit Fehlerstrom-Schutzeinrichtungen für die Ausschaltung
1 Fehlerstrom-Schutzeinrichtung
2 Summenstromwandler
3 Fehlerstromauslöser
4 Schaltmechanismus
5 Unterbrecherkontakte
R_A Verbrauchererdung
R_B Betriebserdung des Netzes

braucheranlage fließen, gleich ist dem Fehlerstrom, der über die Erde in das Netz zurückfließt.
Zur Gewährleistung des Stromflusses im Fehlerfall muß das zu schützende Gerät mit der Erde verbunden sein, d. h., die zu schützenden Geräte müssen direkt mit einem Erder verbunden werden.
Das Prinzip des Differentialschutzes mit einer Erfassung des Fehlerstroms durch einen Ringstromwandler war in der Hochspannungstechnik schon seit längerem bekannt, als es auch für eine Schutzschaltung in Niederspannungsanlagen vorgeschlagen wurde. Interessanterweise wurde es sofort für den Schutz beim direkten Berühren aktiver Teile verwendet, und in der einschlägigen deutschen Patentschrift aus dem Jahr 1928 heißt es: „Es wird darauf hingewiesen, daß bisher noch kein Schutz beim Berühren eines der spannungsführenden Leiter, also beispielsweise eines der Phasenleiter selbst, möglich ist, obwohl gerade hierauf zahlreiche Unglücksfälle bei Hausinstallationen zurückzuführen sind. Die Erfindung betrifft die Vermeidung einer Schädigung eines die Phasenleitung selbst berührenden Menschen oder Tieres …“.

Auch aus der Abbildung in dieser Patentschrift PS D 552 678 ist klar ersichtlich, daß vor allem an das direkte Berühren blanker Leitungen gedacht wurde (**Bild 4.21**).
In den darauffolgenden zehn Jahren wurde jedoch kaum an der Weiterentwicklung dieser neuen und vielversprechenden Idee gearbeitet. Einerseits war die Schalter- und Magnettechnik damals noch nicht so weit und andererseits hatte man die grundsätzlichen Schwächen der Fehlerspannungs-Schutzschaltung noch nicht voll erkannt. Erst 1937 wurde ein Handmuster mit einem Summenstromwandler und einem polarisierten Relais mit einer Auslösestromstärke von 10 mA gebaut. Aus einer Firmenschrift kann man entnehmen, daß man sogar einen Versuch mit einem Menschen durchgeführt hat. Dieser stand auf angefeuchtetem Betonfußboden und berührte – offenbar mit den Fingerspitzen – einen unter Spannung stehenden Phasenleiter. Der elektrische Schlag war so stark, daß man den Versuch nicht wiederholte, obwohl das Handmuster ausgelöst hatte.
Anfang der vierziger Jahre wurde bei einem Vortrag im VDE-Haus in Berlin das Handmuster eines FI-Schutzschalters mit einer Auslösestromstärke von 80 mA vorgeführt, wobei man bereits darauf hinwies, daß die zu schützenden äußeren leitfähigen Teile der Betriebsmittel über einen Schutzleiter mit einem geeigneten Erder ver-

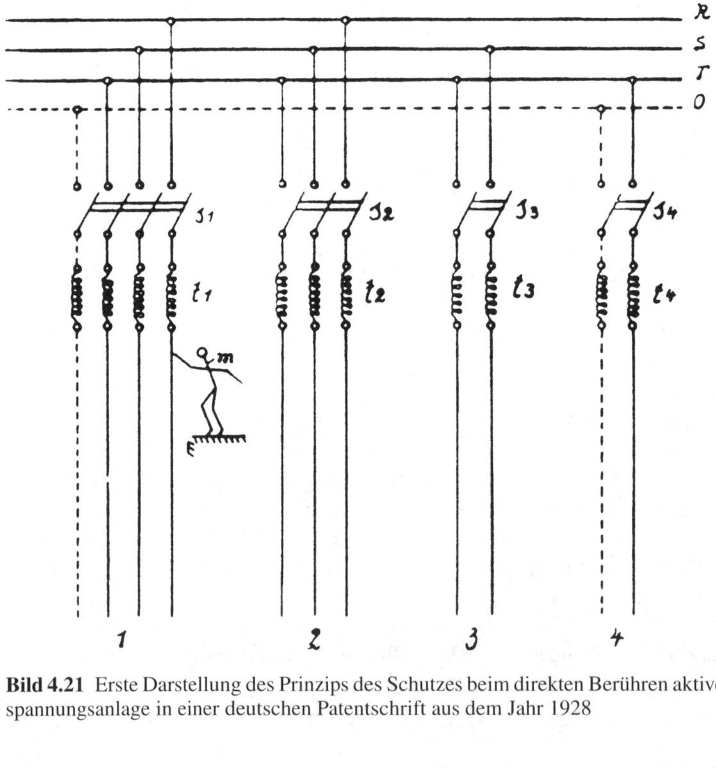

Bild 4.21 Erste Darstellung des Prinzips des Schutzes beim direkten Berühren aktiver Teile einer Niederspannungsanlage in einer deutschen Patentschrift aus dem Jahr 1928

bunden werden müssen. Kriegsbedingt kamen diese Entwicklungen jedoch zum Stillstand. Erst 1950 wurden die ersten FI-Schutzschalter in der Bundesrepublik Deutschland serienmäßig hergestellt und auch installiert. Allerdings hatten Diskussionen in den Normengremien und der damalige Stand der Technik zu der falschen Erkenntnis geführt, daß es für die Unfallverhütung gleichgültig ist, wie hoch der Nennfehlerstrom des FI-Schutzschalters ist, wenn nur der Erdungswiderstand der Anlage entspechend bemessen wird. Nach dem heutigen Konzept des Schutzes gegen gefährliche Berührungsströme hatte man damit die ursprüngliche Idee des Zusatzschutzes verlassen und die Anwendung des FI-Schutzschalters auf den Schutz bei indirektem Berühren (Fehlerschutz) eingeengt.

Der FI-Schutzschalter kann aber entsprechend seiner Auslöseempfindlichkeit sowohl die Funktion des Fehlerschutzes als auch mit einem Nennfehlerstrom $I_{\Delta n} \leq 30$ mA die Funktion des Zusatzschutzes erfüllen. Zentral in einer Verteilung eingebaut hat er bei Nennfehlerströmen $I_{\Delta n} \leq 300$ mA auch einen beachtlichen Schutzwert gegen elektrisch gezündete Brände. Die drei Schutzziele sind in **Bild 4.22** anschaulich dargestellt.

Es gibt jedoch eine Unfallsituation, in der der FI-Schutzschalter nicht schützen kann.

Bild 4.23 zeigt einen Unfall durch gleichzeitiges Berühren von zwei aktiven Leitern mit verschiedenem Potential (z. B. Außenleiter und Neutralleiter). Der Berührungsstrom fließt in diesem Fall in entgegengesetzten Richtungen durch die Wicklungen des Summenstromwandlers im Schutzschalter; dieser löst nicht aus.

Wird der FI-Schutzschalter für den Fehlerschutz, also in Verbindung mit dem TT-System, eingesetzt, dann gilt dafür die folgende *Definition*:

TT-System mit der Fehlerstrom-Schutzeinrichtung ist eine Maßnahme des Fehlerschutzes, bei der die zu schützenden leitfähigen Teile über den PE-Leiter mit einem

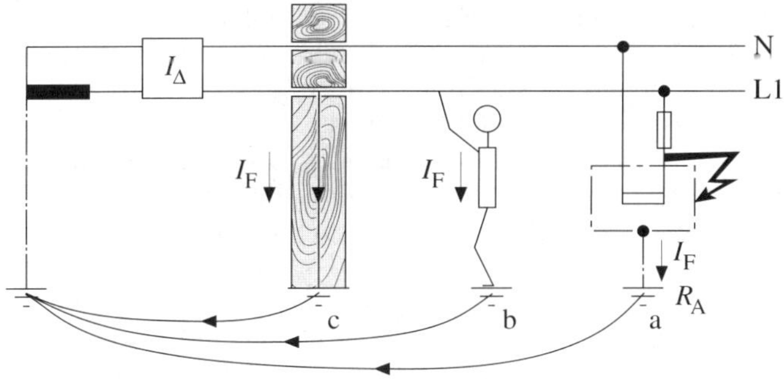

Bild 4.22 Schutzziele für den FI-Schutzschalter
a Schutz bei indirektem Berühren (Fehlerschutz)
b Zusatzschutz
c Schutz gegen Brände durch Erdfehlerströme (Brandschutz)

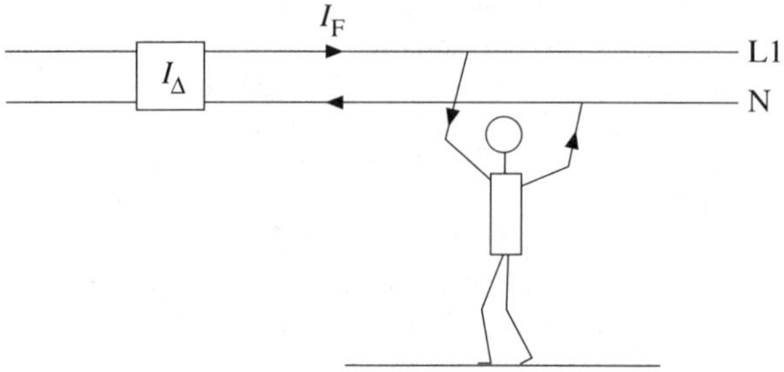

Bild 4.23 Unfall durch gleichzeitiges Berühren von zwei aktiven Teilen mit verschiedenem Potential. Schutz durch FI-Schutzschalter ist nicht möglich.

geeigneten Erder verbunden sind und die mit einem Fehler behafteten Anlagenteile durch Fehlerstrom-Schutzeinrichtungen ausgeschaltet werden.

4.2.2 Fehlerspannungen, prospektive Berührungsspannungen und Berührungsspannungen

Im Gegensatz zum TN-System mit Überstromschutzeinrichtung liegen beim TT-System mit Fehlerstrom-Schutzeinrichtung im Falle eines Isolationsfehlers die Fehlerspannungen in der gesamten Verbraucheranlage oft bei der Netzspannung gegen Erde, also beim üblichen Netzsystem 3N ~ 400/230 V bei 200 V. Der Erdungswiderstand der Verbraucheranlage ist ja meistens wesentlich höher als der Gesamtwiderstand aller Betriebserden des Neutralleiters im Netz (**Bild 4.24**)
Durch die Fehlerstrom-Schutzeinrichtungen erfolgt die Ausschaltung innerhalb von wenigen zehn Millisekunden bei Stromstärken in der Größenordnung von Ampere, die als Fehlerstrom meistens auftreten, da die Erdungswiderstände der Verbraucheranlagen (Fundamenterder) meist einige zehn Ohm betragen.
Versagt allerdings der FI-Schutzschalter, dann sprechen die Überstrom-Schutzeinrichtungen nur selten an, und alle mit dem Schutzleiter verbundenen leitfähigen Teile der Anlage führen die hohe und gefährliche Fehlerspannung, die meistens weit über 100 V liegt. Dies bedeutet, daß der Hautwiderstand sofort vernachlässigbare Werte annimmt und in ungünstigen Unfallsituationen oft Berührungsströme von einigen hundert Milliampere zum Fließen kommen. In der gesamten Anlage besteht also höchste Unfallgefahr.
Der FI-Schutzschalter begrenzt nicht den Fehlerstrom. Dieser ist unabhängig vom Nennfehlerstrom des Schutzschalters und wird ausschließlich durch die Impedanzen der Erdfehlerschleife bestimmt (siehe Bild 4.24).

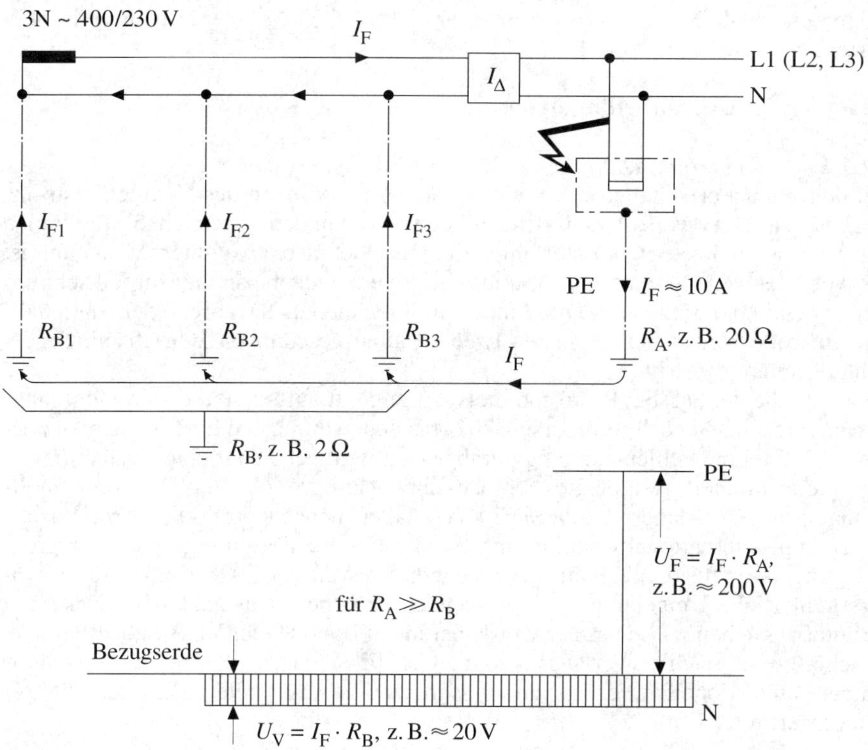

Bild 4.24 Vereinfachte Darstellung der Fehlerspannungen bei einem Isolationsfehler für den Neutralleiter und den Schutzleiter in der Verbraucheranlage beim TT-System mit Fehlerstrom-Schutzeinrichtung. Die Fehlerspannung des Schutzleiters einer fehlerbehafteten Verbraucheranlage liegt in der Regel bei 200 V und tritt bei allen an den Schutzleiter angeschlossenen leitfähigen Anlagenteilen auf.

U_F	Fehlerspannung des Schutzleiters der Verbraucheranlage ($U_F = I_F \cdot R_A$)
U_V	Fehlerspannung (Verlagerungsspannung) des Neutralleiters
I_F, I_{F1}, I_{F2}, I_{F3}, …	Fehlerströme
R_A	Erdungswiderstand der Verbraucheranlage
R_{B1}, R_{B2}, R_{B3}, …	Betriebserdungswiderstände des Neutralleiters
R_B	Gesamterdungswiderstand aller Betriebserdungen des Neutralleiters im Verteilungsnetz
PE	Schutzleiter in der fehlerhaften Verbraucheranlage

Beim TT-System liegen also die Fehlerspannungen etwa doppelt so hoch wie beim TN-System. Diese Aussage gilt naturgemäß auch für die prospektiven Berührungsspannungen und für die Berührungsspannungen. Da, wie erwähnt und in Band 80 der VDE-Schriftenreihe ausführlich dargestellt, die Körperimpedanzen ebenfalls bei höheren Berührungsspannungen kleiner werden, ist das Unfallrisiko beim Versagen einer FI-Schutzeinrichtung in einer elektrischen Anlage, die durch das TT-System geschützt wird, sehr hoch.

4.2.3 Ausschaltbedingungen

4.2.3.1 Fehlerausschaltung im geerdeten Verteilungsnetz

Mit dem FI-Schutzschalter ist es leicht, nach Überschreiten des Nennfehlerstroms die Ausschaltung des Fehlers in Bruchteilen von Sekunden zu erreichen. Bleibt man mit der Ausschaltzeit etwa unter einer Herzperiode, also etwa unter 0,5 s, dann ist das Auftreten von Herzkammerflimmern bei einem Niederspannungsunfall sehr unwahrscheinlich. In jedem Fall muß man damit rechnen, daß während der Ausschaltzeit die volle Netzspannung gegen Erde an allen geschützten Betriebsmitteln als Fehlerspannung auftritt.

Man weiß heute, daß Fehlerströme meist sprunghaft auftreten und sich nicht langsam entwickeln. Auch Teilkörperschlüsse, bei denen durch den Innenwiderstand der Betriebsmittel die Fehlerspannung herabgesetzt wird, sind eher eine Ausnahme.

Eine konventionell festgelegte Fehlerspannungsgrenze U_{FL} (conventional fault-voltage limit), die dauernd zulässig ist, hat daher mehr theoretische als praktische Bedeutung. International wird für eine „konventionelle Berührungsspannungsgrenze U_L“ bei normalen Umgebungsbedingungen ein Wert von 50 V benützt, für besonders gefährliche Umgebungsbedingungen 25 V, wobei nicht geklärt ist, was man darunter verstehen will. Darüber wurde bereits in Band 80 der VDE-Schriftenreihe, Abschnitt 3.3, berichtet. Verlangt man, daß der FI-Schutzschalter beim Überschreiten der konventionellen Fehlerspannungsgrenze U_{FL} ausschaltet, dann muß die Bedingung erfüllt sein:

$$R_A \leq \frac{U_{FL}}{I_{\Delta n}},$$

mit:

U_{FL} konventionelle Fehlerspannungsgrenze (z. B. 65 V oder 50 V),
$I_{\Delta n}$ Nennfehlerstrom des FI-Schutzschalters,
R_A Erdungswiderstand der geschützten Anlage.

In den Normen für FI-Schutzeinrichtungen wird verlangt, daß beim doppelten Nennfehlerstrom die Ausschaltung innerhalb von 0,2 s erfolgen muß.

Da die Nennfehlerströme meist Bruchteile von Ampere betragen (300 mA, 100 mA, 30 mA), sind Erdungswiderstände von einigen hundert Ohm zulässig. Das Errichten der Erdungen bereitet daher keine Probleme, einfache Rohr- oder kurze Banderder reichen auch bei „schlechten“ Erdungsverhältnissen aus. Unter Beachtung der notwendigen mechanischen Festigkeit der Erder soll bei Rohr- oder Staberdern eine Länge von 1,5 m, bei Band- oder Seilerdern eine Länge von 3 m nicht unterschritten werden.

Tatsächlich liegen in der Praxis die Erdungswiderstände in den Verbraucheranlagen kaum höher als einige zehn Ohm, und damit werden FI-Schutzschalter bei Körperschlüssen mit einigen Ampere bis einigen zehn Ampere Fehlerstrom ausgelöst. Nur in bebauten Gebieten können auch Kurzschlußströme mit einigen hundert Ampere auftreten, und nur bei sehr schlechten Erdungsverhältnissen kommen Erdungswiderstände in die Nähe der Werte, die sich nach obiger Berechnungsgleichung mit dem Nennfehlerstrom ergeben. In diesem Fall fließt dann bei sattem Körperschluß und einer Fehlerspannung von etwa 200 V rund der dreifache Nennfehlerstrom, und der Fehler wird damit in weniger als 0,2 s ausgeschaltet.

4.2.3.2 Fehlerausschaltung im isolierten Verteilungsnetz

Zunächst war es eine Voraussetzung für die obenstehenden Überlegungen, daß die Stromversorgung der zu schützenden Verbraucheranlage über ein geerdetes Verteilungnetz erfolgt. Die Fehlerstrom-Schutzeinrichtungen können aber auch in einem von Erde isolierten Verteilungsnetz für den Fehlerschutz eingesetzt werden, wie die nachfolgenden Ausführungen zeigen.
Wendet man in einem von Erde isolierten Verteilungsnetz die FI-Schutzschaltung an, so ist auf die Verteilung der Netz- und Anlagenkapazitäten gegen Erde zu achten,

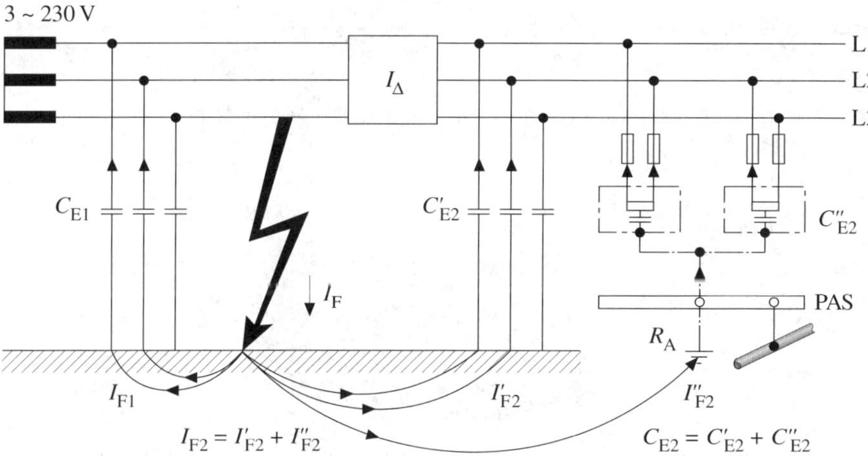

Bild 4.25 IT-System mit Fehlerstrom-Schutzeinrichtung in einem von Erde isolierten Verteilungsnetz. Isolationsfehler gegen Erde netzseitig vor dem FI-Schutzschalter. Gefahr von Fehlauslösungen in Anlagen ohne Isolationsfehler durch Teilung des Fehlerstroms, wobei ein Teilfehlerstrom über die Kapazitäten gegen Erde in der Verbraucheranlage fließt

C_{E1}	Erdkapazitäten vor dem FI-Schutzschalter
C'_{E2}	Erdkapazitäten der Leitungen in der Verbraucheranlage
C''_{E2}	Erdkapazitäten in den Verbrauchsgeräten
I_F, I_{F1}, I_{F2}, I'_{F2}, I''_{F2}	Fehlerströme

weil es, wie in **Bild 4.25** und **Bild 4.26** gezeigt, zur Aufteilung des Fehlerstroms beim Isolationsfehler kommt, der netzseitig oder anlagenseitig in bezug auf den Fehlerstrom-Schutzschalter zum Fließen kommt. Dadurch kann es zu Fehlauslösungen oder zur Verminderung der Schutzwirkung des FI-Schutzschalters kommen. In der Praxis liegen aber die Verhältnisse so, daß bei Verteilungsnetzen immer mehrere Verbraucheranlagen an eine Stromquelle angeschlossen sind, so daß die Erdkapazitäten des Netzes mit den verbleibenden Verbraucheranlagen vor dem FI-Schutzschalter immer wesentlich größer sind als die Erdkapazitäten in der geschützten Anlage. Damit wird die Schutzwirkung des FI-Schutzschalters nur unwesentlich verringert.
Die Berechnung des höchst zulässigen Erdungswiderstands in der Verbraucheranlage erfolgt dabei wie in einem geerdeten Verteilungsnetz mit:

$$R_A \leq \frac{U_{FL}}{I_{\Delta n}}.$$

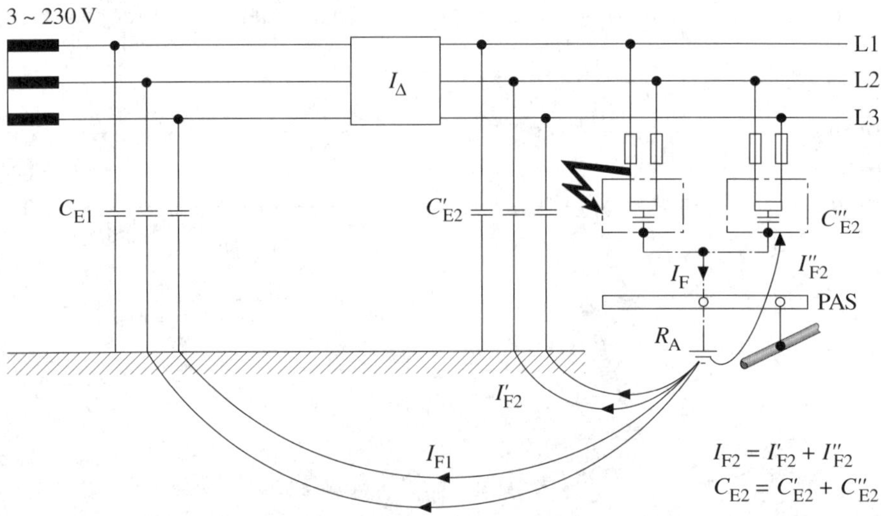

Bild 4.26 IT-System mit Fehlerstrom-Schutzeinrichtung in einem von Erde isolierten Versorgungsnetz. Isolationsfehler gegen Erde in der Verbraucheranlage nach dem FI-Schutzschalter. Empfindlichkeitsverringerung der Fehlerstromauslösung durch Teilung des Fehlerstroms. Der Teilfehlerstrom I_{F2}, der in der Anlage über die Erdkapazitäten zum Netz zurückfließt, wird vom FI-Schutzschalter nicht erfaßt. Dieser Anteil ist jedoch in der Regel vernachlässigbar.

C_{E1}	Erdkapazitäten vor dem FI-Schutzschalter
C'_{E2}	Erdkapazitäten der Leitungen in der Verbraucheranlage
C''_{E2}	Erdkapazitäten in den Verbrauchsgeräten
$I_F, I_{F1}, I_{F2}, I'_{F2}, I''_{F2}$	Fehlerströme

Sind die Isolationswiderstände des Verteilungsnetzes und der angeschlossenen Anlagen hoch, so kann beim ersten Isolationsfehler in einer Anlage der Fehlerstrom so klein sein, daß der FI-Schutzschalter nicht auslöst. Es besteht aber keine Gefahr, weil der körperschlußbehaftete Außenleiter und die Körper der Verbrauchsgeräte Erdpotential annehmen. Beim zweiten Körperschluß in der Anlage schaltet die Überstrom-Schutzeinrichtung mit dem kleineren Nennstrom aus. Der FI-Schutzschalter erkennt den zweiten Fehler nicht (**Bild 4.27**). Hier gilt die Bedingung, daß alle Schutzleiter an eine gemeinsame Potentialausgleichsschiene angeschlossen werden müssen. Einzelerder dürfen nicht verwendet werden. Die Ausschaltung erfolgt dann unter Bedingungen, die ähnlich sind wie beim TN-System.

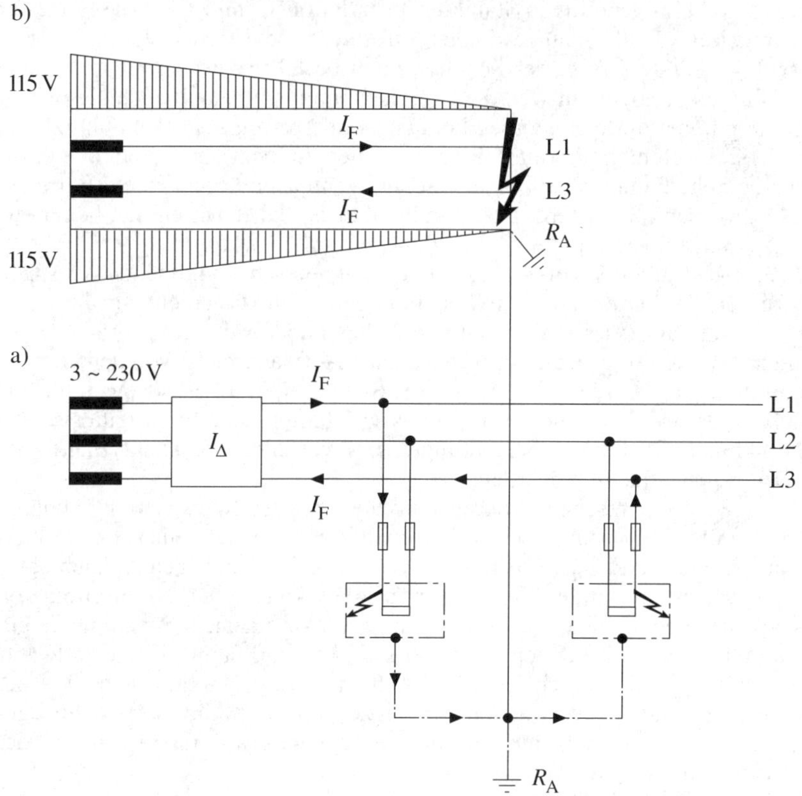

Bild 4.27 IT-System mit Fehlerstrom-Schutzeinrichtung in einem von Erde isolierten Versorgungsnetz und doppeltem Körperschluß
a) Schaltbild
b) Verteilung der Fehlerspannungen in einem isolierten Verteilungsnetz und in einer Verbraucheranlage bei einem Doppelfehler

Während der Ausschaltung durch die Überstrom-Schutzeinrichtung treten in der Anlage nur geringe Fehlerspannungen auf, weil die Potentialausgleichsschiene Erdpotential hat.
Die Fehlerspannungen steigen entlang der Netzleitungen bis zum Transformator auf etwa den halben Wert der Netzspannung gegen Erde an (siehe auch Bild 3.29).

4.2.4 Zuverlässigkeit der Ausschaltung

Nach Abschnitt 4.2.3 ist klar, daß beim TT-System mit Fehlerstrom-Schutzeinrichtung der Zuverlässigkeit der FI-Schutzschalter höchste Bedeutung beigemessen werden muß. Es handelt sich um ein relativ kompliziertes elektromechanisches Schaltgerät, und beim derzeitigen Stand der Installationstechnik ist diese Frage für die Wirksamkeit des Fehlerschutzes in der betroffenen elektrischen Verbraucheranlage ausschlaggebend. Versagt der Schalter, dann besteht in der gesamten Anlage höchste Unfallgefahr, nicht nur weil die Fehlerspannung und damit auch die Berührungsspannung hohe Werte annehmen können, sondern weil über den Schutzleiter bei einem Isolationsfehler alle mit ihm verbundenen äußeren und fremden leitfähigen Teile eine hohe Fehlerspannung annehmen, wenn auch nur an einem Betriebsmittel ein Körperschluß entsteht. Die Unfallgefahr ist daher wesentlich höher, als wenn in der Anlage überhaupt kein Schutzleiter installiert wäre.
Über die Zuverlässigkeit der FI-Schutzschalter können sehr umfassende Aussagen gemacht werden. Sie beruhen bei den Schaltern, deren Funktion nicht von der Netzspannung abhängt, auf den Ergebnissen von Anlagenüberprüfungen, zum Teil sehr umfassender Art, die mit großem wirtschaftlichen Aufwand meist von den Organisationen durchgeführt worden sind, die für die Sicherheit in der Elektrotechnik verantwortlich sind, wie z. B. die Berufsgenossenschaften und Elektrizitätsversorgungsunternehmen. Derartige Überprüfungen sind vor allem aus Deutschland, Italien und Österreich bekannt geworden.
Leider sind für FI-Schutzschalter, deren Funktion von der Netzspannung abhängt und die meist mit elektronischen Verstärkerschaltungen arbeiten, wie sie z. B. überwiegend in den USA und Japan installiert werden, keine derartigen Anlagenüberprüfungen durchgeführt worden. Ihre Zuverlässigkeit kann daher nur aufgrund von Zuverlässigkeitsberechnungen der verwendeten elektronischen Schaltungen geschätzt werden. Zuerst wird daher die Zuverlässigkeit und damit die Ausfallwahrscheinlichkeit von FI-Schutzschaltern besprochen, deren Funktion nicht von der Netzspannung abhängt. Sie verwenden zur Gänze für die Entklinkung der hochgezüchteten Schaltmechanismen einen Permanentmagnetauslöser (siehe Band 84 der VDE-Schriftenreihe, Kapitel 4).
Vor der Darstellung der Ergebnisse der Anlagenüberprüfungen sollen noch einige Bemerkungen über die Beurteilung der Zuverlässigkeit von Fehlerstrom-Schutzschaltern und der darin eingebauten Bauelemente gemacht werden.
Es wird angenommen, daß die Überlebenswahrscheinlichkeit der Schalter dem Naturgesetz folgt:

$R(\lambda, t) = e^{-\lambda t}$.

Dabei werden Frühausfälle vernachlässigt. Für die Ausfallwahrscheinlichkeit gilt vereinfacht:

$$F(\lambda, t) = 1 - R(\lambda, t) = 1 - e^{-\lambda t} \approx \lambda \cdot t \text{ für } \lambda \cdot t << 1.$$

$F(\lambda, t)$ wird meist in Prozent angegeben und heißt dann Ausfallquote (failure quota). λ heißt Ausfallrate (failure rate) und wird in fit (failure in time) angegeben. Ein fit bedeutet einen Ausfall in 10^9 Bauelementestunden.
Bei einem FI-Schutzschalter bedeuten die Bauelementestunden einfach die Installationsdauer in Stunden (z. B. 10 Jahre = 87600 h). Wird also eine größere Anzahl von FI-Schutzschaltern geprüft, die zehn Jahre eingebaut waren, und stellt man 3 % Ausfälle fest ($F(\lambda, t) = 0{,}03$), so ergibt sich:

$$\lambda = F(\lambda, t) / t = (0{,}03/87600 \text{ h}) \cdot 10^9 = 340 \text{ fit}.$$

FI-Schutzschalter werden nach einem Ausfall im allgemeinen nicht repariert. Ermittelt man bei einer größeren Anzahl von FI-Schutzschaltern die Zeiten bis zum Ausfall der Geräte und berechnet den Mittelwert, dann erhält man die mittlere Lebensdauer m. Es gilt:

$$m = \int_0^\infty R(\lambda, t)\,\mathrm{d}t = \int_0^\infty e^{-\lambda t}\,\mathrm{d}t = \frac{1}{\lambda} = \text{MTTF}.$$

MTTF (mean time to failure) ist die mittlere Zeit bis zum Ausfall einer einzelnen Betrachtungseinheit. Bei reparierbaren Systemen wird dagegen die mittlere Zeit zwischen zwei Ausfällen betrachtet (mittlerer Ausfallabstand, MTBF, mean time between failures).
Tabelle 4.6 zeigt den Zusammenhang zwischen der Ausfallrate λ (fit), den MTTF-Werten und den Ausfallquoten $F(\lambda, t)$ für die Einbaudauer von zehn Jahren.

Ausfallrate λ (fit)	1,4	11	200	300	400	500	600	800	1000	1140
MTTF (Jahre)	81500	1000	570	380	285	228	190	142	114	100
Ausfallquote $F(\lambda, t)$ %	0,01	0,1	1,7	2,6	3,4	4,35	5,2	6,8	8,7	10

Tabelle 4.6 Zusammenhang zwischen der Ausfallrate λ (fit), den Ausfallabständen MTTF (Jahre) und den Ausfallquoten $F(\lambda, t)$ in Prozent bei einer Einbaudauer von zehn Jahren

Rechnet man mit der logarithmischen Funktion:

$$F(\lambda,t) = 1 - \mathrm{e}^{-\lambda t},$$

$$\lambda = \frac{\ln\left(1 - F(\lambda,t)\right)}{1},$$

dann ergibt sich der genaue Zusammenhang zwischen der Ausfallwahrscheinlichkeit (Ausfall in Prozent $F(\lambda, t)$) in Abhängigkeit von der Ausfallrate λ für eine Einbaudauer von 5, 10, 20 und 30 Jahren wie in **Bild 4.28** dargestellt.
Über die Ergebnisse der Anlagenüberprüfungen wurde in der Literatur ausführlich berichtet. Eine Zusammenstellung des Schrifttums findet sich am Ende dieses Kapitels.

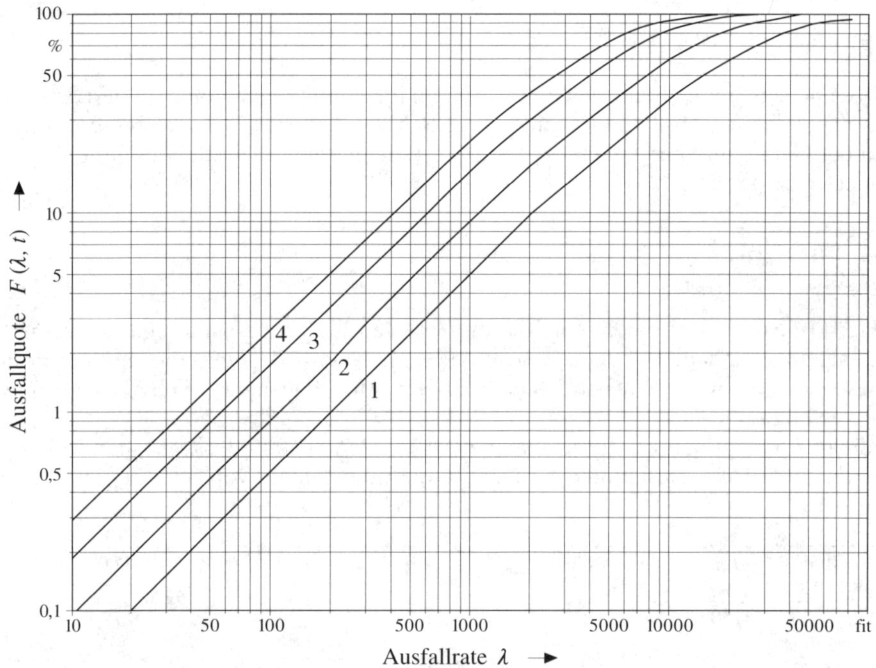

Bild 4.28 Zusammenhang zwischen der Ausfallwahrscheinlichkeit (Ausfallquote) $F(\lambda, t)$ in % und der Ausfallrate λ in fit
1 Einbaudauer 5 Jahre
2 Einbaudauer 10 Jahre
3 Einbaudauer 20 Jahre
4 Einbaudauer 30 Jahre

Bundesland	Anzahl der überprüften Schalter	davon fehlerhaft	mittlere Ausfallquote %
Oberösterreich	879	66	7,5
Wien	791	66	8,3
Steiermark	765	45	5,9
Burgenland	796	30	3,8

Tabelle 4.7 Übersicht über die Untersuchungen der Zuverlässigkeit von FI-Schutzschaltern in Oberösterreich (zweite Überprüfungsserie), der Steiermark, dem Burgenland und in Wien in den Jahren 1989/1991 (Installationszeitraum 1971 bis 1990)

Begonnen wurde mit derartigen Untersuchungen in Österreich Ende der achtziger Jahre. Die Ergebnisse sind aus **Tabelle 4.7** zu entnehmen.
In **Bild 4.29** ist die Verteilung aller fehlerhaften FI-Schutzschalter mit Ausfallquoten und Ausfallraten auf die Fünfjahresperioden von 1971 bis 1990 in den vier Versorgungsbereichen OKA, Steweag, Bewag und Wienstrom dargestellt.
Dabei ist es wesentlich zu beachten, daß die österreichischen Anlagenüberprüfungen in der überwiegenden Zahl (rund 80 %) in Hausinstallationen durchgeführt worden sind.
Zum Vergleich zeigt **Bild 4.30** die Ergebnisse der Untersuchungen in Deutschland und die Bilder 4.32 und 4.33 die Ergebnisse in Italien.

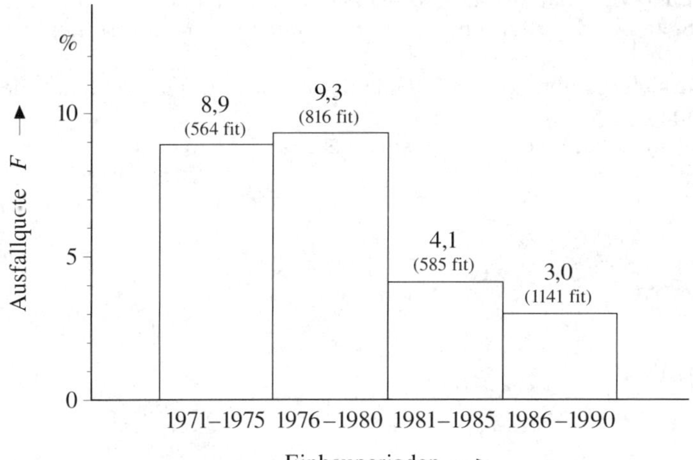

Bild 4.29 Verteilung der fehlerhaften FI-Schutzschalter auf die Einbauperioden 1971 bis 1990 in allen überprüften Bundesländern bei den Überprüfungen der OKA, Steweag, Bewag und Wienstrom in den Jahren 1989 bis 1991. Ausfallquoten in % und Ausfallraten in fit; Gesamtzahl der überprüften FI-Schutzschalter: 3231; davon fehlerhaft: 207; mittlere Ausfallquote: 6,4 %.

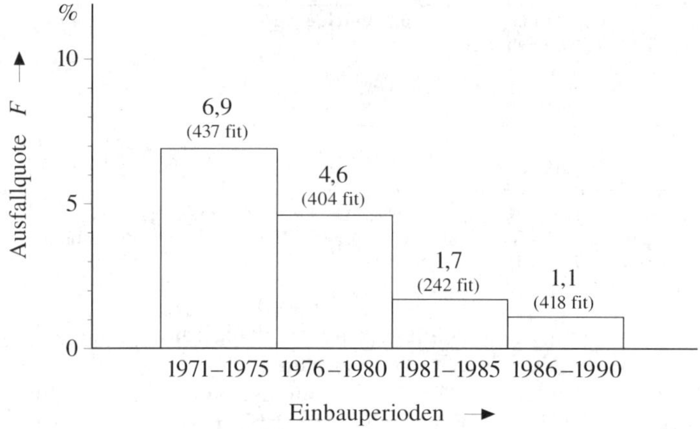

Bild 4.30 Verteilung der fehlerhaften FI-Schutzschalter auf die Einbauperioden 1971 bis 1990 in Deutschland. Ausfallquoten in % und Ausfallraten in fit; Gesamtzahl der überprüften FI-Schutzschalter: 11000; davon fehlerhaft: 274; mittlere Ausfallquote: 2,5 %.

Von den Überprüfungen, die von der Berufsgenossenschaft der Feinmechanik und Elektrotechnik, Köln, veranlaßt worden sind, wurden rund 60 % in industriellen Anlagen, 30 % in der Landwirtschaft und nur 10 % in Hausinstallationen durchgeführt. Die Prüfeinrichtungen der Schalter wurden im Einbauzeitraum gelegentlich betätigt.

Bild 4.31 zeigt, wie sich die überprüften FI-Schutzschalter in Deutschland auf die Anlagenarten verteilen.

Die Ausfälle in Hausinstallationen in Italien sind aus **Bild 4.32** zu ersehen.

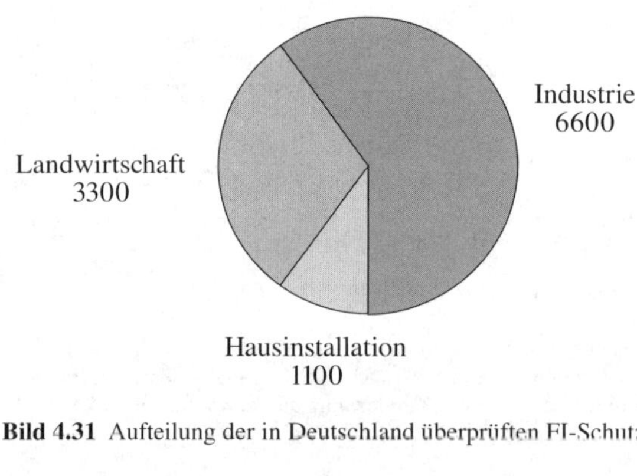

Bild 4.31 Aufteilung der in Deutschland überprüften FI-Schutzschalter nach Anlagenarten

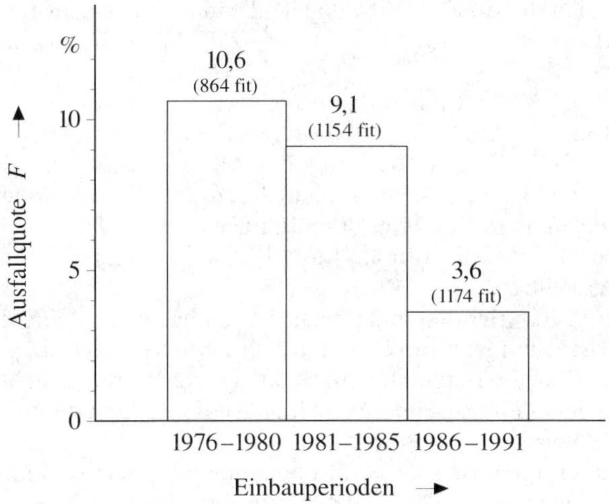

Bild 4.32 Verteilung der fehlerhaften FI-Schutzschalter auf die Einbauperioden 1976 bis 1991 in italienischen Hausinstallationen. Ausfallquoten in %; Gesamtzahl der überprüften FI-Schutzschalter: 3866; davon fehlerhaft: 274; mittlere Ausfallquote: 7,1 %.

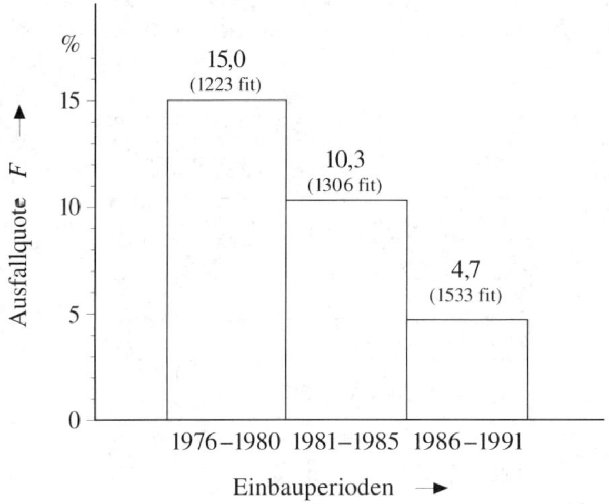

Bild 4.33 Verteilung der fehlerhaften FI-Schutzschalter auf die Einbauperioden 1976 bis 1991 in Italien in Industrie, landwirtschaftlichen Betriebsstätten und anderen Gewerbebetrieben. Ausfallquoten in %; Gesamtzahl der überprüften FI-Schutzschalter: 15 869; davon fehlerhaft: 1 184; mittlere Ausfallquote: 7,5 %.

Eigenartigerweise waren in Italien die Ausfälle in Anlagen, die nicht zu Hausinstallationen gezählt werden (Landwirtschaft, Industrie etc.), besonders hoch. Sie sind in **Bild 4.33** dargestellt.
Die mittlere Ausfallquote von 7,5 % liegt nur deshalb nicht viel höher als in den Hausinstallationen, weil für Bild 4.33 die Zahl der überprüften Schalter von 1800 in der Periode 1976 bis 1980 auf 9500 in der Periode 1986 bis 1991 gestiegen ist.
Zu den Ergebnissen in Deutschland sei noch bemerkt, daß dort die Elektroberatung Bayern seit vielen Jahren Anlagenüberprüfungen durchführt, wobei im Jahr rund 20000 bis 30000 Anlagen geprüft werden. **Bild 4.34** und **Bild 4.35** zeigen die Ergebnisse für die Jahre 1985 bis 1996.
FI-Schutzschalter mit defekter Prüfeinrichtung müssen als funktionsgestörte Geräte bezeichnet werden, weil die Ursache meist in verbrannten Prüfwiderständen liegt. Dieser Defekt tritt auf, wenn der Schalter einmal beim Betätigen der Prüftaste nicht ausgelöst hat und dann nach manuellem Ein- und Ausschalten auf beschränkte Zeit wieder funktionsfähig gemacht wurde.
Tabelle 4.8 gibt die Überprüfungsergebnisse der Elektroberatung Bayern (EBB) für die Jahre 1985 bis 1996 wieder, jeweils mit der Zahl der geprüften Anlagen.
Was nun FI-Schutzschalter, deren Funktion von der Netzspannung abhängt, betrifft, so verwenden sie Schaltmechanismen, die denen von LS-Schaltern sehr ähnlich sind und daher eine hohe Zuverlässigkeit aufweisen. Daher ist die Ausfallwahrscheinlichkeit der elektronischen Bauelemente und Schaltungen für die Zuverlässigkeit derartiger FI-Schutzschalter entscheidend.
Bei den in den Schaltern verwendeten elektronischen Bauelementen ist zunächst zu unterscheiden, ob sie dauernd an Spannung liegen oder ob sie bei normalem, fehler-

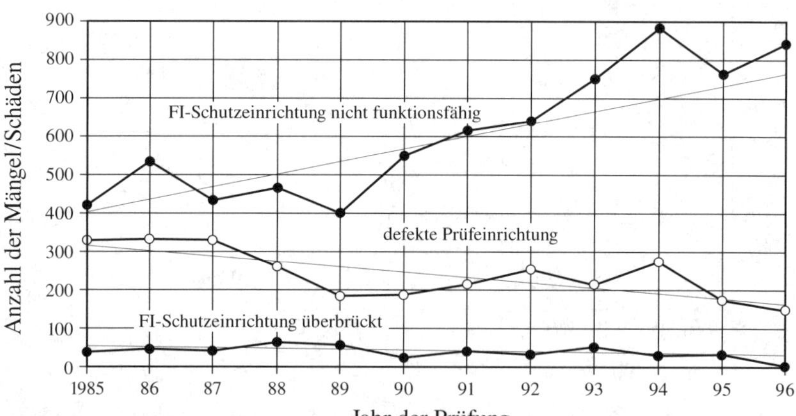

Bild 4.34 Zeitliche Entwicklung der Mängel/Schäden der Prüfstatistik der EBB (Absolutwerte) für die Jahre 1985 bis 1996

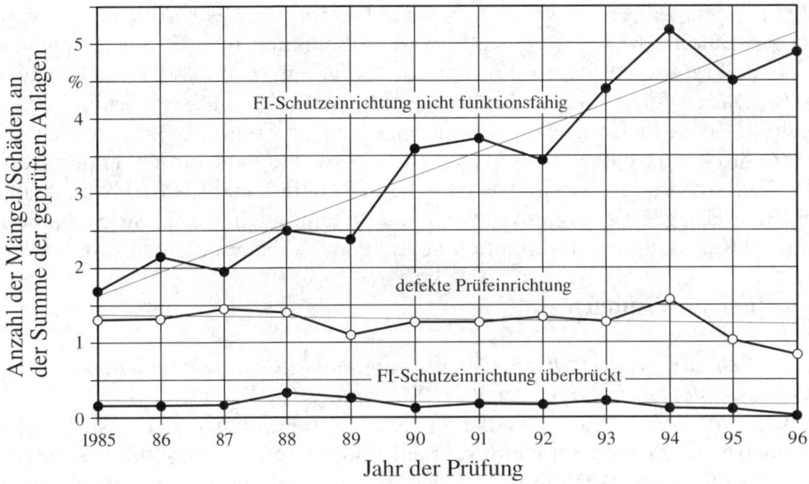

Bild 4.35 Zeitliche Entwicklung der Mängel/Schäden der Prüfstatistik der EBB (Anteil in %) für die Jahre 1985 bis 1996

freien Betrieb der geschützten Anlage spannungslos sind. Dies ist z. B. bei den für Energiespeicherschaltungen verwendeten elektronischen Baugruppen im Sekundärbereich des Summenstromwandlers von netzspannungsunabhängigen FI-Schutzschaltern der Fall. Man kann dann mit einer praktisch unbegrenzten Lebensdauer rechnen. Liegen die elektronischen Bauelemente dagegen dauernd an Spannung, dann muß die Ausfallrate der Gesamtschaltung in fit berechnet werden. Welche Ausfallrate gefordert wird, ist international in EN 61008 (IEC 1008) noch nicht festgelegt.

Aus allen Untersuchungen ergab sich also, daß zumindest FI-Schutzschalter, deren Funktion nicht von der Netzspannung abhangt, die also als Konstruktionsprinzip

Jahr der Prüfung	**1985**	**1986**	**1987**	**1988**	**1989**	**1990**	**1991**	**1992**	**1993**	**1994**	**1995**	**1996**
Anzahl der geprüften Anlagen	26361	25736	22433	23327	23963	23843	24234	24799	24451	24484	23819	23885
Anzahl der funktionsgestörten FI-Schutzschalter	742	866	757	716	585	741	822	881	964	1145	943	990
%	2,81	3,36	3,37	3,07	2,44	3,1	3,39	3,55	3,94	4,67	3,96	4,15

Tabelle 4.8 Prüfstatistik der Elektroberatung Bayern (EBB) für Anlagen und Betriebsmittel in landwirtschaftlichen Betrieben für die Jahre 1985 bis 1996 mit Angabe der funktionsgestörten FI-Schutzschalter

Permanentmagnetauslöser verwenden, bei der Überprüfung von Anlagen mindestens 5 % Ausfälle im Mittel festgestellt werden. Selektiert man FI-Schutzschalter mit einer Installationsdauer von zehn Jahren oder länger, dann beträgt die Ausfallquote 10 %. Das ist für ein Schutzgerät viel zu hoch, und es müssen für die Installationstechnik Konsequenzen gezogen werden, die in der Folge beschrieben werden (siehe Abschnitt 4.2.6). Unabhängig davon ist es notwendig, die einschlägigen Normen für FI-Schutzschalter, also im wesentlichen EN 61008 und EN 61009 hinsichtlich ihrer Zuverlässigkeit zu ergänzen, wenn die Bedeutung dieses für die Sicherheit der Elektrizitätsanwendung vorteilhaften Schutzgeräts erhalten bleiben soll.

4.2.5 Fehlauslösungen

4.2.5.1 Fehlauslösungen durch Gewitter und Schaltüberspannungen (siehe auch Band 83 der VDE-Schriftenreihe, Kapitel 4)

Die durch Gewitter und Schaltüberspannungen hervorgerufenen Fehlauslösungen der FI-Schutzschalter treten am häufigsten auf und wirken sich besonders unangenehm aus. FI-Schutzschalter, die in den vergangenen Jahrzehnten in die Anlagen eingebaut worden sind, wurden entweder überhaupt nicht auf Stoßstromfestigkeit geprüft, so daß schon Stoßströme im Mikrosekundenbereich mit Scheitelwerten von wenigen Ampere zum Fehlauslösen führen. Falls sie als bedingt stoßstromfest bezeichnet werden, erfolgt die Stoßstromprüfung mit einer Stoßwelle der Wellenform 8/20 µs mit einem Scheitelwert von 250 A. Letztere Prüfung genügt im allgemeinen in verkabelten Netzen in Gebieten mit geschlossener Bebauung. FI-Schutzschalter lösen bei Gewittern nur dann aus, wenn besonders schwere Blitzeinschläge geerdete Teile in der Nähe der geschützten Anlage treffen.

In Freileitungsnetzen, vor allem in gewitterexponierten Lagen, kommt es aber häufig zu Fehlauslösungen durch Netzfolgeströme, die nur mit den Bauformen G (stoßstromfest) und S (stoßstromfest-selektiv) von FI-Schutzschaltern beherrscht werden können (siehe Band 83 der VDE-Schriftenreihe, Abschnitt 4.5.2). Sogar bei diesen Bauformen kann es bei starken Blitzentladungen noch vereinzelt zum Fehlauslösen kommen. Vollkommen beherrscht werden durch diese Bauformen die Fehlauslösungen durch Schaltüberspannungen, auch beim Schalten von Leuchtstofflampengruppen mit elektronischen Vorschaltgeräten.

Schaltüberspannungen verursachen im Regelfall geringe Probleme. **Bild 4.36** zeigt die beim Schalten eines Pumpenmotors mit einem Luftschütz auftretende Überspannung von 750 V. Für die Einspeisung der Pumpe wurde eine Mantelleitung von etwa 10 m Länge verwendet.

Die beim Schaltvorgang auftretende Überspannung verursachte in diesem konkreten Fall einen entsprechend großen Fehlerstrom zur Erde. Dadurch wurde ein 30-mA-FI-Schutzschalter ausgelöst. Das Problem wurde durch Austausch des FI-Schutzschalters gegen einen mit verbesserter Stoßstromfestigkeit gelöst.

Durch den Einzug der Leistungselektronik in Netzteile moderner Verbrauchsgeräte ergeben sich neue Probleme hinsichtlich der Fehlauslösung von FI-Schutzschaltern.

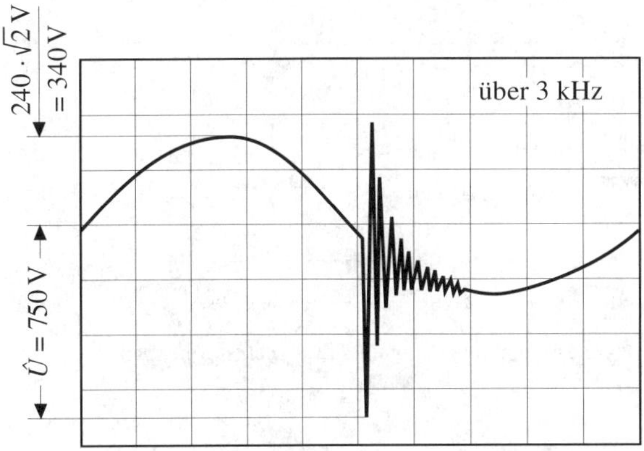

Bild 4.36 Überspannung, verursacht durch das Schalten eines Pumpenmotors mit einem Luftschütz, maximale Spannungsspitze: 750 V, Frequenz der gedämpften Schwingung 3 kHz; Netzsystem 240/415 V, 50 Hz

Diese sogenannten getakteten Netzteile (Schaltnetzteile) erzeugen aus der Netzwechselspannung über eine Gleichrichterbrücke eine Gleichspannung von etwa 280 V. Aus dieser wird durch einen elektronischen Zerhacker mittelfrequente Wechselspannung (etwa 10 kHz bis 40 kHz) erzeugt, die durch einen kleinen Transformator auf den Wert der Verbraucherspannung transformiert wird. Durch die Verwendung einer höheren Frequenz können kleine, kostengünstige Siebkondensatoren und Transformatoren verwendet werden.

Ähnlich arbeiten elektronische Vorschaltgeräte für Leuchtstofflampen. Aus dem Schaltbild (**Bild 4.37**) erkennt man, daß die Netzspannung nach Passieren eines Entstörfilters (Tiefpaß aus L_x und C_x) über eine Gleichrichterbrückenschaltung einen Pufferkondensator C_p auf etwa 280 V Gleichspannung auflädt.

Diese Gleichspannung wird von einem elektronischen Wechselrichter mit etwa 28 kHz Taktfrequenz zur Speisung der Leuchtstofflampen verwendet.

Durch diese Lösung wird eine etwa um 10 % höhere Lichtausbeute, eine einfache Lichtregelung, flimmerfreies Licht und eine Verringerung der Leistungsaufnahme um etwa 10 % erreicht. Der Tiefpaß am Eingang dient zur Verhinderung von mittelfrequenten Störungen auf das einspeisende Netz. Gleichzeitig treten jedoch größere Ableitströme zum Schutzleiter (PE-Leiter) sowie transiente Ausgleichsvorgänge beim Ein- und Ausschalten umfangreicher Leuchtstofflampengruppen auf.

Bild 4.38 zeigt den Stromverlauf bei einem Einschaltvorgang einer Leuchtstofflampengruppe mit sechs elektronischen Vorschaltgeräten.

Neben den normalen Betriebsströmen erkennt man kurzzeitige Ableitströme bis zu einigen Ampere, die durch den PE-Leiter fließen. Diese Stromstöße bewirken häufig Fehlauslösungen vorgeschalteter FI-Schutzschalter üblicher Bauart.

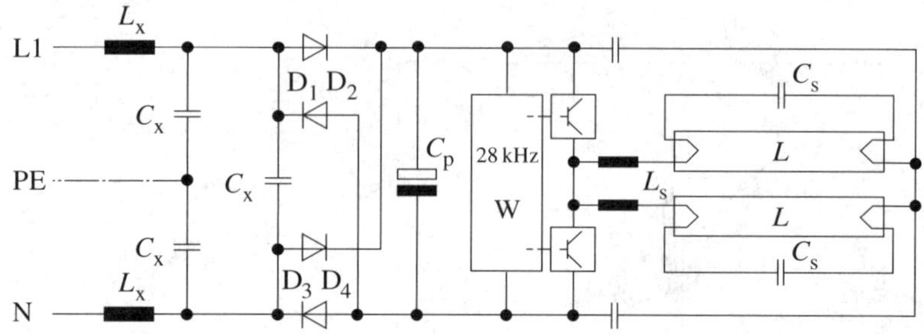

Bild 4.37 Schaltung eines modernen, elektronischen Vorschaltgeräts für Leuchtstofflampen

L_x, C_x	Netzfilter (Tiefpaß)
$D_1 - D_4$	Gleichrichter
C_p	Pufferkondensator
W	Wechselrichter
L_s, C_s	Drosselspule – Starter – Kondensator
L	Leuchtstofflampe

Neben den Einschaltströmen fließen jedoch auch zusätzlich stationäre mittelfrequente Ableitströme durch den Schutzleiter, bewirkt durch das Netz-Entstörglied am Eingang des Vorschaltgeräts und die Erdkapazitäten. **Bild 4.39** zeigt das Verhalten einer Gruppe von fünf Doppelleuchten. Deutlich erkennt man die Taktfrequenz der Vorschaltgeräte mit etwa 33 kHz.

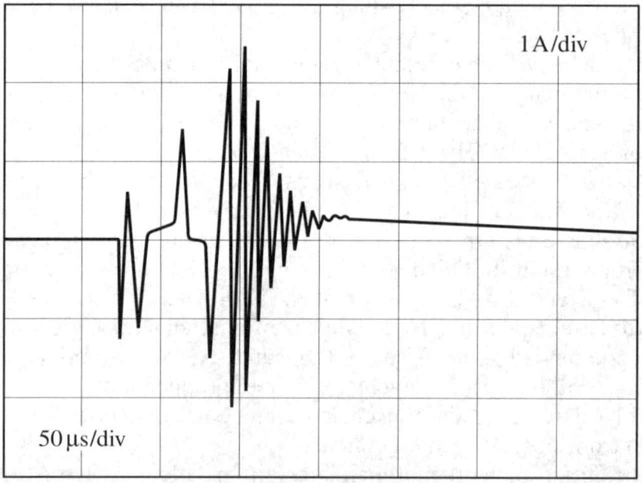

Bild 4.38 Strom-Zeit-Diagramm und auftretende Ableitströme beim Einschalten einer Leuchtstofflampengruppe mit sechs elektronischen Vorschaltgeräten

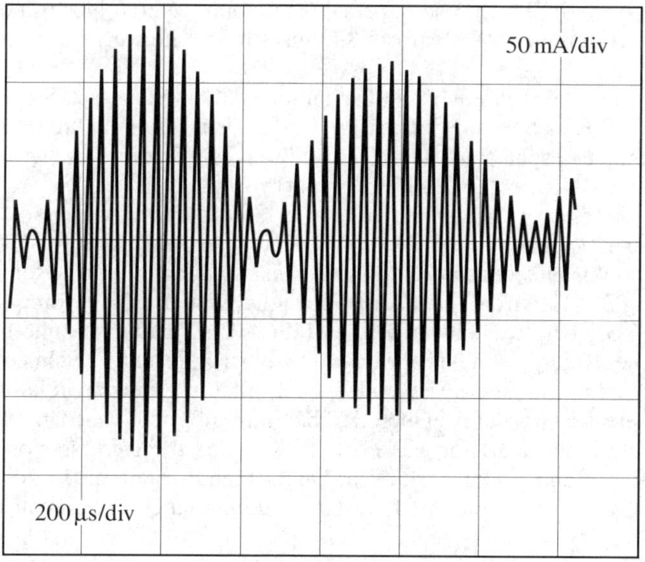

Bild 4.39 Durch Entstörglieder verursachte kapazitive Ableitströme bei elektronischen Vorschaltgeräten

Da die Frequenzen der einzelnen Vorschaltgeräte nicht identisch sind, ergibt sich durch die Überlagerung eine Schwebung mit der Frequenz von etwa 1,5 kHz. Der an dieser Leuchtstofflampengruppe gemessene Effektivwert des Betriebsstroms beträgt 2,7 A; der Fehlerstrom durch den Schutzleiter 50 mA mit einer Frequenz von etwa 30 kHz.

Fehlauslösungen von FI-Schutzschaltern durch Gewitter-Überspannungen können sowohl in verkabelten Niederspannungsnetzen als auch in Freileitungsnetzen entstehen. Über die Höhe der durch Gewitter verursachten Überspannungen in Niederspannungsnetzen sind einige Untersuchungen bekannt geworden, die in Band 84 der VDE-Schriftenreihe, Abschnitt 2.1, ebenso ausführlich besprochen werden wie die Folgeerscheinungen, die als Stoßspannungen, Stoßströme und Netzfolgeströme in den Anlagen auftreten. Im allgemeinen bleiben die Scheitelwerte der Spannungswellen unter etwa 10 kV und die Stoßströme unter einigen kA. Dabei sind nur indirekte Blitzeinwirkungen berücksichtigt und nicht direkte Einschläge in die Freileitungen oder Blitzschutzanlagen der Gebäude.

Entsprechend dem oben Gesagten können drei Gruppen von Fehlauslösungen unterschieden werden:

- Ladeströme der Anlagenkapazitäten gegen Erde (gedämpfte Schwingungen mit Frequenzen von einigen zehn Kilohertz und Scheitelwerten von höchstens einigen hundert Ampere),

- Ableitströme gegen Erde in Form von Überschlägen ohne Netzfolgeströme (Stoßströme angenähert durch die Wellenform 8/20 µs mit Scheitelwerten bis zu einigen Kiloampere),
- Netzfolgeströme gegen Erde nach einem Stoßspannungs-Überschlag und Stoßstrom als Fehlerstrom 50 Hz aus dem Netz, der meist nach dem ersten Nulldurchgang der Netzspannung, also spätestens nach 10 ms, löscht (die Stromstärke wird durch den Widerstand der Netzfehlerschleife begrenzt).

Dazu kommen noch bei den netzspannungsabhängigen FI-Schutzschaltern Fehlauslösungen durch Gewitter-Überspannungen, die rein spannungsmäßig einen Auslöseimpuls auf die Schaltelektronik geben. Für diese Beanspruchungen sind besondere Prüfungen in bezug auf Elektromagnetische Verträglichkeit (EMV) erforderlich, die in Abschnitt 4.2.5.3 beschrieben werden. Alle diese Erscheinungen führen dazu, daß bei den üblichen Bauformen der nur bedingt stoßstromfesten FI-Schutzschalter Fehlauslösungen bei Gewittern, besonders in Freileitungsnetzen, relativ häufig auftreten. Genauere statistische Angaben darüber sind möglich, weil Untersuchungen der Oberösterreichischen Kraftwerke AG (OKA) und der Berufsgenossenschaft der Feinmechanik und Elektrotechnik in Deutschland in tausenden von Anlagen sowohl im TN-System als auch im TT-System umfangreiches Zahlenmaterial ergeben haben.

Bild 4.40 zeigt die Ergebnisse der OKA, wobei Fehlauslösungen in Freileitungen und in Kabelnetzen getrennt dargestellt sind. Es ist erstaunlich, daß in mehr als einem Drittel der Anlagen Fehlauslösungen auftreten. Dies dürfte darauf zurückzuführen sein, daß im OKA-Netz sehr viele FI-Schutzschalter mit einem Nennfehler-

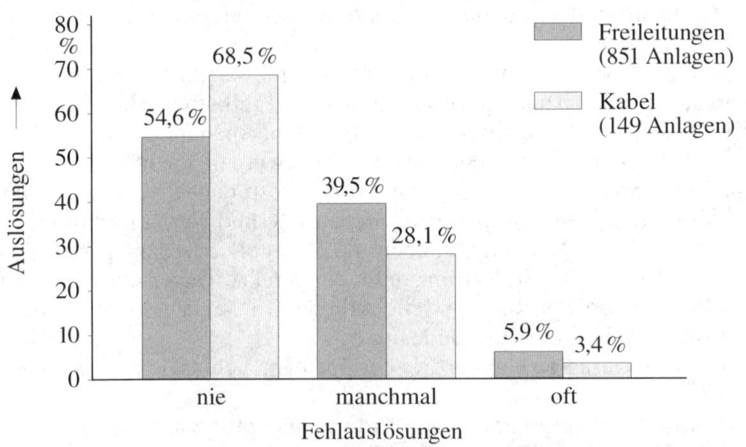

Bild 4.40 Ergebnis der Anlagenüberprüfung der OKA (1000-Schalter-Aktion) hinsichtlich der Fehlauslösungen bei Gewittern

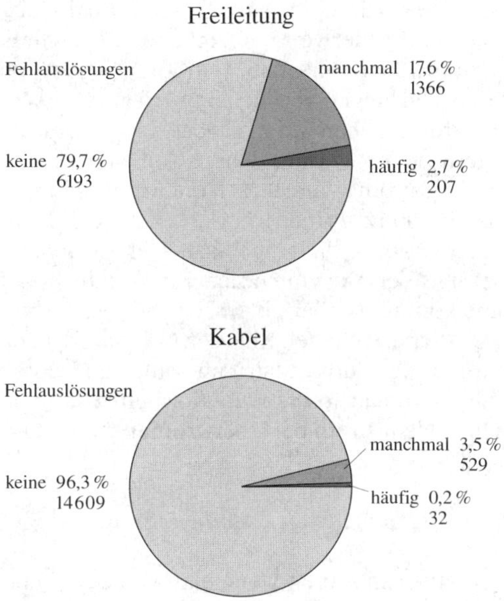

Bild 4.41 Ergebnisse der Anlagenprüfung in Deutschland durch die Berufsgenossenschaft der Feinmechanik und Elektrotechnik hinsichtlich der Fehlauslösungen bei Gewittern

strom von 100 mA installiert sind. Etwas günstiger liegen die Verhältnisse in der Bundesrepublik Deutschland (**Bild 4.41**).
Werden Überspannungsableiter verbraucherseitig nach FI-Schutzschaltern eingebaut, dann können auch Ableitvorgänge zu Fehlauslösungen führen. Auch dieses Problem wird in Band 84 der VDE-Schriftenreihe, Abschnitt 4.5.3 behandelt.

4.2.5.2 Fehlauslösungen durch Ableit- und Kurzschlußströme

In den Anfängen der FI-Schutzschaltertechnik befürchtete man ein häufiges Fehlauslösen der FI-Schutzschalter infolge der betriebsmäßigen Ableitströme der Verbrauchsgeräte, besonders der Elektrowärmegeräte. Tragbare Verbrauchsgeräte haben Ableitströme unter 1 mA, aber leistungsstarke Heizgeräte oder Kochherde können wohl bis zu 10 mA Ableitstrom haben und sogar noch darüber. In der Praxis hat sich aber gezeigt, daß Fehlauslösungen durch Ableitströme nicht auftreten, selbst wenn ganze Anlagen durch einen FI-Schutzschalter mit Nennfehlerstrom von 30 mA geschützt werden. So wurde versuchsweise eine voll elektrifizierte landwirtschaftliche Betriebsstätte nur mit einem 30-mA-FI-Schutzschalter geschützt, und dabei handelte es sich sogar um eine alte Installation. Es sind keine Fehlauslösungen durch Ableitströme beobachtet worden. Nur bei Heizgeräten mit keramischen Isolierungen kann es nach langer Betriebspause, etwa nach dem Sommer, beim Ein-

schalten zu Ableitstromspitzen kommen. Dies wurde vor einigen Jahren bei Heizkörpern mit Metallumkleidungen beobachtet. Mittlerweile scheint aber die Technik dieser Heizstäbe so weiterentwickelt worden zu sein, daß kein Eindringen von Feuchtigkeit mehr erfolgt und daher Fehlauslösungen vermieden werden.
Die Fehlauslösungen durch Kurzschlußströme haben verschiedene Ursachen. Bei einem Kurzschluß zwischen Außenleitern oder zwischen einem Außenleiter und dem Neutralleiter durchfließt der Kurzschlußstrom symmetrisch die Primärwindungen des Summenstromwandlers. Ebenso bei kurzzeitiger Überlast, z. B. beim Anlaufen von Motoren oder beim Einschalten von Glühlampenlast. Der FI-Schutzschalter dürfte also nicht auslösen. Infolge der Unsymmetrien im Wandler oder durch Streufelder des Kurzschlußstroms kommt es aber ab einer gewissen Stromstärke dennoch zum Fehlauslösen des FI-Schutzschalters. Dieser Grenzwert kann erhöht werden durch besondere Bauformen der Summenstromwandler und durch eine magnetische Abschirmung des Fehlerstromauslösers. Die Normen sehen vor, daß FI-Schutzschalter bis zum sechsfachen Nennstrom bei Überströmen oder Kurzschlüssen nicht auslösen dürfen.

4.2.5.3 Fehlauslösungen durch Fremdfeldeinfluß, elektromagnetische Verträglichkeit

FI-Schutzschalter sind keine elektromagnetischen Störer, wenn man von den Lichtbögen absieht, die wie bei anderen Schaltgeräten beim Ausschalten während einiger Millisekunden auftreten, und die nicht berücksichtigt werden. FI-Schutzschalter werden daher keinen Prüfungen in bezug auf Störung anderer Betriebsmittel unterworfen.
Sehr wohl können aber FI-Schutzschalter, die elektronische Bauelemente enthalten, durch äußere elektromagnetische Felder beeinflußt werden, das heißt in diesem Fall, daß Fehlauslösungen erfolgen. Dies ist besonders bei FI-Schutzschaltern, deren Funktion von der Netzspannung abhängt, der Fall.
Werden FI-Schutzschalter jeder Bauart, mit oder ohne elektronische Bauelemente, neben Betriebsmitteln montiert, die starke magnetische Felder in ihrer näheren Umgebung verursachen, dann kann es auch zum Fehlauslösen kommen, wenn die Felder so stark sind, daß sie unmittelbar auf Eisenteile im Schaltmechanismus oder im Fehlerstromauslöser im Sinne einer Entklinkung wirken. Doch sind diese Fälle selten und können leicht durch Einbau einer magnetischen Abschirmung, z. B. eines Schirmblechs zwischen Störer und FI-Schutzschalter, behoben werden.
Bei allen diesen Problemen handelt es sich eigentlich um Fragen der elektromagnetischen Verträglichkeit. Man versteht darunter die Fähigkeit einer elektrischen Einrichtung, in ihrer elektromagnetischen Umgebung zufriedenstellend zu funktionieren, ohne diese Umgebung, zu der auch andere Einrichtungen gehören, unzulässig zu beeinflussen (VDE 0870 Teil 1:1984-07). Dabei versteht man unter elektromagnetischer Störung jede elektromagnetische Erscheinung, die die Funktion eines Geräts beeinflussen könnte. Das Fehlauslösen infolge von Blitzüberspannungen ist eine derartige elektromagnetische Störung. Die größte Bedeutung hat die elektro-

magnetische Beeinflussung naturgemäß für die Funkstörungen. Dabei haben niederfrequente Störbeeinflussungen für die FI-Schutzschalter nur wenig Bedeutung. Hochfrequente Störbeeinflussungen in Form von induzierten Spannungs- oder Stromwellen auch im Nanosekundenbereich beeinflussen nur netzspannungsabhängige Elektronikschaltungen. Um sie zu vermeiden, wurden besondere Prüfungen entwickelt (siehe Band 84 der VDE-Schriftenreihe, Abschnitt 4.5.3). Wirklich wichtig sind aber nur die Fehlauslösungen durch Gewitter, die bereits ausführlich im Unterabschnitt 4.2.5.1 besprochen worden sind.

4.2.5.4 Fehlauslösungen durch Installationsfehler

Am häufigsten führen Fehler bei der Installation des Neutralleiters zum Fehlauslösen der FI-Schutzschalter. Am bekanntesten ist der Fall, in dem der Neutralleiter hinter dem Schalter eine Verbindung mit dem Schutzleiter hat, wie in **Bild 4.42** gezeigt. Es kann sich dabei um eine vergessene Verbindung handeln, wenn die Anlage vom TN-C-System auf ein TN-S- oder TT-System umgestellt wird, oder um eine durch einen Isolationsfehler entstandene Verbindung. Da der Neutralleiter infolge der Netzunsymmetrien immer eine gewisse Spannung gegen Erde (meist wenige Volt) aufweist, fließt über die Fehlerstelle Strom zur Erde, und der Schalter löst meist aus. Deshalb wird ja auch vorgeschrieben, daß im TT-System alle Leiter hinter dem Schalter gut gegen Erde isoliert sein müssen, und dieser Isolationskontrolle kommt besonders beim Neutralleiter große Bedeutung zu.

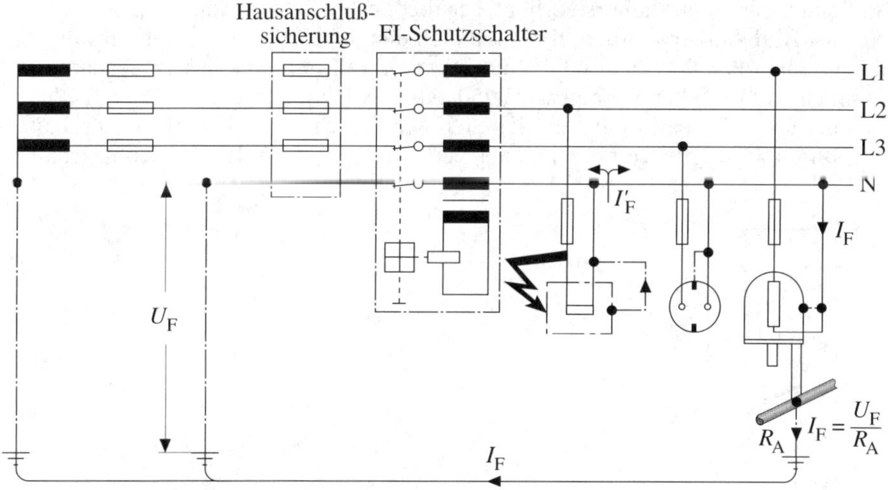

Bild 4.42 Empfindlichkeitsverminderung und Fehlauslösungen eines FI-Schutzschalters, wenn der Neutralleiter hinter dem Schalter eine Verbindung mit geerdeten Teilen aufweist und betriebsmäßig durch Neutralleiterstrom oder Sternpunktverlagerung eine Fehlerspannung U_F führt

In dem in Bild 4.42 gezeigten Fall wird der Schalter auch auslösen, wenn ein Gerät eingeschaltet wird, weil sich der Betriebsstrom des Geräts entsprechend dem Widerstandsverhältnis Neutralleiter zur Summe der Widerstände der Erdschleife aufteilt, und damit im Summenstromwandler des FI-Schutzschalters eine Unsymmetrie entsteht. Dies wird um so eher auftreten, je niederohmiger der Parallelweg für den Betriebsstrom wird.

Dazu zählt der Fall, wenn der PE-Leiter vor dem FI-Schutzschalter mit dem PEN-Leiter verbunden ist, das heißt, wenn der FI-Schutzschalter im TN-System für den Zusatz- oder Brandschutz verwendet wird. Dann ist bei einem Schluß des Neutralleiters mit dem PE-Leiter die Wicklung des Summenstromwandlers, die im Neutralleiter liegt, kurzgeschlossen. Die Verhältnisse sind in der prinzipiellen Darstellung von **Bild 4.43** deutlich zu erkennen. In der Folge (Bild 4.43 bis Bild 4.47) wird anstelle des FI-Schutzschalters der Übersichtlichkeit halber nur noch der Summenstromwandler S gezeichnet.

Durch die kurzgeschlossene Wicklung wird die Empfindlichkeit des FI-Schutzschalters verringert, und bei sehr kleinen Widerständen der Kurzschlußschleife und hoch empfindlichen Schaltern ($I_{\Delta n}$ = 30 mA) kann es dazu kommen, daß die Prüftaste nicht mehr funktioniert.

Ein Nichtfunktionieren der Prüftaste kann bedeuten, daß entweder der FI-Schutzschalter schadhaft ist oder daß auf der Verbraucherseite ein vorschriftswidriger Schluß Neutralleiter zum Schutzleiter vorliegt. Man kann leicht feststellen, um welchen Fehlerfall es sich handelt, wenn man in der geschützten Verbraucheranlage ein leistungsstarkes Verbrauchsgerät, etwa einen Raumheizkörper, einschaltet. Wenn ein Schluß des Neutralleiters vorliegt, schaltet der FI-Schutzschalter aus.

Wie aus **Bild 4.44** ersichtlich, fließt nämlich dann ein Teil des Betriebsstroms, wie bereits früher erwähnt, über den Schutzleiter zum PEN-Leiter zurück, wodurch der Summenstromwandler S erregt wird und den Schalter auslöst.

Es kann auch der Fall eintreten, daß sich der FI-Schutzschalter nicht einschalten läßt. **Bild 4.45** zeigt ein eingeschaltetes Verbrauchsgerät vor dem FI-Schutzschalter,

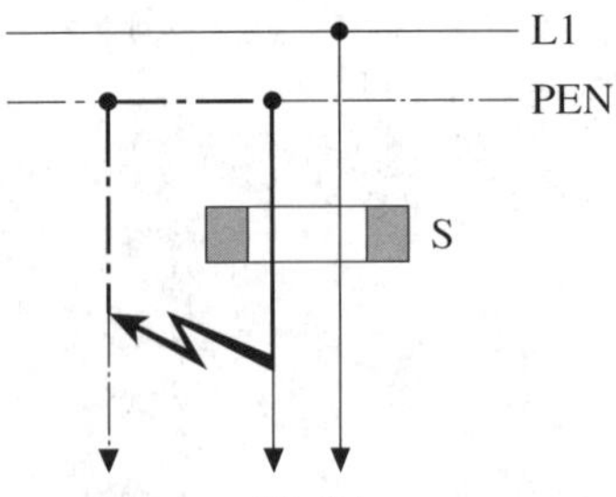

Bild 4.43 Verringerung der Auslöseempfindlichkeit eines FI-Schutzschalters durch Bildung einer Kurzschlußverbindung bei einem Schluß zwischen Neutralleiter und Schutzleiter im TN-System

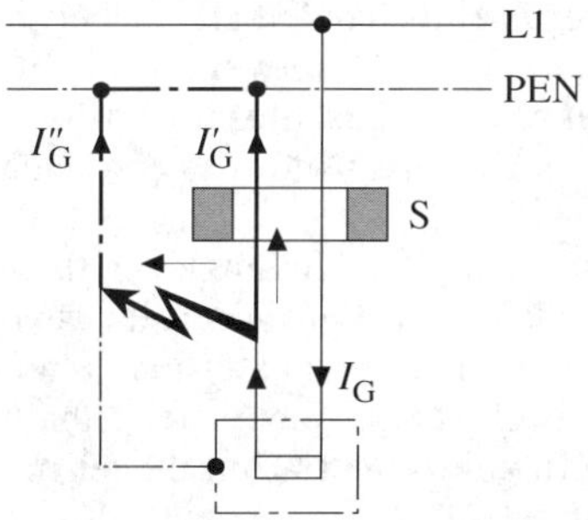

Bild 4.44 Fehlauslösen eines FI-Schutzschalters bei einem Schluß zwischen Neutralleiter und Schutzleiter durch den Betriebsstrom eines eingeschalteten Verbrauchers

und der Schluß des Neutralleiters bewirkt hier, daß wieder ein Teil des Betriebsstroms des Verbrauchsgeräts unsymmetrisch durch den Summenstromwandler S fließt, sobald sich die Kontakte des Schutzschalters beim Einschalten berühren. Durch die Freiauslösung wird dann eine sofortige Ausschaltung die Folge sein.

Der Isolationsfehler Neutralleiter zum Schutzleiter sollte nicht überbewertet werden. Im Gegensatz zur Schutzleiterunterbrechung, die immer gefährlich ist und im Betrieb nicht erkannt wird, führt der Isolationsfehler beim Neutralleiter fast immer zum Auslösen des FI-Schutzschalters oder zum Versagen der Prüfeinrichtung. Aber selbst wenn er nicht erkannt wurde, bleibt im TN-System der Fehlerschutz voll erhalten.

Wird der FI-Schutzschalter für den Zusatzschutz eingesetzt, dann ist es wieder sehr unwahrscheinlich, daß gleichzeitig mit dem Schluß des Neutralleiters gegen Erde

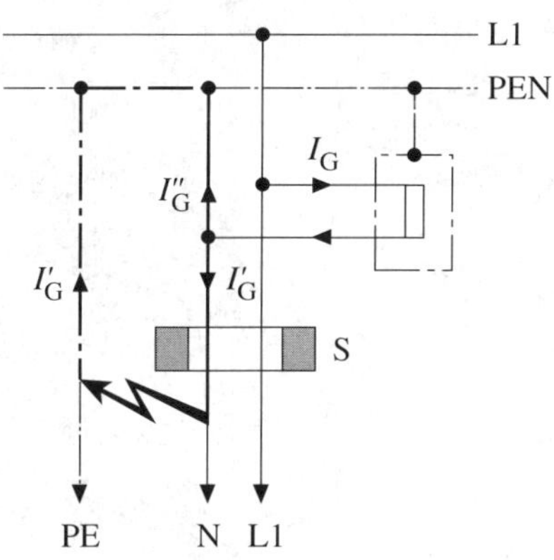

Bild 4.45 Nichteinschaltbarkeit eines FI-Schutzschalters bei einem Schluß zwischen Neutralleiter und Schutzleiter, wenn netzseitig vor dem FI-Schutzschalter ein leistungsstarker Verbraucher eingeschaltet ist

oder den Schutzleiter ein Mensch ein aktives Teil berührt. Es handelt sich dabei sicherlich um ein vertretbares Restrisiko. Deshalb ist es auch nicht notwendig, die FI-Schutzschalter mit eigenen Einrichtungen zu versehen, die Erdschlüsse von Neutralleitern erkennen können, wie es z. B. in den USA verlangt wird (siehe auch Band 84 der VDE-Schriftenreihe, Abschnitt 4.4.1).

Besteht der Verdacht auf einen Schluß zwischen Neutralleiter und Schutzleiter, dann ist die Fehlersuche relativ einfach. Der FI-Schutzschalter wird ausgeschaltet, und die Neutralleiter sämtlicher Stromkreise werden getrennt. Hier sind natürlich Trennklemmen oder LS-Schalter mit ausschaltbarem Neutralleiter besonders vorteilhaft. Man mißt dann einfach die Isolationen gegen Erde der einzelnen Neutralleiter mit einem handelsüblichen Isolationsmeßgerät.

Ist keines vorhanden, dann kann man sich, wie bereits geschildert, helfen, indem man ein leistungsstarkes Gerät einschaltet. Beim Neutralleiterschluß führt dies zum Ausschalten des FI-Schutzschalters, wenn man den Neutralleiter, der den Isolationsfehler hat, wieder zuschaltet.

Ein Fehlauslösen des FI-Schutzschalters erfolgt auch, wenn durch einen Installationsfehler nach dem Schalter der Neutralleiter eines Stromkreises, der durch den FI-Schutzschalter geschützt ist, mit dem Neutralleiter eines Stromkreises, der nicht durch seinen Summenstromwandler führt, leitend verbunden ist (**Bild 4.46**). Selbstverständlich führt auch eine Verwechslung zweier derartiger Neutralleiter zum Auslösen des FI-Schutzschalters.

Ein weiterer Fehler wird in **Bild 4.47** gezeigt.

Hier wurden die Außenleiter an die obere Klemmenreihe des FI-Schutzschalters angeschlossen, der ankommende Neutralleiter aber aus irgendeinem Grund (z. B. weil der Draht zu kurz war) an die untere N-Klemme des Schalters. Bei symmetrischem

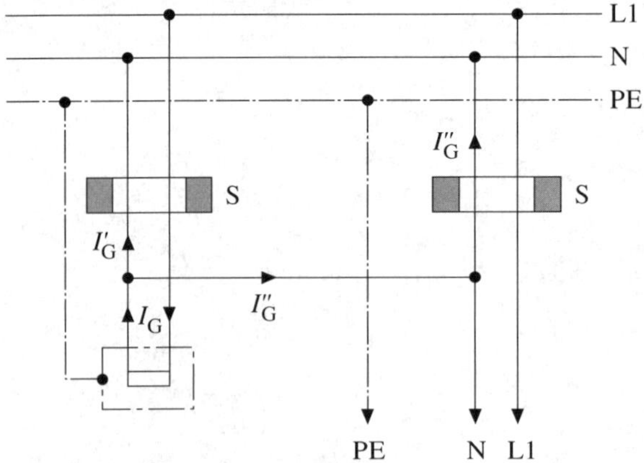

Bild 4.46 Fehlauslösung von FI-Schutzschaltern bei einer leitenden Verbindung der Neutralleiter fremder Stromkreise verbraucherseitig nach den Schaltern

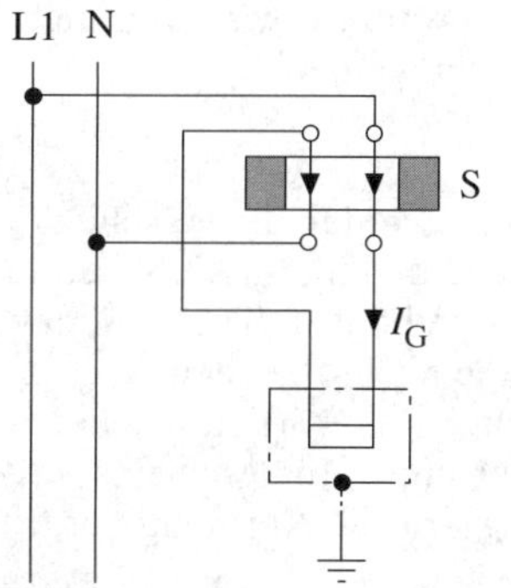

Bild 4.47 Fehlauslösung eines FI-Schutzschalters bei seitenverkehrtem Anschluß des Neutralleiters

Betrieb, z. B. Drehstrommotor, wird dieser Fehler nicht erkannt. Wird dann ein einphasiger Verbraucher zugeschaltet, z. B. eine Leuchte, löst der FI-Schutzschalter sofort aus, weil sich im Summenstromwandler die Ströme der Außenleiter und des Neutralleiters nicht zu Null addieren.

4.2.6 Installationsfragen

4.2.6.1 Allgemeine Bemerkungen

Aus den vorhergegangenen Ausführungen ist klar geworden, daß bei der Installation von FI-Schutzschaltern eine Reihe von technischen Gegebenheiten berücksichtigt werden müssen.

Zunächst ist streng zu unterscheiden, ob der FI-Schutzschalter für den Fehlerschutz im TT-System eingesetzt wird oder für den Zusatzschutz, z. B. zur Verbesserung des Schutzpegels im TN-System oder für beides, wenn z. B. ein FI-Schutzschalter mit einem Nennfehlerstrom $I_{\Delta n}$ = 30 mA sowohl den Fehlerschutz als auch den Zusatzschutz sicherstellen soll. Die letztgenannte Möglichkeit ist allerdings bedenklich, weil für eine sichere Ausschaltung im TT-System immer zwei FI-Schutzschalter in Serie verwendet werden sollten, also z. B. einen zentralen FI-Schutzschalter mit einem Nennfehlerstrom $I_{\Delta n}$ = 300 mA oder 100 mA und für die Endstromkreise in Serie dazu die FI-Schutzschalter mit einem Nennfehlerstrom $I_{\Delta n}$ = 30 mA, wenn der Zusatzschutz gefordert wird.

Man kann also fordern, daß für den Fehlerschutz immer zwei FI-Schutzschalter in Serie vorhanden sein sollten. Hat der zweite Schalter einen Nennfehlerstrom von 30 mA, dann dient er sowohl als Redundanzschalter für den Fehlerschutz als auch als Personenschutz für den Zusatzschutz.

Ein weiteres Prinzip ist es, daß für den Zusatzschutz ein FI-Schutzschalter mit einem Nennfehlerstrom $I_{\Delta n}$ = 30 mA ausreicht, wobei Nennfehlerströme unter 30 mA keinen wesentlichen sicherheitstechnischen Vorteil bringen, weil der Berührungsstrom durch Mensch und Tier von der Körperimpedanz bestimmt wird und nicht durch den Nennfehlerstrom des FI-Schutzschalters begrenzt werden kann.

4.2.6.2 Redundanz und Selektivität

In Band 84 der VDE-Schriftenreihe, Abschnitt 4.4 und 4.5, werden die verschiedenen Bauformen der FI-Schutzschalter mit ihren Kennlinien und ihrem Verhalten in bezug auf Zuverlässigkeit und Selektivität untereinander und mit in Serie geschalteten Überstrom-Schutzeinrichtungen besprochen. Für die nachfolgenden Ausführungen werden diese Probleme für die Bauformen „S“ und „G“ erörtert, wobei der G-FI-Schutzschalter dadurch gekennzeichnet ist, daß er eine Mindestauslösezeit von 10 ms besitzt (die Bezeichnung „G“ ist für die internationale Normung vorgeschlagen).

Ganz allgemein versteht man unter Redundanz beim Fehlerschutz die Wahrscheinlichkeit der Erhaltung der Schutzfunktion beim Ausfall eines Schutzmittels. Serienschaltungen von Schutzapparaten bringen zwar eine Erhöhung der Zuverlässigkeit, aber die Theorie redundanter Systeme zeigt, daß der Multiplikationssatz der Wahrscheinlichkeitsrechnung nicht gilt, sondern komplexere Zusammenhänge bestehen. Tatsächlich gelten für zwei redundante Systeme für die mittlere statistische Erwartungszeit für einen Totalausfall:

$$MTTF = \frac{3\lambda + \mu}{2\lambda^2},$$

wenn μ der Kehrwert der Reparaturzeit ist. Bei FI-Schutzschaltern gibt es keine Reparaturzeit, also ist:

$$MTTF_{(\mu=0)} = \frac{3}{2\lambda}.$$

Dies bedeutet, daß der Gewinn an Zuverlässigkeit bei Serienschaltung von zwei FI-Schutzschaltern nur 50 % beträgt. Der wirtschaftliche Aufwand ist also nicht zu vertreten, wenn nicht auch andere Gesichtspunkte, wie z. B. beim Zusatzschutz, für die Serienschaltung sprechen (weitere Informationen siehe im Fachaufsatz von Wydler im Literaturhinweis am Ende dieses Kapitels).

Nachfolgend werden Installationssysteme beschrieben, in denen als Fehlerschutz das TT-System mit Fehlerstrom-Schutzeinrichtung angewendet wird, und zwar derart, daß redundant immer zwei FI-Schutzschalter in Serie geschaltet sind.

Bisher wurde das TT-System mit Fehlerstrom-Schutzeinrichtung mit Zusatzschutz für Endstromkreise mit Steckdosen nach **Bild 4.48** angewendet, wobei die Gefahr besteht, daß bei einem Körperschluß eines fest angeschlossenen Betriebsmittels und Versagen des zentralen FI-Schutzschalters über den Schutzleiter alle Geräte, also auch die ortsveränderlichen Betriebsmittel, die volle Fehlerspannung annehmen.

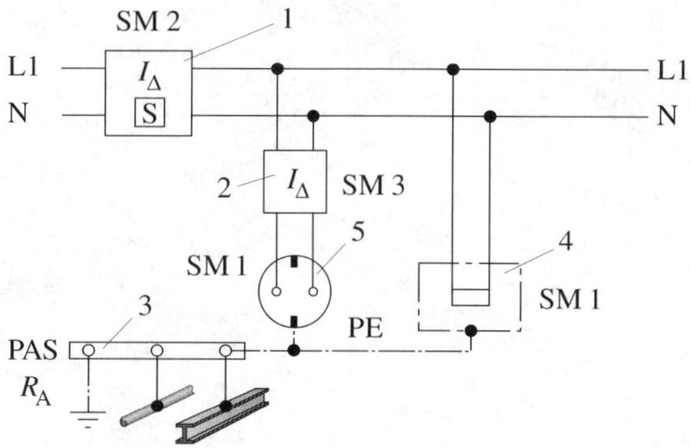

Bild 4.48 Prinzip der dreifachen Sicherheit im TT-System

1	selektiver Fehlerstrom-Schutzschalter für den Fehlerschutz und für den Brandschutz, z. B. $I_{\Delta n} = 300$ mA
2	Fehlerstrom-Schutzschalter für den Zusatzschutz $I_{\Delta n} \leq 30$ mA
3	Potentialausgleichsschiene
4	geerdetes, fest angeschlossenes Betriebsmittel
5	Steckdose mit Zusatzschutz
SM 1	Basisschutz als erste Schutzebene (Basisisolierung, Abdeckung, Umhüllung)
SM 2	Fehlerschutz als zweite Schutzebene (selektiver FI-Schutzschalter bestimmt den Erdungswiderstand der Anlage)
SM 3	Zusatzschutz durch Fehlerstrom-Schutzschalter mit einem Nennfehlerstrom $I_{\Delta n} \leq 30$ mA (für Endstromkreise mit Steckdosen oder Anlagen besonderer Art) als dritte Schutzebene

Dies kann dadurch vermieden werden, daß auch die fest angeschlossenen Betriebsmittel gruppenweise durch einen FI-Schutzschalter mit einem Nennfehlerstrom von z. B. 100 mA geschützt werden. Der Erdungswiderstand der Anlage muß mit dem Nennfehlerstrom des zentralen S-FI-Schutzschalters berechnet werden, und für die in Serie nachgeschalteten FI-Schutzschalter muß wegen der Selektivität die nachfolgende Bedingung eingehalten werden (siehe Band 81 der VDE Schriftenreihe, Abschnitt 4.5.4):

$$I_{\Delta n1} > 3\ I_{\Delta n2},$$

$I_{\Delta n1}$ Nennfehlerstrom des vorgeschalteten S-FI-Schutzschalters,
$I_{\Delta n2}$ Nennfehlerstrom des nachgeschalteten G-FI-Schutzschalters.

Dabei wird an der Einspeisung der Verteilung, wie in **Bild 4.49** gezeigt, ein selektiver FI-Schutzschalter (Bauform S) installiert, der den Erdungswiderstand der Anlage bestimmt.
Die Endstromkreise mit Steckdosen werden gruppenweise durch einen FI-Schutzschalter mit einem Nennfehlerstrom $I_{\Delta n} = 30$ mA und die Endstromkreise für fest angeschlossene Betriebsmittel ebenso, aber z. B. mit $I_{\Delta n} = 100$ mA, geschützt.

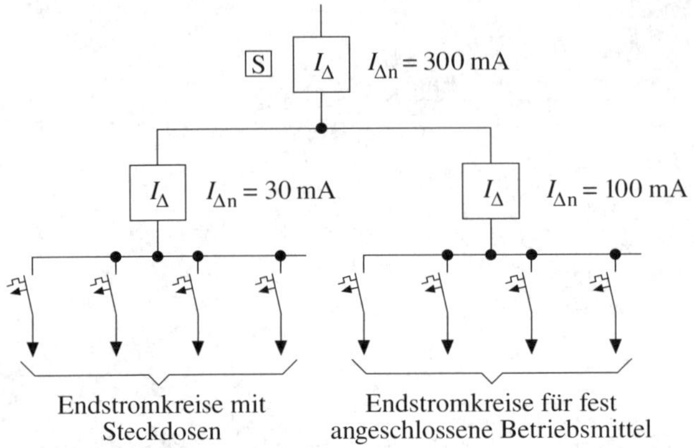

Bild 4.49 Größere Installation mit Schutzmaßnahme TT-System. Prinzipielle Anordnung: Fehlerschutz mit einem S-FI-Schutzschalter, Nennfehlerstrom $I_{\Delta n}$ = 300 mA, an der Einspeisung der Verteilung und je einem Gruppen-FI-Schutzschalter, Nennfehlerstrom $I_{\Delta n}$ = 30 mA, für den Zusatzschutz von Endstromkreisen mit Steckdosen und mit Nennfehlerstrom $I_{\Delta n}$ = 100 mA für die Erhöhung der Zuverlässigkeit durch Redundanz für Endstromkreise für fest angeschlossene Betriebsmittel.

Will man eine noch höhere Verfügbarkeit der elektrischen Energie erreichen, dann wird man nach **Bild 4.50** die Gruppen-FI-Schutzschalter durch Leitungsschutzschalter mit FI-Auslösung, Nennfehlerstrom $I_{\Delta n}$ = 30 mA, ersetzen. Damit fällt im Fehlerfall nur noch der fehlerhafte Stromkreis aus. Der Zusatzschutz wird dadurch

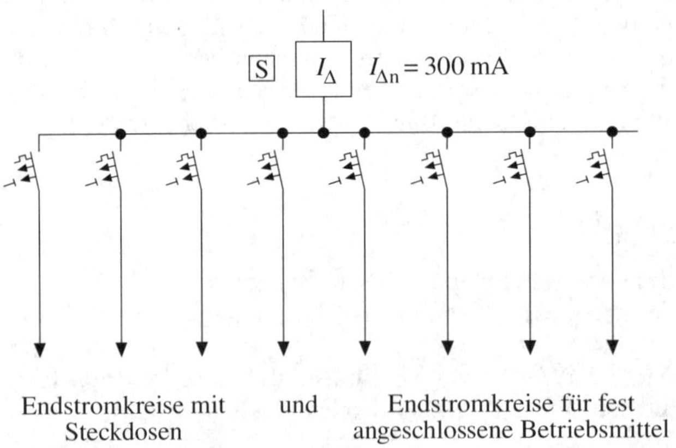

Bild 4.50 Größere Installation mit Schutzmaßnahme TT-System. Prinzipielle Anordnung: Fehlerschutz mit einem S-FI-Schutzschalter, Nennfehlerstrom $I_{\Delta n}$ = 300 mA, an der Einspeisung der Verteilung und Redundanz für Endstromkreise durch Leitungsschutzschalter mit FI-Auslösung, Nennfehlerstrom $I_{\Delta n} \leq$ 30 mA

auf alle Betriebsmittel erweitert, ohne daß Fehlauslösungen befürchtet werden müssen, da nur jeweils ein Stromkreis durch einen 30-mA-FI-Schutzschalter gesichert wird.
Aber auch im TN-System können FI-Schutzeinrichtungen eine wertvolle Erhöhung des Schutzpegels und damit eine Art von Redundanz zusammen mit den Überstrom-Schutzeinrichtungen für die Ausschaltung im Fehlerfall sicherstellen.
Bei der Ausschaltung durch die Überstrom-Schutzeinrichtungen müssen ja hohe Ausschaltströme fließen, Lichtbogengefahren können entstehen, und wenn tragbare Geräte mit langen Anschlußleitungen an die Steckdosen angeschlossen werden, können die Ausschaltströme im Fehlerfall niedriger werden als vorgeschrieben.
Im allgemeinen wird man im TN-System den zentralen FI-Schutzschalter der Bauform „S" für den Brandschutz und für die Stromkreise mit Steckdosen FI-Schutzschalter mit einem Nennfehlerstrom von $I_{\Delta n} \leq 30$ mA installieren. Für die fest angeschlossenen Betriebsmittel kann auf den FI-Schutzschalter verzichtet werden.
Durch diese redundante Schutzmaßnahme kommt man zu einem Installationsschema, das in **Bild 4.51** dargestellt ist, und damit zu einer zwanglosen Realisierung des Prinzips der dreifachen Sicherheit (siehe auch Bild 4.18).

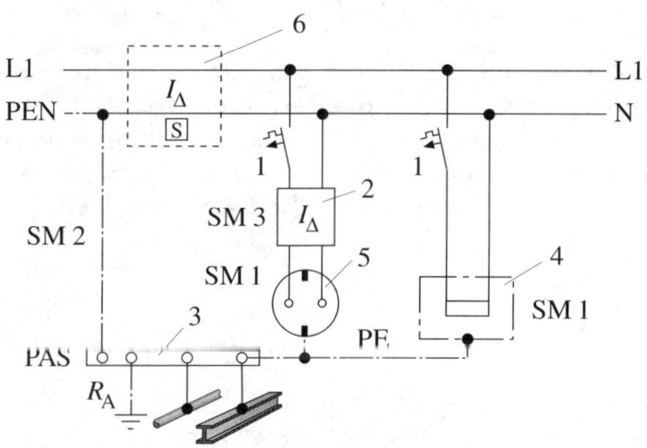

Bild 4.51 Prinzip der dreifachen Sicherheit im TN-System
1 Überstrom-Schutzeinrichtungen für den Fehlerschutz
2 Fehlerstrom-Schutzschalter für den Zusatzschutz $I_{\Delta n} \leq 30$ mA
3 Potentialausgleichsschiene
4 geschütztes, fest angeschlossenes Betriebsmittel
5 Steckdose mit Zusatzschutz
6 selektiver Fehlerstrom-Schutzschalter für den Brandschutz, z. B. $I_{\Delta n} \leq 300$ mA
SM 1 Basisschutz als erste Schutzebene (Basisisolierung, Abdeckung, Umhüllung)
SM 2 Fehlerschutz als zweite Schutzebene, TN-System (Neutralleiter-Schutzerdung) durch Verbindung mit dem PEN-Leiter
SM 3 Zusatzschutz durch Fehlerstrom-Schutzschalter $I_{\Delta n} \leq 30$ mA (für Endstromkreise mit Steckdosen oder Anlagen besonderer Art)

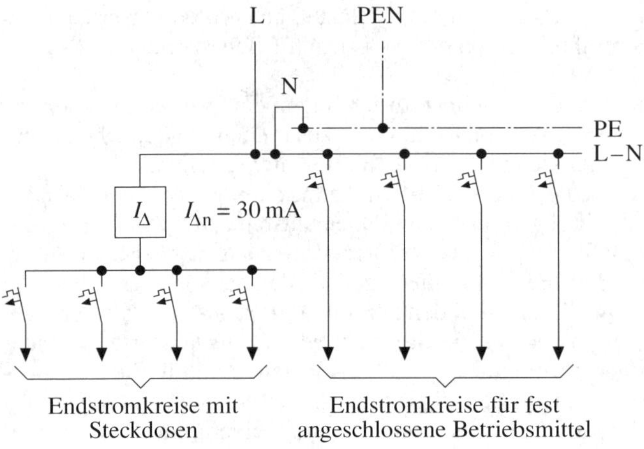

Bild 4.52 Prinzipielle Darstellung einer Anlage mit Schutzmaßnahme TN-System als Fehlerschutz; Zusatzschutz durch FI-Schutzschalter, Nennfehlerstrom $I_{\Delta n} \leq 30$ mA, für Endstromkreise mit Steckdosen

Ähnlich wie im TT-System gibt es auch im TN-System grundsätzlich zwei Möglichkeiten:
Entweder werden die Endstromkreise mit Steckdosen gruppenweise durch FI-Schutzschalter mit einem Nennfehlerstrom $I_{\Delta n} \leq 30$ mA zusätzlich geschützt, oder man verwendet für jeden zusätzlich zu schützenden Endstromkreis Leitungsschutzschalter mit Fehlerstromauslösung mit einem Nennfehlerstrom von $I_{\Delta n} \leq 30$ mA. Die zuerst beschriebene Art von Installationstechnik ist in **Bild 4.52** dargestellt.

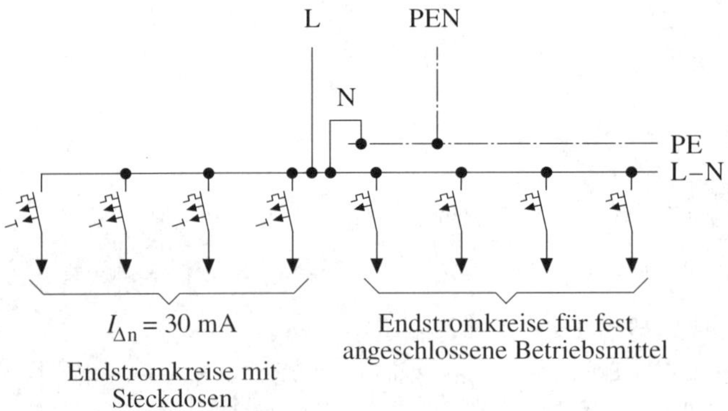

Bild 4.53 Prinzipielle Darstellung einer Anlage mit Schutzmaßnahme TN-System als Fehlerschutz. Zusatzschutz durch Leitungsschutzschalter mit Fehlerstromauslösung, Nennfehlerstrom $I_{\Delta n}$ = 30 mA, für Endstromkreise mit Steckdosen

Die andere Technik besteht darin, jeden Endstromkreis, der zusätzlich zu schützen ist, mit einem LS-Schalter mit Fehlerstromauslösung bei Nennfehlerstrom $I_{\Delta n} \leq$ 30 mA zu schützen, wie in **Bild 4.53** prinzipiell gezeigt wird. In diesem Fall ist die höchste Verfügbarkeit der Stromversorgung sichergestellt.

Erkenntnis

Zur Einhaltung der Selektivität ist also zu beachten:

- Die Auslösekennlinien von zwei in Serie geschalteten FI-Schutzeinrichtungen müssen so aufeinander abgestimmt sein, daß ein Fehler in einem durch eine FI-Schutzeinrichtung geschützten Anlagenteil nicht zum Auslösen der FI-Schutzeinrichtung führt, die netzseitig vorgeschaltet ist.
- Bei zwei in Serie geschalteten FI-Schutzeinrichtungen ist dies gewährleistet, wenn der Nennfehlerstrom $I_{\Delta n1}$ der vorgeschalteten FI-Schutzeinrichtung mindestens dreimal so groß ist wie der Nennfehlerstrom $I_{\Delta n2}$ der nachgeschalteten FI-Schutzeinrichtung.

4.2.6.3 *Koordination mit Überspannungsableitern*

Überspannungsableiter in Verbraucheranlagen können beim Ableiten von Überspannungen durch die entstehenden Stoßströme eingebaute FI-Schutzschalter fehlauslösen, sie können aber auch beim Leitendwerden durch Alterungserscheinungen oder Überlastungen Gefahren durch Spannungsverschleppungen erzeugen, wenn sie vor den FI-Schutzschaltern in TT-Systemen eingebaut sind.
Problemloser ist der Einbau der Überspannungsableiter in Verbraucheranlagen, in denen das TN-System als Fehlerschutz angewendet wird.
Alle Fragen der Koordination der Überspannungsableiter mit in Verbraucheranlagen eingebauten FI-Schutzschaltern werden in Band 83 der VDE-Schriftenreihe ausführlich behandelt.

4.2.6.4 *Überbeanspruchungen durch Überströme, Vorsicherungen*

Die Überbeanspruchung und damit die Zerstörung eines FI-Schutzschalters durch Überlast kann durch Kurzschlüsse oder durch Ströme, die über seinem Nennstrom liegen, erfolgen. Man kann also wie bei einer Leitung zwischen dem Überlastschutz und dem Kurzschlußschutz unterscheiden. Hierauf ist bei den Angaben in den Montageanweisungen der Hersteller zu achten.
Die Erwärmungsprüfungen von FI-Schutzschaltern werden mit Nennstrom durchgeführt. Fließen Ströme, die größer sind als der Nennstrom des Schalters, dann werden vor allem die Leitungen im Summenstromwandler zu heiß, und es kommt zu Übertemperaturen, die die Lebensdauer der Wandlerleitungen herabsetzen. Beim Überlaststrom über dem doppelten Nennstrom kann es zu einem Windungsschluß im Wandler kommen. Nun treten derartige Belastungsfälle nur selten auf, weil bei den Installationen, besonders in den Hausinstallationen, der Gleichzeitigkeitsfaktor meist gering ist. Es kommt aber in der Praxis schon vor, daß knapp dimensioniert

wird, so daß dann beim späteren Zuschalten, besonders von Wärmegeräten, FI-Schutzschalter durch Überlastströme zerstört werden.
Die in den Montageanweisungen angegebenen maximalen Vorsicherungen können dabei nicht schützen. Sie haben ja Nennströme, die wesentlich über dem Nennstrom des FI-Schutzschalters liegen, also z. B. bei einem Schalter mit 40 A Nennstrom werden Überstrom-Schutzeinrichtungen mit Nennströmen 63 A oder sogar höher zugelassen.
Die meist als Vorsicherungen verwendeten Schmelzsicherungen sprechen erst bei ihrem großen Prüfstrom, und das ist der 1,6-fache Nennstrom, spätestens nach einer Stunde an, also eine 63-A-Sicherung erst bei 100 A, und eine derartige Last führt bei einem 40-A-FI-Schutzschalter zu so hohen Temperaturen, daß er zerstört wird.
Es gibt nur zwei Möglichkeiten des Überlastschutzes für einen FI-Schutzschalter. Entweder man wählt die Vorsicherung mit einem Nennstrom unter dem Nennstrom des FI-Schutzschalters, wobei als Richtlinie gelten kann, daß der Nennstrom des FI-Schutzschalters gleich oder größer sein muß als der große Prüfstrom der Überstrom-

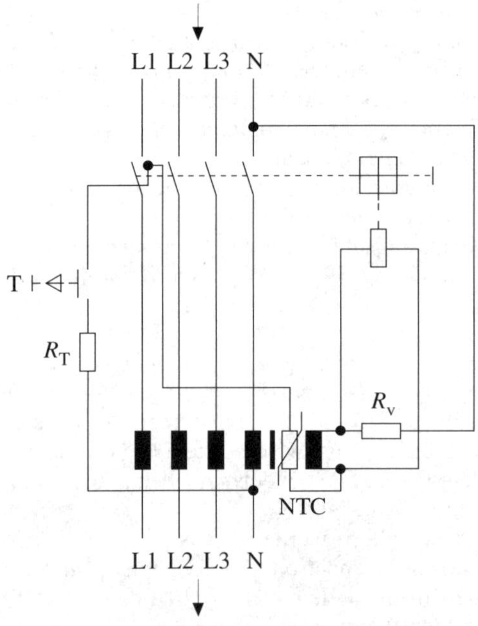

Bild 4.54 Überlastschutz eines FI-Schutzschalters durch einen im Summenstromwandler eingebauten Thermistor

NTC Thermistor im Summenstromwandler innen angeordnet
R_V Vorwiderstand im Thermistorkreis
R_T Prüfwiderstand
T Prüfeinrichtung

Schutzeinrichtung. Dies würde bedeuten, daß man einen FI-Schutzschalter mit Nennstrom 40 A mit einer Schmelzsicherung von 25 A gegen Überlast schützen müßte, also eine praxisfremde Forderung.
Die zweite Möglichkeit besteht im Einbau von Temperaturfühlern an der kritischen Stelle, die im Innern des Summenstromwandlers ist. Man kann z. B., wie in **Bild 4.54** gezeigt, im Wandler einen Thermistor einbauen, der bei Erwärmung leitend wird und dadurch über eine geeignete Schaltung zur Auslösung des FI-Schutzschalters führt.
Die derzeit in den Montageanweisungen der Hersteller von FI-Schutzschaltern angegebenen Vorsicherungen beziehen sich meistens nur auf den Kurzschlußschutz. Diese Vorsicherungen haben die Aufgabe, bei Kurzschlüssen (Außenleiter – Neutralleiter) zu schützen. Wird ein FI-Schutzschalter z. B. für den Zusatzschutz im TN-System eingesetzt, dann kommt es bei satten Körperschlüssen über den PEN-Leiter zum Kurzschluß. Die Vorsicherung muß dann so schnell ausschalten, daß der nachgeschaltete FI-Schutzschalter keinen Schaden erleidet, das heißt, daß die Kontakte nicht verschweißen oder der Schalter nicht zerstört wird. Die derzeit in den Normen vorgesehenen Prüfungen genügen allerdings nicht, um Kurzschlußströme in allen Fällen zu beherrschen.
Man wird daher auf die Hinweise der Hersteller über die höchstzulässigen Nennströme der Vorsicherungen für den Kurzschluß- und Überlastschutz achten müssen. Wird die Vorsicherung für den Überlastschutz nicht angegeben, sollte sie beim Hersteller nachgefragt werden.

4.2.6.5 Fehlerströme mit Gleichstromkomponenten

4.2.6.5.1 Technische Gegebenheiten und Lösungsversuche

Wohl keine Frage ist beim FI-Schutzschalter so eingehend und jahrzehntelang diskutiert worden wie die Gleichstrombeeinflussung. FI-Schutzschalter erfassen Fehlerströme mit einem Summenstromwandler und sind daher eigentlich nur für Wechselstromanlagen vorgesehen. Mit der modernen Halbleitertechnik werden aber Schaltungen in Verbrauchsgeräten angewendet, die Gleichrichter, Thyristoren, Triacs usw. enthalten, die z. B. zur Regelung der Drehzahl dienen. Bei einem Körperschluß können dann Fehlerströme zum Fließen kommen, die Gleichstromkomponenten enthalten, und dadurch wird das Auslöseverhalten der FI-Schutzschalter nachteilig beeinflußt.
Grundsätzlich können zwei Arten elektronischer Steuerungen unterschieden werden, die Wellenpaketsteuerung und die Phasenanschnittsteuerung. Die Wellenpaketsteuerung beeinflußt die Auslösefunktion von FI-Schutzschaltern praktisch nicht. Sie verzerrt weder die Kurvenform, noch erzeugt sie Oberschwingungen oder eine Gleichstromkomponente. Sie wird hauptsächlich bei Elektrowärmegeräten verwendet. Die Phasenanschnittsteuerung wird vor allem zur Drehzahlregelung bei Motoren und zur Steuerung der Leistungsaufnahme bei Beleuchtungsanlagen angewendet. Man unterscheidet dabei symmetrische und unsymmetrische Phasenanschnitt-

steuerungen (**Bild 4.55**), wobei nur die unsymmetrischen Steuerungen Gleichstromkomponenten erzeugen.
Selbstverständlich können auch Gleichrichterschaltungen in Verbrauchsgeräten bei Körperschluß zu Fehlerströmen mit Gleichstromkomponenten führen. **Bild 4.56** zeigt die verschiedenen Schaltungen, die in der Praxis auftreten können. Neben den Schaltungen sind die Formen der Betriebsströme bei fehlerfreiem Betrieb I_L und die Fehlerströme I_F gezeigt, die beim Körperschluß über den Schutzleiter zur Erde fließen. Die Polarität dieser Fehlerströme ist zufällig, so daß beide Richtungen mit gleicher Wahrscheinlichkeit auftreten können. Besonders bemerkenswert sind die Fälle, in denen Gleichstrom ohne Nullannäherung entstehen kann. Dies ist für die Einweggleichrichtung mit Glättungskondensator und die Drehstromgleichrichtung der Fall (Schaltungen 2, 3 und 7 in Bild 4.56). Einen Sonderfall stellt die Gleichrichter-Brückenschaltung dar, wenn sie an zwei Außenleiter angeschlossen wird (Schaltung 6). In diesem Fall wird die stromlose Pause durch die beiden Doppelhalbschwingungen eingeengt, und zwar bis auf weniger als 150 elektrische Grade.
Der Einfachheit halber werden nachfolgend alle Gleichrichterschaltungen und Schaltungen zur Phasenanschnittsteuerung, die Fehlerströme mit Gleichstromkomponenten erzeugen können, als Gleichrichter bezeichnet. Früher wurden Gleichrichterschaltungen zur Umformung und Steuerung großer Leistungen verwendet. Jetzt sind kleine und billige Halbleiterbauelemente vorhanden (Dioden, Thyristoren, Triacs usw.), mit denen man Verbraucher mit Leistungen < 1,2 kW technisch günstig regeln und steuern kann. Die Gleichrichterschaltungen benutzen dafür praktisch immer Gleichrichter mit Nennströmen bis etwa 5 A. In **Tabelle 4.9** wird eine Über-

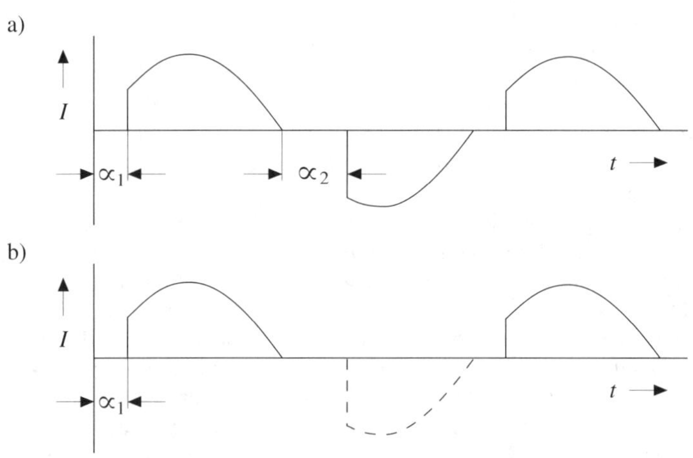

Bild 4.55 Phasenanschnittsteuerungen zur Leistungs- und Drehzahlregelung von Verbrauchsgeräten
a) symmetrische Phasenanschnittsteuerung
b) unsymmetrische Phasenanschnittsteuerung

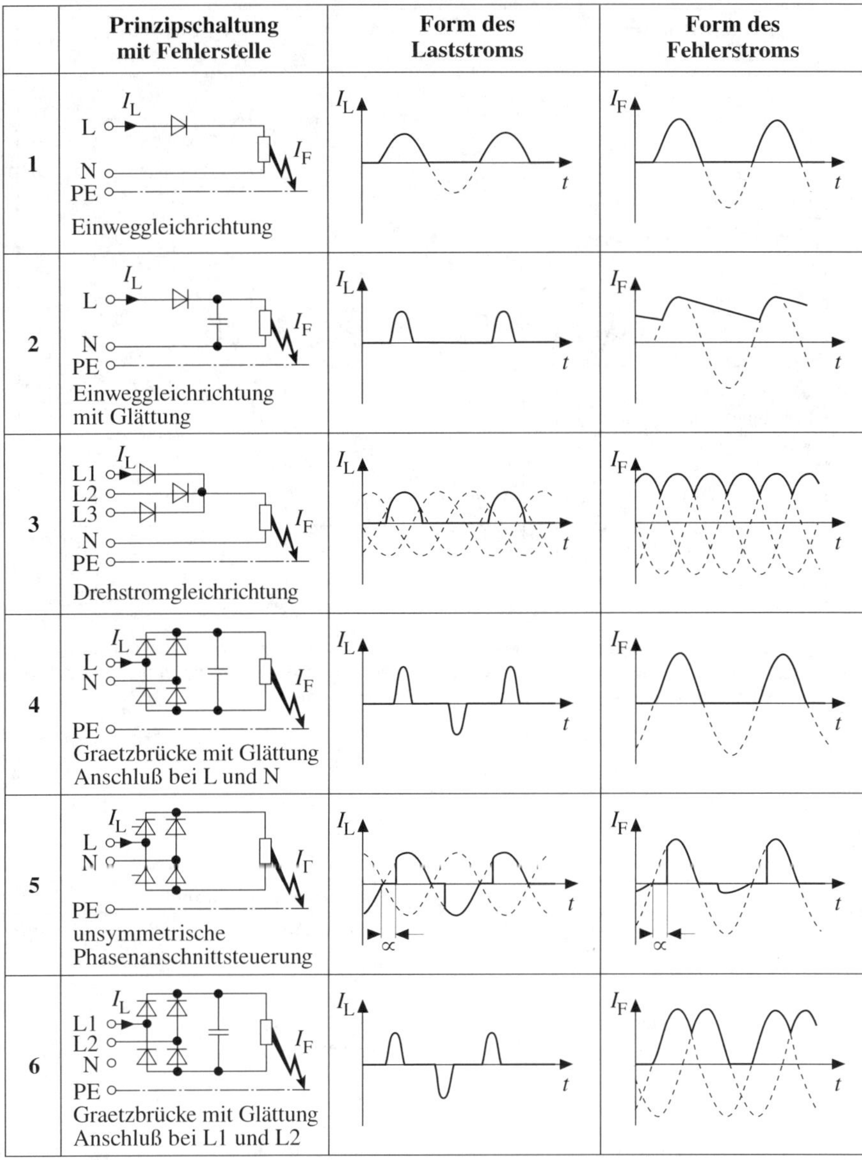

Bild 4.56 Schaltungen mit Gleichrichtern und Phasenanschnittsteuerungen. Das Bild zeigt die verschiedenen Schaltungen, die in Verbrauchsgeräten vorkommen können, zusammen mit zugeordneten Betriebsströmen I_L (Lastströme am Eingang) und Fehlerströmen I_F.

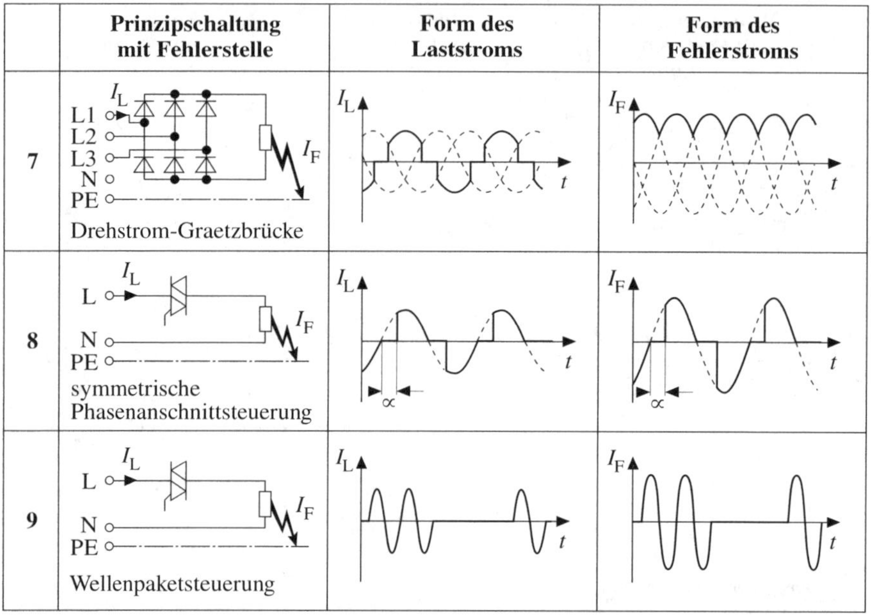

Bild 4.56 (Fortsetzung) Schaltungen mit Gleichrichtern und Phasenanschnittsteuerungen. Das Bild zeigt die verschiedenen Schaltungen, die in Verbrauchsgeräten vorkommen können, zusammen mit zugeordneten Betriebsströmen I_L (Lastströme am Eingang) und Fehlerströmen I_F.

Art der Last	Gerät	Stromrichterschaltung
ohmsche Verbraucher	Dimmer	Triac (Anschnittsteuerung)
	Dämmerungsschaltung	Triac (Anschnittsteuerung)
	Kochplatte	Schwingungspaketsteuerung
	Regler für Durchlauferhitzer	Schwingungspaketsteuerung
	Heimsonnen (Stellung Infrarot)	Einwegschaltung
	geschaltete Netzgeräte	Zweiweg-Brückenschaltung mit Glättung
induktive Verbraucher	Bohrmaschine (Universalmotor)	Einwegschaltung
	Fluoreszenzröhren (mit induktivem Vorschaltgerät)	Triac
	brummarmes Schütz	Einwegschaltung
	Geräte mit drehzahlgeregeltem Asynchronmotor	Zweiweg-Brückenschaltung mit Glättung

Tabelle 4.9 Stromrichtergespeiste Geräte kleinerer Leistungen

sicht über einige stromrichtergespeiste Geräte im Bereich kleiner Leistungen gegeben.

Der Umstand, daß pulsierende Gleichfehlerströme, die in jeder Periode den Wert Null oder fast Null annehmen und Gleichfehlerströme, wie sie etwa bei Drehstrombrückenschaltungen entstehen, also sich nur wenig dem Wert Null nähern, bei herkömmlichen FI-Schutzschaltern zum Versagen der Auslösung führen, hat zur Entwicklung von zwei neuen Bauformen bei den FI-Schutzschaltern geführt. FI-Schutzschalter, die auch bei pulsierenden Gleichfehlerströmen auslösen, werden in der Normung als FI-Schutzschalter des Typs A bezeichnet, zum Unterschied von den FI-Schutzschaltern, die nur mit sinusförmigem Wechselstrom einwandfrei funktionieren, für die die Typbezeichnung AC genormt wurde.

Fehlerströme, die bei Drehstrombrückenschaltungen nach den Schaltungen 3 und 7, aber auch bei der Anwendung der Schaltungen 2 oder 6, entstehen können, werden von AC- oder A-FI-Schutzschaltern trotzdem nicht beherrscht. Bei der Schaltung 6 ist zwar eine stromlose Pause vorhanden, aber sie ist zu kurz, als daß im Wandlerkern der Remanenzpunkt erreicht würde.

Um auch Fehlerströme zu erfassen, die eine Gleichstromkomponente enthalten, ohne daß eine stromlose Pause innerhalb einer Wechselstromperiode vorhanden ist, wurde der FI-Schutzschalter der Bauform B genormt.

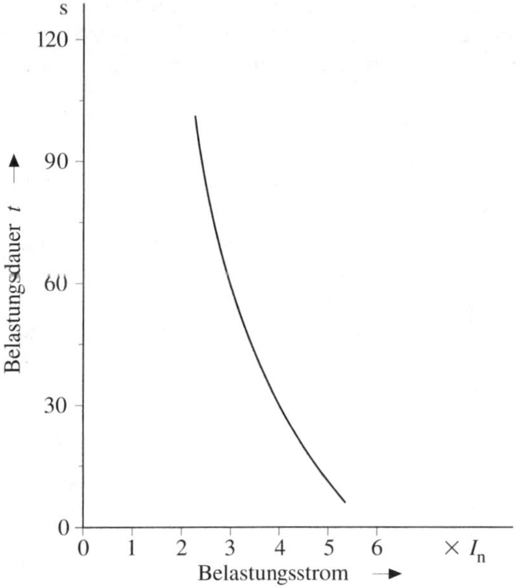

Bild 4.57 Zerstörungskennlinie eines Brückengleichrichters mit 6 A Nennstrom
I_n Nennstrom des Gleichrichters

In der Folge soll daher untersucht werden, ob das Gleichstromproblem nicht ein vernachlässigbares Sicherheitsrisiko darstellt und ob bei den FI-Schutzschaltern nicht die Bauform AC ausreicht, wenn sie für die übliche Anwendung von Hausinstallationen, in Gewerbe, Industrie und Landwirtschaft, vorgesehen sind.
Bezüglich der in Haushaltsgeräten verwendeten Gleichrichter wurde bereits gesagt, daß ihr Nennstrom kaum 5 A übersteigt. Bei einem Körperschluß werden diese Gleichrichter mit dem normalen Betriebsstrom und dem Fehlerstrom belastet. Tritt der Körperschluß unmittelbar nach dem Gleichrichter auf, dann wird die Höhe des Fehlerstroms durch den Widerstand der Fehlerschleife, der im TN-System sehr niedrig ist, begrenzt. Der Gleichrichter wird dann sofort zerstört. Im TT-System begrenzt der Anlagenerder den Fehlerstrom, und das Zeitintervall bis zur Zerstörung der Gleichrichter hängt davon ab, um welchen Faktor der Fehlerstrom höher ist als der Gleichrichternennstrom. **Bild 4.57** zeigt im Prinzip die Zerstörungskennlinie eines Brückengleichrichters mit einem Nennstrom von 6 A.
Es ist vor allem zu beachten, daß das Gleichstromproblem von der Art der Erdverbindungen abhängt. Gerade beim TN-System ist entscheidend, daß bei Körperschluß die Überstrom-Schutzeinrichtungen ausschalten und die FI-Schutzschalter fast immer nur für den Zusatzschutz eingesetzt werden.
Die wesentliche Erkenntnis bei der Beurteilung des Restrisikos, das durch Fehlerströme mit Gleichstromkomponenten entsteht, bildet aber die Tatsache, daß in den vergangenen Jahrzehnten kein einziger Unfall bekannt wurde, der durch das Nichtauslösen eines FI-Schutzschalters infolge von Fehlerströmen mit Gleichstromkomponenten entstanden ist. Warum das so ist, soll in den folgenden Abschnitten dargestellt werden.

4.2.6.5.2 TN-System

Da der FI-Schutzschalter in der Regel im TN-System nicht für den Fehlerschutz, sondern mit einem Nennfehlerstrom von 30 mA für den Zusatzschutz, oder in der Bauform S mit einem Nennfehlerstrom von 100 mA oder 300 mA für den Brandschutz dient, hat das Gleichstromproblem im TN-System mit FI-Schutzeinrichtung keine Bedeutung. Aber selbst in den wenigen Sonderfällen, in denen der FI-Schutzschalter zusammen mit der vorgeschalteten Überstrom-Schutzeinrichtung für den Fehlerschutz eingesetzt wird (siehe Abschnitt 4.1.3), können Gleichfehlerströme keine Gefahren verursachen.
Man erkennt aus **Bild 4.58**, daß Fehlerströme, die hinter dem Gleichrichter über den PEN-Leiter fließen, also Gleichstromkomponenten aufweisen, zu keinen gefährlichen Fehlerspannungen führen können, wenn die Stromstärke so niedrig bleibt, daß die Gleichrichter nicht innerhalb kurzer Zeit zerstört werden. Für Gleichrichternennströme bis 5 A ist dies nach Bild 4.57 für Stromstärken bis etwa 25 A der Fall, wobei zu bedenken ist, daß sich der Gesamtstrom im Gleichrichter aus dem Betriebsstrom und dem Fehlerstrom ergibt.

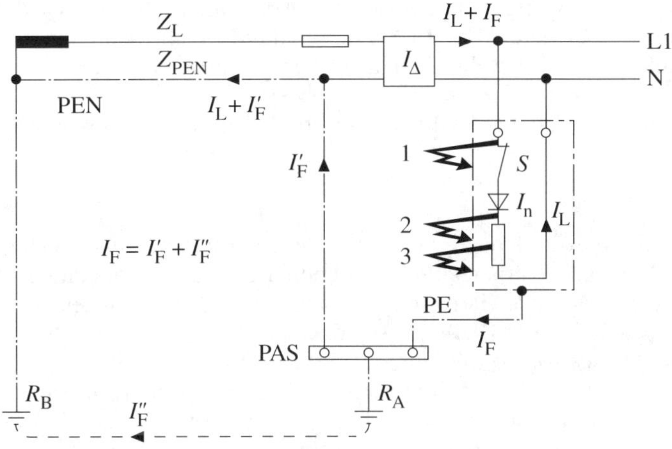

Bild 4.58 Pulsierende Gleichfehlerströme im TN-System
1 Körperschluß vor dem Gleichrichter
2 Körperschluß unmittelbar hinter dem Gleichrichter
3 Körperschluß mit Fehlerwiderstand hinter dem Gleichrichter
S Geräteschalter
R_B Betriebserdung des PEN-Leiters
R_A Erdung in der Verbraucheranlage
I_n Nennstrom des Gleichrichters, z. B. 5 A
I_L Betriebsstrom des Geräts
I_F Fehlerstrom

Aber selbst bei einem Fehlerstrom von rund 100 A und einem satten Körperschluß unmittelbar hinter dem Gleichrichter (Fehlerstelle 2 in Bild 4.58), der sich bei einem unrealistisch hohen Schleifenwiderstand von etwa 2 Ω ergeben würde, bleiben der Spannungsfall am PEN-Leiter unter 100 V ($Z_{PEN} \cdot I_F = 1\ \Omega \cdot 100$ A) und die Fehlerspannung infolge der PEN-Leitererdungen meist unter 50 V. Bei diesem Fehlerstrom wird der Gleichrichter sofort zerstört, der Fehlerstrom wird zum Wechselstrom, und der FI-Schutzschalter löst wieder ordnungsgemäß aus, wenn nicht schon vorher die Überstrom-Schutzeinrichtung ausgeschaltet hat.

Zusammenfassend kann also für das TN-System folgendes festgestellt werden:

a) Körperschlüsse werden in der Regel durch die Überstrom-Schutzeinrichtungen, unabhängig von der Stromform, ausgeschaltet. Nur in Sonderfällen werden FI-Schutzschalter zusammen mit vorgeschalteten Überstrom-Schutzeinrichtungen für den Fehlerschutz verwendet.
b) Bei Körperschlüssen hinter den Gleichrichterschaltungen können durch die in Hausinstallationen verwendeten Betriebsmittel wegen der kleinen Gleichrichternennströme bis etwa 5 A keine gefährlichen Fehlerspannungen in der Anlage entstehen. Überschreiten die Fehlerströme den fünffachen Gleichrichternenn-

strom, dann werden die Gleichrichter rasch zerstört, und es fließen wieder Wechselfehlerströme, bei denen der FI-Schutzschalter vorschriftsmäßig ausschaltet, wenn nicht schon vorher die Überstrom-Schutzeinrichtung ausgeschaltet hat.

Damit wird das Gleichstromproblem des FI-Schutzschalters im TN-System bedeutungslos.

4.2.6.5.3 TT-System

Im TT-System mit Fehlerstrom-Schutzeinrichtung für die Ausschaltung können, wie beschrieben, im Falle eines Körperschlusses bei hohen Erdungswiderständen in der geschützten Anlage pulsierende Gleichfehlerströme dauernd zum Fließen kommen, weil die FI-Schutzschalter der Bauform AC nicht auslösen.

Vergleicht man jedoch dieses Risiko mit dem Risiko, das durch das rein mechanische Versagen der FI-Schutzschalter infolge von Alterungserscheinungen bedingt ist, so stellt man leicht aufgrund von Wahrscheinlichkeitsberechnungen fest, daß die Gefährdung durch mechanisches Versagen ungleich höher ist als infolge des Gleichstromproblems.

Die Überlegung ist einfach. Wenn ein FI-Schutzschalter mechanisch versagt, dann verursacht ein Körperschluß irgendwo in der Installation oder in einem Verbrauchsgerät während längerer Zeitspannen eine gefährliche Fehlerspannung in der ganzen Installation.

Wenn ein FI-Schutzschalter versagt, weil in einem Betriebsmittel der Schutzklasse I nach dem Gleichrichter ein Körperschluß auftritt, liegen die Verhältnisse ganz anders. Wie bereits gesagt, liegen bei den in den Hausinstallationen verwendeten Betriebsmitteln, falls sie Gleichrichterschaltungen überhaupt benutzen, die Nennströme der Gleichrichter praktisch immer unter 5 A.

Nach der statistischen Verteilung der Erdungswiderstände in den Verbraucheranlagen, weisen 80 % der Erder Werte unter 10 Ω auf, so daß bei Körperschlüssen Ströme über 20 A auftreten, die die Gleichrichter zerstören.

Es wirken aber noch eine Reihe weiterer Faktoren gefahrenmindernd und müssen daher für den Risikovergleich herangezogen werden:

- Die Zahl der in den Hausinstallationen verwendeten Betriebsmittel, die Fehlerströme mit Gleichstromkomponenten verursachen können, verglichen mit der Gesamtzahl der Betriebsmittel.
- Die Wahrscheinlichkeit, daß der Körperschluß in einem Betriebsmittel nach dem Gleichrichter, vor dem Gleichrichter oder an der Anschlußstelle des Betriebsmittels oder in der festen Installation entsteht.
- Die Gefahrenminderung, die dadurch bedingt ist, daß Gleichfehlerströme nur bei eingeschaltetem Betriebsmittel entstehen können, während im allgemeinen Körperschlüsse unentdeckt bleiben und dauernd anstehen können, zum Beispiel in der Installation oder an den Anschlußstellen der Betriebsmittel.

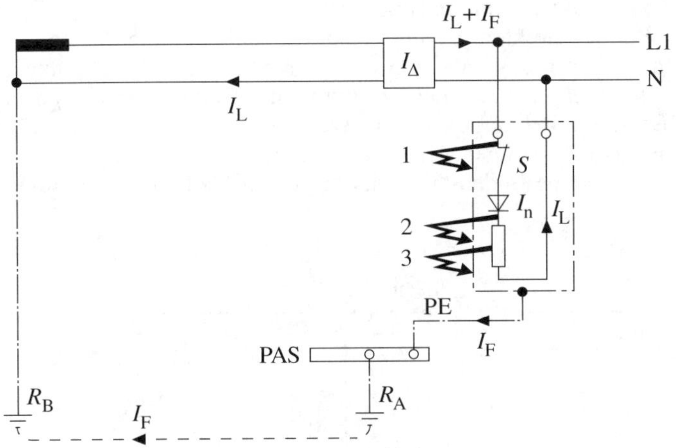

Bild 4.59 Pulsierende Gleichfehlerströme im TT-System

1 Körperschluß vor dem Gleichrichter
2 Körperschluß unmittelbar hinter dem Gleichrichter
3 Körperschluß mit Fehlerwiderstand hinter dem Gleichrichter
S Geräteschalter
R_A Erdung in der Verbraucheranlage
R_B Betriebserdung des Neutralleiters
I_n Nennstrom des Gleichrichters
I_L Betriebsstrom des Geräts
I_F Fehlerstrom über den Anlagenerder

- Am meisten fällt jedoch ins Gewicht, daß heute fast alle tragbaren Elektrogeräte schutzisoliert sind, wodurch der Fehlerschutz unabhängig vom Gleichstromproblem sichergestellt wird.

Die Verhältnisse im TT-System mit FI-Schutzeinrichtung sind in **Bild 4.59** dargestellt. Der Fehlerstrom I_F fließt über den Anlagenerder R_A und erzeugt dort die Fehlerspannung. Gleichfehlerströme können nur bei eingeschaltetem Gerät und Körperschluß hinter dem Gleichrichter entstehen. Dabei ist der Fehler unmittelbar hinter dem Gleichrichter der gefährlichste Fall, weil bei nicht satten Körperschlüssen die Teilinnenwiderstände des Betriebsmittels als Vorwiderstände die Fehlerspannung herabsetzen.

Führt man die entsprechenden Wahrscheinlichkeitsberechnungen durch, dann kann man, wie in der Literatur gezeigt, abschätzen, daß das Risiko, das im TT-System durch Fehlerströme mit Gleichstromkomponenten entsteht, mindestens um zwei Zehnerpotenzen geringer ist als das Risiko, das durch ein mechanisches Versagen der FI-Schutzschalter besteht.

4.2.6.5.4 *Gleichstromproblem beim Zusatzschutz*

Der Zusatzschutz schützt bei direktem Berühren aktiver Teile, bei Schutzleiterverwechslungen und Schutzleiterunterbrechungen sowie beim Versagen von Schutzisolationen, aber im wesentlichen kann der Zusatzschutz immer auf den Schutz gegen direktes Berühren aktiver Teile zurückgeführt werden (siehe Kapitel 1). Der menschliche Körper ist aber kein Gleichrichter, und damit hat das Gleichstromproblem für den Zusatzschutz keine Bedeutung. Das Argument, daß vielleicht einmal

a)

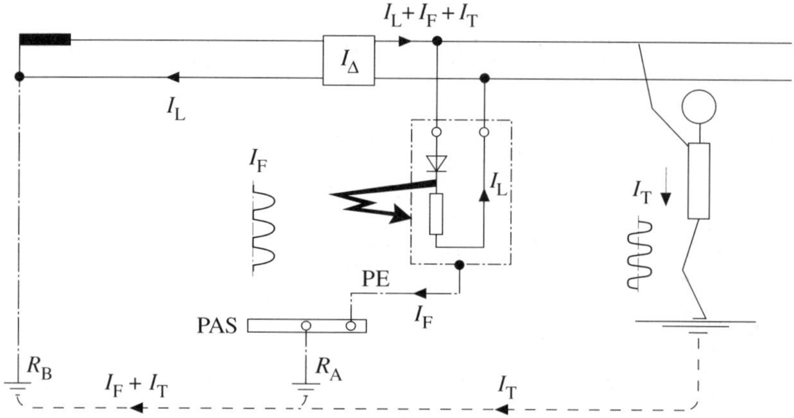

b)

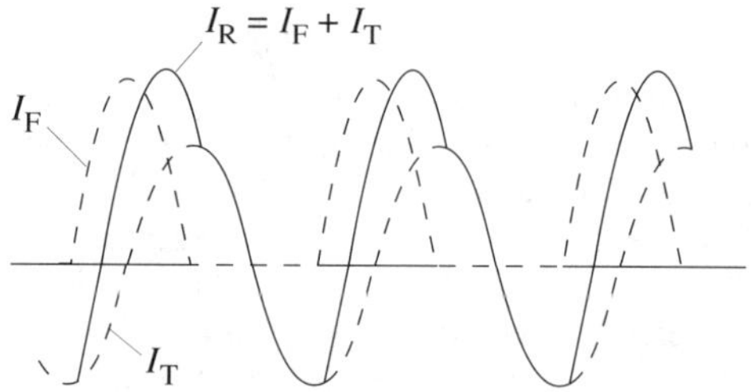

Bild 4.60 Funktionstüchtigkeit eines FI-Schutzschalters $I_{\Delta n}$ für den Zusatzschutz bei gleichzeitigem Fließen eines Fehlerstroms mit Gleichstromkomponenten. Bei Isolationsfehlern in Geräten der Schutzklasse I mit Gleichrichterschaltungen, die pulsierende Gleichfehlerströme erzeugen und bei gleichzeitiger Berührung eines aktiven Teiles in der Anlage durch einen Menschen, löst der FI-Schutzschalter aus.

a) Schaltbild
b) Beispiel einer resultierenden Kurvenform des Fehlerstroms im Summenstromwandler
R_A Erdung in der Verbraucheranlage
R_B Betriebserdung des Neutralleiters
I_F pulsierender Gleichfehlerstrom infolge Isolationsfehlers nach dem Gleichrichter
I_T Berührungsstrom durch den Menschen
I_R resultierender Fehlerstrom: $I_R = I_F + I_T$

in einem Gerät ein aktiver Teil nach einem Gleichrichter berührt werden könnte, ist konstruiert, und dieser Fall stellt ein vernachlässigbares Restrisiko dar.
Für die Bedenken, daß ein Gerät der Schutzklasse I mit einer Gleichrichterschaltung längere Zeit hindurch mit einem Isolationsfehler nach dem Gleichrichter betrieben wird, also ein pulsierender Gleichfehlerstrom fließt und dadurch Gefahren entstehen können, wenn in der gleichen Anlage gleichzeitig ein aktiver Leiter direkt berührt wird, gilt das gleiche. Der 30-mA-FI-Schutzschalter funktioniert zwar bei pulsierenden Gleichfehlerströmen nicht, aber bei einer Berührung wird zusätzlich der Körperstrom als reiner Wechselstrom zum Fließen kommen. Damit wechselt die Polarität des Gesamtstroms auch ins Negative, und der FI-Schutzschalter löst im allgemeinen aus (**Bild 4.60**).

Erkenntnis
Die sorgfältige Analyse der Beeinflussung des Auslöseverhaltens von FI-Schutzeinrichtungen durch Fehlerströme mit Gleichstromkomponenten führt zur Erkenntnis, daß dadurch im TN-System überhaupt keine Gefährdung entstehen kann, und das Sicherheitsrisiko im TT-System vernachlässigbar ist. Die Empfehlung, die das Advisory Committee for Safety der IEC (ACOS) im ACOS-Newsletter No. 11, Mai 1991, gegeben hat, ist daher richtig und wird wegen der Bedeutung im englischen Originaltext wiedergegeben:

D. C. components

Although the ACOS working group on D. C. components had originally planned to publish its findings as a Technical Report Type 3, the group concluded at its meeting December 1990 that the risk due to D. C. components on RCD protected circuits was much less than that of other factors affecting the reliable functioning of RCDs. ACOS therefore agreed to the following statement:
„In line with the general principles of ISO/IEC Guide 51, the WG has considered the overall risk of protective provisions within electrical installations. The risk due to D. C. components within RCD protected circuits has again been reviewed and considered not to be of major importance. In view of this, ACOS considered that there was no need to publish a report on the subject matter."

4.2.6.6 Schutzisolierung vor den FI-Schutzeinrichtungen
Das Problem, welche Art des Fehlerschutzes bei den Betriebsmitteln angewendet werden muß, die im TT-System vor dem FI-Schutzschalter installiert sind, gibt es im TN-System nicht. In diesem Fall werden die Körper (äußeren, leitfähigen Teile) mit dem PE-Leiter oder dem PEN-Leiter verbunden. Dies ist im TT-System nicht zulässig. Bei einem Körperschluß kann ja der FI-Schutzschalter nicht schützen, weil der Fehler netzseitig ansteht und der üblicherweise hohe Erdungswiderstand ein Ausschalten durch die Überstrom-Schutzeinrichtungen in Frage stellt. Die Fehlerspannung würde dann über den Schutzleiter in die Installation verschleppt, und da

sie im TT-System immer etwa bei der Netzspannung liegt, ist die Gefährdung beträchtlich.
Man hilft sich mit der Schutzisolierung der Betriebsmittel vor den Fehlerstrom-Schutzeinrichtungen, wobei die in Abschnitt 5.5 beschriebenen Regeln der Technik anzuwenden sind. Man kann also bei kleineren Verteilern zum Beispiel die Gehäuse aus Isolierstoff ausführen, oder man wendet eine Zwischenisolierung an. Dabei werden die Geräte auf Zwischenrahmen montiert, die selber wieder gegen die leitfähigen Verteilergehäuse, die meist aus kunststoffbeschichtetem Stahlblech ausgeführt sind, über die vorgeschriebenen Kriech- und Luftstrecken zu isolieren sind.
Das Prinzip dabei ist, daß die Basisisolierung und die zusätzliche Zwischenisolierung den gleichen Schutz bieten muß, wie er für die Schutzisolierung vorgeschrieben ist. Die Summe der Kriech- und Luftstrecken der Basisisolierung und der Zu-

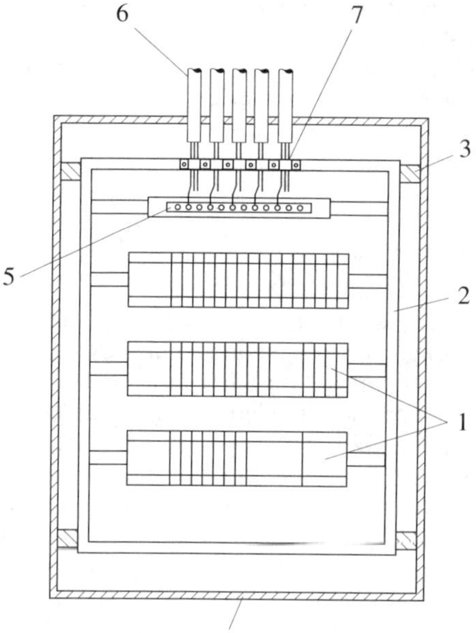

Bild 4.61 Verteiler mit leitfähigem Gehäuse in schutzzwischenisolierter Bauform für Anlagen, in denen die Fehlerstrom-Schutzerdung als Fehlerschutz angewendet wird
1 Betriebsmittel mit Basisisolierung
2 Geräteträger zwischenisoliert
3 Zwischenisolierung
4 leitfähiges Verteilergehäuse ohne Schutzleiteranschluß
5 Schutzleiterschiene, isoliert montiert
6 Installationsrohre aus Isolierstoff
7 Isolierstoffschellen

satzisolierung (z. B. des Montagerahmens) muß daher größer sein als die für eine Schutzisolierung vorgeschriebenen Werte. Man arbeitet also mit der sogenannten doppelten Isolierung oder verstärkter Isolierung, wenn etwa die Isolatoren der Sammelschienen Kriech- und Luftstrecken aufweisen, die weit größer sind, als für die Schutzisolierung vorgeschrieben. Die äußeren leitfähigen Teile der Verteiler dürfen dann, wie bei der Schutzisolierung vorgeschrieben, nicht an den Schutzleiter angeschlossen werden (**Bild 4.61**).
Beim Zusammenbau von schutzzwischenisolierten Betriebsmitteln ist besonders darauf zu achten, daß die innere Verdrahtung so ausgeführt ist (z. B. durch zusätzliche Leitungskanäle aus Isolierstoff), daß beim Leiterbruch kein Körperschluß mit äußeren leitfähigen Teilen entstehen kann.

4.2.7 Zusammenfassung

Das TT-System mit Fehlerstrom-Schutzeinrichtung (früher Fehlerstrom-Schutzschaltung) wurde aus dem TT-System mit Überstrom-Schutzeinrichtung, das ja früher einfach „Schutzerdung" genannt wurde, heraus entwickelt. Während die alte Schutzerdung erst bei einem Isolationsfehler anspricht, der Fehlerströme erzeugt, die wesentlich über den Nennstromstärken der vorgeschalteten Überstrom-Schutzeinrichtungen liegen müssen, erreicht man durch die Fehlerstrom-Schutzeinrichtung Ansprechempfindlichkeiten bei Fehlerströmen in der Größe von Bruchteilen von Ampere. Besonders einfach wird ihre Anwendung bei Betriebsmitteln, die eine natürliche Erdung aufweisen, wobei allerdings in der modernen Installationstechnik in jedem Fall ein Schutzleiter verlangt wird, der die Verbindung zum Hauptpotentialausgleich herstellt.
Die Anfang der sechziger Jahre oft geäußerte Meinung, daß die Fehlerstrom-Schutzschaltung, die heute als TT-System mit Fehlerstrom-Schutzeinrichtung bezeichnet wird, eine optimale Lösung für die Sicherheit der Elektrizitätsanwendung ermöglicht und daher das TN-System oder – wie sie früher genannt wurde – die Nullung ablösen würde, hat sich nicht bewahrheitet. Tatsächlich hat inzwischen eine jahrzehntelange Erfahrung folgendes gezeigt:

- Bei einem Isolationsfehler liegen während der Ausschaltung durch den FI-Schutzschalter äußere leitfähige Teile der Betriebsmittel und fremde leitfähige Teile, die an den Schutzleiter angeschlossen sind, fast immer an hohen Fehlerspannungen, die im Netz 3N ~ 400/230 V etwa 200 V betragen. Tritt diese Spannung als Berührungsspannung auf und wird gleichzeitig beim Einschalten das fehlerhafte Gerät berührt, erfolgt ein starker elektrischer Schlag, weil bei einer solchen Berührungsspannung der Hautwiderstand keinen Strombegrenzungseffekt mehr hat.

Wegen der Bedeutung dieser Erkenntnis soll noch an einem tödlichen Elektrounfall der Unterschied in den Fehlerspannungen und Berührungsspannungen aufgezeigt werden, wenn bei einer Baustelleninstallation entweder das TT-System oder das TN-System für den Fehlerschutz angewendet wird.

Der Unfall betrifft den Todessturz eines Bauarbeiters von einem Gerüst nach einer Elektrisierung und wird in einem italienischen Unfallbericht beschrieben (siehe Literaturhinweis).
Der Bauarbeiter wurde durch einen Isolationsfehler eines Elektrogeräts, von dem anzunehmen ist, daß es über einen Schutzleiter mit dem Baustromverteiler verbunden war, so stark elektrisiert, daß er infolge der Muskelreaktion vom Gerüst geworfen wurde. Er erlitt einen Schädelbasisbruch und ist daran gestorben. Die Anlage war mit einem FI-Schutzschalter hoher Auslöseempfindlichkeit $I_{\Delta n}$ = 30 mA geschützt.
Obwohl aus dem Unfallbericht nicht ersichtlich ist, ob zum Zeitpunkt des Unfalls der FI-Schutzschalter funktionsfähig war, wird angenommen, daß der Schalter ordnungsgemäß innerhalb der vorgeschriebenen 40 ms ausgeschaltet hat, wobei in Italien das TT-System für den Fehlerschutz angewendet wird.
Welche Fehlerspannung, prospektive Berührungsspannung und Berührungsspannung unter den gegebenen Verhältnissen zu erwarten sind, zeigt **Bild 4.62**. Der Schutzleiter ist im Baustromverteiler über die Schutzleiterschiene üblicherweise mit einem Vertikalerder (z. B. Rohrerder, Länge 1 m) verbunden, für den die Bezugserde in wenigen Metern Abstand beginnt. Das Baugerüst hat daher das Potential der Bezugserde. Auch bei gut leitendem Boden (z. B. ρ_E = 100 Ωm) beträgt der Erdungswiderstand der Anlage rund 100 Ω(siehe Band 81 der VDE-Schriftenreihe, Tabelle 2.1), und damit kann der Widerstand der Betriebserde des Verteilungsnetzes 3 N ~ 400/230 V vernachlässigt werden. Beim Körperschluß beträgt daher die Fehlerspannung mehr als 200 V, und diese Spannung wird mit dem Gerüst voll als prospektive Berührungsspannung abgegriffen. Vernachlässigt man den Widerstand der Kleidung und des Standorts dann nimmt bei diesem Unfall die Berührungsspannung U_T den vollen Wert der Fehlerspannung U_F an.

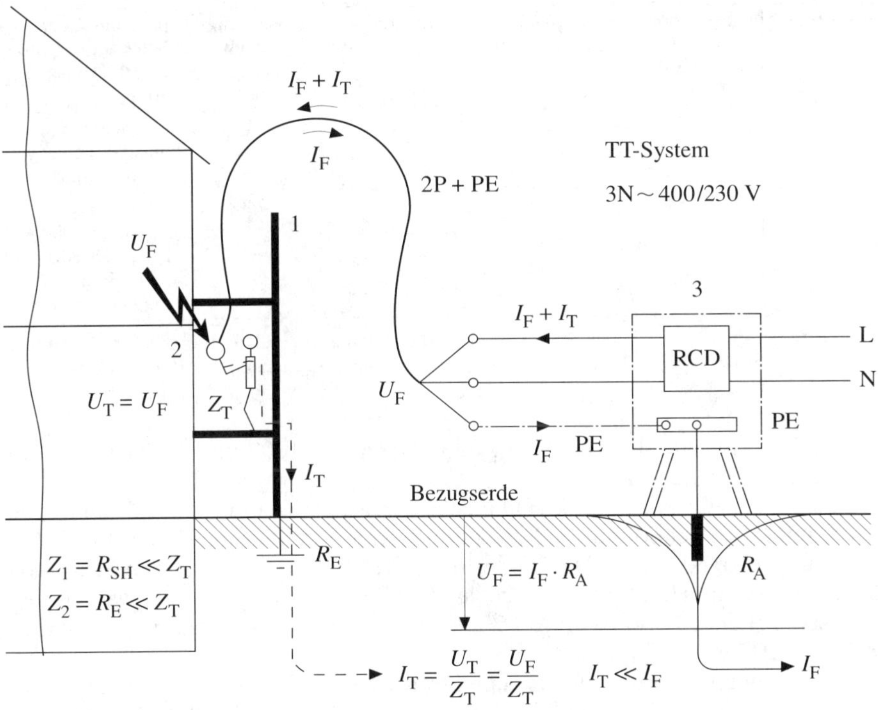

Bild 4.62 Schema einer Baustelleninstallation mit einem Baustromverteiler und eigenem Schutzerder R_A, TT-System

1	Metallgerüst
2	Elektrowerkzeug, Schutzklasse I, mit Isolationsfehler
3	Baustromverteiler mit FI-Schutzschalter (RCD)
I_F	Fehlerstrom
I_T	Berührungsstrom
U_F	Fehlerspannung
U_T	Berührungsspannung
R_A	Erdungswiderstand des Baustellen-Staberders
Z_T	Körperimpedanz
$Z_1 = R_{SH}$	Impedanz der Schuhe
$Z_2 = R_E$	Standortwiderstand und Widerstände der Gebäudeteile und des Metallgerüstes

Für den Stromweg Hände – Beine zeigt dann **Tabelle 4.10** den Berührungsstrom und die zu erwartenden Schockwirkungen, wenn normengerecht innerhalb von 40 ms ausgeschaltet wird.

Die Körperimpedanzen wurden dabei nach der Tabelle 1.1 aus Band 80 der VDE-Schriftenreihe berechnet, und zwar unter Berücksichtigung der Werte aus Bild 1.9

Berührungs-spannung **V**	**Impedanz Hand – Rumpf** *Ω*	**Impedanz Fuß – Rumpf** *Ω*	**Impedanz Hände – Füße** *Ω*	**Berührungs-strom** **mA**	**physiologische Wirkungen für t = 10 ms bis 30 ms**
100	4000	565	2300	40	unangenehme, aber ungefährliche Elektrisierung
200	1250	405	830	240	schwere Elektrisierung, Hochheben des Körpers, Verkrampfung der Arme

Tabelle 4.10 Körperimpedanzen für einen Stromweg Hände – Beine (parallel), Handflächen 1000 mm^2, Fußflächen voller Kontakt und Berührungsströme für Berührungsspannungen von 100 V und 200 V

von Band 80, für eine Berührungsfläche je Hand von 1000 mm^2 (entspricht etwa dem Halten einer Metallzange).

Die Tabelle 1.1 gilt ja für volle Handflächen (etwa 8000 mm^2 je Hand) und volle Fußflächen (etwa 10000 mm^2 je Fuß) mit einem Reduktionsfaktor von 0,7 bis 0,9 für Stromweg Hand – Fuß. Die Werte für die Körperimpedanz für den Stromweg Hände – Fuß beim Unfall wurden aus der Tabelle 1.1 berechnet, und zwar aus den statistisch sichersten Werten für 50 % der Population, für Berührungsspannungen 100 V und 200 V.

Die halben Tabellenwerte gelten für den Stromweg Hand – Rumpf. Nimmt man für den Stromweg Hand – Fuß den Korrekturfaktor mit 0,8 an und zieht den Wert Hand – Rumpf davon ab, dann erhält man die Körperimpedanz Rumpf – Fuß.

Für die Berechnung der Impedanz Hand – Rumpf für eine Handfläche von 1000 mm^2 wurden die entsprechenden Werte für 100 V und 200 V aus Bild 1.9, Band 80 der VDE-Schriftenreihe halbiert, und dies ergibt zusammen mit dem vorher berechneten Wert für die Teilimpedanz Rumpf – Fuß die Gesamt-Körperimpedanz Hand – Fuß, und wegen der Parallelschaltung beim Stromweg Hände – Füße folgen daraus mit den halben Werten die Angaben in Tabelle 4.10.

Bei einer Berührungsspannung U_T = 200 V sind die Auswirkungen des elektrischen Schlags so heftig, daß der Arbeiter vom Gerüst stürzen kann, auch wenn der FI-Schutzschalter normengerecht in einigen zehn Millisekunden ausschaltet. Hätte man auf der Baustelle das TN-System angewendet, dann hätten die Überstrom-Schutzeinrichtungen auch beim Versagen eines für den Zusatzschutz installierten FI-Schutzschalters in wenigen Millisekunden mit den Schnellauslösern ausgeschaltet, und zwar bei einer Berührungsspannung unter 100 V mit einem Berührungsstrom von einigen zehn Milliampere. Die starke Verkleinerung des Berührungsstroms ist nicht nur durch die halbe Berührungsspannung, sondern auch durch den bei kleinen Berührungsspannungen wesentlich höheren Körperwiderstand bedingt. Noch deutlicher wird der Vorteil des TN-Systems mit Überstrom-Schutzeinrich-

tung, falls der FI-Schutzschalter versagt. Im TT-System tritt bei 200 V Berührungsspannung Herzkammerflimmern innerhalb einer Sekunde auf. Wegen des relativ geringen Fehlerstroms I_F, bedingt durch die meist hohen Erdungswiderstände R_A, sprechen die Überstrom-Schutzeinrichtungen nicht an, und damit ist der tödliche Ausgang des Unfalls so gut wie sicher.
Wenn der FI-Schutzschalter für den Zusatzschutz im TN-System versagt, dann schalten in jedem Fall die Überstrom-Schutzeinrichtungen aus und verhindern einen tödlichen Elektrounfall. Wegen des geringen Berührungsstroms von einigen zehn Milliampere und der kurzen Stromflußdauer von wenigen Millisekunden verursacht der elektrische Schlag keine nennenswerten Auswirkungen auf Kreislauf und Muskulatur.

Zusammenfassend wird festgestellt:
- Die Zuverlässigkeit der FI-Schutzeinrichtungen ist wesentlich kleiner als die von Überstrom-Schutzeinrichtungen. Versagt aber ein FI-Schutzschalter, dann besteht in der gesamten Anlage ein hohes Unfallrisiko.
- Manche der installierten FI-Schutzschalter lösen bei Überspannungen, wie sie durch Gewitter entstehen, aus, obwohl der Schutz dies nicht erfordert. Dadurch wird die Verfügbarkeit der Stromversorgung eingeschränkt, und es können Sachschäden entstehen.
- Dadurch, daß beim TT-System die Erdungen der Verbraucheranlagen nicht mit dem Neutralleiter verbunden werden dürfen, liegt der Gesamterdungswiderstand des Verteilungsnetzes höher als der eines ähnlichen Netzes, in dem das TN-System angewendet wird, und damit wird es mehr durch Überspannungen beansprucht. Außerdem ist der Einbau von Überspannungsableitern beim TT-System schwieriger, kostspieliger und wegen der längeren Verbindungsleitungen zu den Ableitern weniger wirksam als beim TN-System, bei dem die Ableiter zwischen die Außenleiter und den PEN-Leiter angeschlossen werden.
- Die Anwendung des TT-Systems bei Betriebsmitteln mit hohen Nennstromstärken und vor FI-Schutzschaltern im Verteilungsnetz, z. B. bei Kabelverteilerschränken und öffentlichen Beleuchtungsanlagen, ist schwierig und teuer.

Das bedeutet, daß das TT-System nur dort angewendet werden soll, wo die Bedingungen für das TN-System nicht eingehalten werden können (siehe Abschnitte 4.1.3 bis 4.1.5). Dabei kann es sich z. B. um die Nichterfüllung der Ausschaltbedingung im Verteilungsnetz handeln, oder der Erdungswiderstand für die Hochspannungsschutzerde in der Transformatorenstation ist zu hoch. Letzteres kann in kleineren Netzen bei hohen spezifischen Erdwiderständen vorkommen, z. B. im Gebirge bei der Energieversorgung von Seilbahnen.
Wird das TT-System angewendet, dann sollten aus Gründen der Zuverlässigkeit der Ausschaltung immer zwei Fehlerstrom-Schutzeinrichtungen in Serie geschaltet werden. Der zentral in der Verteilung installierte FI-Schutzschalter sollte für den Fehlerschutz den Erdungswiderstand der Anlage bestimmen und mit einem Nennfehlerstrom von 100 mA oder 300 mA als Bauart „S“ gewählt werden. Die FI-

Schutzschalter für die Endstromkreise können dann redundant für den Fehlerschutz einen Nennfehlerstrom von 30 mA haben und damit gleichzeitig den Zusatzschutz ermöglichen. Zur Vermeidung von Fehlauslösungen bei Gewittern sollten sie eine Mindestauslösezeit von 10 ms besitzen, also Bauformen, die in manchen Ländern als G-Typen genormt sind. Diese Installationsregeln gelten für Hausinstallationen und ähnliche Anlagen.
Für industrielle und ähnliche Großanlagen sind eigene Überlegungen notwendig, wobei unter Umständen eine selektive Staffelung von mehr als zwei FI-Schutzeinrichtungen vorgesehen werden muß.

4.3 TT-System mit Überstrom-Schutzeinrichtungen (früher Schutzerdung)

4.3.1 Prinzip und Stand der Technik der Schutzerdung

Seit den Anfängen der Elektrotechnik ist man im Fehlerfall bemüht, die Gefahren durch Berührungsspannungen zu verhindern, indem man die gefährdeten Metallteile möglichst gut mit „Erde“ verbindet. Diese „Schutzerdung“ ist die älteste Schutzmaßnahme überhaupt. Man hat jedoch bald herausgefunden, daß trotz dieser Verbindung gefährliche Spannungen aufgetreten sind, nämlich dann, wenn der Erdungswiderstand in der zu schützenden Anlage zu hoch war (**Bild 4.63**).

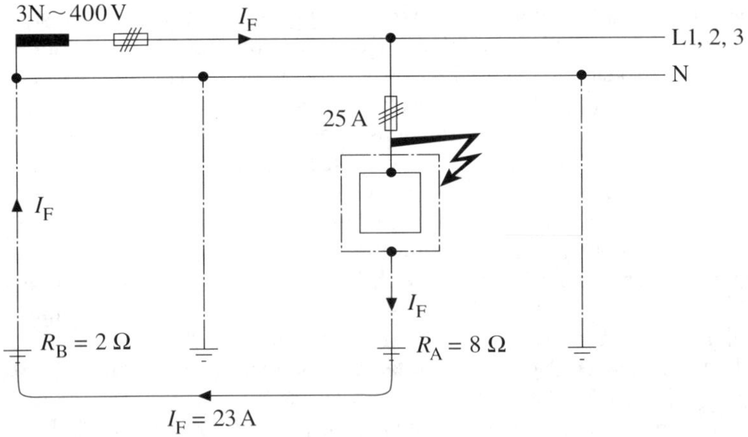

Bild 4.63 Schlechte Schutzerdung. Fehlerstromstärke ist kleiner als der Ausschaltstrom der vorgeschalteten Sicherung. Die Sicherung spricht nicht an, und eine Fehlerspannung von 184 V bleibt bestehen.
R_A Erdungswiderstand der Verbraucheranlage
R_B Gesamterdungswiderstand des Neutralleiters

Bei einem Körperschluß fließt der Fehlerstrom über die Erde zum Transformator zurück und erzeugt am geschützten und fehlerbehafteten Gerät die Fehlerspannung, die sich aus dem Produkt der Stromstärke und des Erdungswiderstands berechnet. Ist der Fehlerstrom kleiner als die Ansprechstromstärke der vorgeschalteten Überstrom-Schutzeinrichtung, dann spricht diese nicht an, der Strom fließt dauernd, und die gefährliche Spannung wird nicht „ausgeschaltet". Da der Erdungswiderstand der zu schützenden Anlage meist wesentlich höher ist als der gesamte Erdungswiderstand der Betriebserden, erfolgt im Gegensatz zum TN-System keine Absenkung der Fehlerspannung. Damit tritt in der gesamten Anlage eine hohe Fehlerspannung an allen äußeren und fremden leitfähigen Teilen auf, die mit dem Schutzleiter ver-

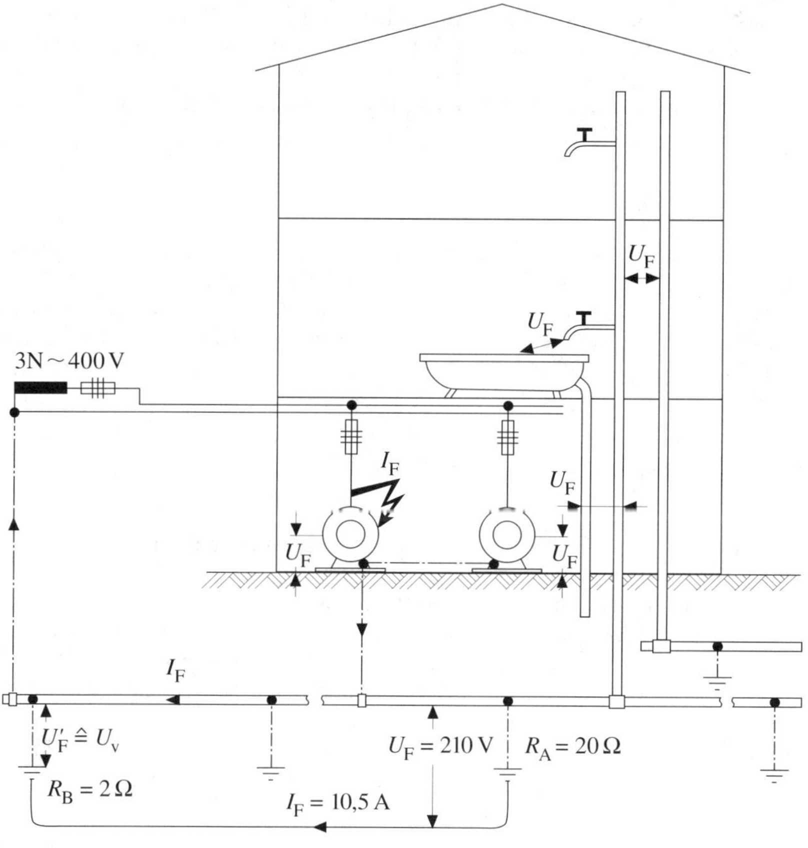

Bild 4.64 Übertragung gefährlicher Berührungsspannungen auf den Schutzleiter und die Wasserverbrauchsleitungen bei Verwendung isolierender Schraubmuffen im Wasserrohrnetz

bunden sind. Sind leitfähige Rohre, z. B. Wasserverbrauchsleitungen, mit dem Schutzleiter verbunden, dann entstehen infolge der Spannungsverschleppung, die schon oft zu tödlichen Unfällen geführt hat, zusätzliche Gefahren.
Die Gefahr derartiger Fehler kann sich weiter erhöhen, wenn die leitenden Wasserrohrnetze und Wasserverbrauchsleitungen zunehmend durch Rohre aus Isolierstoff ersetzt werden. Diese Entwicklung wie auch isolierende Muffenverbindungen in Wasserrohrnetzen führen zu einer unzulässigen Erhöhung des Erdungswiderstands (**Bild 4.64**).

4.3.2 Ausschaltbedingung und Erdungsbedingung

Die Fehlerausschaltung soll erfolgen, wenn die konventionelle Fehlerspannungsgrenze überschritten wird. Die fehlerhafte Anlage soll dann in kurzer Zeit ausgeschaltet werden, das heißt, daß mindestens die Ausschaltströme der vorgeschalteten Überstrom-Schutzeinrichtungen fließen müssen.
Der Erdungswiderstand in der geschützten Anlage darf daher nicht größer sein als:

$$R_A \le \frac{65\text{ V}}{I_A},$$

wenn man die Fehlerspannung auf 65 V begrenzen will. I_A bedeutet dabei den Ausschaltstrom der nächsten vorgeschalteten Überstrom-Schutzeinrichtung nach Tabelle 4.5.
Die Schwierigkeit liegt in den kaum mehr erreichbaren niedrigen Erdungswiderständen. So ergibt sich z. B. bei einer Nennstromstärke der Überstrom-Schutzeinrichtung von 25 A multipliziert mit dem Ausschaltstromfaktor m ein Erdungswiderstand:

$$R_A \le \frac{65\text{ V}}{5 \cdot 25\text{ A}} \approx 0{,}5\ \Omega.$$

Da das Wasserrohrnetz für Erdungszwecke nicht mehr in Frage kommt, sind derartige Erdungswiderstände nicht erreichbar.
Man hat manchmal versucht, diese Schwierigkeiten zu umgehen und nicht die Ausschaltung, sondern eine Begrenzung der Fehlerspannung in der geschützten Anlage dadurch zu erreichen, daß für die Betriebserde R_B des Neutralleiters hohe Widerstände vorgeschrieben wurden. Diese Überlegung beruht auf der sogenannten Spannungswaage.
Nach **Bild 4.65** gilt ja bei Vernachlässigung der Leitungswiderstände bei einem Körperschluß:

$$U_V = \frac{R_B}{R_B + R_A} \cdot U_0, \quad U_F = \frac{R_A}{R_B + R_A} \cdot U_0,$$

mit:
U_V Spannung des Neutralleiters gegen Erde,
U_0 Netzspannung gegen Erde (Neutralleiter).

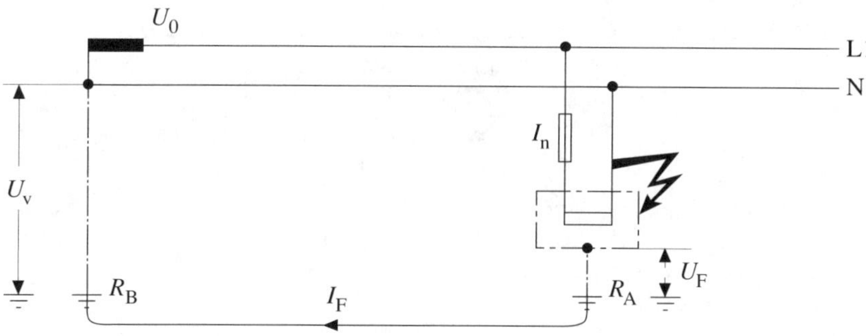

Bild 4.65 Fehlerspannungen des Schutzleiters und des Neutralleiters bei einem Körperschluß in der Verbraucheranlage (Spannungswaage)
I_F Fehlerstrom
R_A Erdungswiderstand der Verbraucheranlage
R_B Gesamterdungswiderstand aller Betriebserden
U_0 Netzspannung gegen Erde
U_F Fehlerspannung in der Verbraucheranlage
U_V Fehlerspannung des Neutralleiters im Verteilungsnetz

Ist das Verhältnis Erdungswiderstand R_A der Anlage zum Gesamterdungswiderstand des Neutralleiters hoch, dann ist die Fehlerspannung in der Anlage hoch und die Spannung des Neutralleiters gegen Erde U_V niedrig und umgekehrt. Diese Methode hat sich aber nicht durchgesetzt. Einerseits war es kaum möglich, hohe Betriebserdungswiderstände dauernd zu gewährleisten, andererseits widerspricht dies auch, wie früher gezeigt (siehe Abschnitt 3.1), der Forderung nach der Spannungsbegrenzung des Netzes bei Erdschlüssen.
Wenn die vorgeschriebenen Erdungswiderstände eingehalten werden können, tritt in geerdeten Netzen bei Körperschluß die Ausschaltung des fehlerhaften Verbrauchers ein. Der Erdungswiderstand der Betriebserden ist nämlich meistens hinreichend klein, so daß die treibende Spannung von 230 V über die Fehlerschleife, die aus den Leitungswiderständen, dem Schutzerdungswiderstand in der Verbraucheranlage und dem Widerstand der Betriebserden besteht, einen Fehlerstrom hervorruft, der noch über dem aus 65 V und dem Erdungswiderstand berechneten Ausschaltstrom liegt. Die Verhältnisse sollen am folgenden praktischen Beispiel gezeigt werden (**Bild 4.66**).
Der Ausschaltstrom der 10-A-Sicherung beträgt 50 A, und demgemäß beträgt der zulässige Höchstwert des Widerstands der Verbrauchererdung 1,3 Ω. Der Widerstand der Betriebserde, der Leitungswiderstände und der Verbrauchererdung sollen

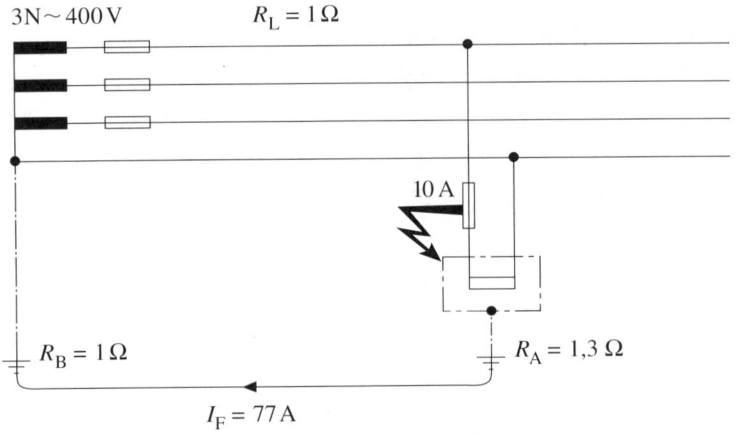

Bild 4.66 Beispiel einer Ausschaltung bei Körperschluß und niedrigen Erdungswiderständen

mit je 1 Ω angenommen werden. Der Gesamtwiderstand der Fehlerschleife bei Körperschluß beträgt daher etwa 3 Ω. Dies ist der sogenannte Schleifenwiderstand. Damit ergibt sich der Fehlerstrom mit:

$$I_F = \frac{U_0}{R_L + R_A + R_B} = \frac{230\ \text{V}}{3\,\Omega} = 77\ \text{A}.$$

Die 10-A-Sicherung schaltet bei 77 A im Mittel in 0,3 s ab. Während dieser Zeit tritt am Gerät eine Fehlerspannung von $I_F \cdot R_A = 100$ V auf.
Wird die Ausschaltung mit Überstrom-Schutzeinrichtungen im von Erde isolierten Netz angewendet (IT-System), dann gilt für die Erdungswiderstände dieselbe Bemessungsformel wie früher angegeben. Der Unterschied besteht nur darin, daß beim einpoligen Körperschluß in einer Verbraucheranlage in derartigen Netzen entsprechend dem gerade vorhandenen Isolationszustand Fehlerströme von wenigen 10 mA bis zum vollen Kurzschlußstrom des Netzes fließen können.
Ist der Isolationszustand des Netzes hoch, dann nimmt bei einpoligem Körperschluß der erdschlußbehaftete Außenleiter Erdpotential an, und es erfolgt keine Ausschaltung. Bei Einhaltung der Bemessungsgleichung für den Erdungswiderstand der Verbraucheranlage kann bei Änderungen des Netzisolationszustands, z. B. durch einen Körperschluß eines anderen Außenleiters, der Fehlerstrom bis zur Ausschaltung ansteigen, wobei dann der schwächer abgesicherte Verbraucher mit Körperschluß ausgeschaltet wird, wenn die Fehlerspannung über 50 V ansteigt (siehe Abschnitt 3.5.1, Bild 3.29).
Auch wenn die Normen das TT-System mit der Überstrom-Schutzeinrichtung zulassen, spielt diese Schutzmaßnahme in der Praxis kaum noch eine Rolle. Um eine

rechtzeitige Ausschaltung der Schutzeinrichtung zu gewährleisten, muß ihre Nennstromstärke so klein gewählt werden, daß in den meisten Fällen die gewünschte Energieübertragung nicht möglich ist.

4.4 IT-System mit Isolations-Überwachungseinrichtung (früher Schutzleitungssystem), Isolations-Überwachungssystem

4.4.1 Prinzip und Stand der Technik der Isolationsüberwachung

In Sonderfällen ist das Ausschalten eines Verbrauchers nach dem Auftreten eines Körperschlusses nicht wünschenswert oder auch nicht zulässig.
Als Beispiele können Operationssäle, Bergwerke oder Schmelzöfen genannt werden. In all diesen Fällen müssen vor dem Ausschalten des fehlerhaften Betriebsmittels entsprechende Vorkehrungen (Sicherheitsmaßnahmen) getroffen werden.
Es wäre z. B. unmöglich, in Bergwerken den Ventilator für die Stollenbelüftung bei Körperschluß ohne entsprechende sonstige Maßnahmen auszuschalten.
Zur Sicherstellung des Fehlerschutzes benutzt man die bekannte Eigenschaft eines von Erde isolierten Netzes, im Falle eines Körperschlusses das Erdpotential in den erdschlußbehafteten Außenleiter zu verschieben. Der Fehlerstrom wird durch den hohen Isolationswiderstand des Netzes auf kleine Werte beschränkt, so daß es zu keiner Ausschaltung kommt (siehe Abschnitt 3.5.1).
Erst bei Auftreten eines zweiten Fehlers wie z. B. eines weiteren Körperschlusses in einem anderen Außenleiter kommt es zur Ausschaltung des schwächer abgesicherten Verbrauchers.
Die erste Bedingung für ein funktionsfähiges IT-System stellt ein von Erde isoliertes Netz dar (IT-System), dessen Isolationszustand durch geeignete Überwachungseinrichtungen laufend kontrolliert wird. Diese Bedingung der genauen Überwachung und der dauernden Aufrechterhaltung des Isolationszustands ist auch die Begründung dafür, daß diese Schutzmaßnahme nur in begrenzten Anlagen mit eigenem Transformator oder Stromerzeuger oder beweglichen Stromerzeugeranlagen (Notstromaggregate) angewendet wird.
Das IT-System kommt in der Praxis meist bei örtlich begrenzten Verteilungsnetzen mit einer Spannung von 3 ~ 230 V oder 3 ~ 500 V, ohne Mitführung eines Neutralleiters, zum Einsatz, sofern diese Netze von Erde isoliert sind (**Bild 4.67**).
Wegen der abnormal hohen Isolationsbeanspruchung der Geräte gegen Erde beim ersten Körperschluß (Außenleiterspannung) und der Möglichkeit des Auftretens eines zweiten Körperschlusses (und der nachfolgenden Ausschaltung) ist ein erkannter erster Isolationsfehler umgehend zu beheben.
Zum sicheren Erkennen des ersten Isolationsfehlers werden Isolations-Überwachungseinrichtungen (insulation monitoring devices, IMD) verwendet.

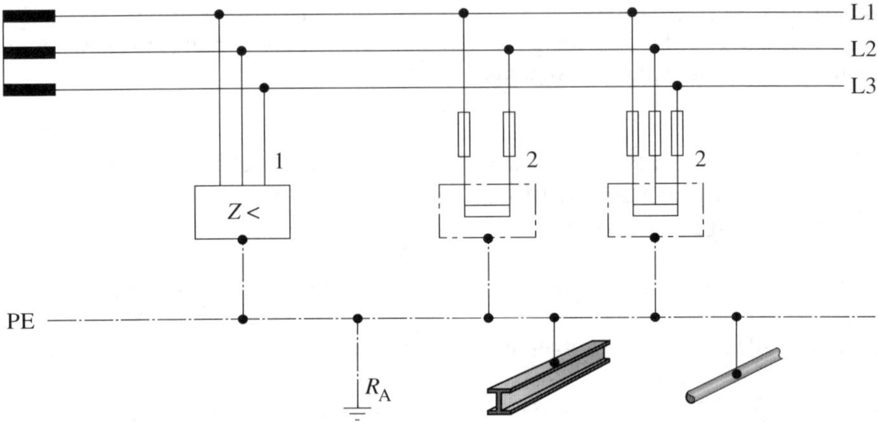

Bild 4.67 IT-System mit Isolations-Überwachungseinrichtung
1 Isolations-Überwachungseinrichtung (insulation monitoring device, IMD)
2 elektrische Betriebsmittel

Die zu schützenden Geräte sind untereinander und mit allen leitfähigen Teilen der Gebäudekonstruktion, Rohrleitungen und dergleichen und mit guten Erdern zu verbinden (Potentialausgleich). Dadurch wird jeder Spannungsunterschied in der geschützten Anlage vermieden.

4.4.2 Erdungsbedingung, Ausschaltbedingung und Isolationsüberwachung

Der Erdungswiderstand darf in diesen Netzen bis zu 20 Ω betragen und kann damit wesentlich höher liegen als in Verteilungsnetzen mit anderen Schutzleiter-Schutzmaßnahmen. Die Begründung dafür liegt in der Annahme, daß die kapazitiven Erdschlußströme nicht größer werden als 2 A bis 3 A. Die Begrenzung des Erdungswiderstands auf 20 Ω verhindert Spannungsüberhöhungen des Systems über 65 V beim ersten Isolationsfehler.
Zur Sicherstellung des Ausschaltens des schwächer abgesicherten Verbrauchers bei Auftreten von zwei Körperschlüssen in verschiedenen Außenleitern müssen die Querschnitte der Außen- und Schutzleiter entsprechend bemessen werden. Die Ausschaltung muß zuverlässig erfolgen, wenn die Körperschlüsse in zwei Abzweigen des Systems an beliebiger Stelle zwischen verschiedenen Außenleitern und den Schutzleitern auftreten und als Schleifenspannung der 0,5-fache Wert der Außenleiterspannung angenommen wird.

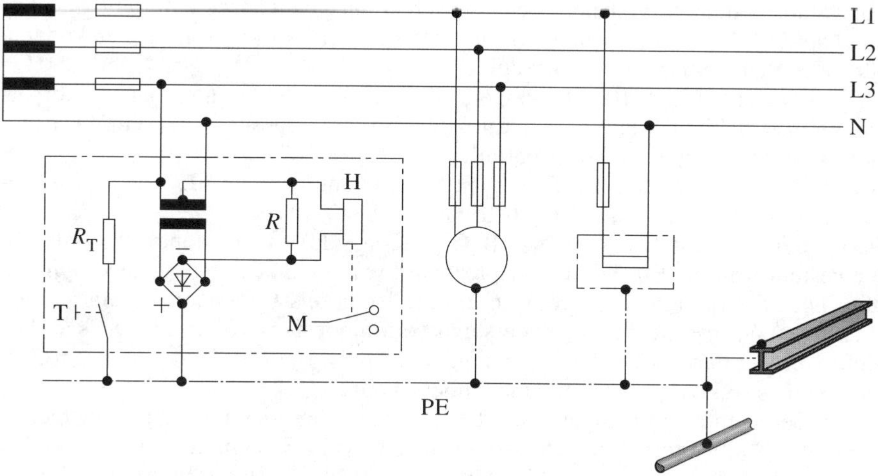

Bild 4.68 IT-System mit einem Isolations-Überwachungsgerät mittels überlagerter Gleichspannung
H Hilfsrelais zur Fehlermeldung
M Meldekontakt für optische und akustische Signalgebung
R Meßwiderstand
R_T Prüfwiderstand
T Prüftaste

Die Ausschaltstromstärken der Überstrom-Schutzeinrichtungen müssen jenen Werten entsprechen, die bei der Schutzmaßnahme TN-System (Tabelle 4.5) angegeben wurden.
Die Isolationsüberwachung erfolgt mit Geräten, die eine Gleichspannung (z. B. 12 V) zwischen Netz und dem Überwachungssystem einbringen. Sinkt der Isolationswiderstand des Netzes unter den vorschriftsmäßigen Wert, so erzeugt der dadurch verursachte Gleichstrom an einem Widerstand einen Spannungsfall, der zum Auslösen der Störungsmeldung benutzt wird (**Bild 4.68**).

4.4.3 Betriebseigenschaften und Sonderanwendungen

Der wesentliche Vorteil des IT-Systems liegt in der Tatsache, daß beim Auftreten eines einfachen Körperschlusses der Betrieb in der fehlerhaften Anlage weitergeführt werden kann. Darüber hinaus ist es von Vorteil, daß der Erdungswiderstand bis zu 20 Ω bzw. 100 Ω betragen darf. Aus diesem Grund kann es besonders vorteilhaft bei beweglichen Stromerzeugungsanlagen eingesetzt werden.
Hat das Verteilungsnetz einen hohen Isolationswiderstand, ist es von Vorteil, daß selbst das direkte Berühren blanker, unter Spannung stehender Teile noch keine Le-

bensgefahr bedeutet, weil über den Menschen entspechend dem Isolationswiderstand des Netzes maximal einige Milliampere als Berührungsstrom fließen können. Für bewegliche Stromerzeugungsanlagen (z. B. Notstromaggregate) darf der Erdungswiderstand bis zu 100 Ω betragen. Wird die Anlage bei sattem Doppelkörperschluß an beliebiger Stelle selbsttätig innerhalb 1 s ausgeschaltet, kann die Isolations-Überwachungseinrichtung entfallen.

Derartige Anlagen dürfen jedoch nur mit Nennspannungen bis 400 V Wechselspannung bzw. 440 V Gleichspannung betrieben werden.

Für medizinisch genutzte Räume (z. B. Operationssäle) müssen höhere Anforderungen gestellt werden. Ein Mindestansprechwert von 50 kΩ ist üblich (siehe Band 84 der VDE-Schriftenreihe, Abschnitt 6.2). Die Isolations-Überwachungseinrichtung muß einen Wechselstrominnenwiderstand von mindestens 100 kΩ aufweisen. Die Meßspannung darf 24 V Gleichspannung, der Meßstrom (bei vollkommenem Erdschluß eines Außenleiters) 1 mA nicht überschreiten.

Bei größeren Industrieanlagen sind die Erdkapazitäten der Installationselemente, wie Leitungen, Motore, Öfen etc., so groß, daß das IT-System keinen Schutz beim direkten Berühren aktiver Teile bieten kann. Es taucht damit die Frage auf, ob Feh-

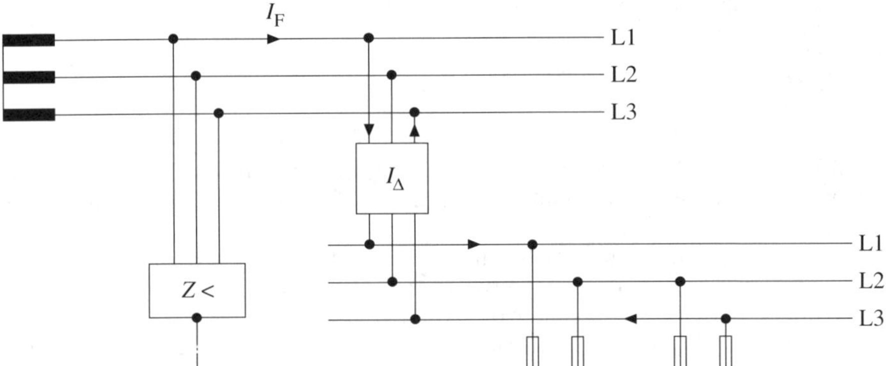

Bild 4.69 Im Isolations-Überwachungssystem sind FI-Schutzeinrichtungen im allgemeinen nicht für das Ausschalten von doppelten Körperschlüssen geeignet (siehe auch Bild 4.26)

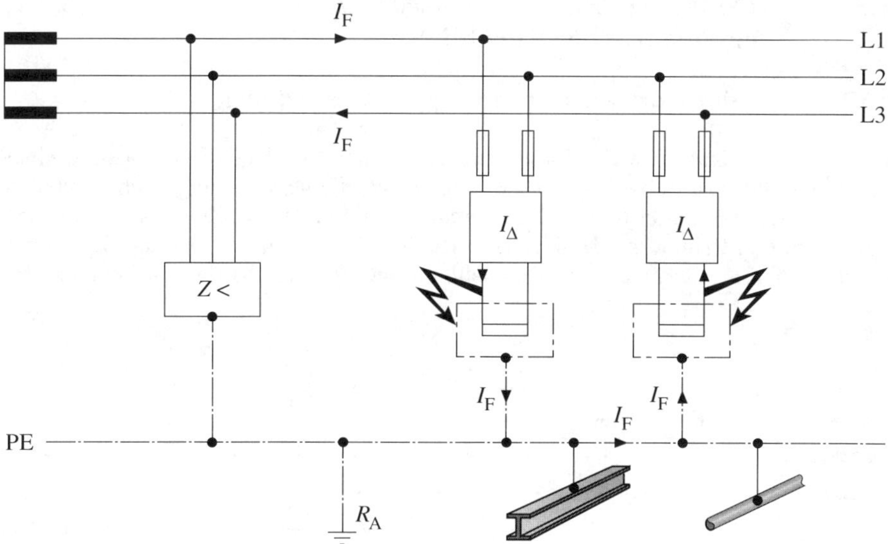

Bild 4.70 Fehlerstrom-Schutzeinrichtungen für das Ausschalten von doppelten Körperschlüssen beim Isolationsüberwachungssystem mit FI-Schutzschaltern in jedem Endstromkreis

lerstrom-Schutzeinrichtungen mit einem Nennfehlerstrom $I_{\Delta n} \leq 30$ mA für den Zusatzschutz eingebaut werden können. Hier gelten dieselben Gesichtspunkte wie für isolierte allgemeine Verteilungsnetze. Näheres dazu findet man in Abschnitt 4.2.3.2 dieses Bandes.

Für die Ausschaltung von Fehlern bei doppelten Körperschlüssen können FI-Schutzeinrichtungen nicht ohne weiteres verwendet werden, wie **Bild 4.69** zeigt. Der erste Körperschluß führt im allgemeinen wegen des niedrigen Fehlerstroms nicht zum Auslösen des FI-Schutzschalters. Beim zweiten Fehler addieren sich die Fehlerströme im Wandler des FI-Schutzschalters zu null, und damit erfolgt keine Auslösung (siehe auch Bild 4.26).

Dies wäre nur dann möglich, wenn jeder Endstromkreis mit einem eigenen FI-Schutzschalter geschützt wird (**Bild 4.70**), eine aufwendige Lösung, die wohl nur in Sonderfällen vertretbar ist.

4.5 Fehlerspannungs-Schutzschaltung; ein historischer Rückblick

4.5.1 Prinzip der Fehlerspannungs-Schutzschaltung

Bevor man technisch in der Lage war, den Fehlerstrom für die Auslösung eines Schutzschalters zu nutzen, wurde der sogenannte Fehlerspannungs-Schutzschalter oder FU-Schutzschalter oder, wie er damals auch genannt wurde, „der Trennwart", oder nach den Erfindern „der Heinisch-Riedl-Schalter", jahrzehntelang in einigen europäischen Ländern (z. B. in Deutschland und Österreich) für den Fehlerschutz

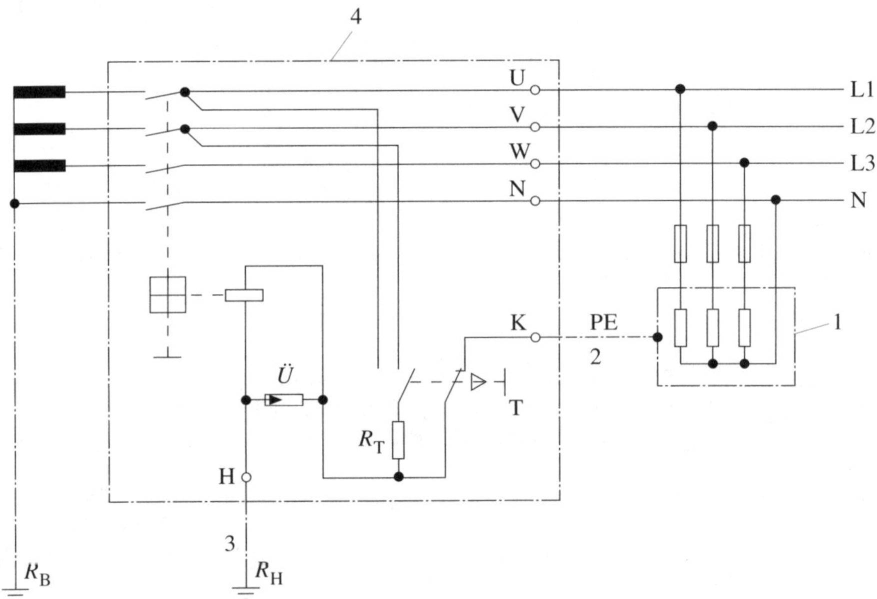

Bild 4.71 Prinzipschaltbild der FU-Schutzschaltung bei einem von Erde isolierten Gerät

H Klemme für den Anschluß der Hilfserdungsleitung
K Klemme für den Anschluß des Schutzleiters
R_B Betriebserdung des Netzes
R_H Hilfserdung
R_T Prüfwiderstand
Ü Überspannungsschutz
T Prüfeinrichtung
1 Betriebsmittel (von Erde isoliert)
2 Schutzleiter
3 Hilfserdungsleitung
4 FU-Schutzschalter

verwendet. Er wurde zuerst von den Rheinisch-Westfälischen Elektrizitätswerken in den zwanziger Jahren gefördert, war aber auch noch nach dem Zweiten Weltkrieg etwa bis 1960 neben der Nullung die wichtigste Schutzmaßnahme für den Schutz bei indirektem Berühren. Auch heute sollte der Fachmann noch über das Prinzip und die Mängel der FU-Schutzschaltung informiert sein, um zu verstehen, warum diese Methode überholt und ihre Anwendung inzwischen auch nicht mehr erlaubt ist.
Es wird dabei von der Grundidee ausgegangen, daß die Spannung, die das geschützte Gerät im Fehlerfall gegen Erde aufweist, überwacht werden kann. Die Auslösespule des Schutzschalters wird demnach wie ein Voltmeter zwischen Gehäuse des Verbrauchers und Erde geschaltet. Nimmt die Spannung unzulässig hohe Werte an, erfolgt die Ausschaltung.
Zur Realisierung dieser Idee werden alle zu schützenden Teile des Betriebsmittels mit dem Schutzleiter verbunden. Danach verbindet man den Schutzleiter einerseits, die Hilfserdungsleitung andererseits mit den Klemmen der Auslösespule des FU-Schutzschalters (Schutzleiter an Klemme K und die Leitung zum Hilfserder an die Klemme H). Diese Schaltung ist in **Bild 4.71** dargestellt.
Tritt eine Spannung gegen Erde (Fehlerspannung) auf, treibt diese über die Auslösespule und den Widerstand der Hilfserdung einen Strom, der nach Überschreiten eines bestimmten Wertes den Schalter elektromagnetisch auslöst.
Zur korrekten Erfassung der Fehlerspannung ist es ähnlich wie bei der Messung von Erdungswiderständen notwendig, daß der Hilfserder außerhalb des Spannungstrichters eventueller Erdungen der geschützten Geräte angebracht wird.
Daraus ergibt sich, daß die Anwendung der FU-Schutzschaltung immer dann einfach durchzuführen war, wenn das zu schützende Gerät von Erde vollständig isoliert war (z. B. Elektroherd auf isolierendem Fußboden). In diesen Fällen konnte man problemlos jede Erde als Hilfserde verwenden, die in unmittelbarer Nähe zur Verfügung stand (z. B. Wasserleitung, Stab oder Banderder, geerdete Konsole usw.). Bei geerdeten Geräten (Elektrowassererwärmer, Wasserpumpen usw.) war diese Maßnahme des Fehlerschutzes kaum anwendbar.

4.5.2 Nachteile bei der Fehlerspannungs-Schutzschaltung

Im Vergleich zu allen anderen Methoden des Schutzes gegen zu hohe Berührungsspannungen mit Schutzleitern, die eine möglichst niederohmige Verbindung der zu schützenden Anlagenteile mit der Erde fordern, wird bei der FU-Schutzschaltung in die Erdungsleitung eine hochohmige Impedanz – die Auslösespule des Schutzschalters – eingeschaltet.
Dies verursacht eine Reihe von entscheidenden Nachteilen, die dazu geführt haben, daß diese Schutzmaßnahme nicht mehr angewendet wird. Fehlerspannungs-Schutzschalter werden auch nicht mehr hergestellt.

- Bei Versagen des Schalters oder bei Fehlschaltungen kann es zum Durchbrennen der Spule kommen; das zu schützende Gerät wird dadurch von Erde isoliert und nimmt die volle Netzspannung gegen Erde an.

- Infolge des großen Widerstands der Auslösespule liegt während der Ansprechzeit des FU-Schutzschalters die volle Netzspannung gegen Erde am Gehäuse des fehlerhaften Geräts. Dies bedeutet, daß – im Vergleich zum TN-System – keine Absenkung der Fehlerspannung eintritt.
- Bei Freileitungsnetzen wurden oft Spulenschäden bei FU-Schaltern beobachtet, die durch atmosphärische Überspannungen infolge der hohen Impedanz der mit dem Hilfserder verbundenen Auslösespule entstanden sind.
- Praktisch undurchführbar war die FU-Schutzschaltung bei zwangsläufig geerdeten Verbrauchern, wie z. B. bei Heißwasserspeichern. In Gebieten mit geschlossener Bebauung ist es ja kaum möglich, den Hilfserder außerhalb des Spannungstrichters der Erdung der Verbraucheranlage zu errichten. Meist wurde einfach die Hilfserdungsleitung an die Wasserleitung in der Wohnung angeschlossen (**Bild 4.72**). Dadurch wird aber die Auslösespule über die zwangsläufige Erdung kurzgeschlossen. Bei einem Isolationsfehler löst der FU-Schutzschalter nicht aus, und die Fehlerspannung wird nicht ausgeschaltet. Besonders unangenehm ist es, daß der FU-Schutzschalter in einem solchen Fall beim Betätigen der Prüftaste auslöst und damit eine nicht vorhandene Funktionsfähigkeit vorgetäuscht wird. Beim Betätigen der Prüftaste wird nämlich der Schutzleiter von der Auslösespule

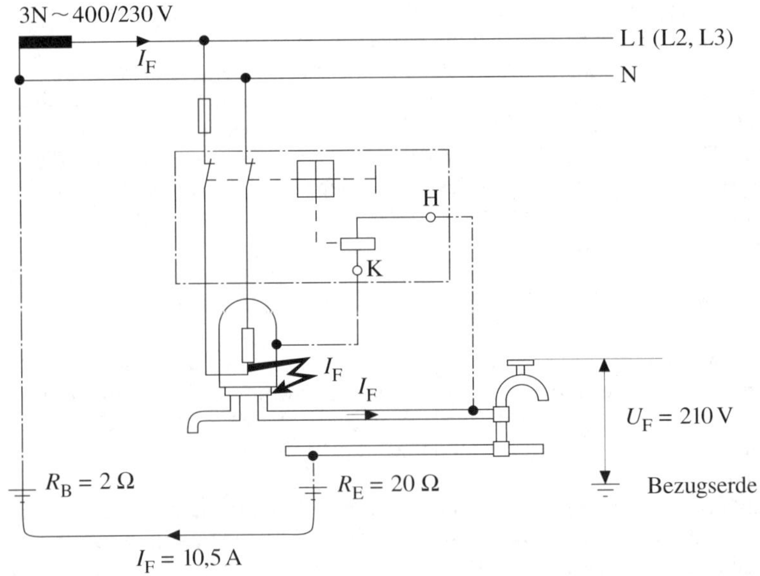

Bild 4.72 Unzulässiger Anschluß der Hilfserdungsleitung bei der FU-Schutzschaltung an die Wasserleitung bei einem zwangsläufig geerdeten Verbraucher. Die Spule ist kurzgeschlossen. Der FU-Schutzschalter löst trotz einer Fehlerspannung von 210 V in der Anlage nicht aus.

getrennt und das Spulenende über einen Vorwiderstand an den Außenleiter gelegt. Dadurch wird der Spulenkurzschluß aufgehoben. Nach Loslassen der Prüftaste ist die Auslösespule wieder kurzgeschlossen (Bild 4.71).

4.6 Literatur zu Kapitel 4

Advisory Committee on Safety Acos (SC 23E/RCD Reliability) 1/94: Report of the Secretary of SC 23E on the state of work of the Sub-Committee on requirements for ensuring reliable operation of residual current devices (RCD) for household use

Biegelmeier, G.: Gedanken über die Nullung (TN-System) als optimalen Fehlerschutz in elektrischen Anlagen; ÖZE 37 (1984) H. 12, S. 483 – 493

Biegelmeier, G.: Kritische Betrachtungen zur Verwendung von FI-Schutzschaltern in genullten Verbraucheranlagen; e&i 107 (1990) H. 4, S. 195 – 199

Biegelmeier, G.: Das Gleichstromproblem bei der Fehlerstrom-Schutzschaltung – ein vernachlässigbares Sicherheitsrisiko; Bull. SEV/VSE 82 (1991) H. 7, S. 33 – 42

Biegelmeier, G.: Über das Löschverhalten von Luftstrecken bei Stoßspannungsbeanspruchungen; Bull. SEV/VSE 78 (1987) H. 23, S. 1446 – 1453

Biegelmeier, G.: Der Fehlerstrom-Schutzschalter – eine Herausforderung an die Ingenieurkunst Österreichs; e&i 112 (1995) H. 5, S. 222 – 229

Biegelmeier, G.: Praxisnahe Installationsnormen; Bull. SEV/VSE 86 (1995) H. 15, S. 37 – 46

Biegelmeier, G.; Eder, H.; Groiss, J.; Mörx, A.: Praxisnahe Normen für die Neutralleiter-Schutzerdung (Nullung) als Fehlerschutz in Niederspannungsanlagen (in Vorbereitung)

Biegelmeier, G.; Kieback, D.; Krefter, K. H.; Eder, H.: Über die Einschränkung der Verfügbarkeit der Stromversorgung von Niederspannungsanlagen durch Fehlerstrom-Schutzeinrichtungen; Elektrizitätswirtschaft 90 (1991) H. 8, S. 400 – 411

Biegelmeier, G.; Groiss, H.; Mörx, J.; Wiborny, S.: Normen für die Anwendung der Neutralleiter Schutzerdung (Nullung) als Fehlerschutz in Niederspannungsanlagen. Österr. Zeitschrift für Elektrizitätswirtschaft, VEÖ-Journal H. 11 (1996) S. 50 – 62

Biegelmeier, G.; Brandl, F.; Forsthofer, A.; Resch, K.: Tierunfälle durch gefährliche Berührungsströme. Österr. Zeitschrift für Elektrizitätswirtschaft, VEÖ-Journal, H. 11 (1996) S. 63 – 72

Biegelmeier, G.; Mörx, A.: Risikoverminderung für Elektrounfälle, Elektrie 50 (1996) H. 10/11, S. 1 – 13

Brenner, A.: Leistungs- und Zuverlässigkeitsanalyse störungstoleranter Systeme. Bulletin SEV/VSE 19 (1995) S. 13 – 18

Cantarella, G.; Carrescia, V.; Rommasini, R.: Rapporto sulla qualita degli interruttori differenziali: Convegno sulla qualita degli interruttori differenziali. Torino. Comitato Elettrotecnico Italiano, 1993

Carrescia, V.: Fondamenti di sicurezza elettrica. Milano: Editore Ulrico Hoepli, 1997

Carrescia, V.; Tommassini, R.: Rapporto sugli infortuni elettrici. Editore Italiano Istituto del Marchio die Qualita, 1988
Chatelain, M; Homberger, E.: Revisionsbedürftige Niederspannungs-Installationsnormen. Bull. SEV/VSE 86 (1995) H.15, S. 47 – 49
Cooper, W. F.: Electrical safety engineering. London-Boston: Newnes-Butterworth, 1978
Egyptien, H.-H.; Krause, N.: Neue Tendenzen beim Einsatz von Fehlerstrom-Schutzeinrichtungen. de/der elektromeister + deutsches elektrohandwerk (1987) H. 9, S. 609 – 613
Feitknecht, J.: Fehlerstrom-Schutzschalter, Konstruktive Lösungen, Entwicklungstendenzen und Grundsätze für ihre Anwendung. etz Elektrotech. Z. 105 (1984) H. 13, S. 666 – 671
Gatz, H.: Fehlerstromschutzschalter im IT-Netz. Elektromeister 58 (1983) H.23/24, S. 1608
Hoffmann, H.; Schuldei, E.: FI-Nullung. Elektrizitätswirtschaft 66 (1967) S. 77 – 83
Hofheinz, W.: Schutztechnik mit Isolations-Überwachung. 6. Aufl., Berlin u. Offenbach: VDE-VERLAG, 1997
Homberger, E.: Wahrscheinlichkeitsüberlegungen bei der Wahl von Sicherheitsvorkehrungen in elektrischen Verteilnetzen. Bull. SEV/VSE 65 (1974) H. 12, S. 892 – 895
Homberger, E.: Neue Überlegungen zur Vermeidung gefährlicher Berührungsspannungen. Bull. SEV/VSE 74 (1983) H. 7, S. 338 – 341
Kämpfe, J.: 20 Jahre Fehlerstrom-Schutzschaltung im VDE-Vorschriftenwerk. de der elektromeister + deutsches elektrohandwerk (1978) H. 16, S.1174 – 1175
Kautsch, R.: Die Zuverlässigkeit elektronischer Systeme. de deutsches Elektrohandwerk/elektromeister H. 7 (1996) S. 529 – 535
Kieback, D.: Ergebnisse von Untersuchungen über die Zuverlässigkeit von Fehlerstrom-Schutzeinrichtungen. Elektrie 45 (1991) H. 12, S. 451 – 456
Kieback, D.: Zuverlässigkeit von Fehlerstrom-Schutzeinrichtungen. Elektrie 49 (1995) H. 4, S. 134 – 143
Kieback, D.; Lappe, U.: Zuverlässigkeit von FI- Schutzschaltern. Elektropraktiker 50 (1996) H. 6, S. 464 – 467
Kiefer, G.: VDE 0100 und die Praxis. 8. Aufl., Berlin u. Offenbach: VDE-VERLAG, 1997
Kröger, U.: Beeinflussung von FI-Schutzschaltern durch Schwingungspaketsteuerung. ETZ B Elektrotech. Z., Ausg. B 28 (1976) H. 6/7, S. 172 – 175
Löbl, O.: Erdung, Nullung und Schutzschaltung. Berlin: Springer-Verlag,1933
Morgenthaler, G.: Entwicklungstendenzen bei FI-Schutzschaltern. Elektrie 49 (1995) H. 4, S. 145 – 147
Nowak, K.: Zwanzig Jahre FI-Schutzschaltung – Chronologie und Entwicklungsvarianten. de der elektromeister + deutsches elektrohandwerk (1978) H. 16, S. 1163 – 1166

Oehms, K. J.: Geplante Änderung bei der Schutzmaßnahme Nullung. Elektrizitätswirtschaft 77 (1978) H. 14, S. 476 – 479
Rabitsch, G.: Österreichische Beiträge zur Technik der Fehlerstromschutzschaltung. E. u. M. Elektrotechnik und Maschinenbau 103 (1986) H. 2, S. 59 – 65
Remond, C.: Les installations electriques dans les batiment. Editions Reyrolles, 1977
Runtsch, E.; Flohr, P.: Stellungnahmen zum Aufsatz Solleder. etz Elektrotech. Z. 108 (1987) H. 3, S. 94 – 97
Schaefer, E.: Fehleranalyse mit Hinweisen zur Zuverlässigkeitssteigerung von Fehlerstromschutzschaltern. Tagungsabend 6. Vortragsveranstaltung „Elektrotechnik". Nürnberg, Juni 1991, Monographie M13 der BG F&E, Köln
Schaefer, E.: Zuverlässigkeit, Verfügbarkeit und Sicherheit in der Elektrotechnik. Würzburg: Vogel-Verlag, 1979
Schwenkhagen, H. F.; Schnell, P.: Gefahrenschutz in elektrischen Anlagen. Essen: Verlag W. Girardet, 1957
Schrank, W.: Schutz gegen Berührungsspannungen. Berlin: Springer-Verlag, 1958
Sievert, C.: Gedanken über eine Schutzmaßnahme – Nullung. de der elektromeister + deutsches elektrohandwerk (1983) H. 4, S. 193 – 222
Solleder, R.: Warum Fehlerstromschutzschalter mit netzspannungsunabhängiger Auslösung? etz Elektrotech. Z. 107 (1986) H. 20, S. 938 – 945
Swierkot, F.: Anwendung der Schutzmaßnahmen nach VDE 0100. Elektrizitätswirtschaft 75 (1976) H.13, S. 343 – 345
Winkler, A.: Fehlerstromschutzschalter im IT-Netz. Elektromeister 58 (1983) H. 18, S. 1155
Winkler, A.: Die Nullung ist tot – Es lebe die Nullung? de der elektromeister + deutsches elektrohandwerk (1983) H. 4, S. 209 – 212
Wydler, U.: Redundanz entscheidet über Sicherheit. Bulletin SEV/VSE (1996) H. 3, S. 20 – 22

5 Fehlerschutz ohne Schutzleiter (PE-Leiter)

5.1 Schutzziele

In Bild 1.3 und in Abschnitt 3.3.3 wurden die Gefahren aufgezeigt, die durch Schutzleiter in elektrischen Anlagen verursacht werden können. Es handelt sich dabei um Schutzleiterunterbrechungen und Schutzleiterverwechslungen sowie um Verschleppungen von Fehlerspannungen auf nicht fehlerbehaftete äußere und fremde leitfähige Teile. Es lag daher der Gedanke nahe, nach Schutzmaßnahmen gegen gefährliche Berührungsströme zu suchen, die keinen Schutzleiter benötigen.

Prinzipiell gibt es dafür drei Möglichkeiten:

- Man isoliert die Betriebsmittel so gut, daß keine Isolationsfehler zu äußeren leitfähigen Teilen auftreten können.
- Man isoliert das Stromversorgungsnetz gut gegen Erde, so daß auch beim direkten Berühren eines aktiven Leiters gegen Erde kein gefährlicher elektrischer Schlag entstehen kann.
- Man isoliert das Stromversorgungsnetz gut gegen Erde und verwendet eine Nennspannung, die so niedrig ist, daß auch beim direkten Berühren zweier Leiter mit verschiedenem Potential kein gefährlicher elektrischer Schlag möglich ist.

Den genannten drei Möglichkeiten entsprechen die Maßnahmen des Fehlerschutzes: Schutzisolierung, Schutztrennung sowie Schutz durch Kleinspannung.
Bei der Schutzisolierung sind die Betriebsmittel so sicher gebaut, daß das Risiko vertretbar ist, das durch einen Isolationsfehler von aktiven Teilen zu äußeren leitfähigen Teilen des Betriebsmittels entstehen kann, das heißt, daß die Isolierungen wesentlich besser sein müssen als die übliche Basisisolierung (siehe Abschnitt 2.1.1). Es muß also entweder die Basisisolierung verbessert werden, und damit kommt man zum Begriff der verstärkten Isolierung, oder man sieht eine zweite Isolierung vor, und kommt damit zum Begriff der doppelten Isolierung. Diese grundsätzlichen Überlegungen sind bereits in Abschnitt 3.3.4 vorgenommen worden (siehe Bild 3.13). Die am häufigsten angewendete Bauform besteht aber einfach darin, daß es überhaupt keine äußeren leitfähigen Teile gibt, das heißt, man umhüllt das Betriebsmittel mit Isolierstoff, der bestimmte Anforderungen elektrischer und mechanischer Art erfüllen muß, und kommt so zur Schutzisolierumhüllung.
Die zweite Möglichkeit besteht darin, die Stromversorgung kleiner, überschaubarer Anlagen elektrisch so sicher von Erde zu trennen, daß auch bei einem Isolationsfehler kein gefährlicher elektrischer Schlag gegen Erde auftreten kann, und damit kommt man zur Schutztrennung.
Geht man noch einen Schritt weiter und setzt die Nennspannung der Stromversorgung auf Werte herab, daß auch beim direkten Berühren aktiver Leiter gegeneinander bei normalen Umgebungsbedingungen kein gefährlicher elektrischer Schlag

auftreten kann, dann kommt man zum Schutz durch Kleinspannung als allerdings nur begrenzt anwendbare Maßnahme des Schutzes gegen gefährliche Berührungsströme mit höchstem Schutzwert.

Aus diesen Überlegungen heraus ergeben sich die Schutzziele von selbst. Die Schutzisolierung bei Betriebsmitteln und Anlagen ist eine hochwertige Maßnahme des Fehlerschutzes, deren Wirksamkeit davon abhängt, daß die Schutzisolation nicht überbrückt wird. Versagt sie, das heißt, werden durch Gehäusebruch aktive Teile berührbar oder wird sie überbrückt (z. B. durch leitfähigen Staub), dann kann ein gefährlicher elektrischer Schlag entstehen. Durch den Zusatzschutz kann diese Gefahr bei Geräten, die über Steckdosen betrieben werden, stark eingeengt werden, weil FI-Schutzschalter mit einem Nennfehlerstrom $I_{\Delta n} \leq 30$ mA gewissermaßen als Isolations- und Berührungsstromwächter Unfälle verhindern. Schutzisolierte Geräte sind daher allgemein anwendbar und von der Art der Stromversorgung unabhängig.

Beim Schutz durch Kleinspannung kann auch beim Gehäusebruch keine Gefahr entstehen, wenn ein Leiter und Erde oder zwei Leiter mit verschiedenem Potential berührt werden. Je nach den Umgebungsbedingungen wird man eine Nennspannung von 24 V vorsehen, wenn der Betrieb unter erschwerten Umgebungsbedingungen erfolgt (z. B. Arbeiten mit leitfähigen Flüssigkeiten wie Meerwasser, großflächige Berührung, begrenzte Bewegungsfähigkeit, niederohmige Körperwiderstände mit Stromwegen Rücken – Brust oder Kopf – Brust), oder man verwendet eine Nennspannung von 42 V bei weniger kritischen Arbeitsbedingungen.

In manchen Fällen wird bei normalen Umgebungsbedingungen und Nennspannungen unter 24 V die Basisisolierung nicht gefordert, und damit werden aktive Teile berührbar. Dies ist z. B. bei Spielzeugeisenbahnen und manchen Maschinensteuerungen der Fall.

Der Schutz durch Kleinspannung wird mit SELV bezeichnet, wenn Stromquelle, Stromkreise und Körper ungeerdet betrieben werden. Werden die Anlagen geerdet, wird die Bezeichnung PELV verwendet.

Schließlich erlaubt man bei der Schutztrennung in kleinen isolierten Netzen auch höhere Nennspannungen und nimmt in Kauf, daß gewisse zusätzliche Gefahren, z. B. beim Erdschluß eines Leiters, auftreten.

Die Maßnahmen des Fehlerschutzes Schutz durch Kleinspannung und Schutztrennung schließen den Zusatzschutz ein, wie in Kapitel 6 gezeigt wird.

5.2 Schutz durch Kleinspannung SELV (safety extra low voltage)

5.2.1 Prinzip und Stand der Technik

Bei der Anwendung des Schutzes durch Kleinspannung SELV (bisher auch als Schutzkleinspannung bezeichnet) müssen folgende Bedingungen erfüllt sein:

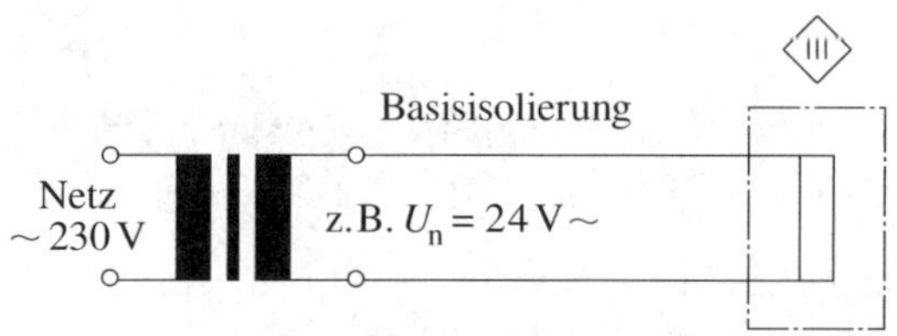

Bild 5.1 Anlage mit Schutz durch Kleinspannung SELV als Fehlerschutz; ungeerdete Kleinspannungsquelle mit sicherer elektrischer Trennung, Betriebsmittel der Schutzklasse III

- Verwendung kleiner Spannungen bis 50 V AC und 120 V DC. Für besondere Anwendungsfälle können niedrigere Werte wie z. B. 25 V AC und 60 V DC erforderlich sein.
- Aktive Teile von Stromkreisen dürfen nicht mit Erde, mit aktiven Teilen oder mit Schutzleitern anderer Stromkreise verbunden sein.
- Körper dürfen nicht absichtlich verbunden werden mit Erde, Schutzleiter oder Körper anderer Stromkreise oder mit fremden leitfähigen Teilen.
- Die Erzeugung der erdfreien Kleinspannung erfolgt durch besondere Stromquellen mit sicherer elektrischer Trennung von elektrischen Anlagen, durch die ein gefährlicher elektrischer Schlag verschleppt werden könnte.
- Der Basisschutz gegen direktes Berühren aktiver Teile muß voll gewährleistet sein, wenn die Nennspannung 25 V AC (Effektivwert) bzw. 60 V DC überschreitet. Bei kleineren Nennspannungen kann auf den Schutz gegen direktes Berühren verzichtet werden, wenn die Geräte unter normalen Umgebungsbedingungen verwendet werden (keine Schutzklasse III).
- Die Betriebsmittel für Kleinspannung SELV für erschwerte Umgebungsbedingungen müssen den Normen für Geräte der Schutzklasse III entsprechen (siehe Abschnitt 3.3.5) und entsprechend gekennzeichnet sein.

Infolge der kleinen Spannungen sind allerdings auch bei mittleren Leistungen die benötigten Stromstärken beträchtlich, daher müssen große Leiterquerschnitte verlegt werden. SELV wird aus diesem Grund nur in Sonderfällen bei besonders gefährlichen Umgebungsbedingungen angewendet.
Der prinzipielle Aufbau einer Anlage mit SELV ist in **Bild 5.1** dargestellt.

Definition
Schutz durch Kleinspannung SELV ist eine Maßnahme des Fehlerschutzes für erschwerte Umgebungsbedingungen, wobei je nach dem Gefährdungsgrad der Nennwert der Wechselspannung auf höchstens 25 V bzw. 50 V und bei Gleichspannung auf höchstens 60 V bzw. 120 V begrenzt ist (siehe Abschnitt 5.2.2). Die Stromkreise werden ungeerdet betrieben und sind von ihrer Einspeisung aus Stromkreisen höherer Spannung sicher elektrisch getrennt. Für Betriebsmittel ist die Schutzklasse III vorgeschrieben.

5.2.2 Stromquellen

Es sind Stromquellen mit sicherer elektrischer Trennung zu verwenden:

- Generatoren für Kleinspannung,
- Sicherheitstransformatoren,
- Umformer mit galvanisch voneinander sicher getrennten Wicklungen,
- Akkumulatoren sowie zugehörige Ladegeräte im Pufferbetrieb,
- elektronische Geräte, bei denen sichergestellt ist, daß beim Auftreten eines Fehlers im Gerät die Spannung an den Ausgangsklemmen nicht höher ist als die für den entsprechenden Anwendungsfall von SELV vorgeschriebenen Spannungsgrenzen.

Obwohl also Nennspannungen bis zu 25 V bzw. 50 V für Wechselstrom 50 Hz bzw. für Gleichstrom 60 V bzw. 120 V zugelassen sind, ist man in der Praxis bei Wechselstrom bei den für Kleinspannungsgeräte der Schutzklasse III genormten Nennspannungen 24 V bzw. 42 V geblieben. Bei Gleichstrom sind entsprechende Werte als normale Nennspannungen für Kleinspannungsgeräte der Schutzklasse III DC auszuwählen.
Die Leerlaufspannung darf höher liegen als die maximal zulässigen Werte, wenn sichergestellt ist, daß im Falle des direkten Berührens die Spannung innerhalb der im Fehlerfall angeforderten Ausschaltzeiten (z. B. 0,4 s) auf Werte gleich oder kleiner der festgelegten Grenzwerte (z. B. 50 V AC) herabgesetzt wird.
Am häufigsten werden als Stromquellen Schutztransformatoren verwendet. Sie sind mit dem Bildzeichen nach **Bild 5.2** gekennzeichnet.

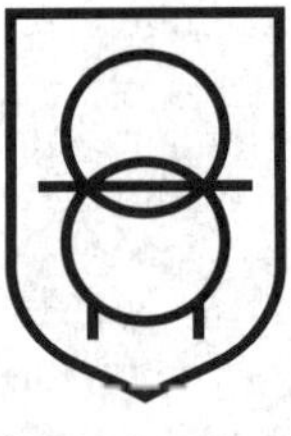

Bild 5.2 Bildzeichen für Schutztransformatoren

5.2.3 Installationsregeln

Leiter und damit verbundene leitfähige Teile von Stromkreisen dürfen nicht mit geerdeten leitfähigen Teilen oder mit Schutzleitern und schon gar nicht mit aktiven Teilen anderer Stromkreise verbunden werden.
Dies gilt auch für eine absichtliche Verbindung berührbarer leitfähiger Teile, die auch nicht an fremde leitfähige Teile angeschlossen werden dürfen, außer wenn sichergestellt ist, daß diese keine Fehlerspannungen über die vorgeschriebenen Grenzwerte hinaus annehmen können.

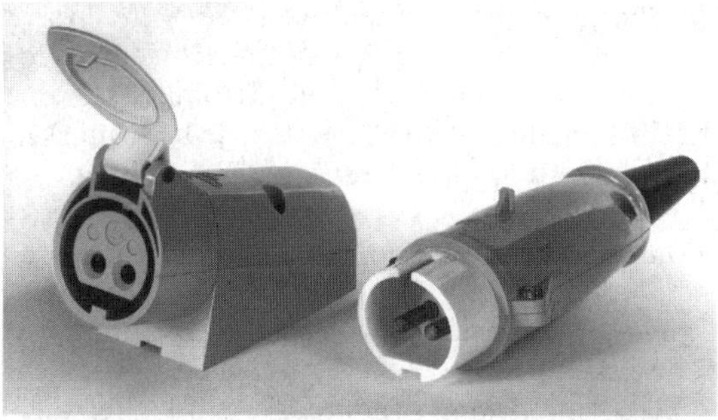

Bild 5.3 International genormte Kleinspannungs-Steckvorrichtung

Leiter und damit verbundene leitfähige Teile von Stromkreisen müssen gegen berührbare leitfähige Teile der Betriebsmittel durch eine Basisisolierung getrennt sein, die einer Nennspannung von 250 V entspricht.

Bei der Installation von Stromkreisen ist darauf zu achten, daß sie gegen aktive Teile von Stromkreisen mit höherer Spannung sicher elektrisch getrennt sind. Die Anforderungen dafür entsprechen jenen der Schutztransformatoren. Vor allem ist auf diese Forderung bei Relais, Schützen und Hilfsschaltern zu achten, deren Betätigungsspannung oder Strombahnen oft mit höheren Spannungen beaufschlagt sind.

Bei der Leitungsverlegung sollen Stromkreise für SELV von Stromkreisen höherer Nennspannung getrennt verlegt werden. Falls dies nicht möglich ist, müssen die Leiter für Schutzkleinspannung zusätzlich zu ihrer Basisisolierung durch Isolier-

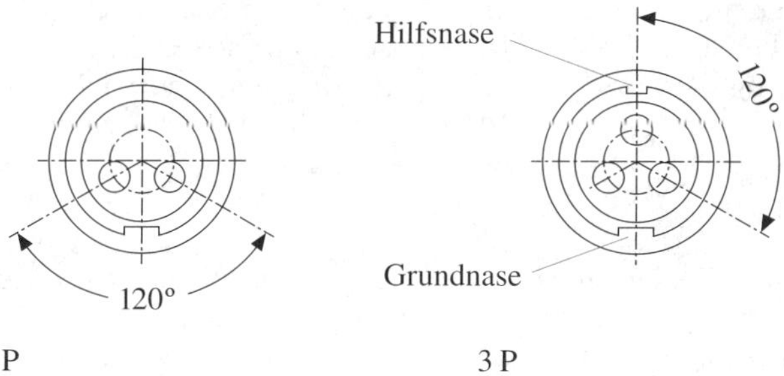

Bild 5.4 Sicherstellung der Unverwechselbarkeit in bezug auf die Nennspannungen 24 V und 42 V durch die Lage einer Hilfsnase und Nut im Kragen der Steckvorrichtung bei 42 V (entsprechend dem Zifferblatt einer Uhr wird die Lage der Hilfsnase mit 12 h bezeichnet, die Nase-Nut-Hauptverriegelung hat immer die 6-h-Lage, siehe DIN 49465)

stoffummantelung oder Isolierschläuche geschützt werden, oder die Stromkreise mit verschiedenen Nennspannungen müssen durch geerdete Metallschirmung getrennt werden. Dabei können in einer Mantelleitung mehrere Stromkreise, einschließlich des Stromkreises für Kleinspannung, verlegt werden, jedoch müssen letztere eine Isolierung besitzen, die der Leitung mit höchster Nennspannung entspricht, die in der Mehraderleitung mitgeführt wird.
Besonders wichtig beim Installationsmaterial sind die Steckvorrichtungen für Kleinspannung. Die Stecker dürfen nicht in Steckdosen einführbar sein, die in derselben Anlage für höhere Spannungen bzw. für andere Kleinspannungsstromkreise verwendet werden. Außerdem dürfen sie keine Schutzkontakte besitzen.
Für SELV wurde international eine Steckvorrichtung genormt, die ein Isolierstoffgehäuse und den Nennstrom 16 A besitzt. Damit steht dem Installateur eine einwandfreie Kleinspannungssteckvorrichtung für diese Anlagen zur Verfügung. Die Unterscheidung zwischen 24 V und 42 V wird durch eine Hilfsnase auf dem Stekkerkragen und eine entsprechende Nut im Dosenkragen ermöglicht (**Bild 5.3** und **Bild 5.4**).

5.2.4 Zusammenfassung

SELV ist dort anzuwenden, wo bei besonders hohem Gefährdungsgrad die Benutzungsbedingungen der Betriebsmittel so sind, daß bei einem Körperschluß und den üblichen Netzspannungen, also im Netz 3N ~ 400/230 V, die Berührungsströme so hoch sind, daß ein gefährlicher elektrischer Schlag, als Auslöseursache für Herzkammerflimmern, durch andere Maßnahmen des Fehlerschutzes, z. B. im TN-System oder TT-System, nicht ausgeschlossen werden kann.
Die Anwendung ist, wegen der Begrenzung auf kleine Leistungen, auf Sonderfälle beschränkt, z. B. auf Arbeiten in engen leitfähigen Räumen bei begrenzter Bewegungsfreiheit. Je nach der Gefährdung wird als Nennspannung entweder 24 V oder 42 V gewählt. Die Festlegung dieser Schutzmaßnahme erfolgt in den Errichtungsnormen DIN VDE 0100-410, wobei auf die Gefährdungswahrscheinlichkeit besonders geachtet wird.

Erkenntnis
SELV ist eine Maßnahme des Fehlerschutzes, die auch bei besonders erschwerten Umgebungsbedingungen sowohl bei Körperschlüssen als auch beim direkten Berühren von mit der Kleinspannungsstromquelle direkt verbundenen Leitern oder leitfähigen Teilen beim Versagen des Basisschutzes jeden gefährlichen elektrischen Schlag zu einem vertretbaren Risiko macht.

5.3 Schutz durch Kleinspannung PELV

5.3.1 Prinzip und Stand der Technik

Der Schutz durch Kleinspannung PELV (bisher auch als Funktionskleinspannung mit sicherer Trennung bezeichnet) wird immer dann angewendet, wenn ein hohes Maß an Sicherheit bei der Elektrizitätsanwendung wie bei SELV gefordert wird. Wenn also nicht alle Bedingungen der Kleinspannung SELV erfüllt werden können oder notwendig sind, um die gewünschte Sicherheit im gegebenen Fall zu erreichen, wendet man die Kleinspannung PELV an.

Definition
PELV ist eine Maßnahme des Fehlerschutzes, bei der Stromkreise mit Nennspannungen bis 50 V AC und 120 V DC betrieben werden, wobei aber nicht alle an den SELV gestellten Forderungen erfüllt werden müssen.

Anforderungen für PELV sind:

- Unter bestimmten Bedingungen wird keine Basisisolierung gefordert (siehe **Bild 5.5**).
- Aktive Teile des Stromkreises und die Körper können geerdet werden (siehe **Bild 5.6**). Die Erdung kann durch eine Verbindung mit dem Schutzleiter des Primärkreises hergestellt werden.

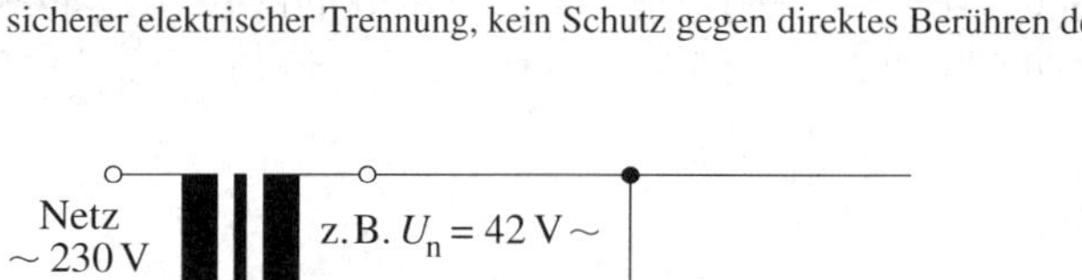

Bild 5.5 Anlage mit Schutz durch Kleinspannung PELV; ungeerdete Kleinspannungsstromquelle mit sicherer elektrischer Trennung, kein Schutz gegen direktes Berühren des Kleinspannungsstromkreises

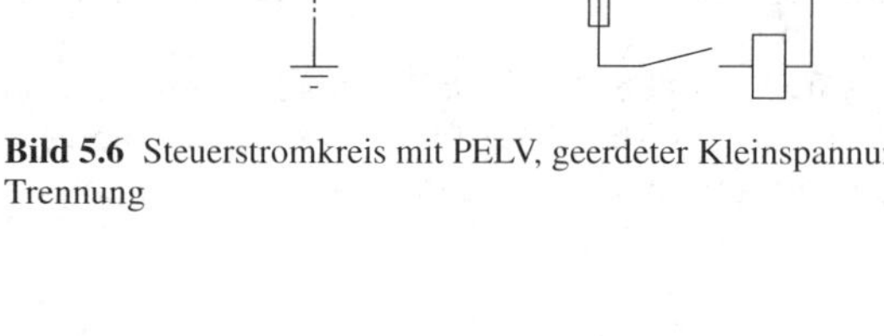

Bild 5.6 Steuerstromkreis mit PELV, geerdeter Kleinspannungsstromkreis mit sicherer elektrischer Trennung

- Der Schutz gegen direktes Berühren ist sicherzustellen durch:
  - Isolierung aktiver Teile, wobei die Isolierung eine Prüfspannung von 500 V AC über eine Zeit von 1 min aushalten muß,
  - Abdeckung oder Umhüllungen in der Schutzart IP 2X.
- Auf den Schutz gegen direktes Berühren kann verzichtet werden, wenn sich die Betriebsmittel in Gebäuden befinden und die gleichzeitig berührbaren Körper und die fremden leitfähigen Teile mit denselben Erdungssystemen verbunden sind und wenn die Nennspannung nachstehende Werte nicht überschreitet:
  - 25 V AC und 60 V DC in trockenen Räumen ohne großflächige Berührung aktiver Teile durch den menschlichen Körper,
  - 6 V AC und 15 V DC in allen anderen Fällen.
- Maßnahmen zum Schutz bei direktem Berühren sind nicht erforderlich.

5.3.2 Stromquellen

Für PELV werden die gleichen Stromquellen wie bei der Schutzkleinspannung vorgeschrieben (siehe Abschnitt 5.2.2). Darüber hinaus können elektronische Geräte mit höheren Ausgangsspannungen verwendet werden, wenn sichergestellt ist, daß beim direkten Berühren des Kleinspannungsstromkreises oder von äußeren leitfähigen Teilen von Kleinspannungsgeräten, die Körperschluß haben, die Spannung an den Ausgangsklemmen innerhalb von 0,4 s auf die vorgeschriebenen Werte herabgesetzt wird.
Beispiele dafür sind elektronische Stromversorgungseinrichtungen (z. B. Wechsel- oder Umrichter, USV-Anlagen) mit Strombegrenzung und damit verbundener Absenkung der Ausgangsspannung und Isolationsprüfeinrichtungen.
Wenn an den Ausgangsklemmen höhere Spannungen auftreten, gelten die oben genannten Bedingungen auch dann als erfüllt, wenn diese höheren Spannungen beim Messen mittels Voltmeter mit einem Innenwiderstand von 3 kΩ auf die vorgeschriebenen Werte für Schutzkleinspannung, also 25 V bzw. 50 V AC oder 60 V bzw. 120 V DC, absinken.
Man kann diese Erleichterung zulassen, weil wegen der normalen Umgebungsbedingungen Berührungsströme kaum auftreten können, die innerhalb von 0,4 s zum Herzkammerflimmern führen würden (siehe Bild 1.30, Band 80 der VDE-Schriftenreihe).

5.3.3 Installationsregeln

Für PELV kann entsprechend den bestehenden Normen bei bestimmten Anlagen der Schutz gegen direktes Berühren entfallen. Dies sollte aber für brandgefährdete Räume nicht angewendet werden.
Ein Schutzleiter ist nicht vorhanden, und bei geerdeter Kleinspannung mit sicherer elektrischer Trennung erfolgt die Erdung eines Pols der Stromquelle meist innerhalb der Stromquelle. Hier besteht die Schwierigkeit, daß eigentlich keine leitfähige Ver-

bindung zum Schutzleiter des Primärstromkreises bestehen dürfte, um Spannungsverschleppungen zu vermeiden. In der Praxis ist dies kaum möglich, man denke an eine Werkshalle mit Werkzeugmaschinen, die mit Netzspannung betrieben werden und Steuerstromkreise besitzen, die mit geerdeter Kleinspannung versorgt werden sollen. Hier ist der Schutzleiter der Anlage immer mit dem geerdeten PELV-Stromkreis galvanisch verbunden. Da sich diese Praxis offenkundig bewährt hat, sollte man in diesen Fällen die Verbindung mit dem Schutzleiter der Anlage zulassen.
Sonst sind dieselben Installationsregeln einzuhalten, wie in Abschnitt 5.2.3 für SELV-Stromkreise beschrieben.

5.3.4 Zusammenfassung

PELV ist dort anzuwenden, wo bei normalen Umgebungsbedingungen die Benutzungsbedingungen der Betriebsmittel zu keiner besonderen Gefährdung durch einen elektrischen Schlag, z. B. Teildurchströmungen oder besonders niedrige Körperimpedanzen, führen.
Sie wird angewendet, wo es aus betrieblichen Gründen notwendig ist, den Kleinspannungsstromkreis zu erden.

Erkenntnis
PELV ist eine Maßnahme des Fehlerschutzes mit sicherer elektrischer Trennung vom speisenden Primärnetz. Da nicht alle Bedingungen der Schutzkleinspannung eingehalten werden, kann sie nur bei normalen Umgebungsbedingungen angewendet werden.

5.3.5 Kleinspannungsstromkreise FELV

Um den Schutz sicherzustellen sowohl gegen direktes Berühren als auch bei indirektem Berühren in Kleinspannungsstromkreisen mit den Spannungsgrenzen 50 V AC und 120 V DC, die nicht die Anforderungen bezüglich der sicheren Trennung, z. B. bei Transformatoren, Relais, Schützen, Fernschalter, erfüllen, müssen zusätzliche Maßnahmen angewendet werden, die als FELV (früher Funktionskleinspannung ohne sichere Trennung) bezeichnet werden. FELV gilt nicht als eigenständige Schutzmaßnahme. Hinreichende Sicherheit wird nur durch eine Kombination von Maßnahmen erzielt.

Zu erfüllen sind.

- Schutz gegen direktes Berühren durch Isolierung aktiver Teile entsprechend der Prüfspannung, die für den Primärstromkreis gefordert wird z. B. durch Umhüllung oder Abdeckung, die mindestens der Schutzart IP 2X oder IP XXB entsprechen.
- Schutz bei indirektem Berühren durch automatische Ausschaltung im Fehlerfall. Dabei ist eine Verbindung der Körper des FELV-Stromkreises mit dem Schutzlei-

ter des Primärstromkreises herzustellen. Anstelle des Schutzes durch automatische Ausschaltung kann nach DIN VDE 0100-470:1996-02 auch die Schutzerdung für den Primärkreis vorgesehen werden. Dabei ist allerdings zu beachten, daß durch die Verbindung der Körper des FELV-Stromkreises mit dem isolierten, nicht geerdeten Potentialausgleichsleiter der Körper des Primärstromkreises diese mit Erde in Kontakt kommen und so die Schutzwirkung nur durch einen zusätzlichen Schutz durch automatische Ausschaltung erreicht werden kann.
- Stecker für FELV-Stromkreise dürfen nicht in den Steckdosen für andere Spannungen oder für SELV- bzw. PELV-Stromkreise eingeführt werden können.

5.4 Schutztrennung

5.4.1 Prinzip und Stand der Technik

Das Prinzip der Schutztrennung besteht darin, daß eine kleine, überschaubare Anlage über einen Trenntransformator, mit sicherer elektrischer Trennung von Erde isoliert, mit elektrischer Energie versorgt wird, wobei die Nennspannung des Sekundärstromkreises nicht höher sein darf als 400 V (Außenleiterspannung). Die Leitungsimpedanzen gegen Erde müssen so hoch sein, daß bei einem satten Erdschluß kein Fehlerstrom fließt, der einen gefährlichen elektrischen Schlag verursachen kann. Das heißt also, daß auch beim Berühren eines nicht erdschlußbehafteten aktiven Teiles durch den Menschen, der gleichzeitig geerdete Teile berührt, keine Gefahr besteht, wobei man als Kriterium der Gefahr einen Höchstwert des Berührungsstroms von 30 mA zuläßt. Wegen der Überschaubarkeit der Anlage ist das Auftreten eines Erdschlusses eines Leiters des Sekundärstromkreises unwahrscheinlich. Deshalb ist auch im Gegensatz zum Isolations-Überwachungssystem keine besondere Isolations-Überwachungseinrichtung erforderlich. Ein weiterer Unterschied besteht darin, daß bei der Schutztrennung keine absichtliche Verbindung der Körper mit Erde über eine Schutzleitung durchgeführt werden darf. Meist wird die Schutztrennung nur für ein Betriebsmittel bei Arbeiten in Umgebungen mit normaler, aber auch bei erhöhter Gefährdung angewendet. Bei mehreren Betriebsmitteln werden deren Körper über einen Potentialausgleichsleiter verbunden, um die Gefahr einer Elektrisierung über zwei Betriebsmittel, die Körperschlüsse mit Leitern verschiedenen Potentials haben, auszuschließen.
Nach diesem Prinzip müssen also bei Anwendung der Schutztrennung als Maßnahme des Fehlerschutzes folgende Bedingungen erfüllt sein:

- Die Erzeugung der erdfreien Sekundärspannung erfolgt wie bei der Schutzkleinspannung durch besondere Stromquellen mit sicherer elektrischer Trennung von elektrischen Anlagen, durch die ein gefährlicher elektrischer Schlag verschleppt werden könnte, wobei jedoch die Nennspannung des Sekundärkreises 400 V (Außenleiterspannung) nicht übersteigen darf. Meist werden Trenntransformatoren verwendet (**Bild 5.7**).

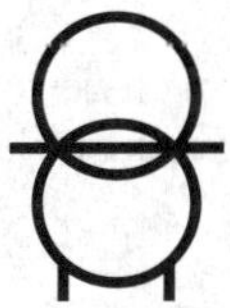

Bild 5.7 Bildzeichen für Trenntransformatoren

- Die Leitungsimpedanzen gegen Erde des schutzgetrennten Stromkreises müssen so hoch sein, daß auch beim direkten Berühren nicht erdschlußbehafteter Leiter und Erde kein gefährlicher elektrischer Schlag entstehen kann. Diese Bedingung gilt als erfüllt, wenn der Fehlerstrom unter 30 mA liegt (**Bild 5.8**).
- Der Basisschutz aktiver Teile muß gewährleistet sein.
- Es können Betriebsmittel der Schutzklasse I oder II verwendet werden.

Durch die Schutztrennung soll also verhindert werden, daß beim Berühren aktiver Teile des Stromkreises der Betriebsmittel oder bei Körperschlüssen an den Betriebsmitteln gefährliche Berührungsströme gegen Erde entstehen. Tritt ein Erdschluß auf, z. B. durch Beschädigung einer Leitung oder durch Körperschluß in einer Kupplungssteckvorrichtung mit metallischem Gehäuse und gleichzeitiger Erdberührung, dann entsteht die Möglichkeit eines gefährlichen elektrischen Schlags, wenn ein Betriebsmittel Körperschluß mit einem nicht erdschlußbehafteten Leiter hat.

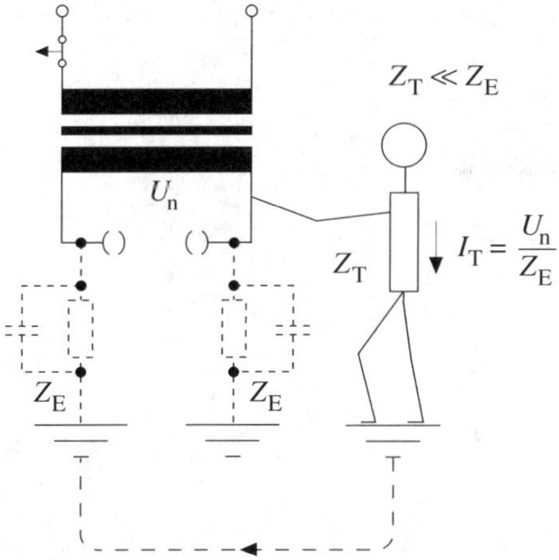

Bild 5.8 Schutztrennung, Gefahrlosigkeit auch beim Berühren schutzgetrennter aktiver Teile
Z_E Erdimpedanz der Leitungen des Sekundärstromkreises
Z_T Körperimpedanz

Definition
Schutztrennung ist eine Maßnahme des Fehlerschutzes für normale oder erschwerte Umgebungsbedingungen, bei der das Betriebsmittel vom speisenden Netz elektrisch sicher getrennt und die schutzgetrennten aktiven Teile nicht geerdet sind.

5.4.2 Fehlerschutz der Stromquellen und Leitungsimpedanzen des Sekundärstromkreises gegen Erde

Ortsveränderliche Trenntransformatoren müssen schutzisoliert sein. Bei ortsfesten Trenntransformatoren kann man auch die Schutzisolierung anwenden, oder man trennt den Ausgang sowohl vom Eingang als auch von leitfähigen Gehäusen durch eine verstärkte Isolierung, die den Bedingungen der Schutzisolierung genügt.
Wenn eine solche Stromquelle mehrere Betriebsmittel versorgt, dürfen die Körper dieser Betriebsmittel nicht mit äußeren leitfähigen Teilen der Stromquelle verbunden werden. Die aktiven Teile des Sekundärstromkreises dürfen weder mit einem anderen Stromkreis noch mit Erde verbunden werden.
Die Leitungsimpedanzen gegen Erde der aktiven Teile des Sekundärstromkreises müssen so hoch sein, daß bei einem widerstandslosen Erdschluß der Fehlerstrom nicht höher ist als 30 mA. Diese Anforderung gilt als eingehalten, wenn das Produkt

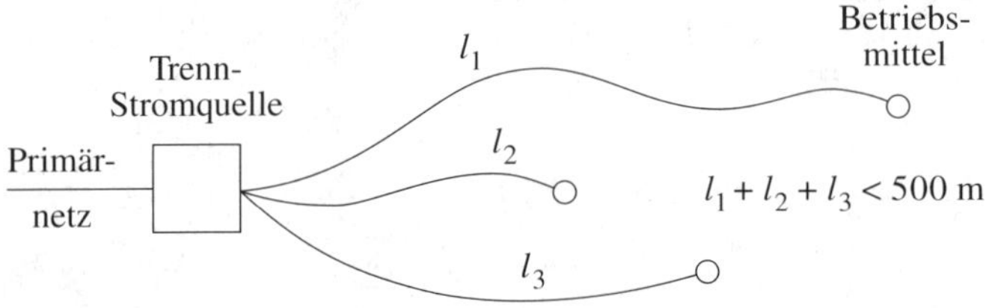

Bild 5.9 Bestimmung der Leitungslänge bei der Schutztrennung

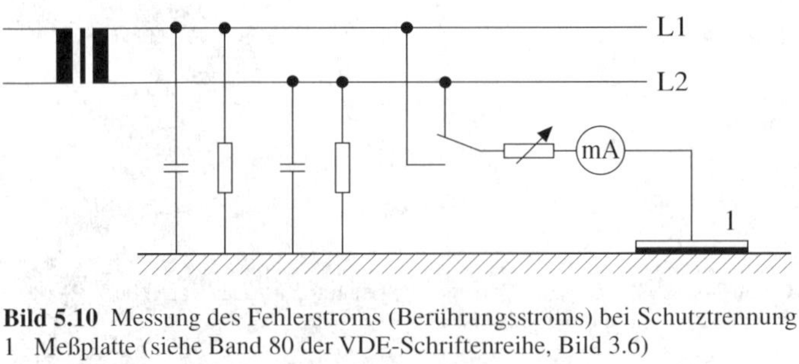

Bild 5.10 Messung des Fehlerstroms (Berührungsstroms) bei Schutztrennung
1 Meßplatte (siehe Band 80 der VDE-Schriftenreihe, Bild 3.6)

aus Nennspannung in V und Leitungslänge in m den Wert von 100000 Vm nicht überschreitet. Es ist zu empfehlen, wegen der Gefahr von Leitungsbeschädigungen die Leitungslänge auf 500 m zu beschränken. In jedem Fall ist für ausreichenden Leitungsschutz und übersichtliche Leitungsverlegung zu sorgen. Als Leitungslänge zählt die einfache Länge der verlegten Stromkreise oder Mantelleitungen (**Bild 5.9**). Soll der Fehlerstrom gemessen werden, dann erfolgt die Messung gegen leitfähige Teile im Handbereich bzw. bei leitfähigem Standort gemäß **Bild 5.10**.

5.4.3 Installationsregeln

Der Vorteil der Schutztrennung gegenüber der Schutzkleinspannung besteht darin, daß infolge der höheren Sekundärspannung auch leistungsstarke Geräte der Schutzklasse I oder II mit genormten Schutzkontaktsteckern bei Umgebungsbedingungen mit erhöhter Unfallgefahr, wie z. B. Betonrüttler, geschützt werden können. Die Schutztrennung ist daher besonders für den Schutz leistungsstarker Elektrowerkzeuge geeignet. Die Anschlußleitungen mit Schutzkontaktsteckern haben einen Schutzleiter, der jedoch nur dann eine funktionelle Bedeutung hat, wenn mehrere Verbraucher an einen Trenntransformator angeschlossen sind und damit ein Potentialausgleich notwendig wird.
Die Schutztrennung wird daher neben der Kleinspannung und der Schutzisolierung als Fehlerschutz bei Arbeiten auf Stahlgerüsten, in Kesseln, Behältern usw. angewendet.
Hier ist jedoch zu beachten, daß in solchen Fällen bei Anwendung der Schutztrennung die Körper von Elektrowerkzeugen der Schutzklasse I mit dem Standort leitend verbunden werden müssen. Die Verbindung muß außerhalb der Zuleitung deutlich sichtbar durchgeführt werden. Zweckmäßigerweise wählt man dafür ein Cu-Seil von mindestens 4 mm^2 Querschnitt mit geeigneten Schraubbacken zum Festklemmen am Elektrowerkzeug und an einem Metallteil des Standorts (**Bild 5.11**).
Eine Verbindung eines eventuell vorhandenen Potentialausgleichsleiters mit dem Standort genügt auch. Bei solchen Arbeiten ist die Trennstromquelle (Trenntransformator) geschützt und, wenn möglich, außerhalb des Arbeitsbereichs aufzustellen.
Bild 5.12 zeigt die Schutztrennung mit einem Elektrowerkzeug der Schutzklasse I und **Bild 5.13** einen Trenntransformator für den Anschluß von drei ortsveränderlichen Betriebsmitteln mit Potentialausgleichsleiter.
Häufig wird die Schutztrennung auch für den Fehlerschutz von Notstromaggregaten verwendet, da z. B. beim Katastropheneinsatz kaum die Möglichkeit besteht, einen Erder zu errichten, wie es beim IT-System mit Isolations-Überwachungseinrichtung notwendig wäre.
Notstromaggregate können daher die Schutztrennung als Fehlerschutz nützen. Dabei ist ein Potentialausgleichsleiter zu installieren, der die Schutzkontakte der Steckdosen miteinander verbindet. Auch das Generatorgehäuse ist an den Potentialausgleichsleiter anzuschließen. Die aktiven Teile des schutzgetrennten Netzes sind daher erdfrei, und der Potentialausgleichsleiter wird betriebsmäßig nicht an leitfähige

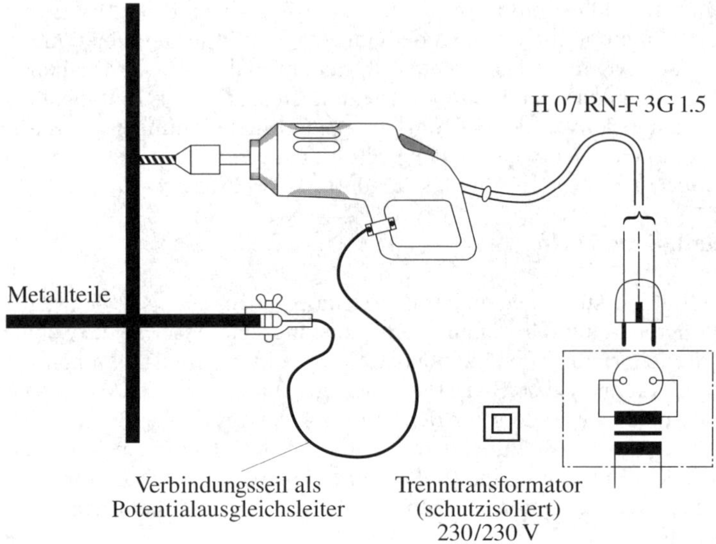

Bild 5.11 Schutztrennung als Schutzmaßnahme bei Arbeiten auf Stahlgerüsten, in Kesseln, in Behältern usw.

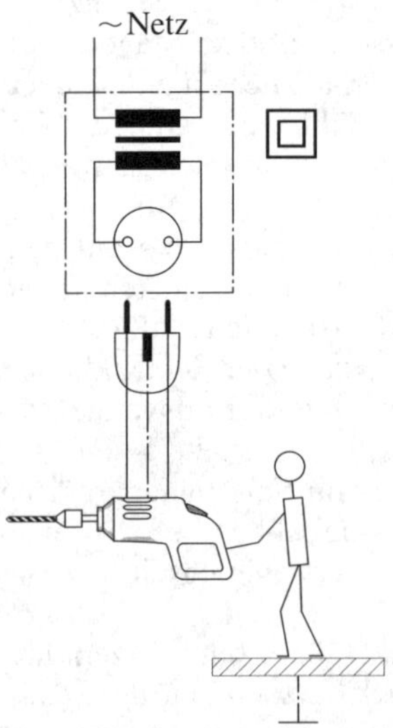

Bild 5.12 Trenntransformator mit einem angeschlossenen ortsveränderlichen Betriebsmittel der Schutzklasse I

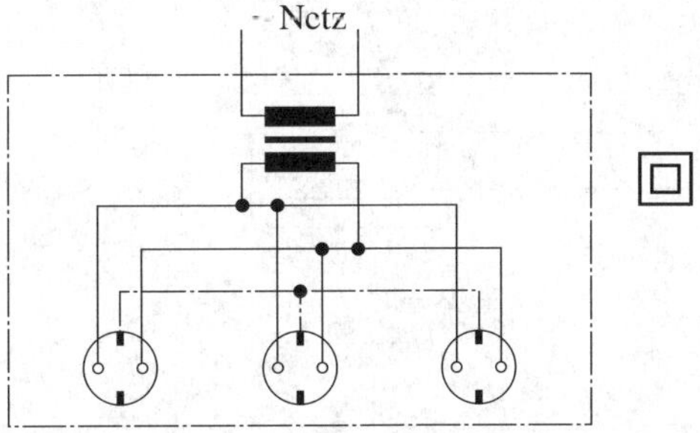

Bild 5.13 Trenntransformator für den Anschluß von drei ortsveränderlichen Betriebsmitteln mit Potentialausgleichsleiter

geerdete Teile angeschlossen. Natürlich sind zufällige Erdverbindungen der Körper der Betriebsmittel möglich und zugelassen.
Die Schutzkontakte von Steckdosen müssen sowohl von berührbaren leitfähigen Teilen als auch von inneren, nicht berührbaren leitfähigen Teilen und den aktiven Teilen der Trennstromquelle sicher elektrisch getrennt sein, außer bei Notstromaggregaten, bei denen das Generatorgehäuse an den Potentialausgleichsleiter angeschlossen wird. Wenn nur eine Steckdose vorhanden ist, bleibt der Schutzkontakt unbeschaltet.
Die beweglichen Anschlußleitungen, die üblicherweise für Elektrowerkzeuge der Schutzklasse I verwendet werden, genügen auch für die Schutztrennung.
Um die Gefahr eines Erdschlusses zu vermeiden, muß besonders auf die Isolierung aktiver Teile geachtet werden, insbesondere auch auf die Aufrechterhaltung des Isolationszustands bei beweglichen Leitungen. Bei fester Verlegung müssen die aktiven Teile des Sekundärstromkreises von anderen Stromkreisen elektrisch sicher getrennt sein. Die Anordnung muß eine elektrische Trennung gewährleisten, die derjenigen zwischen Primär und Sekundärseite eines Trenntransformators mindestens gleichwertig ist. Bewegliche Leitungen müssen an allen Stellen, an denen sie mechanischen Beanspruchungen ausgesetzt sind, sichtbar sein.
Stromkreise mit Schutztrennung sollen getrennt von anderen Stromkreisen verlegt werden. Falls eine gemeinsame Verlegung nicht zu vermeiden ist, müssen mehradrige Kabel oder Leitungen ohne Metallmantel oder isolierte Leiter in Isolierstoffrohren verwendet werden. Ihre Nennspannung muß mindestens der höchsten vorkommenden Betriebsspannung entsprechen. Jeder dieser Stromkreise muß gegen Überstrom geschützt sein.
Durch diese Bestimmungen wird die Gefahr eines Erdschlusses des Sekundärstromkreises und von Spannungsverschleppungen verringert (**Bild 5.14**).
Werden mehrere Betriebsmittel an eine Trennstromquelle angeschlossen, dann ist sicherzustellen, daß bei Auftreten von zwei Fehlern mit vernachlässigbarer Impedanz zwischen verschiedenen Außenleitern und dem Potentialausgleichsleiter oder

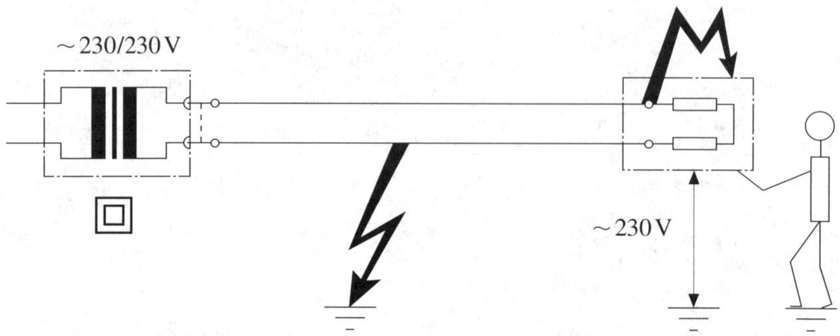

Bild 5.14 Gefährliche Berührungsspannungen bei der Schutztrennung infolge einer schadhaften Anschlußleitung mit Erdschluß

damit verbundenen Körpern die Ausschaltung innerhalb kurzer Zeit erfolgt. Als Richtlinie für den höchstzulässigen Schleifenwiderstand können die in Abschnitt 4.1.3 für das TN-System genannte Ausschaltbedingung, insbesondere die Werte der Tabelle 4.3, herangezogen werden.

5.4.4 Zusammenfassung

Bei normalen und erschwerten Umgebungsbedingungen kann die Schutztrennung angewendet werden. Die Trennstromquellen sind vom Primärnetz elektrisch sicher getrennt, wobei die üblichen Betriebsmittel der Schutzklassen I und II verwendet werden können. Meistens wird die Schutztrennung für ortsveränderliche Elektrowerkzeuge eingesetzt, wobei für Arbeiten auf metallenen Standorten, in Kesseln, etc. eine zusätzliche, gut leitende Verbindung zwischen Elektrowerkzeug und Standort herzustellen ist. Die Schutztrennung ist besonders für Notstromaggregate geeignet.

Erkenntnis

Die Schutztrennung ist eine Maßnahme des Fehlerschutzes mit sicherer elektrischer Trennung vom speisenden Primärnetz. Die Nennspannung des Sekundärstromkreises kann bis zu 400 V (Außenleiterspannung) betragen. Alle aktiven Teile des Sekundärstromkreises müssen mindestens mit Basisisolierung gegen die Körper der verwendeten Betriebsmittel isoliert sein. Die Schutztrennung wird für örtlich begrenzte kleine Anlagen eingesetzt, deren Isolationszustand gegen Erde durch Besichtigen kontrolliert werden kann.

5.5 Schutzisolierung

5.5.1 Schutzisolierung des Betriebsmittels

5.5.1.1 Prinzip und Stand der Technik

Bei den schutzisolierten Geräten besteht der Grundgedanke darin, zusätzlich zur Basisisolierung eine Isolierung vorzusehen, die auch dann einen vollwertigen Schutz gegen gefährliche Berührungsströme sicherstellt, wenn die Basisisolierung durch einen Isolationsfehler überbrückt wird. Der Aufbau eines schutzisolierten Geräts wurde bereits bei den Schutzklassen elektrischer Betriebsmittel in Abschnitt 3.3 dargestellt (Bild 3.13).

Im Prinzip gibt es drei Formen der Schutzisolierung:

- Die Schutzisolierumhüllung ist eine Schutzisolierung, bei der als zusätzliche Isolierung alle leitfähigen Teile, die im Fehlerfall zu gefährlichen Berührungsströmen führen können, fest und dauerhaft mit Isolierstoff bedeckt werden. Dazu zählen auch Betriebsmittel, deren Gehäuse aus Isolierstoff bestehen, die also keine berührbaren leitfähigen Teile besitzen, die im Fehlerfall Spannung annehmen können.
- Die Zusatzisolierung ist eine Schutzisolierung, bei der zusätzlich zur Basisisolierung alle äußeren, leitfähigen Teile durch Isolierungen von allen Teilen, die bei Fehlern der Basisisolierung gefährliche Berührungsspannungen annehmen können (inaktive Teile), getrennt sind.
- Die verstärkte Isolierung ist eine Isolierung zwischen aktiven Teilen und äußeren, leitfähigen Teilen mit solchen mechanischen und elektrischen Eigenschaften, daß sie einer Basisisolierung und einer Zusatzisolierung gleichwertig ist.

Die Zusatzisolierung wird angewendet, wenn die thermische oder mechanische Festigkeit von Isolierstoffen nicht ausreicht, also Metall für die Gehäuse der Betriebsmittel unbedingt notwendig ist (z. B. bei Elektrowerkzeugen).

Die verstärkte Isolierung wird an Stellen vorgesehen, an denen weder Schutzisolierumhüllungen noch eine Zusatzisolierung möglich sind, z. B. bei Gerätesteckern, Schaltern, Anschlußklemmen und ähnlichem Installationsmaterial. In diesen Fällen werden dann die Kriech- und Luftstrecken und die Form der Isolation so ausgebildet, daß die gleiche elektrische Sicherheit erreicht wird wie bei der Basisisolierung und Zusatzisolierung.

Definition

Schutzisolierung elektrischer Betriebsmittel ist eine Maßnahme des Fehlerschutzes in Form einer zusätzlichen Isolierung zur Basisisolierung oder einer Verstärkung der Basisisolierung, damit beim Versagen der Basisisolierung keine gefährlichen Berührungsströme zum Fließen kommen können.

5.5.1.2 Ausführungsformen

Die Schutzisolierung eines Betriebsmittels wird durch isolierende Gehäuse und Abdeckungen, durch isolierende Umpressung von Kleinstmaschinen, durch Einbau von Isolierzwischenteilen in Getrieben, Wellen, Gestänge, Gehäuse, durch Mantelleitungen oder durch verstärkte Isolierungen hergestellt.

Lack- oder Emailleüberzüge, Oxidschichten sowie Faserstoffumhüllungen (Umspinnung, Umklöppelung, Gewebebänder), auch wenn sie getränkt sind, gelten nicht als Schutzisolierung.

Dagegen gelten äußere Umhüllungen aus geeignetem Isolierstoff, wie z. B. Mäntel von Schlauchleitungen als Schutzisolierung. **Bild 5.15** zeigt die Schutzisolierumhüllung bei einem Schaltgerät im Prinzip und bei Leitungen und Kabeln. Bei Kabeln und Leitungen gelten isolierende äußere Umhüllungen und Mäntel (z. B. bei Feuchtraumleitungen und Schlauchleitungen) als Schutzisolierung. Allerdings wird vorausgesetzt, daß sie bei fester Verlegung mittels Isolierstoffschellen befestigt werden.

Bild 5.16 zeigt das Prinzip der zusätzlichen Isolierung, wobei die Antriebsachse eines Schaltgeräts durch ein Isolierstoff-Zwischenstück vom äußeren Antrieb schutzisoliert ist.

Für die Schutzisolierung gibt es zwei Grundsätze, die allgemeine Gültigkeit haben. Wenn man sie beachtet, kann man weder beim Bau von schutzisolierten Anlagen noch bei der Reparatur schutzisolierter Geräte grobe Fehler machen.

Die Schutzisolierung darf an keiner Stelle von leitfähigen Teilen so durchbrochen werden, daß im Fehlerfall eine Spannungsverschleppung nach außen möglich ist.

So dürfen zum Beispiel die Befestigungsschrauben von Gehäusedeckeln nicht durch das Gehäuseinnere führen (**Bild 5.17a**). Die Befestigung des Gehäuses selbst erfolgt am besten durch Befestigungsschrauben außerhalb der Gehäuse. Dies ist aus Platzgründen oft nicht möglich. Man muß in diesen Fällen zumindest die Befestigungslöcher in der Gehäusewanne durch Isolierstoffwülste so umgeben, daß die Montageschrauben vertieft sitzen und bei etwaigen Leiterbrüchen oder Klemmfehlern

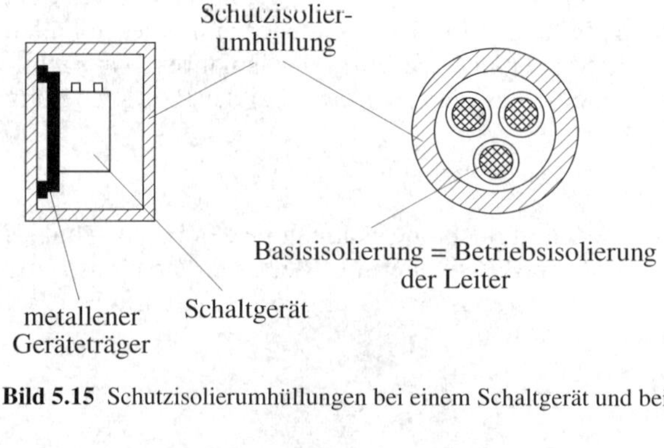

Bild 5.15 Schutzisolierumhüllungen bei einem Schaltgerät und bei Kabeln und Leitungen

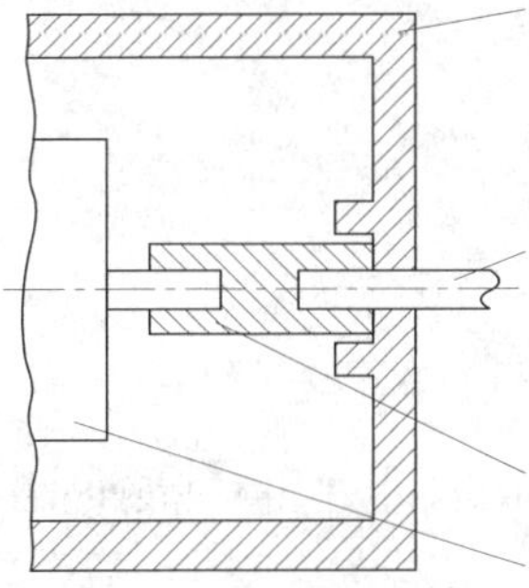

Bild 5.16 Zusatzisolierung des Achsantriebs eines Schaltgeräts

nicht durch blanke Leiterteile berührt werden können. Manchmal geben die Hersteller auch Plastikpfropfen mit, durch die dann die Befestigungsschrauben zusätzlich abgedeckt werden können (**Bild 5.17d**).
Falsch ist es, bei den Leitungseinführungsöffnungen Kabelverschraubungen aus Metall zu verwenden, die mit Gegenmuttern im Gehäuse befestigt werden. Es müssen Kabelverschraubungen aus Isolierstoff oder Kabeltüllen aus Gummi verwendet werden. Auch Stahlpanzerrohr kann ohne weiteres verwendet werden. Man setzt dann in das Gehäuse das Unterteil einer Kabelverschraubung aus Isolierstoff und verhindert so Spannungsverschleppungen.
Ein zweiter wichtiger Gesichtspunkt ist bei der Schutzisolierung zu beachten: Metallteile der Betriebsmittel, die durch Zusatzisolierung oder Schutzisolierumhüllung

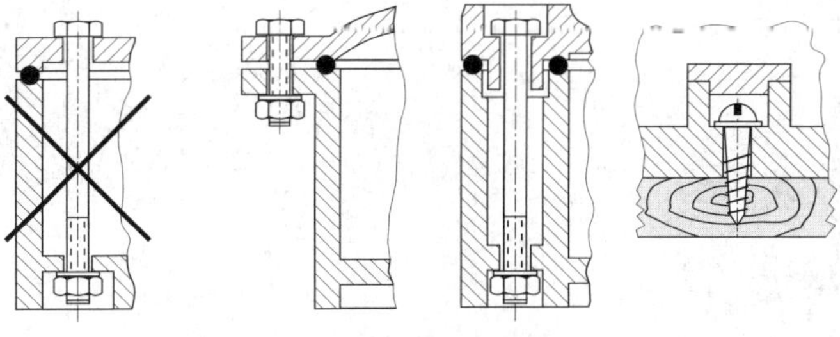

a) b) c) d)

Bild 5.17 Anordnung von Schrauben bei Gehäusen schutzisolierter Geräte
a) schlechte Ausführung, bei der die Schraube im Innern des Gehäuses zugänglich ist
b) bis d) vorschriftsmäßige Lösungen

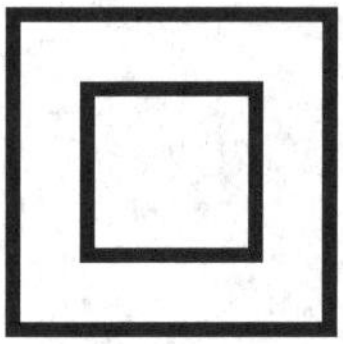

Bild 5.18 Zeichen für Schutzisolierung (Betriebsmittel der Schutzklasse II)

von den isolierten aktiven Teilen getrennt sind, dürfen nicht mit dem Schutzleiter verbunden werden.
Schutzisolierte Betriebsmittel müssen, soweit es in den einschlägigen Normen verlangt wird, mit dem Zeichen der Schutzisolierung nach **Bild 5.18** gekennzeichnet sein. Sie dürfen keine Schutzleiteranschlußklemme haben.
Zum Bau schutzisolierter Verteiler ist noch einiges zu bemerken. Zunächst muß man entscheiden, ob man die zusätzliche Isolierung oder die Schutzisolierumhüllung anwenden will. Der eigentliche schutzisolierte Verteiler ist wohl der Isolierstoff-Kastenverteiler (**Bild 5.19**), in dem die Betriebsmittel meist auf leitfähige Metallplatten montiert werden.
Diese Platten dürfen nicht an den Schutzleiter angeschlossen werden. Einerseits bringt man dadurch nur unnötig Erdpotential in die Verteiler, andererseits sind die Schutzeinrichtungen, wie FI-Schutzschalter und Leitungsschutzschalter, meistens im Verteiler selbst angeordnet und können daher nicht schützen, wenn vor ihren Klemmen ein Körperschluß entsteht. Die Fehlerspannung würde in diesen Fällen von der Montageplatte über die Schutzleiter in die Anlage verschleppt werden.

Bild 5.19 Schutzisolierter Isolierstoffverteiler eines Baukastensystems

Die zusätzliche Isolierung wird meist bei Blechverteilern angewendet, wobei der Rahmen, der die Installationsgeräte trägt, isoliert in den Verteiler eingesetzt wird. Auch hier darf aus gleichen Gründen wie oben der Schutzleiter nicht an den Trägerrahmen angeschlossen werden.
Darüber hinaus müssen bei dieser Bauform die Leitungen so in ihrer Lage fixiert werden, daß keine Gefahr von Körperschlüssen besteht, bzw. die Leitungen müssen selbst schutzisoliert sein. Das heißt, es müssen entweder Mantelleitungen Verwendung finden oder die Einzelleitungen in Isolierschläuchen, Kabelkanälen aus Isolierstoff oder ähnlichem geführt werden.

5.5.1.3 Anschlußleitungen

Schutzisolierte Betriebsmittel können bei normalen und erschwerten Umgebungsbedingungen verwendet werden. Das Risiko ist auch bei erschwerten Umgebungsbedingungen vertretbar, wenn die Geräte bestimmungsgemäß verwendet und instand gehalten werden. Die Instandhaltung ist besonders in gewerblichen und industriellen Betriebsstätten wichtig, da sonst leitfähiger Staub oder Fehler in der Anschlußleitung Gefahren verursachen können. Dagegen schützt der Zusatzschutz (siehe Bild 1.3) und damit bringen Betriebsmittel der Schutzklasse II die höchste Sicherheit bei der Elektrizitätsanwendung. Sie sind in sich selbst sicher, und deshalb darf an schutzisolierte Betriebsmittel kein Schutzleiter angeschlossen werden. Bewegliche Anschlußleitungen enthalten daher auch keinen Schutzleiter. Wird bei Instandsetzungsarbeiten eine dreiadrige Anschlußleitung mit Schutzleiter verwendet, so darf der Schutzleiter der Anschlußleitung nicht an das Betriebsmittel angeschlossen werden, das im übrigen ja auch keine Schutzleiter-Anschlußklemme besitzt. Der Schutzleiter ist so abzusetzen, daß er nicht mit aktiven Teilen in Berührung kommen kann. Im Schutzkontaktstecker ist der Schutzleiter aber anzuschließen, um Isolationsfehler in der Anschlußleitung zu melden oder bei späterer Verwendung der Anschlußleitung zusammen mit Geräten der Schutzklasse I, etwa beim Gerätewechsel, Schutzleiterunterbrechungen zu vermeiden.

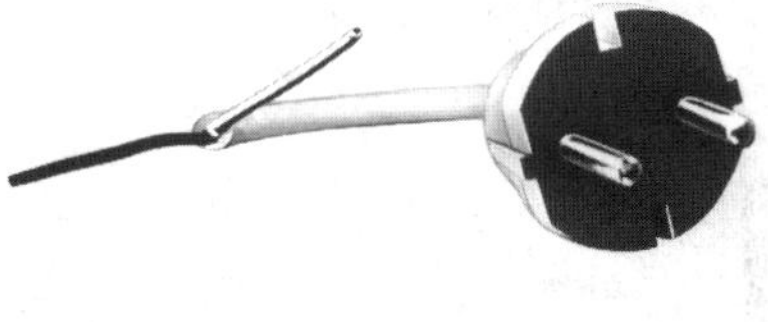

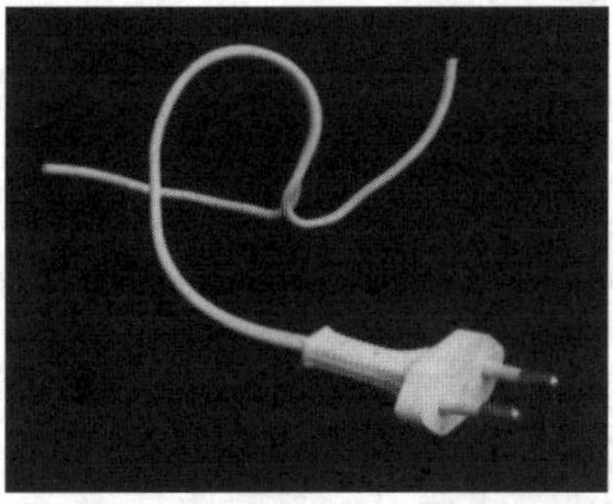

Bild 5.20 Bauformen von Steckern für schutzisolierte Geräte
links: Konturenstecker
rechts: Flachstecker (Europastecker)

Stecker, die zusammen mit einer beweglichen Anschlußleitung ohne Schutzleiter ein unteilbares Ganzes bilden, z. B. solche aus Weichgummi oder thermoplastischen Isolierstoffen, müssen in eine Schutzkontaktsteckdose passen, dürfen aber keine Schutzkontaktstücke haben. Bei größeren mechanischen Beanspruchungen und höherer Leistung, etwa bei Elektrowerkzeugen, wird meist der Konturenstecker, bei Haushaltsgeräten der zweipolige Flachstecker (Europastecker) bis 3 A verwendet, die in **Bild 5.20** dargestellt sind.
Derartige Anschlußleitungen dürfen nur für schutzisolierte Betriebsmittel verwendet werden und sind an diese fest anzuschließen.
Ist aus betrieblichen Gründen, z. B. wegen der Funk-Entstörung oder des Überspannungsschutzes, der Anschluß eines Schutzleiters oder seine Durchführung bei schutzisolierten Geräten erforderlich, dann können diese Maßnahmen nur dann durchgeführt werden, wenn die einschlägigen Normen dies ausdrücklich erlauben.

5.5.2 Schutzisolierung des Standorts

Während die Schutzisolierung bei den Geräten immer größere Bedeutung gewinnt, ist die Schutzisolierung des Standorts auf wenige Sonderfälle beschränkt. Sie kann vor allem nur bei ortsfesten Stromverbrauchern angewendet werden. Etwa dann, wenn es aus betriebstechnischen Gründen nicht zulässig ist, daß der Verbraucher, zum Beispiel ein Schmelzofen, wegen möglicher Betriebsschäden im Fehlerfall durch die Schutzmaßnahme ausgeschaltet wird. Man geht dabei so vor, daß sowohl der Fußboden in der Umgebung des zu schützenden Geräts als auch im Handbereich befindliche, geerdete Teile isolierend abgedeckt werden (**Bild 5.21**).
Diese Abdeckungen müssen aus hochwertigen Isolierstoffen (Gummibelag usw.) bestehen und fest mit ihrer Unterlage verbunden sein. Sie müssen auch entsprechende mechanische Festigkeit besitzen und selbstverständlich so groß sein, daß die zu schützenden Geräte nur vom isolierten Standort aus berührt werden können.

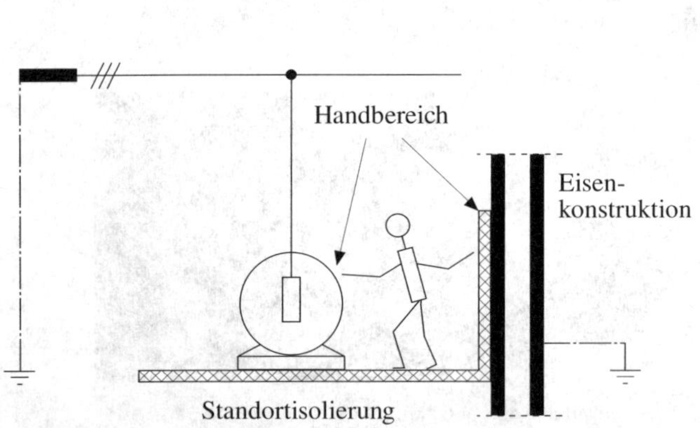

Bild 5.21 Schutzisolierung des Standorts

Als Hauptfehler bei dieser Schutzmaßnahme werden nämlich immer wieder geerdete Teile, zum Beispiel Wasserauslässe, Konsolen usw., übersehen, die im Handbereich des zu schützenden Geräts liegen. Hat das Gerät Körperschluß und wird zugleich mit dem geerdeten Teil berührt, dann kann es zu Unfällen kommen, weil die Schutzisolierung des Standorts überbrückt wird.
Häufig wird mehr als ein Gerät durch eine gemeinsame Standortisolierung geschützt. Dabei muß man bedenken, daß trotzdem Berührungsspannungen überbrückt werden können, nämlich dann, wenn beide Geräte Körperschluß mit verschiedenen Außenleitern haben. Aus diesem Grund muß bei mehreren Geräten, die vom isolierten Standort aus erreicht werden können, eine Leitung vorgesehen werden, durch die die schutzbedürftigen Metallgehäuse untereinander verbunden werden (Potentialausgleichsleiter, grün-gelb gekennzeichnet).
Auf ein weiteres Gefahrenmoment soll noch verwiesen werden. Ist das Gerät, z. B. ein Motor, auf einer leitfähigen Konsole usw. befestigt, dann tritt infolge der Schutzisolation des Standorts bei Körperschluß zwar keine Gefährdung im Handbereich des Motors auf, aber die Fehlerspannung kann über leitfähige Konstruktionsteile oder andere metallische Verbindungen an andere Stellen des Gebäudes verschleppt werden. Ortsfeste Geräte, die durch Schutzisolierung des Standorts geschützt sind, müssen daher von Erde isoliert montiert werden.
Sie dürfen auch nicht an einen von außen kommenden Schutzleiter angeschlossen werden. Ebensowenig dürfen ortsveränderliche Betriebsmittel der Schutzklasse I verwendet werden, wenn sie an Steckdosen mit den üblichen Schutzmaßnahmen angeschlossen werden.

5.5.3 Schutz durch nicht leitende Räume

Ebensowenig Bedeutung wie die Standortisolierung hat der Schutz durch nicht leitende Räume. Auch dabei sind Wände und Standflächen aus Isolierstoff, es ist aber kein Potentialausgleichsleiter vorhanden, sondern die Betriebsmittel müssen einen ausreichenden Abstand voneinander haben, damit sie nicht gleichzeitig von einem Menschen berührt werden können. Schutzleiter sind nicht zulässig und fremde leitfähige Teile müssen ebenfalls der Berührung entzogen sein.

5.5.4 Zusammenfassung

Schutzisolierte Betriebsmittel (Betriebsmittel der Schutzklasse II) können bei normalen und erschwerten Umgebungsbedingungen verwendet werden.
Bei bestimmungsgemäßem Gebrauch und sorgfältiger Instandhaltung garantieren sie eine hohe Sicherheit bei der Elektrizitätsanwendung. Sie besitzen keinen Schutzleiter, und dadurch entfallen die Gefahren durch Schutzleiterverwechslungen und Schutzleiterunterbrechungen. Durch den Zusatzschutz mit FI-Schutzschaltern mit einem Nennfehlerstrom $I_{\Delta n} \leq 30$ mA können auch Gefahren erkannt werden, die durch Unzulänglichkeit der Isolationen, durch leitfähigen Staub oder Flüssigkeiten

entstehen können. Dadurch wird die Gefahr eines gefährlichen elektrischen Schlags, ja überhaupt einer Elektrisierung, zu einem vertretbaren Risiko.
Die Schutzisolierumhüllung wird meistens bei geringer mechanischer Beanspruchung (ausgenommen Industriesteckvorrichtungen) bei Haushaltsgeräten etc. angewendet, die Schutzzwischenisolation mit einem leitfähigen Metallgehäuse dagegen bei großen mechanischen Beanspruchungen, z. B. bei Elektrowerkzeugen.
Die Maßnahmen des Fehlerschutzes durch „Standortisolierung" und „Schutz durch nicht leitende Räume" sind problematisch und immer nur dort anzuwenden, wo es aus betriebstechnischen Gründen keine anderen Möglichkeiten gibt, gegen einen gefährlichen elektrischen Schlag zu schützen.

Erkenntnis
Die Schutzisolierung ist eine Maßnahme des Fehlerschutzes, bei der durch zusätzliche oder verstärkte Isolierungen das Auftreten gefährlicher Berührungsströme verhindert wird, und zwar auch dann, wenn die Basisisolierung elektrischer Betriebsmittel versagt. Die aktiven Teile sind also zusätzlich zur Basisisolierung durch Kriech- und Luftstrecken von äußeren, leitfähigen Teilen getrennt.
Schutzisolierte elektrische Betriebsmittel können bei normalen und erschwerten Umgebungsbedingungen verwendet werden.
Die Schutzisolierung des Standorts und der Schutz durch nicht leitende Räume sind Maßnahmen des Fehlerschutzes mit geringer Bedeutung und nur für Sonderfälle anwendbar.

5.6 Literatur zu Kapitel 5

Wierny, H.; Spindler, U.: Schutzisolierung: Die Schutzmaßnahme zur Verhinderung des Auftretens jeder Berührungsspannung. de Der Elektriker 20 (1981) H. 11, S. 328 – 333

6 Zusatzschutz

6.1 Zusatzschutz durch Fehlerstrom-Schutzeinrichtungen mit einem Nennfehlerstrom $I_{\Delta n} \leq 30$ mA

6.1.1 Allgemeines

Bei der Besprechung des Prinzips der dreifachen Sicherheit (siehe Kapitel 1) wurde bereits die Aufgabe des Zusatzschutzes durch FI-Schutzeinrichtungen mit einem Nennfehlerstrom $I_{\Delta n} \leq 30$ mA besprochen.
Hier sei nur noch auf folgendes hingewiesen. Man hat in den Anfangsjahren der FI-Technik geglaubt, daß es am einfachsten sei, überhaupt nur einen FI-Schutzschalter mit $I_{\Delta n} \leq 30$ mA in den Hausinstallationen vorzusehen, um gegen alle Arten von Elektrounfällen zu schützen. Natürlich ist diese Idee bestechend; keine Schutzleiter und damit keine Schutzleiterverwechslungen oder Schutzleiterunterbrechungen mehr, billigste Installationen, einfachstes Installationsmaterial und billigere Verbrauchsgeräte. Leider hat man dabei eines übersehen. Wenn der Isolationsfehler nicht ausgeschaltet wird, dann erfolgt beim Berühren die Ausschaltung über den Menschen, der damit eine schwere Elektrisierung erfährt. Man glaubt oft fälschlicherweise, daß ein FI-Schutzschalter von 30 mA den Strom durch den Menschen auf 30 mA begrenzt. Das ist grundsätzlich falsch. Der Strom wird durch den Widerstand der Fehlerschleife begrenzt, im wesentlichen also durch die Impedanz des menschlichen Körpers. Nimmt man dafür etwa 1000 Ω an, dann fließen durch den Körper bei 230 V rund 230 mA, eine schwere Elektrisierung auch bei einer Stromflußdauer von nur einigen zehn Millisekunden. Sitzt der Mensch in der Badewanne und hält mit beiden Händen ein Elektrogerät mit Isolationsfehler, so beträgt die Körperimpedanz nur noch rund 250 Ω, und es wird fast 1 A durch seinen Körper fließen. Hier kann, wenn der Schlag zeitgleich mit der vulnerablen Herzperiode erfolgt, sogar Kammerflimmern auftreten. Allerdings ist dafür die Wahrscheinlichkeit nicht sehr groß (siehe Bild 1.30 in Band 80 der VDE-Schriftenreihe).
Mit der Erkenntnis, daß der Schutzleiter als das kleinere Übel in Kauf genommen werden muß und daß auch die Schutzisolierung beim Betriebsmittel der Schutzklasse II versagen kann, gewinnt der Zusatzschutz seine Bedeutung als letzte Barriere vor dem Tod durch die Elektrizität, wenn der Basisschutz und/oder der Fehlerschutz versagen bzw. der Schutz nicht wirksam werden kann.
Er ist vor allem bei Stromkreisen mit Steckdosen und bei Räumen mit erschwerten Umgebungsbedingungen vorzusehen. Beim Anschluß elektrischer Betriebsmittel über bewegliche Anschlußleitungen hat ja die Erfahrung gezeigt, daß durch Beschädigungen der Leiterisolierungen oft Unfälle durch direktes Berühren aktiver Leiter vorkommen, und auch Schutzleiterverwechslungen beim Steckertausch durch Laien sind nicht selten. Der Zusatzschutz mit FI-Schutzschaltern von 30 mA deckt diese

Fehler auf, weil der Schalter beim Fließen gefährlicher Berührungsströme auslöst. Da der Fehlerstrom durch die Impedanzen des Körpers von Menschen oder Nutztieren begrenzt wird, bringt es kaum einen Vorteil, wenn man statt des Nennfehlerstroms von 30 mA nun FI-Schutzschalter von 10 mA verwendet, solange die Netzspannung gegen Erde 230 V beträgt. Nur bei Netzspannungen gegen Erde von 120 V (USA) oder 100 V (Japan) kann ein Nennfehlerstrom von 10 mA oder sogar 5 mA sinnvoll sein, weil bei Spannungen unter 100 V der Hautwiderstand beim Menschen meistens eine hohe Zusatzimpedanz bildet. Wie in Abschnitt 4.2.6.5 gezeigt, ist die Frage der Auslösung der FI-Schutzschalter bei Fehlerströmen mit Gleichstromkomponenten beim Zusatzschutz bedeutungslos, es können daher FI-Schutzschalter der Bauart AC verwendet werden, die in ihrer Auslösefunktion entweder unabhängig oder abhängig von der Netzspannung sein können.

Definition
Zusatzschutz ist eine ergänzende Maßnahme zur Verringerung des Grenzrisikos beim Schutz von Menschen und Nutztieren gegen gefährliche Berührungsströme, wenn der Basisschutz und/oder der Fehlerschutz nicht wirksam sind/ist.

6.1.2 Zusatzschutz im TN- und TT-System

Werden Stromkreise mit Steckdosen und Räume mit erschwerten Umgebungsbedingungen, z. B. landwirtschaftliche Betriebsstätten, Badezimmer, Schwimmbäder, Saunaanlagen, Baustellen, Campingplätze mit dem Zusatzschutz versehen, dann ergeben sich Installationen, die für das TN-System mit Fehlerstrom-Schutzeinrichtung in den Bildern 4.52 und 4.53 dargestellt sind. Entsprechendes für das TT-System mit Fehlerstrom-Schutzeinrichtung zeigen die Bilder 4.49 und 4.50.
Die Prinzipschaltungen für den Zusatzschutz im TN-System zeigt Bild 4.51 und für das TT-System mit Fehlerstrom-Schutzeinrichtung Bild 4.48 des Abschnitts 4.2.6.2, der auch alle technischen Erklärungen zu diesen Schaltungen enthält.
In den USA wird dabei einem Problem besondere Beachtung geschenkt, das aber nach der Meinung der Autoren ein vertretbares Risiko bildet.
Treten beim TN-System mit Überstrom-Schutzeinrichtung verbraucherseitig nach dem FI-Schutzschalter niederohmige Isolationsfehler des Neutralleiters zum Schutzleiter auf (siehe auch Bild 4.45 in Abschnitt 4.2.5.4), dann kann sich die Auslöseempfindlichkeit des FI-Schutzschalters bis zum Nichtauslösen verringern, weil der Neutralleiter vor dem Schalter über die PEN-Leiterverbindung dauernd mit dem Schutzleiter verbunden ist. Er bildet daher mit dem Schutzleiter eine Kurzschlußwindung für den Summenstromwandler, die, wenn sie niederohmig ist, die Auslöseempfindlichkeit herabsetzt. Die Wahrscheinlichkeit, daß ein derartiger Fehler vorhanden ist und gleichzeitig ein aktives Teil berührt wird, ist aber sehr klein, und der Fehler wird außerdem beim Betätigen der Prüftaste erkannt.

6.1.3 Zusatzschutz beim IT-System

Der Zusatzschutz mit Fehlerstrom-Schutzschaltern mit einem Nennfehlerstrom von $I_{\Delta n} \leq 30$ mA kann in einem isolierten Netzsystem nicht ohne weiteres angewendet werden. Wie **Bild 6.1** zeigt, verteilt sich der Berührungsstrom durch den Menschen, der ein aktives Teil berührt, über das gesamte Netzsystem. Der Fehlerstrom-Schutzschalter erfaßt aber nur den Teil, der über die Kapazitäten vor dem Schalter zum System zurückfließt. Der Anteil des Fehlerstroms, der nach dem Schalter in der geschützten Verbraucheranlage fließt, wird nicht erfaßt, und damit ist der bei direktem Berühren auftretende Berührungsstrom durch den Menschen immer größer als der vom Fehlerstrom-Schutzschalter registrierte Fehlerstrom.
Von einem wirksamen Zusatzschutz durch FI-Schutzschalter mit $I_{\Delta n} \leq 30$ mA kann man daher beim IT-System nur dann reden, wenn die Erdkapazitäten vor dem FI-Schutzschalter wesentlich höher sind als in dem durch ihn geschützten Anlagenteil. Dies wird in vielen Fällen, z. B. beim Zusatzschutz einzelner Stromkreise in einem Industriebetrieb, der durch das IT-System geschützt wird, zutreffen.
Die Erdkapazitäten einzelner Stromkreise mit Steckdosen sind ja sicher um mindestens eine Zehnerpotenz geringer als die verbleibenden Erdkapazitäten der übrigen

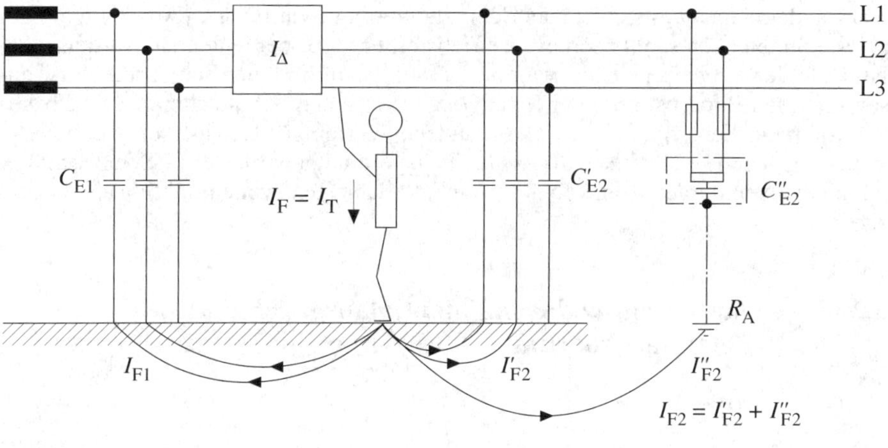

Bild 6.1 Verteilung des Fehlerstroms beim direkten Berühren aktiver Teile durch den Menschen beim IT-System

R_A	Erdungswiderstand der Verbraucheranlage
C_{E1}	Erdkapazitäten vor dem Fehlerstrom-Schutzschalter
$C_{E2} = C'_{E2} + C''_{E2}$	Erdkapazitäten nach dem Fehlerstrom-Schutzschalter
C'_{E2}	Erdkapazitäten der Leitungen in der Verbraucheranlage
C''_{E2}	Erdkapazitäten in den Verbrauchsgeräten
$I_F = I_T$	Fehlerstrom = Berührungsstrom beim Berühren aktiver Teile
$I_{F1}, I_{F2}, I'_{F2}, I'_{F2}$	Fehlerströme

Stromkreise vor dem betreffenden FI-Schutzschalter, und damit gilt für das IT-System hinsichtlich des Zusatzschutzes folgendes:

Erkenntnis
Der Zusatzschutz mit FI-Schutzschaltern mit einem Nennfehlerstrom $I_{\Delta n} \leq 30$ mA ist ganz allgemein in isolierten Netzen und daher im besonderen auch beim IT-System nur dann wirksam, wenn die Erdimpedanzen des Netzes vor dem Schalter wesentlich niederohmiger sind als jene des geschützten Stromkreises und der angeschlossenen Betriebsmittel nach dem FI-Schutzschalter.

6.1.4 Zusatzschutz bei der Schutztrennung und Schutzisolierung

Bei der Schutztrennung ist der Zusatzschutz mit FI-Schutzschaltern mit einem Nennfehlerstrom $I_{\Delta n} \leq 30$ mA wegen der hochohmigen Trennung des geschützten Stromkreises von Erde nicht möglich.
Wird bei der Schutztrennung ein aktives Teil direkt berührt, dann liegt es im Prinzip dieser Maßnahme des Fehlerschutzes, daß keine gefährlichen Berührungsströme zum Fließen kommen. Die vorgeschriebene hohe Erdungsimpedanz des schutzgetrennten Stromkreises schließt sozusagen den Zusatzschutz beim direkten Berühren ein, ohne daß dafür ein FI-Schutzschalter benötigt wird.
Ganz anders verhält es sich bei der Schutzisolierung. Wie schon in Abschnitt 5.5 gezeigt, können auch schutzisolierte Betriebsmittel, z. B. bei fehlender Wartung, Isolationsfehler aufweisen, z. B. wenn sich Metallstaub in einer Schleifmaschine ansammelt. Da Betriebsmittel der Schutzklasse II keinen Schutzleiteranschluß besitzen, führt im Fehlerfall ein etwa vorhandenes leitfähiges Gehäuse die volle Netzspannung gegen Erde, ohne daß das Gerät ausgeschaltet wird. Der FI-Schutzschalter mit einem Nennfehlerstrom von 30 mA erfüllt dann seine volle Funktion als Zusatzschutz.

6.2 Zusatzschutz durch Potentialausgleich und Potentialsteuerung

6.2.1 Allgemeines

Einige grundsätzliche Bemerkungen über den Potentialausgleich wurden bereits in Band 80 der VDE-Schriftenreihe, Abschnitt 3.2 gemacht. Durch den Potentialausgleich werden Schritt- und Berührungsspannungen verringert oder beseitigt. Wird jedoch der Potentialausgleich falsch angewendet, dann können durch Spannungsverschleppungen zusätzliche Gefahren bei fremden leitfähigen Teilen entstehen.
Bei fachgerecht durchgeführtem Potentialausgleich wird jedoch das Grenzrisiko verringert, das bei der Anwendung der verschiedenen Maßnahmen des Fehlerschut-

zes noch besteht. So nimmt während des Ausschaltens von FI-Schutzschaltern der Schutzleiter der geschützten Anlage in der Regel eine hohe Fehlerspannung an, die meist nahe der Netzspannung gegen Erde liegt. Durch den Potentialausgleich, sei es nun der Hauptpotentialausgleich oder der zusätzliche Potentialausgleich, liegen die prospektiven Berührungsspannungen unter der Fehlerspannung.
Ähnliches gilt auch für das TN-System. Tritt dabei wirklich einmal im Verteilungsnetz eine Störung auf, z. B. ein PEN-Leiterbruch, dann wird durch den Hauptpotentialausgleich die eingeschleppte Fehlerspannung an den entsprechenden Standorten auf niedrigere Werte der prospektiven Berührungsspannung abgesenkt. Im Stall landwirtschaftlicher Betriebsstätten kann durch den zusätzlichen Potentialausgleich mittels des bekannten Baustahlgitters unter der Standfläche der Tiere eine Gefahr für die Tiere weitgehend vermieden werden.
Es ist wichtig klarzustellen, daß trotz Potentialausgleich die Bestimmungen für den Fehlerschutz einzuhalten sind. Der Potentialausgleich ist daher niemals eine Alternative für den Fehlerschutz mit Schutzleiter. Er ergänzt nur diese Maßnahmen im Sinne einer Verkleinerung des Grenzrisikos und ist daher unter dem Begriff des Zusatzschutzes einzuordnen.

6.2.2 Prinzip des Potentialausgleichs und der Potentialsteuerung

Aus **Bild 6.2** ist zu erkennen, daß sich benachbarte Erder so beeinflussen, daß zwischen ihnen auf der Erdoberfläche nur Spannungen wirksam werden, die Teilspannungen der Erderspannung gegen weit entfernte Punkte des Erdreichs darstellen.

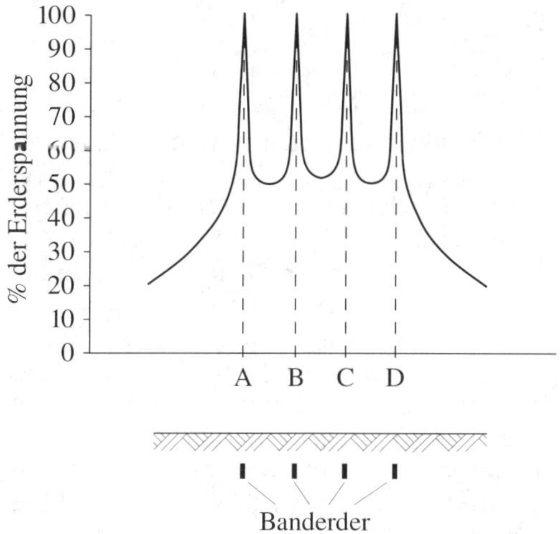

Bild 6.2 Potentialverteilung bei vier parallelen Banderdern nach Koch

Dadurch wird die Gefährdung zwischen den Erdern für einen auf dem Erdboden stehenden und den Erder berührenden Menschen herabgesetzt. Durch die räumliche Anordnung der Erder wird also das Potential im Erdreich gegenüber einem Einzelerder verändert.
Erfolgt eine solche Veränderung des Potentialverlaufs bewußt, so wird dieser Vorgang „Potentialsteuerung" genannt.

Definition
Potentialausgleich ist eine elektrische Verbindung, die die Körper elektrischer Betriebsmittel und fremder leitfähiger Teile auf gleiches oder annähernd gleiches Potential bringt (DIN VDE 0100-200, Abschnitt 2.4.9; IEV 826-04-09).

Dies bedeutet, daß alle Schutzleiter, PEN-Leiter, leitfähige Rohrleitungen (Wasser-, Gas- und Heizrohrleitungen) und die leitfähigen Gebäudeteile elektrisch gut leitend miteinander verbunden werden müssen. Diese Verbindung kann direkt oder indirekt durch „Potentialausgleichsleiter" erfolgen.

Definition
Potentialausgleichsleiter ist ein Leiter zum Sicherstellen des Potentialausgleichs (DIN VDE 0100-200 Abschnitt 2.4.10; IEV 826-04-10).

Potentialausgleichsleiter dienen also zur Herstellung von gleichem Potential innerhalb einer Anlage oder eines Gebäudes. Sie dienen nicht zur Sicherstellung der Erdungsbedingungen.

Definition
Potentialsteuerung ist die Beeinflussung des Erdpotentials, insbesondere des Erdoberflächenpotentials, durch Erder (DIN VDE 0100-200, Abschnitt A 5.11).

Durch die Potentialsteuerung werden Berührungsspannungen und Schrittspannungen herabgesetzt. Am Beispiel einer Freiluftanlage mit 50 m Länge und 30 m Breite mit vier parallel verlegten Erdbändern ist bei $\rho = 100\ \Omega\text{m}$ der in Bild 6.2 gezeigte Potentialverlauf an der Erdoberfläche zu erwarten.
Das Bild zeigt, daß zwischen einem Außenerder und einem Punkt in 1 m Entfernung auf der Erdoberfläche das Potential nur rund 44 % der angelegten Erderspannung ist, und daß zwischen den Erdern (A ... D) das Potential auf rund 50 % der Erderspannung abnimmt.
Je größer die Ausdehnung der Erdungsanlage ist und je mehr Banderder verlegt sind, um so günstiger werden die Verhältnisse. *Koch* nennt als Beispiel die Erdungsanlage eines Umspannwerks mit 400 m Länge und 195 m Breite mit 40 parallelen Erdungsbändern in 5 m Abstand verlegt. **Bild 6.3** zeigt die Potentialverteilung der Anlage, und es ist zu erkennen, daß die prospektive Berührungsspannung zwischen den Bändern nur rund 10 % der Erderspannung beträgt. Der Spannungstrichter ist

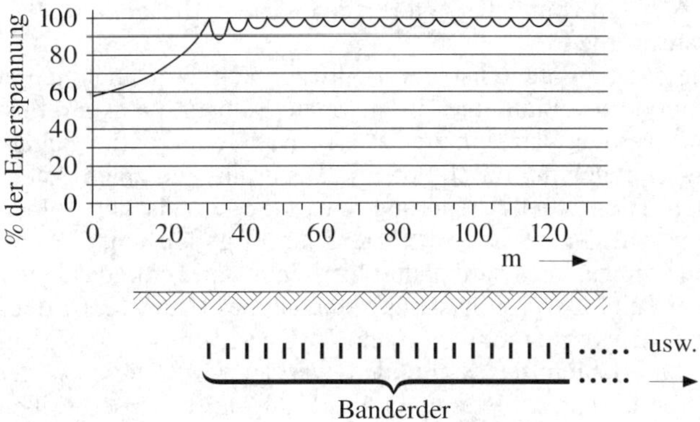

Bild 6.3 Potentialsteuerung mit 40 Bändern von je 400 m Länge und 5 m gegenseitigem Abstand nach Koch

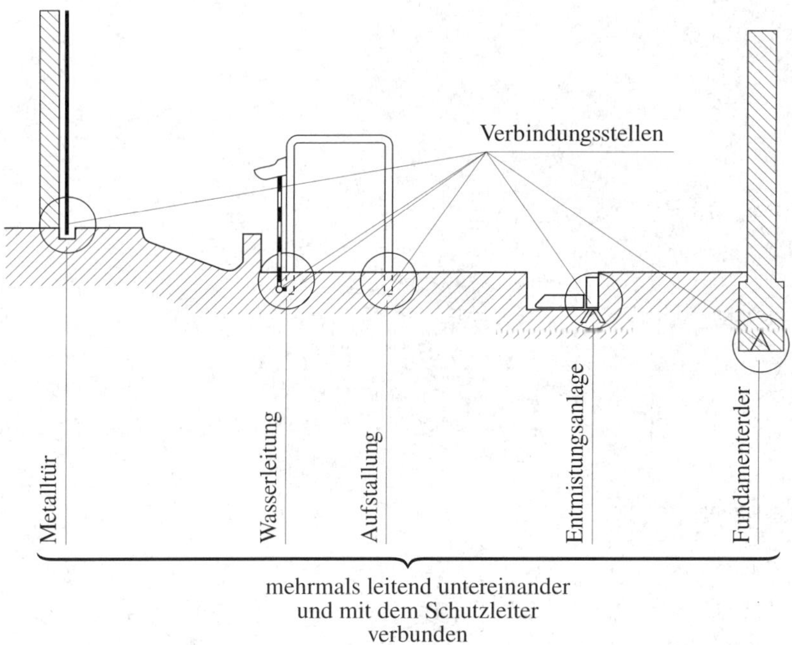

Bild 6.4 Potentialausgleich in einem Stall (Potentialsteuergitter unter der Tierstandfläche, nicht eingezeichnet)

sehr flach, so daß in 10 m Abstand vom äußersten Band gegenüber diesem nur 20 % der Erderspannung wirksam werden.

Eine besondere Bedeutung hat die Potentialsteuerung für die Schutzmaßnahmen in der Landwirtschaft. Da in modernen Stallungen immer mehr Selbsttränken und Entmistungsanlagen eingebaut werden, kann ein zuverlässiger und dauerhafter Schutz der Tiere gegen Stromeinwirkungen nur durch Potentialsteuerung und einen Potentialausgleich erzielt werden. Die Potentialsteuerung bewirkt, daß zwischen Selbsttränke, Entmistungsanlage und Standfläche der Tiere keine gefährlichen Spannungsdifferenzen auftreten können. Dies wird dadurch erreicht, daß zumindest unter der Standfläche der Tiere ein nicht zu weitmaschiges, metallenes Gitter (z. B. Baustahlgitter mit 150 mm Maschenweite) möglichst nahe der Oberfläche (in etwa 3 cm bis 5 cm Tiefe) in der letzten Schicht des Stallbodens verlegt wird. Dieses Gitter muß mit allen großflächig berührbaren Metallteilen des Stalls durch Verschweißen oder einwandfreies Klemmen zuverlässig und dauerhaft verbunden sein. Welche

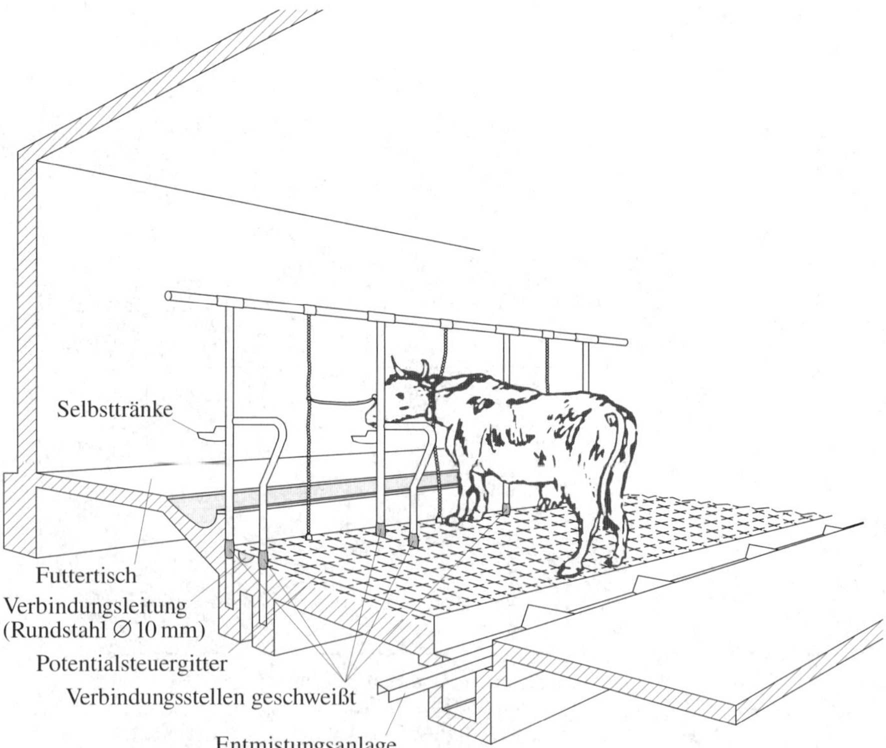

Bild 6.5 Praktische Ausführung von Potentialsteuerung und Potentialausgleich in einem Stall

Metallteile im Stall für einen einwandfreien Potentialausgleich zu verbinden sind, zeigt **Bild 6.4**.

Um nun auch die Potentialsteuerung unter der Tierstandfläche zu erreichen, wird das vorerwähnte Baustahlgitter unter der Standfläche der Tiere montiert und mit dem Potentialausgleich verbunden. Damit ergibt sich die in **Bild 6.5** gezeigte praktische Ausführung des Potentialausgleichs mit Potentialsteuerung in einem Stall.

Welche Berührungs- und Schrittspannungen in einer derartig geschützten Anlage noch auftreten können, zeigt der Vergleich von **Bild 6.6** und **Bild 6.7**. Bild 6.6 zeigt den Spannungsverlauf in einem Stall ohne Potentialausgleich und ohne Potentialsteuerung, wobei die Fehlerspannung für die Messung über die Wasserleitung aufgedrückt wurde. Die Berührungsspannung wurde mit einem Spannungsmesser mit 300 Ω Innenwiderstand gegen eine Metallplatte 25 cm × 25 cm gemessen, die an den betreffenden Stellen unter Zwischenlage eines nassen Tuchs auf den Boden gelegt und mit etwa 70 kg belastet wurde. Die Teilfehlerspannungen (prospektive Berührungsspannungen) wurden an denselben Stellen mit einem hochohmigen Voltmeter gemessen. Die Berührungsspannungen betragen etwa ein Drittel der Teilfehlerspannungen. Bild 6.7 zeigt die Verhältnisse, wenn Potentialausgleich und Potentialsteuerung nach Bild 6.5 durchgeführt werden.

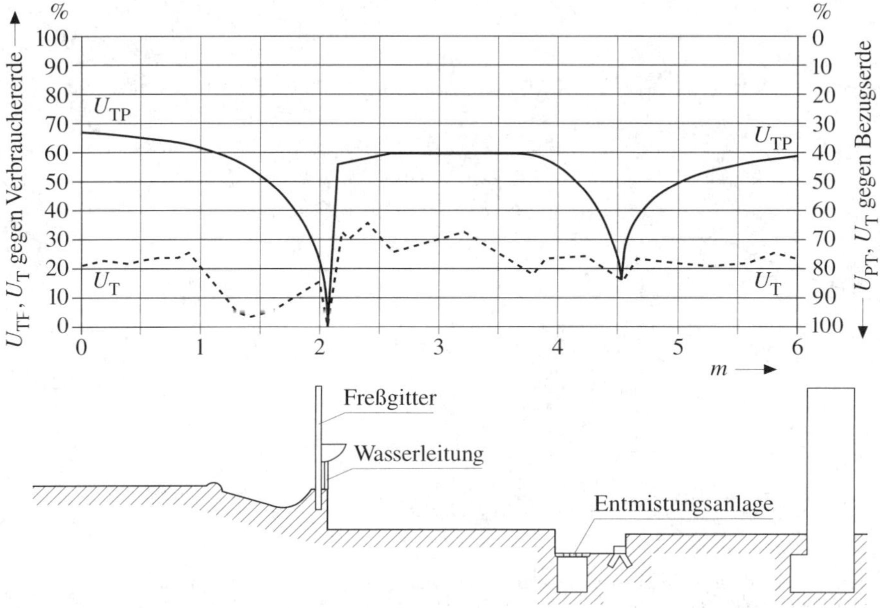

Bild 6.6 Verlauf des Spannungstrichters in einem Stall ohne Potentialausgleich und ohne Potentialsteuerung. Verlauf der Berührungsspannung und der prospektiven Berührungsspannung in % der Fehlerspannung gegen die Bezugserde.

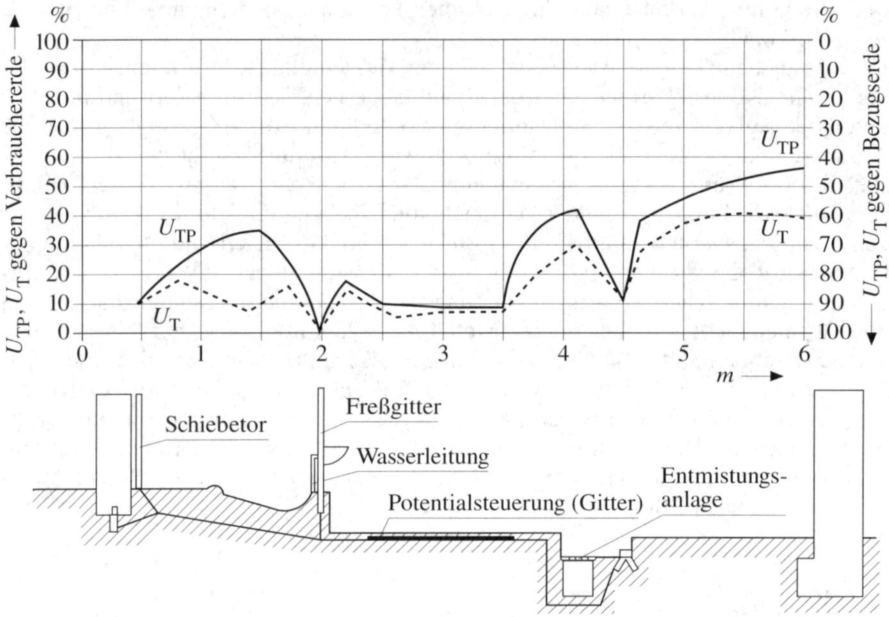

Bild 6.7 Ähnliche Anlage wie Bild 6.6, aber mit Potentialausgleich und Potentialsteuerung

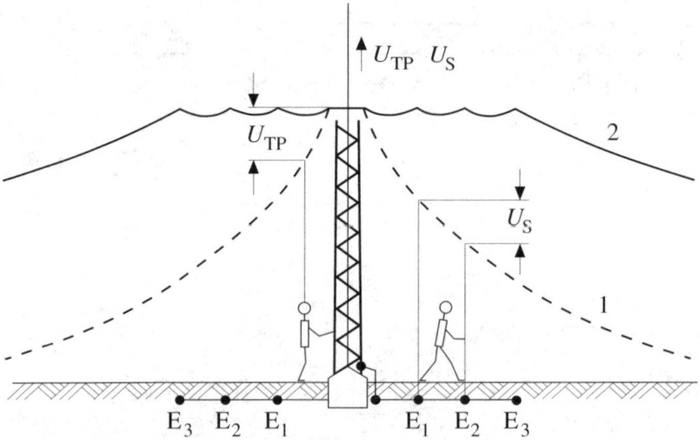

Bild 6.8 Potentialsteuerung in der Umgebung eines Hochspannungsmastes durch Ringerder

1 Potentialverlauf ohne Steuererder 2 Potentialverlauf mit Steuererder

U_{TP} prospektive Berührungsspanung

U_S Schrittspannung

E_1, E_2, E_3 ringförmige Steuererder

Es ist zu erkennen, daß sich die Gefährdung der Nutztiere durch Berührungsspannungen beträchtlich mindert, und daß das Potentialsteuergitter sich als wirksamer Schutz erweist. Bei den in Bild 6.6 und Bild 6.7 gezeigten Anlagen können mit einem Spannungsmesser mit hohem Eingangswiderstand direkt die Teilspannungen des Spannungstrichters gemessen werden. Es handelt sich dabei um prospektive Berührungsspannungen, die in den Gebäuden gegen die Standflächen mit der erwähnten Metallplatte oder, wo es möglich ist, mit einer Sonde gemessen werden können. Ein weiteres Beispiel einer Potentialsteuerung zeigt **Bild 6.8** für die Umgebung eines Hochspannungsmastes.
Durch Anordnung von ringförmigen Steuererdern um den Mast herum werden die Schrittspannungen wesentlich herabsetzt, und auch beim Berühren des Mastes können gefährliche Berührungsspannungen vermieden werden.

6.2.3 Hauptpotentialausgleich und zusätzlicher Potentialausgleich

6.2.3.1 Hauptpotentialausgleich

Die Verbindung von geerdeten Teilen kann aber noch eine zweite Aufgabe erfüllen. In jeder Anlage befindet sich eine Anzahl fremder leitfähiger Teile wie Wasserrohre, Gasrohre, Heizungsrohre und die äußeren leitfähigen Teile der elektrischen Anlage, der Fernsprech- und Rufanlagen und die Antennenanlage. Tritt nun ein Isolationsfehler auf, dann kann die Fehlerspannung leicht über leitfähige Teile verschleppt werden, und dadurch vergrößert sich die Unfallgefahr wesentlich. Durch derartige Spannungsverschleppungen sind schon oft schwere Elektrounfälle verursacht worden.
Diese Gefährdung kann vermieden werden, wenn in der Anlage an einem zentralen Punkt alle fremden leitfähigen Teile eines Gebäudes mit den Körpern der elektrischen Betriebsmittel über eine Potentialausgleichsschiene und den Schutzleiter verbunden werden. Dieser Hauptpotentialausgleich wird allgemein angewendet und verbindet folgende Teile miteinander (**Bild 6.9**):

- Hauptschutzleiter,
- Haupterdungsleitung,
- Blitzschutzerder,
- Hauptwasserrohre,
- Hauptgasrohre,
- PEN-Leiter (in TN-Systemen),
- andere metallene Rohrsysteme, wie z. B. Leitungen zentraler Heizungs- und Klimaanlagen und metallene Gebäudekonstruktionsteile, soweit dies möglich ist,
- Erdungen von Kabeln und Leitungen für Inforamtionsanlagen (z. B. Erdungsdrähte von Telefonleitungen, Schirme usw.).

Es ist gut erkennbar, daß der Hauptpotentialausgleich nur die Gefährdung durch Berührungsspannung herabsetzt. Die Maßnahmen des Fehlerschutzes müssen unabhängig vom Potentialausgleich ihre bestimmungsgemäße Funktion erfüllen.

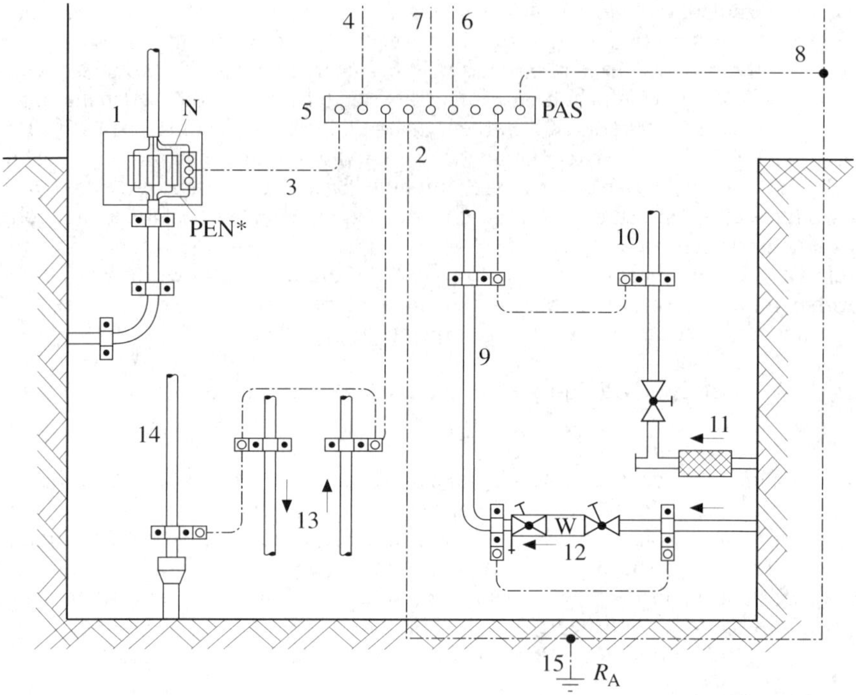

Bild 6.9 Installation der Hauptpotential-Ausgleichsschiene mit Potentialausgleichsleitern, Schutzleitern und Erdungsleitern

1 Starkstrom-Hausanschlußkasen
2 Erdungsleitung im TT-System bzw. Potentialausgleichsleiter im TN-System zum Anlagenerder R_A
3 Nullungsverbindung (Schutzleiter) nur im TN-System
4 Hauptschutzleiter
5 Potentialausgleichsschiene PAS
6 Antennenanlage
7 Anlagen der Informationstechnik
8 Blitzschutzanlage
9 Wasserverbrauchsleitung
10 Gasinnenleitung
11 Isolierstück
12 Wasserzähler
13 Heizungsrohre
14 Abwasserrohr
15 Anlagenerder R_A, z. B. Fundamenterder
(*) PEN-Leiter im TN-System (Nullung), Neutralleiter im TT-System

6.2.3.2 Zusätzlicher Potentialausgleich

Infolge des Spannungsfalls im Schutzleiter bei einem Körperschluß treten gegen andere Körper und gegen fremde leitfähige Teile prospektive Berührungsspannungen auf (Band 80 der VDE-Schriftenreihe, Bild 3.3). Werden diese Teile zusätzlich über einen Potentialausgleichsleiter verbunden, dann können die Potentialunterschiede in der Anlage weiter verringert werden. Dies ist bei besonderen Umgebungsbedingungen erwünscht, wie z. B. in Ställen, in Baderäumen oder in Schwimmbädern und wenn das TN-System im Versorgungsnetz 3N ~ 690/400 V angewendet wird.

Für den zusätzlichen Potentialausgleich werden also die Körper der elektrischen Betriebsmittel und die fremden leitfähigen Teile über zusätzliche Potentialausgleichsleiter verbunden.

Auch der zusätzliche Potentialausgleich stellt einen zusätzlichen Schutz dar und kann nicht als Alternativlösung gegenüber einem vollwertigen Fehlerschutz angesehen werden. Die Tatsache, den zusätzlichen Potentialausgleich vorzusehen, wenn die Ausschaltbedingungen des Fehlerschutzes nicht eingehalten werden können, kann leicht zu gefährlichen Mißverständnissen führen, denn es genügt ja nicht, nur die metallenen Teile untereinander zu verbinden, sondern es müssen auch leitfähige oder halbleitfähige Wände und Standflächen mit einbezogen werden, etwa durch metallene Gitter, die mit dem Potentialausgleichssystem verbunden werden müssen. Hier entsteht dann sofort die Frage nach den Bedingungen für den Rand dieser Bereiche. Wenn jemand also den zusätzlichen Potentialausgleich statt der Ausschaltung im Fehlerfall anwenden wollte, dann müßte er bei einem Einfamilienhaus im Garten oder Hof Baustahlgitter verlegen, und die Gefährdung wäre trotzdem nicht vermieden, weil am Rande der Gitter erst wieder unklare Verhältnisse auftreten. Die klassische Auffassung, den Potentialausgleich nur als zusätzliche Maßnahme anzusehen, sollte auch weiterhin gelten.

Es wäre allerdings denkbar, bei Anwendung des zusätzlichen Potentialausgleichs wegen der Herabsetzung der prospektiven Berührungsspannungen bei den Schutzmaßnahmen des Fehlerschutzes, die eine Ausschaltung vorsehen, längere Ausschaltzeiten zuzulassen.

Erkenntnis

Durch den Potentialausgleich und die Potentialsteuerung können prospektive Berührungsspannungen in elektrischen Anlagen herabgesetzt werden. Potentialsteuerung und Potentialausgleich sind daher als zusätzliche Maßnahmen gegen gefährliche Berührungsströme einzuordnen. Dies gilt auch für den zusätzlichen Potentialausgleich, der ebenfalls nicht als vollwertige Maßnahme des Fehlerschutzes angesehen werden kann.

6.2.4 Schutz durch erdfreien, örtlichen Potentialausgleich

Die gleichzeitig berührbaren Körper und fremde leitfähige Teile müssen durch Potentialausgleichsleiter miteinander verbunden werden. Dieses Potentialausgleichs-

system darf weder über Körper noch über fremde leitfähige Teile mit Erde verbunden werden. Diese Bedingungen sind z. B. bei einem erdfrei aufgestellten metallenen Behälter eingehalten. Es ist klar, daß Maßnahmen getroffen werden müssen, um sicherzustellen, daß Personen beim Betreten derartiger Anlagen keinen gefährlichen Berührungsströmen ausgesetzt werden, besonders dann, wenn ein gegen Erde isolierter, leitfähiger Fußboden mit dem Potentialausgleich verbunden ist.
Leitfähige Fußböden oder Wände (z. B. aus Metall) müssen mit dem örtlichen Potentialausgleichsleiter verbunden werden, oder sie werden nach den Regeln der Standortisolierung (siehe Abschnitt 5.5.2) zusätzlich isoliert.
Daraus erkennt man schon, daß die Schutzmaßnahme „Schutz durch erdfreien, örtlichen Potentialausgleich“ nicht unproblematisch in der Anwendung ist. Sie sollte deshalb auf Sonderfälle beschränkt werden.

6.3 Literatur zu Kapitel 6

Biegelmeier, G.: Basisschutz, Fehlerschutz, Zusatzschutz – ein neues Konzept für die Sicherheit der Elektrizitätsanwendung. etz Elektrotech. Z. 106 (1985) H. 18, S. 968 – 971

Hering, E.: Betrachtungen über den Potentialausgleich. Elektropraktiker 37 (1983) H. 11, S. 389 – 391

Krefter, K. H.: Zusatzschutz – Dritte Schutzebene gegen gefährliche Körperströme. etz Elektrotech. Z. 108 (1978) H. 3, S. 84 – 86

Rudolph, W.: Erdung, Schutzleiter und Potentialausgleich für Niederspannungsanlagen. de der Elektromeister + Deutsches Elektrohandwerk 54 (1979) H. 9, S. 729 – 735

Vogt, D.: Potentialausgleich, Fundamenterder, Korrosionsgefährdung – DIN VDE 0100, DIN 18014 und viele mehr. VDE-Schriftenreihe Band 35. 4. Aufl., Berlin u. Offenbach: VDE-VERLAG, 1996

7 Basisschutz und Fehlerschutz durch Begrenzung der elektrischen Wirkungsgrößen

7.1 Allgemeines

Wohl jeder hat schon einen Draht einer Elektrozaunanlage berührt und ist dabei heftig elektrisiert worden. Dennoch ist der Elektrozaun – vorschriftsmäßige Konstruktion und Montage vorausgesetzt – ungefährlich. Als Stromquelle dient nämlich eine relativ schwache Batterie oder ein Transformator mit einer elektronischen Schaltung mit hohem Innenwiderstand. Die Stromquelle ist so eingerichtet, daß der Strom nur impulsweise mit einer Impulsdauer von Bruchteilen einer Sekunde und einer Ruhezeit von Impuls zu Impuls von annähernd einer Sekunde auf den Zaun gegeben wird. Berührt ein Mensch oder ein Tier den Zaun, dann hängt die Form des Stromimpulses durch den Körper der Körperimpedanz, der Impedanz der Impulsstromquelle, den Erdungswiderständen im Stromkreis und der Quellenspannung der Stromquelle ab. Obwohl die Spannungsspitzen im Leerlauf einige tausend Volt betragen können, müssen Landungsmenge $Q = I \cdot t$ in As und spezifische Impulsenergie $W_S = I^2 \cdot t$ in A^2s pro Impuls so gering sein, damit keine pathologischen Folgen zu befürchten sind (**Bild 7.1**).

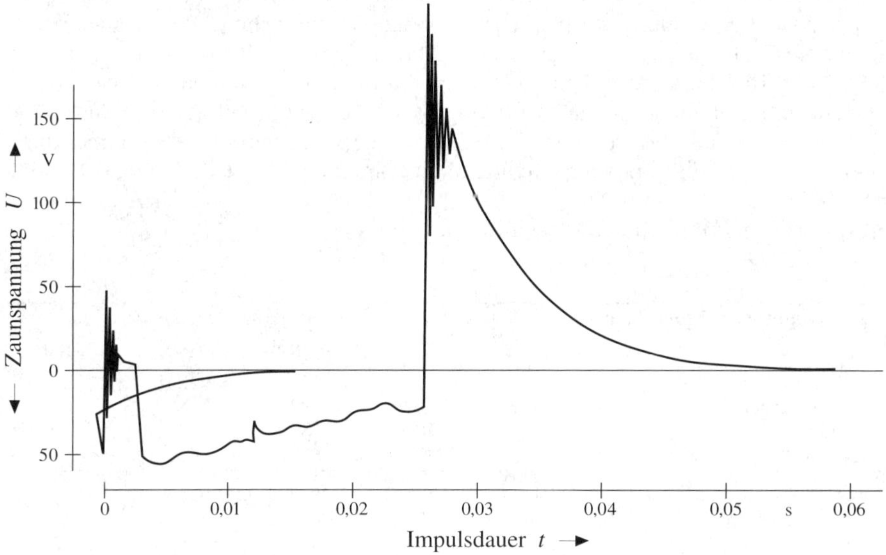

Bild 7.1 Oszillogramm der Entladung eines elektrischen Weidezauns bei nicht induktiver Belastung

Jeder kennt ja auch die Elektrisierungen, die durch elektrostatische Aufladungen des Körpers auf isolierenden Böden entstehen können und ebenfalls Stromimpulse zur Folge haben, wenn geerdete Teile berührt werden.
Welches sind nun die Grenzwerte für die elektrischen Wirkungsgrößen, unterhalb deren keine pathologischen Wirkungen auftreten, womit auch Basisschutz und Fehlerschutz entfallen können, d. h. das direkte Berühren der aktiven Teile ungefährlich wird?
Die Frage ist schwer zu beantworten und hängt davon ab, welche Körperreaktionen als zulässig angesehen werden. Will man jede Empfindung einer Elektrisierung vermeiden, dann ist es offenbar die Wahrnehmbarkeitsschwelle (bei AC 50 Hz, also 0,5 mA), die nicht überschritten werden darf (siehe Band 80 der VDE-Schriftenreihe, Abschnitt 1.3.3).
Die Loslaßschwelle wiederum bedeutet, daß umfaßte Teile jederzeit losgelassen werden können. Bei Dauerelektrisierung liegt dafür der Grenzwert bei 10 mA (AC, 50 Hz), bei Impulsen können die Werte wesentlich höher liegen, doch ist darauf zu achten, daß zwischen den Impulsen ein hinreichend großer Zeitabstand liegt, damit sich die Muskelverkrampfung lösen kann. Messungen haben für die Dauer der Muskelaktivitäten nach einer Stimulierung durch einen kurzen Stoßstrom die Werte gemäß **Tabelle 7.1** ergeben.
Von Bedeutung sind auch die Schmerzschwelle und eine bisher erst wenig erforschte Schwelle, oberhalb der der ganze Körper bewegungsunfähig wird (threshold of immobilisation), aber noch kein Kammerflimmern auftritt.
Schließlich und endlich ist die Flimmerschwelle die Grundlage für die Normung der konventionellen Grenzwerte für den Schutz gegen gefährliche Berührungsströme, wofür die Grenzkurve c2 statistisch am besten geeignet ist (Bild 1.30 in Band 80 der VDE-Schriftenreihe). Man kann damit sowohl die konventionellen Grenzwerte für Dauerdurchströmungen als auch für Impulsströme bestimmen (siehe Band 80 der VDE-Schriftenreihe, Abschnitt 1.5.5). Zugrunde gelegt werden dabei immer die 5-%-Werte für die Flimmerwahrscheinlichkeit (Linienzug 2 in Bild 1.47 aus Band 80 der VDE-Schriftenreihe), die ja statistisch berechnet wurden und das Auftreten von Kammerflimmern praktisch ausschließen.

Zeitabschnitte der Muskelkontraktion	**Stromflußdauer in ms**			
	25	**50**	**100**	**200**
Latenzperiode	17	21	23	33
Verkürzungsphase	66	90	120	180
tetanischer Zustand	140	180	220	330
Abschwächungsphase	240	300	330	370

Tabelle 7.1 Dauer der Kontraktionszyklen der Handmuskulatur in Abhängigkeit von der Durchströmungsdauer bei Stromstärken oberhalb der Loslaßschwelle

7.2 Literatur zu Kapitel 7

Biegelmeier, G.: Wirkungen des elektrischen Stroms auf Menschen und Nutztiere. Lehrbuch der Elektropathologie. Berlin u. Offenbach; VDE-VERLAG, 1986

IEC-Report 479: Effects of current on human beings and livestock

Strauss, O.: Die Wirkungen von Kondensatorentladungen auf den menschlichen Körper. Elektrizitätswirtschaft (1934) H. 23, S. 508

Vieweg, R.: Einige Versuche über die Schreckwirkung beim Durchgang kleiner Wechselstöme durch den menschlichen Körper. Elektrizitätswirtschaft 32 (1933) S. 311

8 Schutz von Steuer- und Hilfsstromkreisen

8.1 Allgemeines

Zunächst soll geklärt werden, was unter Hauptstromkreis und unter Hilfsstromkreis verstanden wird:

- Hauptstromkreis ist ein Stromkreis, der Betriebsmittel zum Erzeugen, Umformen, Verteilen, Schalten und Verbrauchen elektrischer Energie enthält.
- Hilfsstromkreis ist ein Stromkreis für zusätzliche Funktionen, z. B. Steuerstromkreise (Befehlsgabe, Verriegelung), Melde- und Meßstromkreise.

Die nachstehenden Ausführungen beziehen sich vor allem auf Steuerstromkreise und behandeln die Steuertransformatoren, die Steuerspannung und Fragen des Schutzes gegen gefährliche Berührungsströme und der Funktionssicherheit der gesteuerten Anlagen. Für andere Hilfsstromkreise gelten die Ausführungen sinngemäß.

Von vornherein muß man sich im Klaren sein, daß ein Steuerstromkreis eigentlich eine Nebenfunktion auszuüben hat. Er wird nicht zum eigentlichen Energietransport, sondern z. B. zur Fernbetätigung von Schaltern des Hauptstromkreises benötigt. Ein Steuerstromkreis enthält wenigstens ein befehlsgebendes Organ (Geber) und ein ausführendes Organ (Empfänger). Meist wird ein Steuerstromkreis einphasig erstellt, weshalb sich die weiteren Überlegungen vor allem auf dieses Stromsystem beziehen.

Die Normen für Steuerstromkreise haben sich mit IEC-Publ. 204-1 bzw. der harmonisierten Europäischen Norm EN 60204-1 entscheidend verschärft. Der Titel dieser Normen sowie der ebenfalls harmonisierten deutschen Norm DIN EN 60204-1 (VDE 0113 Teil 1) lautet: „Sicherheit von Maschinen, Elektrische Ausrüstung von Maschinen, Teil 1 Allgemeine Anforderungen".

Diese Normen gelten jetzt praktisch für alle Maschinen, z. B. für Baumaschinen, Kompressoren und Hebezeuge, für fahrbare und transportable Maschinen sowie für Maschinen zum Personentransport und für den Haushalt.

Auch elektronische Steuerausrüstungen (z. B. numerische und speicherprogrammierbare Steuergeräte) und Gleichstrom-Steuerstromkreise zählen dazu. Für alle derartigen Steuerstromkreise müssen grundsätzlich Steuertransformatoren verwendet werden. Diese Transformatoren müssen getrennte Wicklungen besitzen.

Für den industriellen Bereich gibt es nur zwei Ausnahmen von der grundsätzlichen Anwendungspflicht für Steuertransformatoren:

- Maschinen mit einer Bemessungsleistung von weniger als 3 kW, mit einem einzigen Motoranlasser und mit höchstens zwei äußeren Steuergeräten (z. B. Verriegelungseinrichtung Ein/aus-, Not-Aus-Drucktaste).
- Haushalts- und ähnliche Maschinen, bei denen sich die elektrische Ausrüstung innerhalb des Maschinengehäuses befindet.

In diesen Ausnahmefällen und bei Hilfsstromkreisen, die nicht für Steuerungen verwendet werden, kann die Stromquelle direkt vom Hauptstromkreis abgezweigt werden. Die Abzweigung kann von zwei Außenleitern oder von einem Außenleiter und dem Neutralleiter (PEN-Leiter) erfolgen.
In Steuer- und Hilfsstromkreisen der beschriebenen Art treten gelegentlich Isolationsfehler auf, die Kurz- oder Erdschlüsse zur Folge haben können. Aus diesem Grund sind die bereits besprochenen Maßnahmen des Fehlerschutzes anzuwenden. Darüber hinaus geht es aber auch darum zu prüfen, ob Kurz- oder Erdschlüsse oder auch andere Fehler die Steuerfunktion so beeinflussen können, daß die Steuerbefehle falsch oder nicht ausgeführt werden, wodurch Sekundärunfälle oder Schadensfälle denkbar sind. Beispielsweise könnte durch ein solches Vorkommnis an einem Aufzug eine Türverriegelung aufgehoben werden – Absturzgefahr wäre die Folge – oder an einer Werkzeugmaschine könnte ein Wendeschalter nicht umgelegt werden, so daß das Werkzeug oder die Maschine beschädigt wird.

8.2 Steuertransformatoren

Tabelle 8.1 zeigt die wesentlichen Merkmale von Steuertransformatoren.

Für Steuertransformatoren ist folgendes wichtig:

Steuertransformatoren:
- dienen der Sicherheit, indem sie Potentiale trennen und indem sie im Störungsfall in Schaltanlagen die Höhe des Kurzschlußstroms in Steuerstromkreisen (Hilfsstromkreisen) herabsetzen;
- sind für Maschinen und Anlagen in aller Welt geeignet, da sie die Anpassung an die weltweit unterschiedlichen Netzspannungen erleichtern;
- erleichtern die Umstellung von Steuerspannungen auf eine andere Frequenz. Wenn eine für eine 50-Hz-Spannung projektierte Schaltanlage an einem 60-Hz-Netz betrieben werden muß, hilft ein auszuwechselnder Steuertransformator bei

Gerätenorm	Bildzeichen	Bestimmungen der Gerätenorm	verwendbar nach Errichtungsnormen
IEC 989 EN 60989 VDE 0500	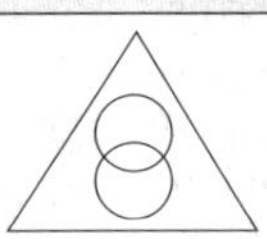	Sekundärspannung: ≤ 250 V Vorzugsspannungen 230 V, 110 V, 42 V, 24 V geringer Spannungsfall bei induktiver Last	IEC 204-1 EN 60204-1 DIN EN 60204-1 VDE 0113-1 DIN VDE 0100-725

Tabelle 8.1 Merkmale von Steuertransformatoren

der Umstellung auf eine äquivalente 60-Hz-Spannung (Beispiel: ein Schütz kann entweder an 230 V, 50 Hz oder an 240 V, 60 Hz betrieben werden);

- erhöhen die Funktionssicherheit von elektrischen Steuerungen dadurch, daß man sie an ständige Über- oder Unterspannungen im Versorgungsnetz durch ± 5-%-Anzapfungen anpassen kann. Sie ermöglichen damit auch eine Anpassung an die Netzspannungs-Umstellung nach IEC 38 von 220/380 V auf 230/400 V für bestehende Anlagen;
- ermöglichen die Reduzierung spannungsabhängiger Varianten bei Geräten im Steuerstromkreis durch Vorzugswerte bei den Sekundärspannungen;
- helfen, die Lebensdauer von Leuchtmitteln zu verlängern, die von der Spannungshöhe abhängig ist. Wird der Steuertransformator als Lampentransformator eingesetzt, läßt sich durch die Anzapfungen auf der Primärseite die Sekundärspannung reduzieren, um die Leuchtmittel mit Unterspannung zu betreiben;
- ermöglichen einen ungeerdeten Betrieb des Steuerstromkreises mit minimalem Aufwand;
- ermöglichen den Verzicht auf einen N-Leiter-Anschluß. Bei unbekanntem Einsatzort von elektrischen Steuerungen kann es vorkommen, daß am Einsatzort im Netz kein N-Leiter vorhanden ist. Durch einen Steuertransformator, der primärseitig vorzugsweise zwischen zwei Außenleitern angeschlossen wird, läßt es sich vermeiden, daß man den N-Leiter eines Verbrauchernetzes benutzen muß.

Steuertransformatoren werden werksseitig gleichsinnig gewickelt und bezeichnet. Mehrere Steuertransformatoren brauchen nur an denselben Außenleiter angeschlossen werden, dann sind die Sekundärspannungen phasengleich. Damit verhindert man höhere verkettete Spannungen in Steuerstromkreisen.
Kennzeichnendes Merkmal von Steuertransformatoren ist, daß sie bei induktiver Last nur einen geringen Spannungsfall aufweisen. Sonstige Kleintransformatoren sind als Steuertransformatoren ungeeiget, weil diese in der Regel nur für einen kleinen ohmschen Spannungsfall ausgelegt sind. Der Spannungsfall bei der stark induktiven Last von Schützspulen ($\cos \varphi \sim 0{,}2 \ldots 0{,}3$) würde unzulässig hoch werden, weil Kleintransformatoren im Gegensatz zu Steuertransformatoren einen hohen induktiven Widerstand haben.
Als Richtwerte für Steuertransformatoren gelten $u = 1\ \%$ bis $6\ \%$ (ohmscher Spannungsfall), $u_x = 1\ \%$ bis $2{,}5\ \%$ (induktiver Spannungsfall). Meist haben Steuertransformatoren an der Eingangswicklung ± 5-%-Anzapfungen. Es ist zu empfehlen, Transformatoren für Steuer- und Hilfsstromkreise für spätere Erweiterungen der Anlage um 25 % überzudimensionieren.
Der Steuertransformator muß in seiner Größe ausreichend bemessen sein, um den Spannungsfall auch unter ungünstigen Bedingungen in zulässigen Grenzen zu halten. Die Bestimmung der Größe des Steuertransformators trägt den ungünstigen Bedingungen in der Weise Rechnung, daß man zur Summe der Halteleistungen aller gleichzeitig eingeschalteten Schütze, Meldeleuchten und sonstigen Stromverbraucher am Steuerstromkreis die Einschaltleistung des größten Schützes oder der

Leistung der in die Steuerung eingebauten Geräte in VA	
Halteleistung Schütz 1 Halteleistung Schütz 2 Dauerleistung Leuchtmelder Einschaltleistung Schütz 3	10 40 5 550
 Transformatorleistung gewählte Transformatorleitstung	$605 \cdot 0{,}8 = 484$ 484 500

Tabelle 8.2 Ermittlung der Transformatorgröße

gleichzeitig einzuschaltenden Schütze addiert und mit dem Faktor 0,8 multipliziert. Diese Summenleistung muß kleiner oder gleich der Nennleistung des Steuertransformators sein (**Tabelle 8.2**).
Mit Reserve ergibt sich die Transformatorleistung zu $1{,}25 \cdot 500$ VA ≈ 630 VA.
Sollen vornehmlich große Schütze geschaltet werden, empfiehlt es sich, den Transformator nach der Kurzzeitleistung auszuwählen. Dadurch verringert sich in den meisten Fällen die erforderliche Transformatorleistung. Es ist darauf zu achten, daß die Halteleistung der Schütze nicht über der Dauerleistung des Transformators liegt (**Tabelle 8.3**).

Einschaltung eines Schützes in VA	
Einschaltleistung	550
erforderliche Transformatorleistung	250
dazugehörige Kurzzeitleistung	600

Tabelle 8.3 Ermittlung der Transformatorgröße nach der Kurzzeitleistung

8.3 Steuerspannung

Im allgemeinen soll die Steuerspannung nicht höher als 230 V gewählt werden, und zwar aus folgenden Gründen:

- Mit zunehmender Betriebsspannung nehmen auch die Ladeströme der zwischen den Steuerleitungen bestehenden Kapazitäten zu. Bei genügender Ausdehnung des Steuerstromnetzes kann es bei Anwendung der Arbeitsstromschaltung zu Fehleinschaltungen und bei der Ruhestromschaltung zu Abfallverhinderungen der Schaltschütze kommen (**Bild 8.1**).
- Mit zunehmender Spannung verringern sich die Leiterquerschnitte der Schütz- und Relaisspulen. Dadurch verringern sich aber auch die mechanische Festigkeit und die Überlastbarkeit der Leiter. Es ist mit vermehrten Störungen zu rechnen. Die Überlastbarkeit spielt deshalb eine Rolle, weil sich die Luftspalte von Schützen im Laufe der Zeit etwas vergrößern oder Fremdkörper in den Luftspalt geraten. Dadurch steigt auch der Haltestrom an.

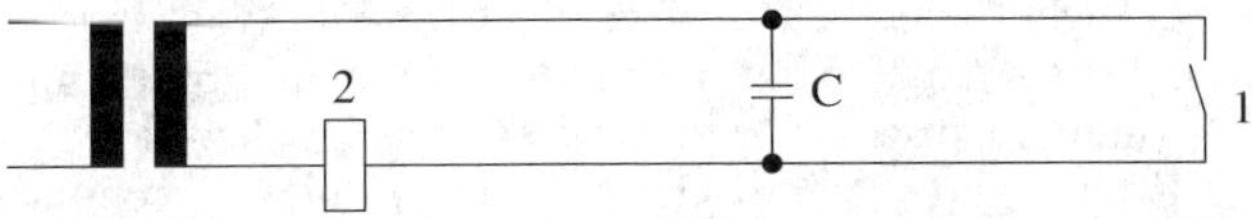

Bild 8.1 Grundschaltung eines Steuerstromkreises; bei großer Ausdehnung oder hoher Steuerspannung kann es durch kapazitive Wirkungen zu Fehleinschaltungen oder Abfallverhinderung des Empfängers kommen
1 Geber (Befehlsschalter)
2 Empfänger (Relais, Schütz, usw.)

- Mit steigender Spannung nehmen die Kriechströme zu. Mit Rücksicht auf die oft knappen Abmessungen bei Schützen und Relais ergeben sich, insbesondere dort, wo Verschmutzungsgefahr besteht, die gleichen Störungen wie bei zu hohen Ladeströmen.

Die mit Rücksicht auf die Leitungskapazität zulässigen Steuerleitungslängen lassen sich einigermaßen abschätzen. Erfahrungsgemäß beträgt die Leitungskapazität bei Leiterquerschnitten von 1,5 mm² bis 4 mm² etwa 0,3 µF pro km.

Nach einer Faustformel:

$$C_k = \frac{500 \cdot P_h}{U^2},$$

mit:

C_k kritische Kapazität in µF,
P_h Halteleistung in VA,
U Steuerspannung in V,

kann die kritische Kapazität, das heißt derjenige Grenzwert, von dem an aufwärts mit Nichtabfallen von Schützen oder Relais nach dem Ausschalten des Steuerstroms gerechnet werden muß, berechnet werden.
Allerdings muß man die Halteleistung und die Steuerspannung kennen. Man kann sie den Listen der Herstellerfirmen entnehmen. Für Schütze mit einer Halteleistung von 30 VA und Relais mit einer Halteleistung von 1 VA ergeben sich nach den vorstehenden Angaben die in der **Tabelle 8.4** zusammengestellten höchstzulässigen Gesamtleitungslängen eines zusammenhängenden Steuerstromnetzes.

Steuerspannung in V	**maximale Steuerleitungslänge in km für Schütze mit P_h von 30 VA**	**maximale Steuerleitungslänge in km für Relais mit P_h von 1 VA**
230	1,42	0,045
110	5,67	0,18
42	42,5	1,4
24	130	4,35

Tabelle 8.4 Höchstzulässige Gesamtlängen von Steuerleitungen für Schütze und Relais

Die Steuerspannung soll aber nicht kleiner als 24 V gewählt werden. Wohl vermögen bei kleinen Spannungen die Kapazitäten und Kriechwege die Funktionstüchigkeit des Steuerstromkreises kaum noch zu stören. Um so mehr steigt aber die Störanfälligkeit durch erhöhte Kontaktwiderstände. Geringfügige Kontaktverschmutzungen führen dann zu Störungen.
Mit Rücksicht auf die bedeutend höheren Ströme spielt bei Kleinspannung auch der Spannungsfall zwischen dem Geber- und Empfängerort eine Rolle. Ist der Spannungsfall zu groß, so können die Schütze und Relais nicht mehr schalten.
Ist nur ein einziges Schütz oder Relais anzusteuern und ist die Ausdehnung des Steuerstromkreises nur gering, so kann ausnahmsweise auch eine Steuerspannung von mehr als 230 V angewendet werden.

8.4 Installationshinweise für Steuer- und Hilfsstromkreise

Wie bereits erwähnt, soll bei Verwendung von mehreren Steuertransformatoren auf der Sekundärseite Phasengleichheit herrschen. Die Transformatoren sollen in der Regel zwischen Außenleitern angeschlossen werden. Die Stromkreise müssen so ausgelegt sein, daß die Betriebsspannung am Betriebsmittel nicht mehr als – 15 % bis + 10 % von dessen Nennspannung abweicht.
Betriebsmittel, die üblicherweise während des Betriebs dauernd in der Hand gehalten oder umfaßt werden, sollten nur mit Spannungen bis maximal 230 V Nennspannung betrieben werden.
In bezug auf den Überstromschutz sind die für Hilfsstromkreise in den Normen vorgesehenen besonderen Regelungen zu beachten.

8.5 Steuerstromkreise mit Steuertransformatoren; Erdungsfragen

Zunächst ist es freigestellt, ob man den Steuerstromkreis von Erde isoliert betreiben oder einen Punkt des Steuerstromkreises betriebsmäßig erden will.
Betrachtet wird vorerst der isolierte Steuerstromkreis (**Bild 8.2**). Unter normalen Verhältnissen, das heißt bei einwandfreier Isolierung der beiden Steuerleitungen, besteht zwischen jedem der beiden Steuerleiter und der Erde eine Spannung, die sich nach der Kapazität der beiden Leiter gegen Erde richtet, also meist die halbe Steuerspannung. Tritt nun aber an einem der beiden Leiter ein Isolationsdefekt gegen Erde auf, so ist die Spannung gegen Erde des erdschlußbehafteten Leiters null und jene des anderen Leiters gleich der Spannung des Steuertransformators. Irgendeine nachteilige Auswirkung auf den Betrieb tritt wegen des Isolationsdefekts nicht ein. Das Vorhandensein eines Erdschlusses wird allerdings auch nicht bemerkt. In der Regel bleibt also ein Isolationsdefekt längere Zeit bestehen. Tritt nach einiger

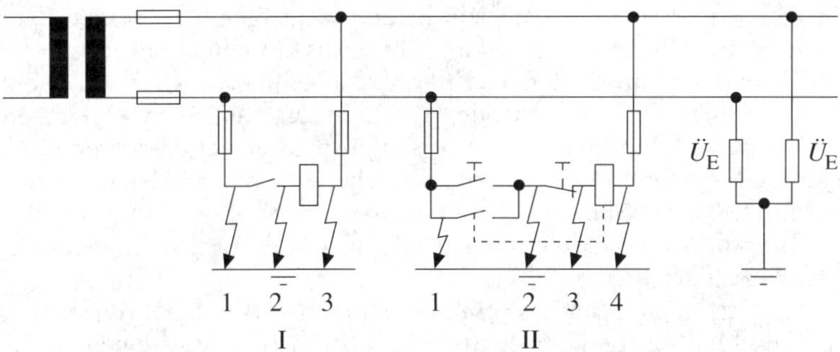

Bild 8.2 Von Erde isolierter Steuerstromkreis; ein einziger Isolationsdefekt (Erdschluß) an irgendeiner Stelle führt zu keinerlei Störung. Ein weiterer Erdschluß kann zum Ansprechen der Steuersicherungen oder aber zu Fehlsteuerungen (ungewollte Einschaltung, nicht erfolgte Ausschaltung trotz Ausschaltbefehl) führen. Durch Erdschluß-Überwachungseinrichtungen ($Ü_E$) kann der erste Erdschluß festgestellt werden.

Zeit ein zweiter Erdschluß auf, so hängen die Auswirkungen von der Lage der beiden Erdschlußstellen ab.

Ist jeder der mit dem Steuertransformator direkt verbundenen Leiter erdschlußbehaftet (Variante I, Stellen 1 und 3), so entsteht ein Kurzschluß. Die den Erdschlußstellen vorgeschalteten Überstromunterbrecher werden also ansprechen und den Steuerstromkreis unterbrechen, oder die Steuerspannung bricht einfach zusammen, was einem Ausfall der Steuerfunktion gleichkommt.

Befindet sich der Erdschluß auf dem direkt mit dem Empfänger verbundenen Leiter und der andere zwischen dem offenen Geberkontakt und der Empfängerspule (Variante I, Stellen 2 und 3), wird der Kurzschluß im Moment eines Steuerbefehls auftreten.

Tritt schließlich je ein Erdschluß beiderseits des Geberkontakts auf (Variante I, Stellen 1 und 2), so entsteht kein Kurzschluß, hingegen ungewollt ein Steuerbefehl. Je nach dem Zweck des Steuerstromkreises kann somit dieser letztere Fall zu einer einfachen Betriebsstörung oder aber zu einem gefährlichen Zustand führen.

Ähnlich liegen die Verhältnisse bei der Impulsschaltung (Variante II). Erdschlüsse an den Stellen 1 und 2 verursachen eine ungewollte Einschaltung, Erdschlüsse an den Stellen 2 und 3 bewirken, daß ein eingeschaltetes Schütz nicht ausgeschaltet werden kann.

Ein von Erde isolierter Steuerstromkreis läßt sich nur anwenden, wenn keine für die Sicherheit einer Anlage wichtige Steueraufgabe zu erfüllen ist.

Er eignet sich besonders in Anlagen, in denen möglichst keine Betriebsunterbrechung erfolgen darf, also beispielsweise in größeren automatisierten Betrieben, wo die Außerbetriebsetzung eines Steuerstromkreises den Ausfall verschiedener, voneinander abhängiger Maschinen bewirken würde. In solchen Fällen muß im Steuer-

stromkreis eine Erdschluß-Überwachungseinrichtung eingebaut werden, die beim Auftreten des ersten Erdschlusses Alarm gibt. Mit etwas Geschicklichkeit und Erfahrung läßt sich nun unter Umständen die Erdschlußstelle finden, bevor der zweite Erdschluß auftritt. Meist kann die Behebung des Schadens auf einen geeigneten, vorbestimmten Zeitpunkt, zum Beispiel in die Betriebspausen, verlegt werden.
Wenn eine derartige Erdschluß-Überwachungseinrichtung vorhanden ist, dann können von Erde isolierte Steuerstromkreise auch in jenen Fällen eingesetzt werden, in denen doppelte Erdschlüsse zu Gefährdungen führen, z. B. unbeabsichtigtes Inbetriebsetzen einer Maschine.
Beim betriebsmäßig geerdeten Steuerstromkreis führt, wie **Bild 8.3** zeigt, bereits der erste satte Erdschluß an irgendeiner Stelle des Stromkreises zu einem Kurzschluß oder zu einer zusätzlichen Erdung des bereits geerdeten Leiters. Wird ein Schütz mit Dauerkontaktgabe nach Variante III oder mit Impulskontaktgabe nach Variante V angeschlossen, so spricht der vorgeschaltete Überstromunterbrecher beim ersten Erdschluß an und unterbricht so den Steuerstromkreis. Eine unbeabsichtigte Einschaltung oder keine Ausschaltung bei einem Ausschaltbefehl ist nicht möglich.
Sieht man von der möglichen Betriebsstörung ab, handelt es sich also beim betriebsmäßig geerdeten Steuerstromkreis um die fast ideale Lösung des Steuerproblems. Sie wäre ideal, wenn eine Unterbrechung des Steuerstromkreises nicht in bestimmten Fällen, wie zum Beispiel durch den Ausfall einer Kesselspeisepumpe oder den Abfall eines Magnetspannfutters, zu Sekundärschäden und indirekt zu Unfällen führen könnte.
Unzulässig ist die Schaltung nach Variante IV. Ein Erdschluß an der Stelle 2 wäre nämlich identisch mit einer Einschaltung des Gebers, es würde unbeabsichtigt ein Steuerbefehl gegeben, und es könnte auch nicht ausgeschaltet werden.
In gewissen Fällen dienen zur Speisung des Steuerstromkreises Steuertransformatoren mit Mittelanzapfung gemäß **Bild 8.4**. Diese Schaltung hat den Vorteil, daß die Spannung gegen Erde an den beiden Steuerleitungen nur die Hälfte der Steuerspan-

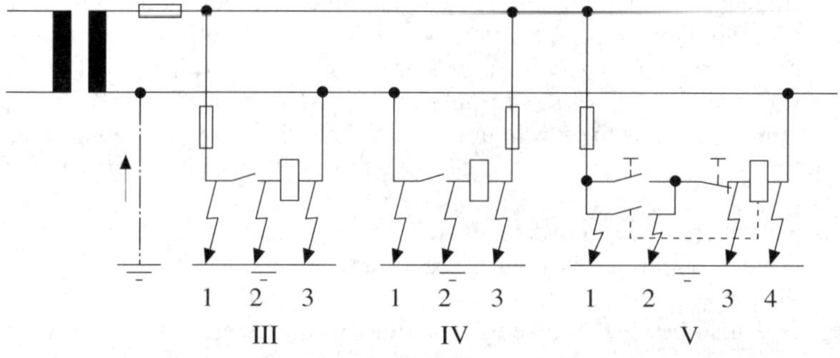

Bild 8.3 Betriebsmäßig geerdeter Steuerstromkreis

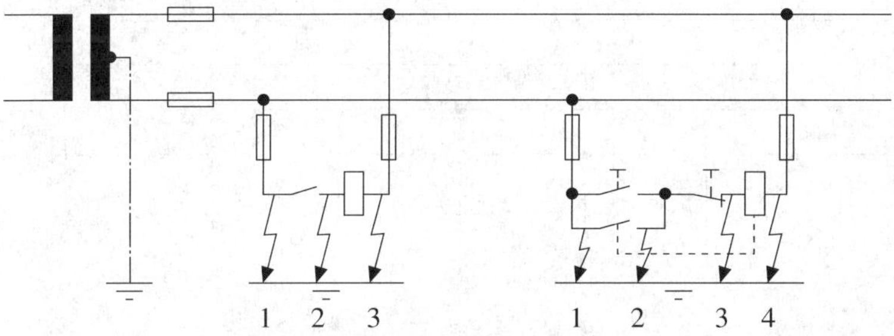

Bild 8.4 Steuerstromkreis mit Mittelpunkterdung; ein Erdschluß führt zum Ansprechen von nur einer Steuersicherung, der Steuerstromkreis verbleibt unter einer Teilspannung. Bei Verwendung normaler Schütze und Relais unsichere Steuerschaltung.

nung beträgt. Werden hingegen nicht spezielle Schütze oder Relais verwendet oder Überwachungseinrichtungen eingesetzt, können Störungen mit Sekundärschäden eintreten. Beim Auftreten eines Erdschlusses wird spätestens im Augenblick der Geberbetätigung einer der beiden Überstromunterbrecher ansprechen. Dadurch bleibt der Stromkreis noch immer geschlossen und erhält die halbe Steuerspannung. Die Schütze werden unter diesen Umständen kaum mehr anziehen, angezogene Schütze fallen jedoch nicht mit Sicherheit ab.
Bei betriebsmäßig geerdeten Steuerstromkreisen ist genau zu überlegen, an welchen Stellen des Stromkreises die Überstromunterbrecher eingebaut werden. Sieht man die Überstromunterbrecher nur an einer Stelle auf der Sekundärseite eines Steuertransformators vor, so kann beim einzelnen Erdschluß die ganze Anlage ausfallen. Bei Steuerstromkreisen großer Ausdehnung kann sich bei einem entfernten Erdschluß der Erdschlußstrom so verringern, daß die Überstromunterbrecher nicht anzusprechen vermögen. Es kann sich als notwendig erweisen, noch zusätzliche Überstromunterbrecher in die Zweigleitungen einzubauen. Vor kurzschlußfesten Steuertransformatoren auf der Primärseite eingebaute Überstromunterbrecher spechen unter Umständen ebenfalls nicht an. Die auf der Sekundärseite verbleibende Restspannung kann aber genügen, um zu verhindern, daß angezogene Schütze abfallen.

8.6 Anschluß von Steuer- und Hilfsstromkreisen an das Hauptstromnetz

In **Bild 8.5** sind drei Anschlußvarianten dargestellt. Die Variante VI stimmt praktisch mit der in Bild 8.3 gezeigten Variante III eines betriebsmäßig geerdeten, aus einem Steuertransformator gespeisten Steuerstromkreises überein. Eine Überprüfung der Auswirkungen eines Erdschlusses an den Stellen 1 und 2 zeigt auch, daß in jedem Fall eine Ausschaltung durch den vorgeschalteten Überstromunterbrecher er-

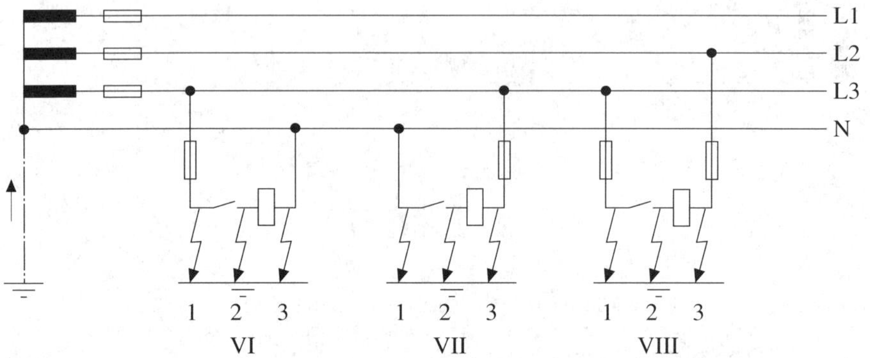

Bild 8.5 Die Speisung des Steuerstromkreises aus dem betriebsmäßig geerdeten Hauptstromnetz. Nur zulässig, wenn Schütz- bzw. Relaisspule direkt mit dem geerdeten Neutralleiter verbunden ist.

folgt. Es handelt sich also um eine einwandfreie Anschlußart. Es ist lediglich nochmals daran zu erinnern, daß bei einer großen Ausdehnung des Netzes eine Abfallbehinderung der Schütze und Relais durch kapazitive Ströme entstehen kann. Eine galvanische Trennung des Steuerstromkreises vom Netz kann somit vorteilhaft sein.
Unzulässig ist wieder Variante VII, weil bei einem Erdschluß an der Stelle 2 eine unbeabsichtigte Steuerfunktion eintritt, ohne daß ein Überstromunterbrecher ansprechen kann. Es ist dann natürlich auch keine Ausschaltung möglich.
Wenig geeignet ist auch die Variante VIII, das heißt, die Abnahme des Steuerstromkreises von zwei Außenleitern. Bei einem Erdschluß an einer der drei Stellen 1, 2 oder 3 spricht spätestens beim Einschalten des Gebers einer der beiden Überstromunterbrecher an. Dadurch sinkt aber die Steuerspannung etwa auf das 0,58-fache des Nennwerts ab. Es kann angenommen werden, daß bei dieser Spannung Schütze nicht mehr schalten können. Praktisch ergibt sich aber ein ganz unbestimmter und gefährlicher Zustand, indem einzelne Schütze leicht anziehen, aber nicht vollständig zu schließen vermögen, und eingeschaltete Schütze trotz Ausschaltung des Gebers nicht abfallen, und zwar insbesondere bei einem Erdschluß an der Stelle 2. Dadurch entstehen Beschädigungen der Schützspulen (Überlastungen) und der Schaltkontakte (Abbrand durch ungenügenden Kontaktdruck). Vor allem können Not-Ausschalteinrichtungen nicht mehr funktionieren.

8.7 Fehlerschutz bei Steuer- und Hilfsstromkreisen

Grundsätzlich können dieselben Maßnahmen des Fehlerschutzes angewendet werden wie in den Kapiteln 4 und 5 bereits beschrieben.
Am einfachsten und sichersten ist es, Geber (Befehlsapparate) in schutzisolierter Ausführung zu verwenden. Dadurch wird auch die Gefahr von Erdschlüssen ver-

mindert. Bei den Schützen ist allerdings die Schutzisolierung aufwendig und wird daher kaum angewendet.
In Steuer- und Hilfsstromkreisen, die ohne Zwischenschaltung eines Steuertransformators an das Hauptstromnetz angeschlossen werden, sind die gleichen Maßnahmen des Fehlerschutzes wie im Hauptstromnetz anzuwenden. Wird also das TN-System mit Überstrom-Schutzeinrichtung angewendet, so ist auch in den Hilfsstromkreisen dieselbe Maßnahme erforderlich. Natürlich können einzelne Betriebsmittel schutzisoliert sein und dann ohne Schutzleiteranschluß verwendet werden.
Schutzleiter sind in jedem Fall mit dem Schutzleiter des Hauptstromnetzes zu verbinden. Etwas schwieriger ist es, die richtige Schutzmaßnahme auszuwählen, wenn die Speisung des Steuerstromkreises über Steuertransformatoren erfolgt. Der Steuerstromkreis ist ja dann galvanisch vom Hauptstromnetz getrennt.
Man unterscheidet Steuertransformatoren mit sicherer und ohne sichere elektrische Trennung. Bei sicherer Trennung werden an den Steuertransformator dieselben Anforderungen hinsichtlich Isolationsprüfung, Kriech- und Luftstrecken zwischen Primär- und Sekundärwicklung gestellt wie bei Schutztransformatoren für die Schutzmaßnahme Schutz durch Kleinspannung SELV oder Trenntransformatoren für die Schutztrennung. Bei Betriebsspannungen unter 50 V spricht man von Schutz durch Kleinspannung PELV, wenn nicht alle Bestimmungen für SELV erfüllt sind.
Diese PELV mit sicherer elektrischer Trennung unterscheidet sich von SELV zum Beispiel dadurch, daß der Sekundärstromkreis geerdet sein darf.
Bei der PELV mit sicherer elektrischer Trennung ist der Schutz gegen direktes Berühren entbehrlich, wenn dies aus betriebstechnischen Gründen, z. B. bei automatisierten Fertigungsprozessen, Endschaltern usw., erforderlich ist. Bei der Funktionskleinspannung ohne sichere Trennung wird der volle Schutz gegen direktes Berühren entsprechend den Anforderungen an die Stromkreise mit den höheren Spannungen, von denen die PELV nicht sicher elektrisch getrennt ist, gefordert. Als Fehlerschutz wird dann im allgemeinen jene Schutzmaßnahme angewendet, die in den Stromkreisen für die höheren Spannungen vorgeschrieben ist. Kleinspannungen, die durch Spartransformatoren oder Spannungsteiler erzeugt werden, gelten nicht als PELV.
Wird ein Steuertransformator mit Steuerspannungen verwendet, die höher sind als die für die PELV vorgeschriebene Höchstgrenze von 50 V, dann muß man unterscheiden, ob der Steuerstromkreis isoliert oder betriebsmäßig geerdet ist.
Bei isolierten Steuerstromkreisen, die einen Schutzzweck zu erfüllen haben, ist ja ohnehin die Überwachung der Steuerleitungen gegen Erdschluß nötig. Die Betriebsmittel des Steuerstromkreises können nun in dieses Überwachungssystem mit einbezogen werden, indem man sie mit einem Schutzleiter verbindet, der an Erde liegt. Es handelt sich dann streng genommen um das IT-System (Isolation-Überwachungssystem), das in Abschnitt 4.4 besprochen wurde.
Der Schutzleiter hat dann allerdings über die Potentialausgleichsschiene eine galvanische Verbindung mit der Erdung der Verbraucheranlage, und damit besteht die Gefahr einer Spannungsverschleppung bei Isolationsfehlern auf der Primärseite.

Bei betriebsmäßig geerdeten Steuerstromkreisen kann man das TN-System mit Überstrom-Schutzeinrichtung oder in Ausnahmefällen das TT-System mit Fehlerstrom-Schutzeinrichtung anwenden, falls die Bedingungen des TN-Systems wegen zu langer Steuerleitungen nicht eingehalten werden können. Für die Überstrom-Schutzeinrichtungen gelten im TN-System die Grenzwerte für den Schleifenwiderstand in Verbraucheranlagen, die in Abschnitt 4.1.3 angegeben sind. Auch alle übrigen Bestimmungen sind für den jeweils angewendeten Fehlerschutz einzuhalten. Das TT-System mit Fehlerstrom-Schutzeinrichtung wird man nur bei den normalen Nennspannungen 230 V oder 400 V anwenden können, da es nur dafür FI-Schutzeinrichtungen gibt.

Der zu erdende Pol des Steuerstromkreises mit Steuertransformator wird beim TN-System mit dem Schutzleiter des Primärnetzes (Hauptstromnetzes) verbunden (**Bild 8.6**).

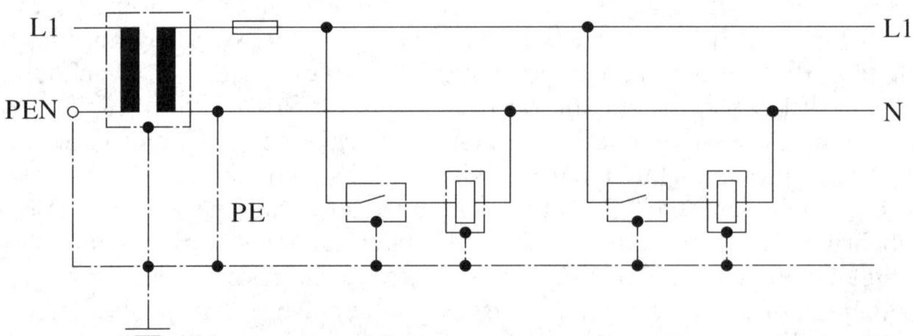

Bild 8.6 TN-System mit Überstrom-Schutzeinrichtung bei betriebsmäßig geerdetem Steuerstromkreis

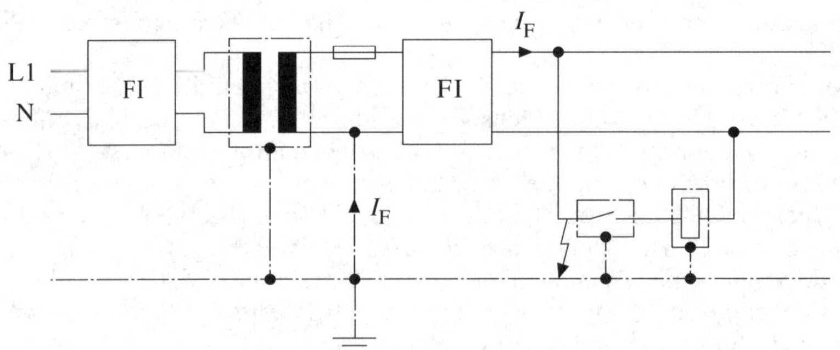

Bild 8.7 Schutz eines Steuerstromkreises mit Steuertransformator durch FI-Schutzschalter. Der FI-Schutzschalter im Hauptstromkreis vermag Isolationfehler im Steuerstromkreis nicht zu erfassen. Im Steuerstromkreis ist ein zusätzlicher FI-Schutzschalter nötig.

Soll das TT-System mit Fehlerstrom-Schutzeinrichtung angewendet werden, dann ist allerdings zu bedenken, daß FI-Schutzeinrichtungen, die auf der Primärseite des Steuertransformators eingebaut sind, z. B. für den Fehlerschutz der Verbraucheranlage, den Steuerstromkreis nicht schützen können.

Aus **Bild 8.7** ist zu ersehen, daß bei einem Isolationsfehler im Steuerstromkreis infolge der galvanischen Trennung zwischen dem Primär- und Sekundärkreis des Steuertransformators der Fehlerstrom von FI-Schutzeinrichtungen, die auf der Primärseite des Steuertransformators installiert sind, nicht erfaßt wird. Es muß also für den Steuerstromkreis ein eigener FI-Schutzschalter eingebaut werden, für den allerdings die Bedingung für den Erdungswiderstand, der in diesem Fall nichts anderes bedeutet als die Impedanz der Leiterschleife im Steuerstromkreis, in der Regel eingehalten ist.

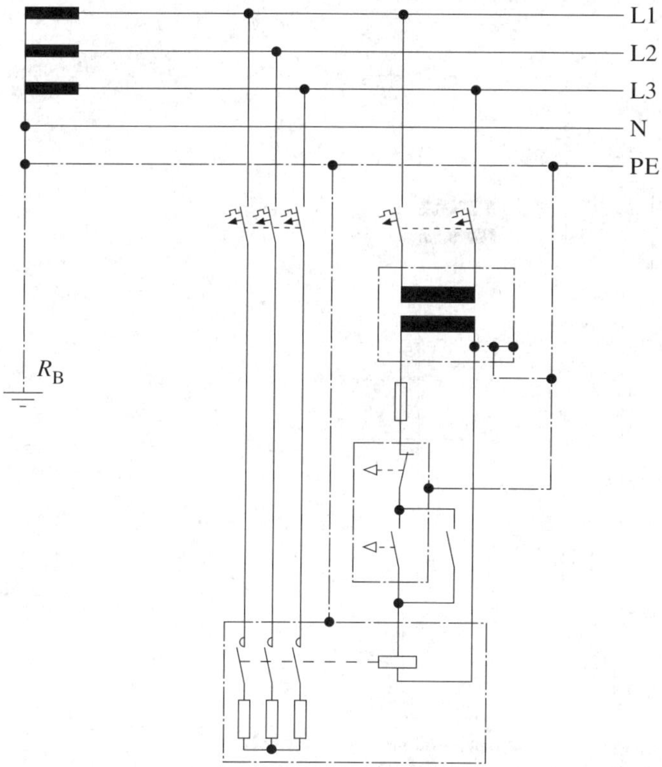

Bild 8.8 Drehstromanlage mit einphasigem Steuerstromkreis;
Fehlerschutz: Hauptstromkreis mit TN-S-System mit getrennt verlegtem Schutzleiter. Steuerstromkreis mit Steuertransformator, einphasig geerdet. Schutzleiter mit Hauptschutzleiter verbunden.

Für die betriebsmäßige Erdung des Steuerstromkreises darf im TN-System mit Überstrom-Schutzeinrichtung und im TT-System mit Fehlerstrom-Schutzeinrichtung der Schutzleiter der Verbraucheranlage verwendet werden. Es ist jedoch darauf zu achten, daß der Anschluß an den Schutzleiter möglichst an einer Stelle erfolgt, an der eine Unterbrechung, zum Beispiel infolge mechanischer Beanspruchungen, sicher verhindert wird.
Zum besseren Verständnis sollen nachfolgend vier Beispiele von Hilfsstromkreisen in Prinzipschaltbildern gezeigt werden. Bei den ersten drei Installationen wird ein

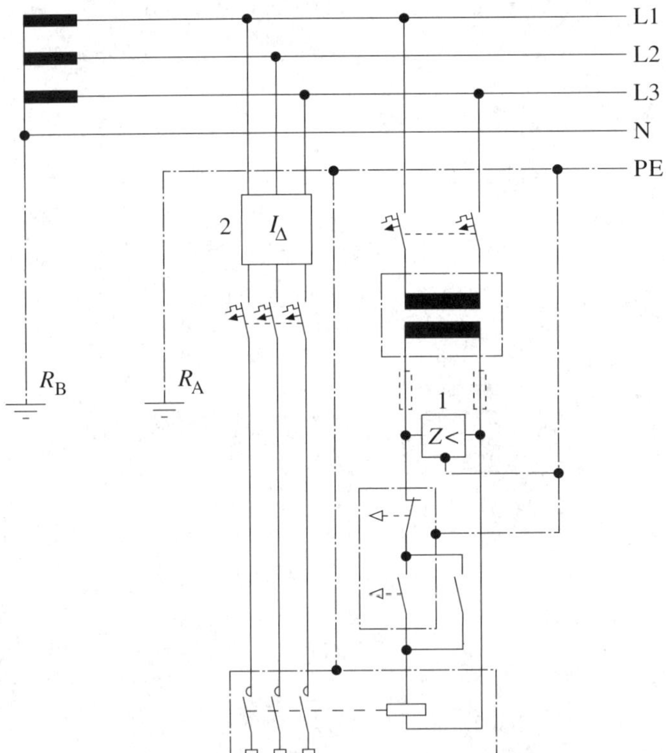

Bild 8.9 Drehstromanlage mit einphasigem Steuerstromkreis;
Fehlerschutz: Hauptstromkreis mit TT-System. Steuerstromkreis mit Steuertransformator, von Erde isoliert, mit Isolations-Überwachungseinrichtung.
1 Isolations-Überwachungseinrichtung für den Fehlerschutz des Steuerstromkreises
2 FI-Schutzschalter für den Fehlerschutz des Hauptstromkreises

Steuertransformator verwendet, im letzten Fall ist der Steuerstromkreis direkt an den Hauptstromkreis angeschlossen.

Bild 8.8 zeigt einen auf der Sekundärseite des Steuertransformators geerdeten Steuerstromkreis, dessen Betriebsmittel über einen Schutzleiter mit dem Hauptschutzleiter verbunden sind, der wieder getrennt von den Außenleitern und dem Neutralleiter mit dem Sternpunkt des Netztransformators verbunden ist. Es handelt sich also um ein TN-System mit getrennt geführtem PE-Leiter (TN-S-System).

Bild 8.9 zeigt eine Anlage mit TT-System mit Fehlerstrom-Schutzeinrichtung. Der Steuerstromkreis ist nach dem Steuertransformator isoliert. Der Schutzleiter des

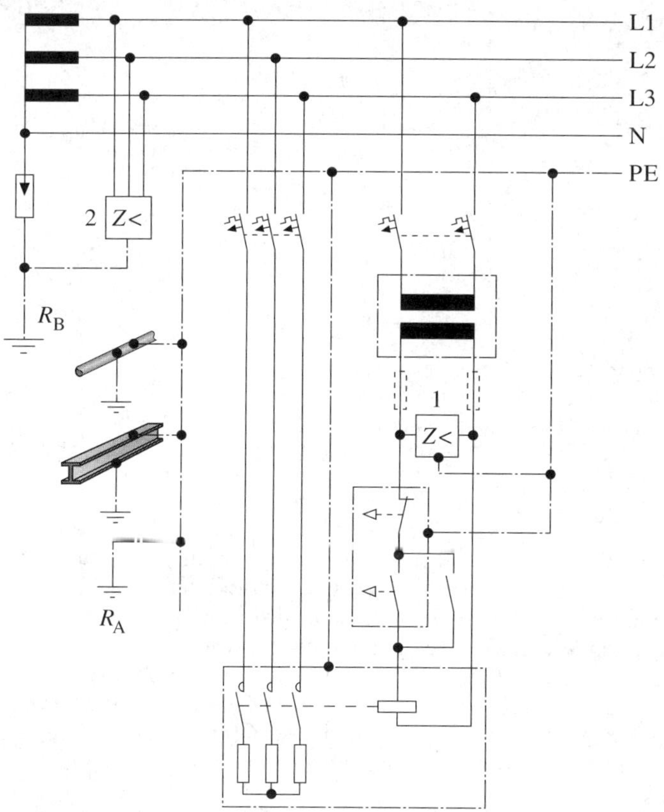

Bild 8.10 Drehstromanlage mit einphasigem Steuerstromkreis;
Fehlerschutz: Hauptstromkreis mit IT-System. Steuerstromkreis mit Steuertransformator, von Erde isoliert mit Isolationsüberwachungseinrichtung.

1 Isolations-Überwachungseinrichtung für den Fehlerschutz des Steuerstromkreises

2 Isolations-Überwachungseinrichtung für den Hauptstromkreis

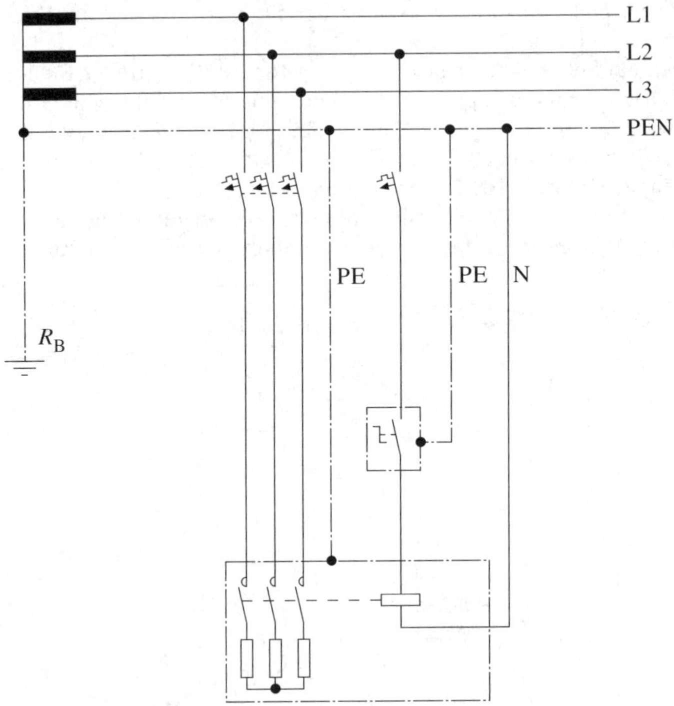

Bild 8.11 Drehstromanlage mit einphasigem Steuerstromkreis;
Fehlerschutz: Hauptstromkreis mit TN-C-S-System. Steuerstromkreis direkt an den Hauptstromkreis angeschlossen, ebenfalls TN-System.

Steuerstromkreises ist an den Hauptschutzleiter angeschlossen und dient zur Isolations-Überwachung mittels der Isolations-Überwachungseinrichtung.
Tritt im Steuerstromkreis ein Isolationsfehler auf, dann wird er nur gemeldet; der FI-Schutzschalter, der den Hauptstromkreis schützt, spricht nicht an.
Bild 8.10 zeigt eine Verbraucheranlage, in der das IT-System als Fehlerschutz angewendet wird. Der Steuerstromkreis wird wie bei der Anlage nach Bild 8.9 über einen Steuertransformator betrieben und ist von Erde isoliert. Er besitzt wie der Hauptstromkreis eine eigene Isolations-Überwachungseinrichtung, die Isolationsfehler im Steuerstromkreis anzeigt.
Bild 8.11 schließlich zeigt einen Steuerstromkreis ohne Steuertransformator. Im Hauptstromkreis und im Steuerstromkreis wird das TN-C-S-System als Fehlerschutz angewendet.

8.8 Literatur zu Kapitel 8

Essner, W.: Steuertransformatoren für unterschiedliche Vorschriften. de der elektromeister + deutsches elektrohandwerk (1995) H. 19, S. 1642 – 1647

9 Schutz gegen gefährliche Körperströme in Hochspannungsanlagen

9.1 Schutz gegen direktes Berühren

Durch den Schutz gegen direktes Berühren in Hochspannungsanlagen wird sichergestellt, daß unbeabsichtigtes Berühren von aktiven Teilen bzw. das Erreichen der Gefahrenzone in der Nähe spannungsführender Teile verhindert wird. Es wird ein Abstand um unter Spannung stehende Teile in Abhängigkeit der Netz-Nennspannung angegeben (**Tabelle 9.1**), der als äußere Grenze der Gefahrenzone definiert wird. Das Erreichen der Gefahrenzone wird hinsichtlich der Gefährlichkeit mit dem Berühren spannungsführender Teile gleichgesetzt.
Zu den berührungsgefährlichen Teilen zählen:

- aktive Teile elektrischer Betriebsmittel und Anlagen,
- Anlagenteile mit Isolierstoffkapselung ohne geerdete elektrisch leitende Umhüllung,
- Anlagenteile, deren geerdete Metallumhüllung entfernt wurde,
- abgemantelte Kabeladern, Kabelendverschlüsse ohne geerdeten Metallschirm oder leitenden Außenmantel,
- Isolierkörper von Stützern, Wandlern und anderen Betriebsmitteln,
- Wicklungen von elektrischen Maschinen,
- inaktive, leitfähige Teile, die nicht an die Hochspannungsschutzerde angeschlossen werden können und deshalb gefährliche Berührungsspannung annehmen können.

Die berührungsgefährlichen Teile erfordern Maßnahmen zum Schutz gegen direktes Berühren. Sie müssen verhindern, daß sich Personen selbst oder mit Gegenständen diesen Teilen gefahrbringend nähern. Ausnahmen bilden die Gegenstände, die zum Arbeiten an unter Spannung stehenden Teilen geeignet sind, wie z. B. den VDE-Bestimmungen entsprechende Isolierstangen, Spannungsprüfer, Betätigungsstangen, isolierende Schutzplatten. Auch im Hochspannungsbereich unterscheidet man bei den Schutzmaßnahmen gegen direktes Berühren zwischen dem vollständigen Schutz und dem teilweisen Schutz. Der vollständige Schutz wird immer dann verlangt, wenn elektrotechnische Laien Zugang zu den elektrischen Anlagen haben, wie dies

<table>
<tr><th colspan="2">Netz-Nennspannung in kV</th><th>6</th><th>10</th><th>20</th><th>30</th><th>110</th><th>220</th><th>380</th></tr>
<tr><td rowspan="2">äußere Grenze der Gefahrenzone in mm</td><td>Innenraum</td><td>90</td><td>120</td><td rowspan="2">220</td><td rowspan="2">320</td><td rowspan="2">1100</td><td rowspan="2">2100</td><td rowspan="2">2900/ 3400 1)</td></tr>
<tr><td>Freiluft</td><td>120</td><td>150</td></tr>
</table>

Tabelle 9.1 Gefahrenzone in Abhängigkeit von der Netz-Nennspannung (Werte für höchste Bemessungs-Stoßspannung) (Quelle: DIN VDE 0105-100:1997-10)
1) Bemessungs-Stoßspannung: 950 kV/1050 kV

außerhalb abgeschlossener elektrischer Betriebsstätten üblicherweise der Fall ist (siehe Abschnitt 9.1.5). Der teilweise Schutz ist nur ein Schutz gegen zufälliges Berühren. Er darf deshalb nur in abgeschlossenen elektrischen Betriebsstätten angewendet werden, in denen ausschließlich Elektrofachkräfte oder elektrotechnisch unterwiesene Personen tätig sind.
In den nachfolgenden Abschnitten 9.1.1 bis 9.1.4 werden die Schutzmaßnahmen gegen direktes Berühren und ihre Auswahlkriterien beschrieben.
In den nachfolgenden Abschnitten wird bereits berücksichtigt, daß die heute gültige Norm DIN VDE 0101:1989-05 „Errichten von Starkstromanlagen über 1 kV" durch EN 50179 (DIN VDE 0101), die zur Zeit als Entwurf von September 1996 vorliegt, in Kürze ersetzt wird.

9.1.1 Schutz durch Umhüllung

Schutz durch Umhüllung ist als vollständiger Schutz auszuführen. Das bedeutet, daß aktive Teile bzw. die in Abhängigkeit der Netz-Nennspannung definierten Gefahrenzone allseitig durch geeignete Schutzvorrichtungen umhüllt sein müssen. Schutz durch Umhüllung ist immer dann anzuwenden, wenn die Anlagen öffentlich zugänglich aufgestellt werden und der vollständige Schutz verlangt wird. Die Bedingungen des vollständigen Schutzes gelten als erfüllt, wenn die Umhüllung (Schutzvorrichtung) das Eindringen gerader Drähte so weit verhindert, daß sie die Gefahrenzone im Innern des Gehäuses nicht erreichen können. Bei belüfteten Anlagen sind deshalb an den Lüftungsöffnungen häufig sogenannte Labyrinthdichtungen erforderlich. Umhüllungen (Kapselungen) haben folgende Bedingungen zu erfüllen:

- Ist der Aufstellungsort der Betriebsmittel im Freien oder in Gebäuden öffentlich erreichbar, dürfen gerade Drähte nicht in das Gehäuse gefahrbringend eingeführt werden können, so daß keine Gefährdung entsteht.
- Für Betriebsmittel, die der Öffentlichkeit nicht zugänglich sind (z. B. auf Werksgeländen), muß die Umhüllung das Eindringen eines Drahtes mit einem Durchmesser größer 2,5 mm verhindern.
- Die Umhüllung muß außerhalb abgeschlossener elektrischer Betriebsstätten der Schutzart IP 3XD bzw. IP 4XD entsprechen.
- Die Umhüllung muß mechanisch stabil sein und darf außerhalb abgeschlossener elektrischer Betriebsstätten nur mit Werkzeugen zu entfernen sein. An öffentlich zugänglichen Stellen darf sie selbst mit Werkzeug nicht ohne weiteres beseitigt werden können.
- Türen zum Öffnen von Schaltfeldern, die einen Teil der Umhüllung darstellen, dürfen nur mit Werkzeug oder Schlüssel zu öffnen sein. Außerhalb von abgeschlossenen Betriebsstätten sind solche Türen, die der Öffentlichkeit zugänglich sind, mit Sicherheitsschlössern zu versehen.
- Abstandsmaße zwischen aktiven Teilen und der Umhüllung (Schutzvorrichtung) sind in Abschnitt 9.1.6 angegeben.

9.1.2 Schutz durch Abdeckung

Der Schutz durch Abdeckung verhindert das direkte Berühren aktiver Teile bzw. das Eindringen in die Gefahrenzone mit Körperteilen aus allen üblichen Zugangs- und Zugriffsrichtungen. Dabei wird vorausgesetzt, daß sich Personen auf begehbaren Flächen den Anlagen nähern. Für die Abdeckungen (Schutzvorrichtung) wird eine Mindesthöhe von 1800 mm verlangt. Ein vollständiger Schutz muß mit den Abdekkungen nicht erreicht werden. Dies bedeutet, daß der Schutz durch Abdeckung nur in abgeschlossenen elektrischen Betriebsstätten, also in Verbindung mit Elektrofachkräften bzw. elektrotechnisch unterwiesenen Personen, angewendet werden kann.

Als Abdeckungen gelten Vollwände und Vollwandtüren, aber auch Gitterwände und Gittertüren, wenn die Maschenweite das Durchstecken der Hand verhindert. Hindurchgeführte Finger dürfen die Gefahrenzone nicht erreichen. Dies verlangt einen entsprechenden Mindestabstand des Gitters (Bild 9.2). Darüber hinaus sind für die Abdeckungen folgende Bedingungen zu erfüllen:

- Abdeckungen müssen mechanisch stabil und zuverlässig befestigt sein, um den jeweiligen Beanspruchungen zu genügen.
- Sie müssen der Schutzart IP XXB oder IP 2X entsprechen.
- Das Entfernen oder Öffnen der Abdeckung darf nur mit Werkzeug oder mit einem Schlüssel möglich sein.
- Falls die Abdeckung entfernt werden soll, muß die Anlage vorher freigeschaltet werden, oder es müssen andere Maßnahmen wirksam sein, die mindestens den teilweisen Schutz gegen direktes Berühren sicherstellen.
- Werden leitfähige Abdeckungen verwendet, die von den aktiven Teilen durch die Basisisolierung (z. B. Abstand in Luft) getrennt sind, gelten sie als Körper, und es müssen Maßnahmen des Schutzes bei indirektem Berühren (Abschnitt 9.2) vorgesehen werden.

Isolierende Abdeckungen, z. B. ortsveränderliche isolierende Schutzplatten, gelangen zum Einsatz, wenn die erforderlichen Schutzabstände nicht eingehalten werden können. Sie sollen eine gefahrbringende Annäherung an aktive Teile durch Körperteile, Werkzeuge, Geräte und Materialien verhindern. Sie werden z. B. eingesetzt zur Abdeckung der Sammelschienen in Mittelspannungsschaltfeldern bei geöffneten Lasttrennschaltern, um im Schaltfeld arbeiten zu können. Isolierende Abdekkungen müssen die nachstehenden Bedingungen erfüllen:

- Isolierende Schutzplatten müssen Bestandteil der elektrischen Anlage sein. Sie müssen den betrieblichen Anforderungen und den VDE-Bestimmungen, insbesondere DIN VDE 0681-8 und E DIN VDE 0681-8A1 entsprechen, das heißt, daß der Hersteller der Anlagen ihren gefahrlosen Einsatz durch eine geeignete Konstruktion und Handhabung ermöglichen muß.
- Die Halterung der Schutzplatte muß in ihrer zu schützenden Lage so ausgebildet sein, daß ein unbeabsichtigtes Verschieben verhindert wird.

- Die Schutzplatte muß eingesetzt werden können, ohne daß die handelnden Personen die Gefahrenzone erreichen. Um dies sicherzustellen, werden z. B. Einführungsschlitze in der Frontplatte und seitliche Führungsschienen in der Schaltzelle vorgesehen, die eine genaue und stabile Lage der eingeführten Isolierplatte zwischen den geöffneten Schaltkontakten möglich macht.
- Die Ränder der Schutzplatten dürfen nicht in der Gefahrenzone liegen.
- Außerhalb der Gefahrenzone sind Spaltöffnungen in der Schutzplatte, z. B. bis 10 mm Breite, zulässig. Breite Öffnungen, z. B. bis 40 mm, sind möglich, wenn ein ausreichender Abstand zur Gefahrenzone (mindestens 100 mm) besteht.
- Abstandsmaße zwischen aktiven Teilen und der Abdeckung sind in Abschnitt 9.1.6 angegeben.

9.1.3 Schutz durch Hindernisse

Hindernisse (Schutzvorrichtungen) sollen das zufällige, also unbeabsichtigte Erreichen der Gefahrenzone mit Körperteilen von Personen, die sich außerhalb der Abgrenzungen auf begehbaren Flächen bewegen, verhindern. Die in Abschnitt 9.1.2 für die Abdeckungen verwendeten Gegenstände können auch als Hindernisse eingesetzt werden. Darüber hinaus sind auch Leisten, Ketten oder Seile zulässig, da der Schutz durch Hindernisse ausschließlich in abgeschlossenen elektrischen Betriebsstätten eingesetzt werden darf und dort lediglich ein unbeabsichtigtes Erreichen der Gefahrenzone verhindert werden soll. Leisten, Ketten und Seile müssen in einer Höhe von 1100 mm bis 1300 mm angebracht sein. Der Abstand der Schutzvorrichtungen zu den aktiven Teilen muß so groß gewählt werden, daß Personen mit ihren Körperteilen von der abgegrenzten Fläche aus die Gefahrenzone nicht erreichen. Abstandsmaße sind in Abschnitt 9.1.6 enthalten.

9.1.4 Schutz durch Abstand

In abgeschlossenen elektrischen Betriebsstätten kann der Schutz gegen direktes Berühren auch durch einen ausreichend großen Abstand zu den aktiven Teilen oberhalb begehbarer Flächen sichergestellt werden. Der Abstand muß so groß sein, daß für Personen bei üblichen Bewegungen keine gefahrbringende Annäherung zu befürchten ist. Die Mindesthöhen H sind in **Tabelle 9.2** angegeben. Die Höhe H gilt als Mindestmaß zwischen aktiven Teilen und der begehbaren Fläche. Unterschieden werden Mindesthöhen innerhalb der Innenraum- bzw. Freiluftanlagen und an der äußeren Umzäunung.

9.1.5 Schutz gegen direktes Berühren außerhalb abgeschlossener elektrischer Betriebsstätten

Als abgeschlossene elektrische Betriebsstätte gelten Räume und Orte, die ausschließlich zum Betrieb elektrischer Anlagen dienen und unter Verschluß gehalten

Netz-Nennspannung U_n kV	Mindesthöhe von aktiven Teilen über begehbare Flächen[3)] Innenraumanlage und Freiluftanlage ohne Schneehöhe H mm	Mindesthöhe von aktiven Teilen an der äußeren Umzäunung H' mm	Mindestabstand (N) Leiter – Erde und Leiter – Leiter: Innenraumanlage N mm	Mindestabstand (N) Leiter – Erde und Leiter – Leiter: Freiluftanlage N mm
3	2500	4300	60	120
6	2500	4300	90	120
10	2500	4300	120	150
20	2500	4300	220	
30	2570	4300	320	
45	2730	4300	480	
66[2)]	2880	6000	630	
110	3350	6000	1100	
150	3750	6000	1500	
220	4350	6600	2100	
			Mindestabstand (N) Leiter – Erde Stabaufbau	
380	5150/5650[1)]	7400/7900[1)]	2900 – 3400[1)]	

Tabelle 9.2 Teilweiser Schutz gegen direktes Berühren durch Abstand, Mindesthöhe von aktiven Teilen über begehbaren Flächen und an der äußeren Umzäunung in Abhängigkeit von der Netz-Nennspannung (Quelle: E DIN VDE 0101:1996-09)

1) Bemessungsstoßspannung: 950 kV/1050 kV

2) für U_n = 60 kV werden die Werte für U_n = 66 kV empfohlen

3) obere Kante eines geerdeten Isolatorsockels mindestens H = 2250 mm

Bei den Mindesthöhen ist zu berücksichtigen:

- größter Durchhang der Leiter,
- Windlast/Ausschwingen der Leiter bei 40 °C,
- werden Abstände durch Schneehöhen wesentlich vermindert, müssen die Werte entsprechend erhöht werden.

werden. Dazu zählen u. a. Schalt- und Verteilungsanlagen, Transformatorenzellen, Schutzeinrichtungen in Gebäuden, Blechgehäusen und im Freien. Zutritt haben nur Elektrofachkräfte oder elektrotechnisch unterwiesene Personen, Laien jedoch nur in deren Begleitung. Man unterscheidet Anlagen in offener Bauweise ohne vollständigen Schutz gegen direktes Berühren und in geschlossener Bauweise mit vollständigem Schutz gegen direktes Berühren. Beide Bauweisen werden sowohl in Räumen als auch im Freien verwendet. Im Freien aufgestellte Anlagen ohne vollständigen Schutz gegen direktes Berühren müssen von einer mindestens 1800 mm hohen Um-

Bild 9.1 Warnschild WS1 mit Zusatzschild ZS2 (Quelle: DIN 40008-3: 1985-02)

zäunung umgeben sein. Die Anordnung und die dazugehörigen Maße zeigt Bild 9.3. An den Zaunanlagen, an allen Zugangstüren sowie an geeigneten Stellen von Gebäuden und Blechgehäusen müssen Sicherheitsschilder (**Bild 9.1**) in ausreichender Anzahl auf die abgeschlossene elektrische Betriebsstätte hinweisen.
Als Schutz gegen direktes Berühren ist außerhalb abgeschlossener elektrischer Betriebsstätten nur der Schutz durch Umhüllung (siehe Abschnitt 9.1.1) zulässig, wenn keine der vorgenannten Schutzzäune vorhanden sind.

9.1.6 Schutz gegen direktes Berühren innerhalb abgeschlossener elektrischer Betriebsstätten

Der Schutz gegen direktes Berühren innerhalb abgeschlossener elektrischer Betriebsstätten kann durch unterschiedliche Maßnahmen sichergestellt werden (vergleiche die Abschnitte 9.1.1 bis 9.1.4):

- Schutz durch Umhüllung,
- Schutz durch Abdeckung,
- Schutz durch Hindernisse,
- Schutz durch Abstand.

Da in abgeschlossenen elektrischen Betriebsstätten ein teilweiser Schutz gegen direktes Berühren ausreicht, wird – von Ausnahmen abgesehen – der Schutz durch Abdeckung, Hindernisse und Abstand einzeln oder in Kombination angewendet. Diese Schutzmaßnahmen gelten als ausreichend und sind zugelassen, weil abge-

schlossene elektrische Betriebsstätten nur von befugten Personen betreten werden. Die elektrischen Anlagen werden für andere Personengruppen unter Verschluß gehalten. Warnschilder an der äußeren Umzäunung weisen auf die Gefährdung hin, die beim Eindringen Unbefugter entstehen kann.
Der teilweise Schutz gegen direktes Berühren verhindert, daß Elektrofachkräfte bzw. elektrotechnisch unterwiesene Personen die Gefahrenzone erreichen. Dies geschieht durch ausreichenden Abstand oder durch das Anbringen von Schutzvorrichtungen. Für die Schutzvorrichtungen gelten ebenfalls vorgeschriebene Mindestabstände in Luft zwischen der Schutzvorrichtung und den aktiven Teilen, dieser Min-

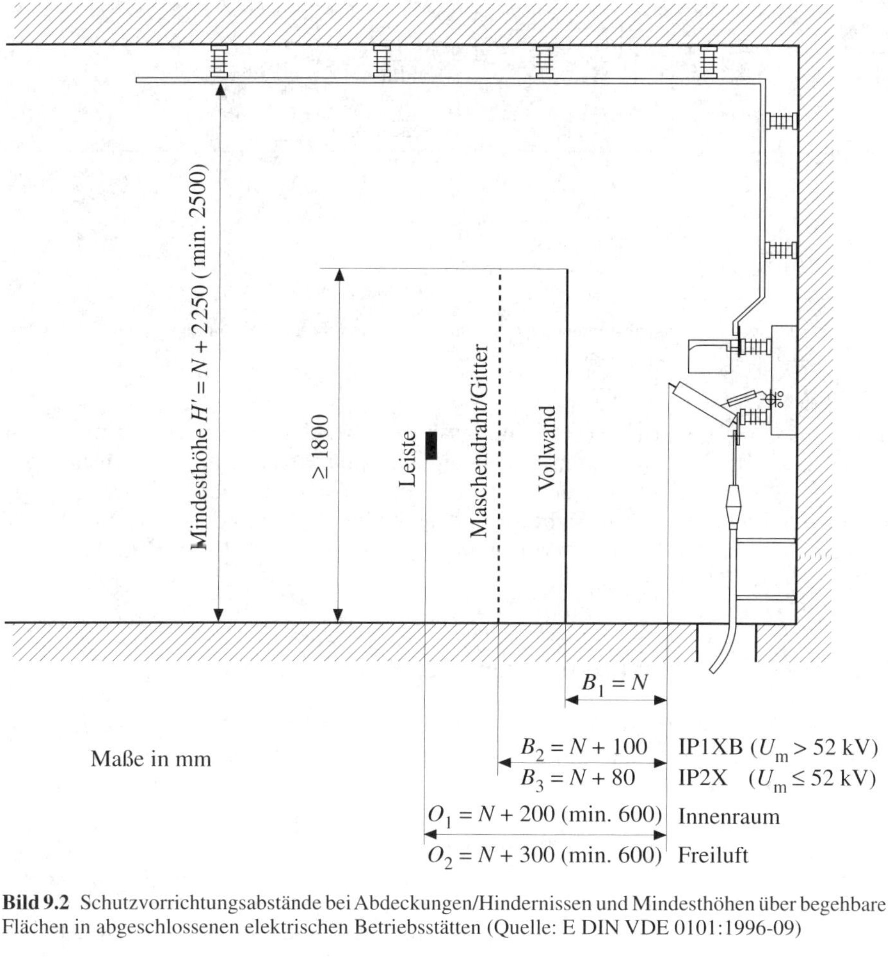

Bild 9.2 Schutzvorrichtungsabstände bei Abdeckungen/Hindernissen und Mindesthöhen über begehbare Flächen in abgeschlossenen elektrischen Betriebsstätten (Quelle: E DIN VDE 0101:1996-09)

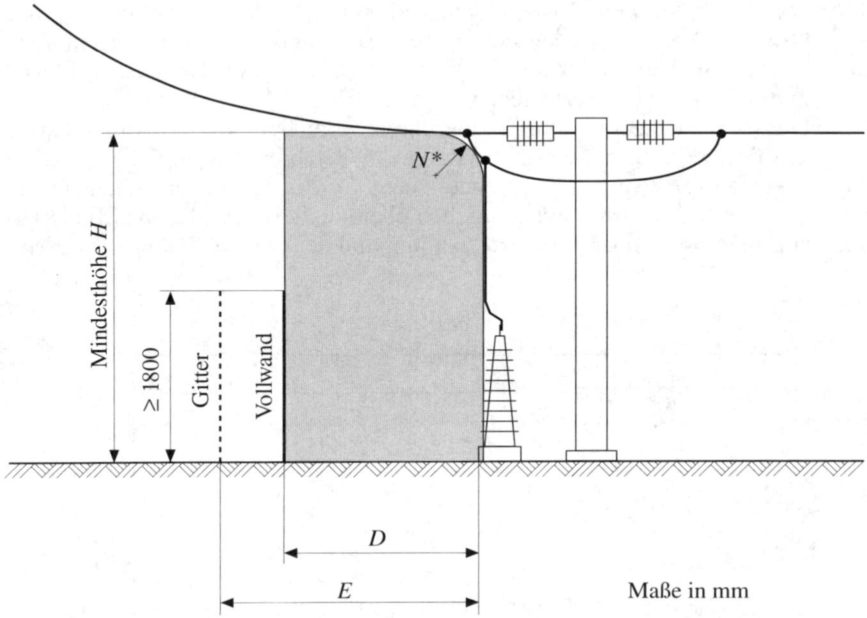

Bild 9.3 Schutzvorrichtungsabstände und Mindesthöhe an der äußeren Umzäunung (Quelle: E DIN VDE 0101:1996-09)

destabstand wird als Schutzvorrichtungsabstand bezeichnet. Er wird ermittelt aus dem von der Netz-Nennspannung abhängigen Mindestabstand in Luft zwischen den Leitern bzw. zwischen Leiter und Erde und einem Sicherheitsabstand, der abhängig ist von der Art der Schutzvorrichtung und der Anlagenbauweise. Die Abstandsmaße und die Anordnung der Schutzvorrichtungen sind in **Bild 9.2** und **Bild 9.3** dargestellt.

9.2 Schutz bei indirektem Berühren

Hinweis: Die im Normentwurf EN 50179 VDE 0101:1996-09 beschriebenen Anforderungen im Zusammenhang mit Hochspannungserdungsanlagen wurden in diesen Abschnitt bereits eingearbeitet.

9.2.1 Allgemeine Anforderungen

Der Schutz bei indirektem Berühren in Hochspannungsanlagen ist der Schutz von Personen vor Gefahren, die im Fehlerfall beim Berühren leitfähiger, nicht zum Betriebsstromkreis gehörender Teile elektrischer Betriebsmittel (Körper) oder fremder leitfähiger Teile entstehen können. Um unzulässig hohe Berührungsspannungen zu vermeiden, werden alle nicht zum Betriebsstromkreis gehörenden berührbaren Metallteile mit der Hochspannungsschutzerdung verbunden. Es sind dies u. a.:

- Körper der elektrischen Betriebsmittel und Anlagen, wie z. B. Schaltgerüste, Tragkonstruktionen, Metallflansche von Durchführungen, Füße von Stützisolatoren, Mauerhaken von Abspannisolatoren,
- Bewehrungen, metallene Mäntel, Schirme und Muffengehäuse von Kabeln.
- Sekundärstromkreise von Meßwandlern,
- Anlagenumzäunungen aus leitendem Werkstoff,
- Anschlußgleise für Schaltstationen und Kraftwerke,
- metallene Rohrleitungen, die in die Anlage eingeführt bzw. in der Anlage verlegt werden,
- Stahlarmierung von Gebäudefundamenten in Freiluftanlagen,
- Metallteile, die nicht zu den elektrischen Betriebsmitteln gehören (fremde leitfähige Teile), die aber im Fehlerfall durch leitende Verbindungen oder Störlichtbogen gefährliche Berührungsspannungen annehmen können.

Die Erdungsanlage muß so bemessen sein, daß Personen durch Spannungen an Erdungsanlagen, die im Fehlerfall auftreten, nicht gefährdet werden. Die aus Erdern und Erdungsleitungen bestehende Erdungsanlage muß so geplant und ausgeführt werden, daß ihr Ausbreitungswiderstand den Erfordernissen des Schutzes und der Funktion der Anlage entspricht. Sie muß gegen mechanische und korrosive Einflüsse geschützt werden. Die Fehler- und Erdableitströme dürfen keine Gefahren durch thermische, elektrodynamische und elektrolytische Beanspruchungen hervorrufen. Alle Verbindungen müssen gut leitend und korrosionsgeschützt hergestellt werden. Die Ausführung von Erdern und Erdungsanlagen ist im Band 81 der VDE-Schriftenreihe, Kapitel 2 ausführlich beschrieben.

9.2.2 Spannungen, Ströme, Widerstände; Begriffe und Definitionen

Es gelten folgende Definitionen (**Bild 9.4**):

- Erdungsspannung U_E
  Spannung zwischen einer Erdungsanlage und der Bezugserde.
- Berührungsspanung U_T
  Teil der Erdungsspannung bei einem Erdfehler, der vom Menschen abgegriffen werden kann. Dabei wird angenommen, daß der Strom durch den menschlichen Körper von einer Hand zu den Füßen fließt.
- Leerlauf-Berührungsspannung (prospektive Berührungsspannung U_{TP})
  Spannung, die bei einem Erdfehler zwischen leitfähigen Teilen und Erde auftritt, während diese Teile noch nicht berührt werden (Quellenspannung).
- Maximal zulässige Berührungsspannung U_{TL}
  Höchstzulässige Berührungsspannung im Fehlerfall in Abhängigkeit von der Stromflußdauer (Fehlerdauer) nach **Bild 9.5**. Die Kurve 1 entspricht den bisheri-

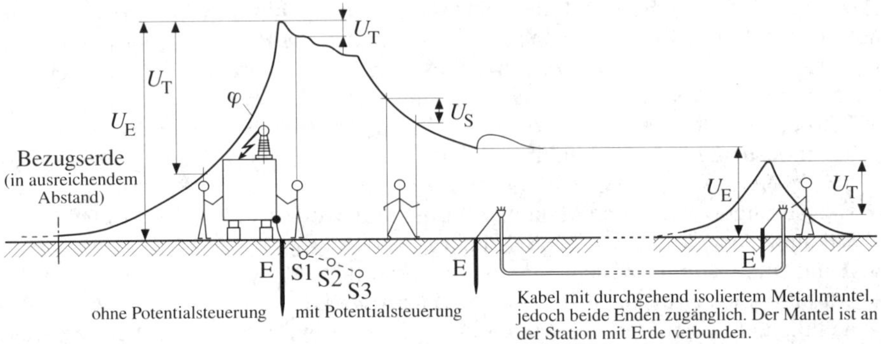

Bild 9.4 Spannungen bei stromdurchflossenem Erder (Quelle: DIN VDE 0101:1989-05)

gen Werten in DIN VDE 0141:1989-07, die Kurve 2 zeigt die neuen Werte des Normentwurfs DIN VDE 0101:1996-09.

Da die in Bild 9.5 angeführten Werte der zulässigen Berührungsspannung U_{TL} bei den angegebenen Durchströmungsdauern nach IEC-Report 479, Teil 1, sehr starke elektropathologische Wirkungen verursachen können, wäre zu überlegen, statt der

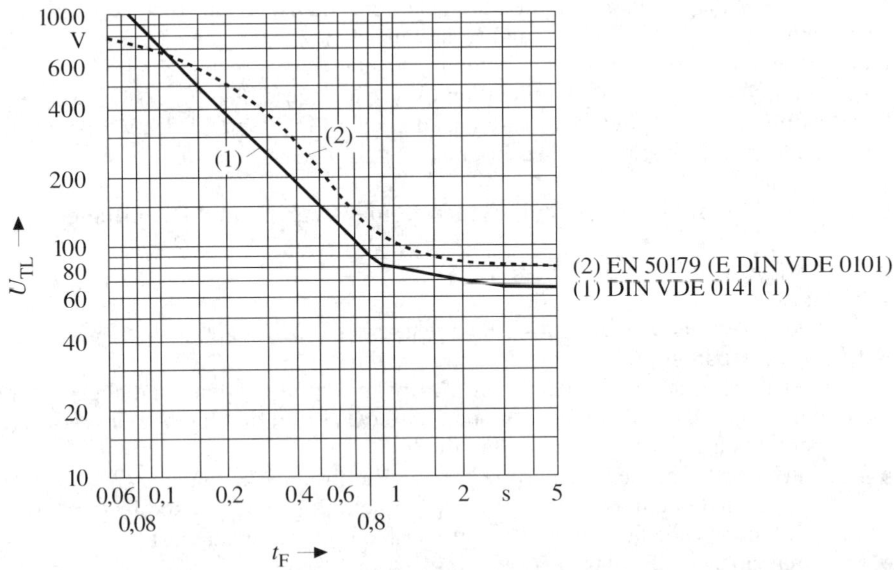

Bild 9.5 Höchste zulässige Berührungsspannung U_{TL} für begrenzte Stromflußdauer, also während der Fehlerdauer t_F

tatsächlichen Berührungsspannung die prospektive Berührungsspannung U_{TP} in Bild 9.5 zu verwenden. Die Messungen dieser prospektiven Berührungsspannungen bzw. der Fehlerspannung müssen dann mit einem Voltmeter mit 40 kΩ Innenwiderstand durchgeführt werden. Sind die angegebenen Werte der prospektiven Berührungsspannung eingehalten, dann ist in jedem Fall das Restrisiko eines gefährlichen elektrischen Schlags vernachlässigbar.

- Erdoberflächenpotential φ
  Spannung zwischen einem Punkt der Erdoberfläche und der Bezugserde.
- Schrittspannung U_S
  Teil der Erdungsspannung, der vom Menschen mit einem Schritt von 1 m Länge abgegriffen werden kann. Dabei wird angenommen, daß der Strom von Fuß zu Fuß durch den menschlichen Körper fließt.
- Erdfehlerstrom I_F
  Strom, der an der Fehlerstelle vom Betriebsstromkreis zur Erde oder zu geerdeten Teilen fließt. In Abhängigkeit von der Sternpunktbehandlung ist dies:
  - in Netzen mit isolierten Sternpunkt der kapazitive Erdschlußstrom I_c,
  - in Netzen mit Erdschlußkompensation der Erdschlußreststrom I_{Rest},
  - in Netzen mit niederohmiger Sternpunkterdung der Anfangskurzschlußwechselstrom I''_{k1}.
- Erdungsstrom I_E
  Der gesamte über die Erdungsimpedanz in die Erde fließende Strom.
  Der Erdungsstrom, der ein Teil des Erdfehlerstroms I_F ist, verursacht die Potentialanhebung einer Erdungsanlage.
- Ausbreitungswiderstand R_E
  Wirkwiderstand der Erde zwischen dem Erder und der Bezugserde.
- Erdungsimpedanz Z_E
  Impedanz zwischen der Erdungsanlage und der Bezugserde.
  Sie wird nicht nur durch die unmittelbar angeschlossene Erdungsanlage bestimmt, sondern durch alle leitenden Verbindungen mit Erderwirkung (z. B. Erdseile von Freileitungen, Kabelmäntel, PEN-Leiter, Rohrsysteme).

9.2.3 Bemessung der Erdungsanlage hinsichtlich der Berührungsspannung

Im Falle eines Erdschlusses bzw. eines Erdkurzschlusses fließt über die Erdungsanlage mit einer Erdungsimpedanz Z_E ein Erdungsstrom I_E in die Erde. Dabei entsteht zwischen der Erdungsanlage und der Bezugserde eine Erdungsspannung U_E. Sie kann gemessen oder nach der Bedingung $U_E = I_E \cdot Z_E$ errechnet werden. Die Entfernung bis zur Bezugserde kann je nach Ausdehnung der Erdungsanlage zwischen 20 m beim Einzelerder bis zu mehreren 100 m bei ausgedehnten Erdungsanlagen betragen.

Als Bezugserde wird der Teil der Erde bezeichnet, der sich außerhalb des Einflußbereichs eines Erders oder einer Erdungsanlage befindet, in welchem zwischen zwei

beliebigen Punkten keine feststellbaren, vom Erdungsstrom herrührenden Spannungen auftreten (Bild 9.4).
Die dauernd zulässige Berührungsspannung beträgt für Wechselstrom $U_{TL} = 50$ V und für Gleichstrom $U_{TL} = 120$ V. Bei einer begrenzten Fehlerdauer $t_F < 3$ s kann die Berührungsspannung deutlich höhere Werte annehmen (Bild 9.5). Für $t_F \geq 3$ s wurde die Berührungsspannung bisher auf 65 V begrenzt. Nach dem Normentwurf DIN VDE 0101:1996-09 gilt als oberer Grenzwert etwa 75 V, wenn der Stromfluß länger als 5 s andauert.
An berührbaren Metallteilen elektrischer Betriebsmittel und an fremden leitfähigen Teilen darf die Berührungsspannung U_T die während der Fehlerdauer maximal zulässigen Berührungsspannung U_{TL} nicht überschreiten. Es gilt:

$$U_T \leq U_{TL}.$$

Wie bereits gesagt (siehe Abschnitte 3.7.2 und 4.2.7), verursachen 65 V bzw. 75 V bei Längsdurchströmungen bereits gefährliche Elektrisierungen und können daher als Grenzrisiko (höchstes vertretbares Risiko) nur für die Fehlerspannung U_{LF} als Grenzwert genormt werden.
Da jeder Erdschluß bzw. Erdkurzschluß automatisch oder z. B. bei Erdschlußkompensation auch von Hand ausgeschaltet wird, handelt es sich bei der Berührungsspannung immer um eine zeitlich begrenzte Spannung, die in Abhängigkeit der Fehlerdauer entsprechende Werte nach Bild 9.5 annehmen darf, ohne daß eine Gefährdung des Menschen zu erwarten ist. Dabei darf vorausgesetzt werden, daß Schutz- und Schalteinrichtungen zum Ausschalten des Erdschlußstroms, soweit dies automatisch erfolgen muß, ordnungsgemäß arbeiten.
Wenn die Berührungsspannung die zulässigen Grenzwerte nicht überschreitet, kann im allgemeinen davon ausgegangen werden, daß in solchen Fällen auch keine gefährlichen Schrittspannungen auftreten.
Der Erdungsstrom I_E ist von der Art des Netzes und der Sternpunktbehandlung abhängig. Der für die Ermittlung der Erdungsspannung maßgebliche Erdungsstrom kann der **Tabelle 9.3** entnommen werden.
Die Ermittlung der Erdungsimpedanz Z_E wird in Anlehnung an E VDE 0101:1996-09 in **Bild 9.6** beschrieben. Wichtige Größen dabei sind der Ausbreitungswiderstand R_A des örtlichen Erders, der vom spezifischen Erdwiderstand ρ_E, von der Art des Erders sowie von seinen Abmessungen beeinflußt wird (siehe auch Band 81 der VDE-Schriftenreihe) und, wenn Freileitungen mit Erdseil angeschlossen sind, die Kettenleiterimpedanz Z_∞, die sich näherungsweise aus dem Ausbreitungswiderstand der Maste R_M und der zusammengefaßten Schleifenimpedanz des einzelnen Spannfelds Z_F ermitteln läßt:

$$Z_\infty \approx \sqrt{Z_F \cdot R_M}.$$

lfd. Nummer	Art der Sternpunktbehandlung im Hochspannungsnetz	Erdungsströme I_E
1	Netze mit isoliertem Sternpunkt	$I_E = r \cdot I_C$
2	Netz mit Erdschlußkompensation: • mit Erdschlußspule • ohne Erdschlußspule	 $I_E = r \cdot \sqrt{I_L^2 + I_{Rest}^2}$ $I_E = r \cdot I_{Rest}$
3	Netze mit niederohmiger Sternpunktbehandlung: • $U_n < 110$ kV • $U_n \geq 110$ kV	 I_E $w \cdot I_E$
4	Netze mit Erdschlußkompensation und vorübergehender niederohmiger Sternpunkterdung: • Anlagen mit und ohne Erdschlußspule • Anlagen mit vorübergehender Erdung	 siehe lfd. Nummer 2 siehe lfd. Nummer 3

I_C berechneter oder gemessener kapazitiver Erdschlußstrom
I_L Summe der Nennströme der parallel geschalteten Erdschlußspulen in der betrachteten Anlage
I_{Rest} Erdschlußreststrom; wenn der genaue Wert nicht bekannt ist, darf mit $0{,}1 \cdot I_C$ gerechnet werden
r Reduktionsfaktor (siehe **Tabelle 9.4**)
w Erwartungsfaktor: berücksichtigt bei der Berechnung des Erdschlußstroms, daß die jeweils ungünstigsten Verhältnisse zugrunde gelegt werden, deren Zusammentreffen unwahrscheinlich ist; $w = 0{,}7$, falls nicht ein niedrigerer Wert nachgewiesen wird

Tabelle 9.3 Ermittlung der für die Erdungsspannung maßgeblichen Erdungsströme

Der Reduktionsfaktor berücksichtigt bei einem Erdschluß bzw. Erdkurzschluß die Entlastung der Erdungsanlage durch über Erdseile oder metallene Kabelschirme abfließende Fehlerströme	***r***
Freileitungen: Erdseil Stahl 50 mm² bis 70 mm², 110 kV Al/St 44/32 mm², 110 kV Al/St 300/50 mm², 110 kV	 0,98 0,77 0,61
Kabel: papierisolierte Kabel, 10 kV und 20 kV Cu 95 mm²/1,2 mm Bleimantel Al 95 mm²/1,2 mm Al-Mantel	 0,2 – 0,6 0,2 – 0,3
Einleiter XLPE-Kabel, 10 kV und 20 kV Cu 95 mm²/16 mm² Cu-Schirm	 0,5 – 0,6
Einleiter Ölkabel, 110 kV Cu 300 mm²/2,2 mm Al-Mantel	 0,37
Gasaußendruckkabel im Stahlrohr, 110 kV Cu 300 mm²/1,7 mm Stahlrohr	 0,01 – 0,03
Einleiter XLPE-Kabel, 110 kV Cu 300 mm²/35 mm² Cu-Schirm	 0,32
Einleiter-Ölkabel, 400 kV Cu 1200 mm²/1200 mm² Al-Mantel	 0,001

Tabelle 9.4 Typische Werte für Reduktionsfaktoren *r* von Freileitungen und Kabeln

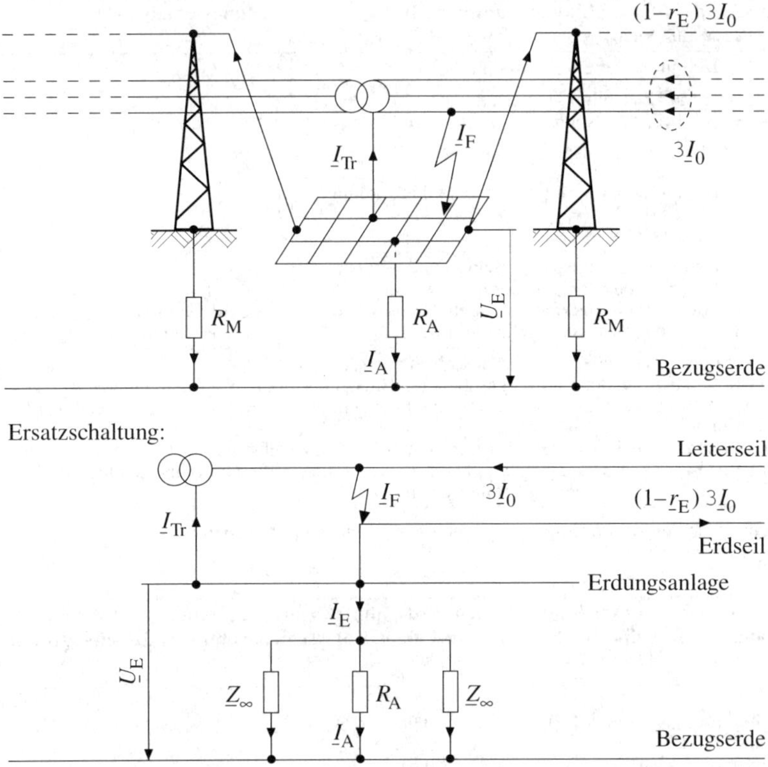

$$\underline{I}_{\mathrm{F}} = 3\,\underline{I}_0 + \underline{I}_{\mathrm{Tr}}$$

$$\underline{I}_{\mathrm{E}} = \underline{r}_{\mathrm{E}} + (\underline{I}_{\mathrm{F}} - \underline{I}_{\mathrm{Tr}})$$

$$\underline{U}_{\mathrm{E}} = \underline{I}_{\mathrm{E}} \cdot \underline{Z}_{\mathrm{E}}$$

$$\underline{Z}_{\mathrm{E}} = \frac{1}{\dfrac{1}{R_{\mathrm{A}}} + n\,\dfrac{1}{\underline{Z}_{\infty}}} \quad 2)$$

Bild 9.6 Ströme, Spannungen und Widerstände bei einem Erdkurzschluß

$3\,\underline{I}_0$ dreifacher Nullstrom der nullstromführenden Leitung
$\underline{I}_{\mathrm{Tr}}$ Strom über Sternpunkterdung des Transformators
$\underline{I}_{\mathrm{r}}$ Erdfehlerstrom
$\underline{I}_{\mathrm{E}}$ Erdungsstrom (nicht unmittelbar)
$\underline{I}_{\mathrm{A}}$ Strom über dem Ausbreitungswiderstand des Maschenerders
$\underline{U}_{\mathrm{E}}$ Erdungsspannung
$\underline{r}_{\mathrm{E}}$ Reduktionsfaktor der nullstromführenden Leitungen
R_{A} Ausbreitungswiderstand des Maschenerders
R_{M} Ausbreitungswiderstand des Mastes
$\underline{Z}_{\infty}$ Kettenleiterimpedanz der angeschlossenen Freileitungen
$\underline{Z}_{\mathrm{E}}$ Erdungsimpedanz
n Anzahl der aus der Anlage führenden Freileitungen (im Beispiel ist $n = 2$)
(Quelle: DIN VDE 0141:1989-07/E DIN VDE 0101:1996-09)

9.2.4 Maßnahmen zur Einhaltung der zulässigen Berührungsspannung

Im Falle eines Fehlers gilt die maximal zulässige Berührungsspannung als eingehalten, wenn die errechnete oder gemessene Erdungsspannung den zweifachen Wert der maximal zulässigen Berührungsspannung nicht überschreitet:

$U_E = 2\ U_{TL}$.

Die Anforderungen an die Berührungsspannung gelten unabhängig von den vorab beschriebenen Überlegungen als erfüllt, wenn die betrachtete Anlage Teil eines geschlossenen Erdungssystems (Gebiet geschlossener Bebauung) ist.
Durch die Verbindung von örtlichen Erdungsanlagen mit meistens geringem Abstand untereinander entsteht ein Erdungssystem, das gefährliche Berührungsspannungen in dem betrachteten Gebiet verhindert. Die Verteilung der auftretenden Erdfehlerströme bewirkt eine Reduzierung der Erdungsspannung in der betroffenen Erdungsanlage. Es entsteht praktisch eine Quasi-Äquipotentialfläche. Ein solches „geschlossenes Erdungssystem" ist in Gebieten geschlossener Bebauung oder in Industriewerken anzutreffen, wenn durch die Dichte der Bebauung Fundamenterder, sonstige Versorgungseinrichtungen und andere metallene Verbindungen mit Erderwirkung in ihrer Gesamtheit wie ein Maschenerder wirken.
Werden diese Voraussetzungen nicht erfüllt, müssen weitere Maßnahmen durchgeführt werden, die eine Begrenzung der Berührungsspannung unterhalb der maximal zulässigen Werte sicherstellen.

Maßnahmen:

- Isolierung, Standortisolierung,
- Potentialausgleich, Bedienungsstandort aus Metall.

Als weitere Maßnahme wird die Potentialsteuerung angewendet, um die am Standort abgreifbare Berührungsspannung zu begrenzen.
Die Berührungsspannungen können auch durch Messungen vor Ort oder durch Berechnung überprüft werden. Maßnahmen sind erst dann erforderlich, wenn im ungünstigsten Fehlerfall die Grenzwerte der zulässigen Berührungsspannung überschritten werden.
Unabhängig von den Berührungsspannungen müssen mögliche Spannungsverschleppungen hinsichtlich ihrer Gefährdung überprüft werden.
Eine Potentialverschleppung liegt dann vor, wenn das durch einen Erdungsstrom angehobene Potential einer Erdungsanlage über einen Leiter (z. B. Kabelmantel, PEN-Leiter, Rohrsysteme, Schienen) in Gebiete mit geringerer oder keiner Potentialanhebung (Bereich der Bezugserde) verschleppt wird, so daß an diesem Leiter ein Potentialunterschied gegenüber der Umgebung abgreifbar ist. Zu beachten ist ferner, daß der Leiter auch aus dem Bereich der Bezugserde kommen kann und in den Bereich der Potentialanhebung führt und dort Potentialunterschiede hervorruft.

9.2.5 Gemeinsame oder getrennte Erdungsanlagen für Hoch- und Niederspannungsnetze

Ob die Hochspannungsschutzerdung und die Niederspannungsbetriebserdung verbunden werden darf oder getrennt ausgeführt werden muß, ist abhängig von:

- der Höhe der Erdungsspannung der gemeinsamen Erdungsanlage,
- der Spannungsbeanspruchung der Niederspannungsgeräte und Niederspannungsbetriebsmittel,
- den Schutzleiter-Schutzmaßnahmen in den Niederspannungs-Verbraucheranlagen.

Wird die gemeinsame Erdungsanlage, d. h. der Neutralleiter bzw. der PEN-Leiter des Niederspannungsnetzes, mit der Erdungsanlage des Hochspannungsnetzes verbunden, müssen folgende Bedingungen erfüllt sein:

- Im Niederspannungsnetz und in den angeschlossenen Verbraucheranlagen dürfen im Falle eines Hochspannungsfehlers keine gefährlichen Berührungsspannungen auftreten. Als gefährlich gelten Spannungen, die oberhalb der im Bild 9.5 dargestellten Grenzwerte liegen. Man kann davon ausgehen, daß die Grenzwerte bei der Schutzmaßnahme TN-System nicht überschritten werden, wenn $U_E \leq U_{LT}$ ist und die Verbindung zwischen dem PEN-Leiter des Niederspannungsnetzes und der Hochspannungserdungsanlage nur in der Transformatorenstation hergestellt wird bzw. $U_E \leq (2 \ldots 5) \cdot U_{LT}$ ist und der PEN-Leiter des Niederspannungsnetzes an mehreren Punkten mit Erde verbunden ist, um die am PEN-Leiter auftretende Spannung zu begrenzen. Der Faktor 2 ist üblich, Werte bis 5 sind möglich.
  In Verbraucheranlagen mit der Schutzmaßnahme TT-System ist eine zu hohe Berührungsspannung nicht möglich, da die Schutzleiter in der Verbraucheranlage keine Verbindung zum Betriebserder des Niederspannungsnetzes haben sollten. Tatsächlich ist aber die elektrische Trennung zwischen den Betriebserdern des Neutralleiters in einem TT-System und den Erdungen der Verbraucheranlagen in der Praxis oft nicht vorhanden (ineinander laufende Spannungstrichter oder direkt leitende Verbindungen, z. B. über die Erdungen der Kabel oder über Telekommunikationsverbindungen).
- In Verbraucheranlagen mit der Schutzmaßnahme TT-System muß zum Schutze der Isolation der Niederspannungsbetriebsmittel die über den Neutralleiter mögliche Spannungsbeanspruchung begrenzt werden:
  - bei einer Fehlerdauer $t_F \leq 5$ s auf $U_E \leq 1\,200$ V,
  - bei einer Fehlerdauer $t_F > 5$ s auf $U_E \leq 250$ V.

Ist ein geschlossenes Erdungssystem (Gebiet geschlossener Bebauung, Industriewerk, Niederspannungsanlagen innerhalb einer Hochspannungserdungsanlage) vorhanden, sind die Bedingungen für den Zusammenschluß der Erdungsanlagen immer erfüllt. Eine Trennung der Erdungsanlagen ist ohnehin nicht möglich. Dasselbe gilt für Anlagen mit der Schutzmaßnahme IT-System. Sie wird üblicherweise in Indu-

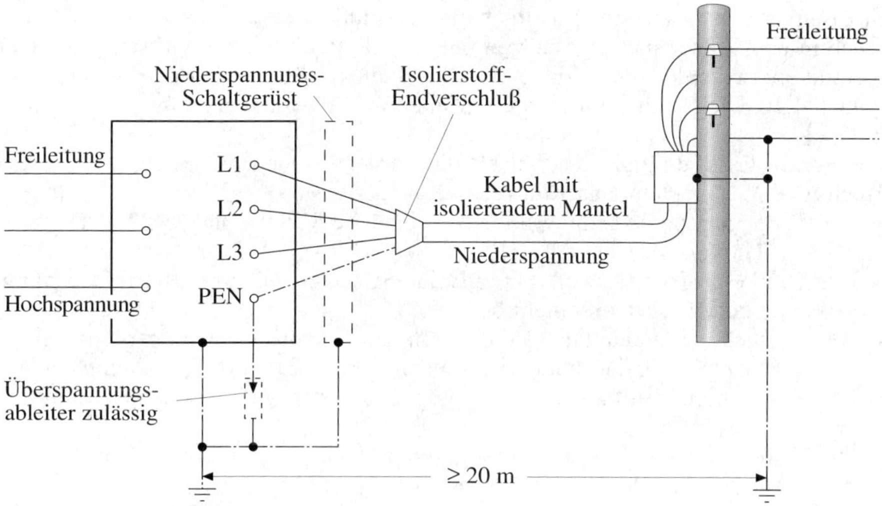

Bild 9.7 Getrennte Erdungsanlage in einer Ortsnetzstation mit Niederspannungs-Kabelanschluß (Quelle: DIN VDE 0141:1989-07)

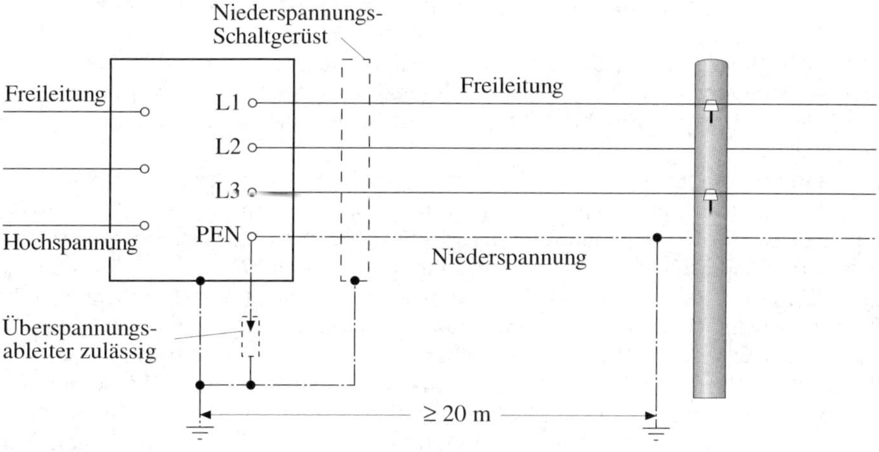

Bild 9.8 Getrennte Erdungsanlage in einer Ortsnetzstation mit Niederspannungs-Freileitungsanschluß (Quelle: DIN VDE 0141:1989-07)

strieanlagen oder in Krankenhausbereichen eingesetzt, die die Voraussetzungen gemeinsamer Erdungsanlagen im allgemeinen erfüllen.
Auch in den Niederspannungsnetzen mit PEN-Leiter bzw. mit wirksam geerdeten Neutralleitern werden häufig die genannten Bedingungen für den Zusammenschluß eingehalten. Die Normen empfehlen in solchen Fällen eine gemeinsame Erdungsanlage.
Nur wenn die Bedingungen nicht erfüllt werden können, ist eine Trennung der Hoch- und Niederspannungserdungsanlagen vorzusehen.
Beispiele der getrennten Erdungsanlagen zeigen die **Bild 9.7** und **Bild 9.8**. Dabei ist zu berücksichtigen:

- Der Mindestabstand der getrennten Erdungsanlagen sollte bei Betriebsspannungen unter 50 kV 20 m und mehr betragen.
- Aus Blitzschutzgründen dürfen die getrennten Erdungsanlagen über einen Überspannungsableiter in der Station verbunden werden. Die Löschspannung des Ableiters muß höher sein als die Erdungsspannung der Hochspannungserdungsanlage.
- Die Niederspannungsbetriebsmittel in einer Hochspannungsanlage werden über den Schutzleiter an die Hochspannungserdungsanlage angeschlossen.
- Die Isolation der Niederspannungsbetriebsmittel muß für die Höhe und Dauer der Erdungsspannung bemessen sein.

9.2.6 Einfluß der Erdungsspannung auf die Auswahl der Schutzmaßnahmen zum Schutz bei indirektem Berühren

Die Auswahlkriterien für die Schutzleiter-Schutzmaßnahmen wurden in Kapitel 4 dieses Buches ausführlich beschrieben. Ergänzt werden müssen die vorausgegangenen Überlegungen hinsichtlich des Einflusses der Erdungsspannung im Hochspannungsnetz.
Durch die Verbindung der Hochspannungsschutzerdung und der Niederspannungsbetriebserdung zu einer gemeinsamen Erdungsanlage ist es möglich, daß ein Teil der im Fehlerfall in Hochspannungsanlagen auftretenden Erdungsspannung über Kabelschirme und PEN- bzw. PE-Leiterverbindungen in Verbraucheranlagen übertragen wird. Man spricht dabei von Spannungsverschleppung, die in Abschnitt 9.2.4 definiert wurde. Dabei darf die Berührungsspannung in der Verbraucheranlage die zulässigen Werte nach Bild 9.5 nicht überschreiten. Um dies sicherzustellen, sind die beim Schutz durch Ausschaltung im TN-System in Abschnitt 9.2.5 beschriebenen Bedingungen zu erfüllen. Danach darf die Erdungsspannung in der Verbraucheranlage den zweifachen, in Ausnahmefällen auch den bis zum fünffachen Wert der zulässigen Berührungsspannung nicht überschreiten. Sollte die Erdungsspannung in der Verbraucheranlage höhere Werte annehmen, kann das TT-System angewendet werden, das eine Trennung der Betriebserdung des Niederspannungsnetzes vom Erder der Verbraucheranlage sicherstellt und somit eine Spannungsübertragung auf die Körper der Niederspannungsbetriebsmittel verhindert. Bild 6.9 zeigte die

Verbindung 3, die nur im TN-System den ankommmenden PEN-Leiter mit dem örtlichen Erder verbindet. Im TT-System darf diese Verbindung nicht hergestellt werden. Voraussetzung für die Anwendung des TT-Systems ist allerdings, daß in der Verbraucheranlage eine von der Betriebserdung des Netzes unabhängige Erdungsanlage erstellt werden kann. In Gebieten mit einem ausgedehnten Erdungssystem können unabhängige Einzelerder nicht realisert werden, was zu der Erkenntnis führt, daß in einem solchen Gebiet nur TN-Systeme angewendet werden können. Dies ist in allen Fällen auch möglich, da zu hohe Erdungsspannungen nicht auftreten können.

9.3 Arbeiten im spannungsfreien Zustand

Elektrische Anlagen und Betriebsmittel sind so zu errichten bzw. herzustellen, daß die zum Schutz von Personen gegen gefährliche Berührungsströme erforderlichen Maßnahmen bei Arbeiten entsprechend den Sicherheitsregeln eingehalten werden können.

Definitionen

- Arbeiten
  Unter dem Begriff Arbeiten an elektrischen Betriebsmitteln oder in elektrischen Anlagen fallen alle Tätigkeiten, die sich dem Herstellen, Errichten, Ändern, Erweitern, Prüfen (Besichtigen, Erproben, Messen), Inbetriebnehmen, Überwachen und Instandhalten (Inspektion, Wartung, Instandsetzung) zuordnen lassen. Alle diese Arbeiten müssen von Elektrofachkräften oder unter deren Leitung und Aufsicht durchgeführt werden.
- Sicherheitsregeln
  Zu den „fünf Sicherheitsregeln" in Verbindung mit Arbeiten an aktiven Teilen zählen:
  - Freischalten,
  - gegen Wiedereinschalten sichern,
  - Spannungsfreiheit feststellen,
  - Erden und Kurzschließen,
  - benachbarte, unter Spannung stehende Teile abdecken oder abschranken.

  Die Regeln sind die Grundlage für ein sicheres Arbeiten an elektrischen Betriebsmitteln und Anlagen. Die damit verbundenen Maßnahmen sind vor Beginn der Arbeiten zwingend vorgeschrieben.

Die Definition des Begriffs „Arbeiten" deutet auf vielfältige Tätigkeiten hin, die in und an elektrischen Anlagen ausgeführt werden müssen. Dies geschieht in den meisten Fällen im spannungsfreien Zustand, der vor Arbeitsbeginn und vor Freigabe zur Arbeit herzustellen und für die Dauer der Arbeiten sicherzustellen ist.
In Betrieben mit umfangreichen elektrischen Anlagen steht für solche Schalthandlungen häufig besonders geschultes „schaltberechtigtes" Personal zur Verfügung,

das in eigener Verantwortung oder auf Anweisung einer Leitstelle („schaltanweisungsbefugtes Personal") tätig wird.
Als Grundlage aller Schalthandlungen gelten die Unfallverhütungsvorschriften für elektrische Anlagen und Betriebsmittel, die VBG 4 sowie die Betriebsbestimmungen VDE 0105-100:1997-10 „Betrieb von elektrischen Anlagen". Darüber hinaus wird das Zusammenwirken der beteiligten Personengruppen:

- schaltanweisungsbefugtes Personal,
- schaltberechtigtes Personal,
- Montagepersonal

häufig in unternehmensinternen Betriebsvorschriften beschrieben und damit eine eindeutige Abgrenzung der Arbeiten und der Verantwortung für die jeweiligen Sicherheitsmaßnahmen festgelegt.
Für die Übermittlung der Schaltanweisung, der Ausführungsbestätigung und der Erteilung der Verfügungserlaubnis an den Aufsichtsführenden des Montagepersonals wird in der Regel eine einprägsame, sich wiederholende Sprache verwendet, um Übermittlungsfehler nach Möglichkeit auszuschließen. Die Vorgänge können auf unterschiedliche Weise dokumentiert werden.
In übersichtlichen Anlagen oder auch in kleineren Betrieben können Teile der Arbeiten, gegebenenfalls auch alle Tätigkeiten, in einer Hand liegen. In solchen Fällen haben die handelnden Personen für ihren Arbeitsbereich die Gesamtverantwortung zu übernehmen und selbst für alle Sicherheitsmaßnahmen zu sorgen.
Die fünf Sicherheitsregeln sind unter besonderer Berücksichtigung der betrieblichen und örtlichen Verhältnisse anzuwenden. Dabei spielt die Art der Anlagen (Kabel, Freileitungen, Schaltanlagen) eine wichtige Rolle, wie in den folgenden Abschnitten 9.3.1 bis 9.3.5 gezeigt wird. Der Ablauf der Tätigkeiten richtet sich nach der Reihenfolge der fünf Sicherheitsregeln, die, wenn sie konsequent eingehalten werden, einen weitgehenden Schutz vor Gefahren gegen gefährliche Berührungsströme gewährleisten und damit zur Sicherheit und Zuverlässigkeit von Personen und Anlagen beitragen.
Analysen von Störungen und Schadensereignissen zeigen deutlich, daß bei konsequenter Anwendung der fünf Sicherheitsregeln der größte Teil der von Elektrofachkräften bzw. von elektrotechnisch unterwiesenen Personen verursachten Unfälle hätte vermieden werden können.

9.3.1 Freischalten von Anlagen und Geräten

Betriebsmittel, Anlagen oder Teile von Anlagen, an denen gearbeitet wird, müssen freigeschaltet werden.
Das Freischalten ist die erste der fünf Sicherheitsregeln, die vor Beginn der Arbeiten an Betriebsmitteln und Anlagen zu beachten ist.
Freischalten ist das allseitige Ausschalten oder Abtrennen einer Anlage, eines Teils einer Anlage oder eines Betriebsmittels von allen nicht geerdeten Leitern.
Das Freischalten gilt für alle Spannungsebenen.

In Anlagen über 1000 V sind neben der Ausschaltung die erforderlichen Trennstrecken herzustellen. Die Trennstrecken müssen den Bedingungen in den Gerätenormen entsprechen. Sie müssen so beschaffen sein, daß keine gefährlichen Kriechströme von den Anschlüssen der einen Seite zu denen der anderen Seite fließen können. Diese Bedingung ist erfüllt, wenn mögliche Kriechströme durch eine zuverlässige Erdverbindung abgeleitet werden. Die Trennbedingungen werden sichergestellt von Trennschaltern, Lasttrennschaltern, Leistungstrennschaltern, Sicherungsunterteilen oder Sicherungstrennschaltern (nur im ausgeschalteten Zustand). Auch ausziehbare Schalteinrichtungen, Trennlaschen oder Seilschlaufen können zum Trennen verwendet werden, wenn sie entsprechend den Gerätenormen bzw. nach den Errichtungsbestimmungen (gefordert sind für die Trennstrecken bestimmte Mindestabmessungen in Luft) die Trennbedingungen erfüllen. Ein im Sternpunktleiter vorhandener Schalter muß zum Freischalten ebenfalls ausgeschaltet werden, ausgenommen in starr geerdeten Netzen.

Allseitiges Freischalten

Allseitiges Freischalten bedeutet, daß die Anlage oder Anlagenteile von allen möglichen Einspeiserichtungen ausgeschaltet wird. Dabei ist stets auf Rückspannung über Transformatoren, Wandler, aus anderen Netzteilen oder von einspeisenden Stromerzeugungsanlagen zu achten.

Transformatoren sind immer beidseitig (Ober- und Unterspannungsseite) freizuschalten.

Das Freischalten von Kabeln und Freileitungen erfordert besondere Aufmerksamkeit, da ihre Schaltstellen meistens nur an weit auseinander liegenden Stellen wie in Schaltanlagen, Stationen, Kabelverteilern oder auf Freileitungsmasten vorhanden sind.

Teile von Schaltanlagen können nur insoweit freigeschaltet werden, wie beiderseits der Arbeitsstelle Trennmöglichkeiten vorhanden sind. Unter Umständen ist es erforderlich, von der Schaltanlage abgehende Kabel- oder Freileitungsstrecken außer Betrieb zu nehmen. In allen Fällen sind detaillierte Kenntnisse des Betriebspersonals über die Anlagen- und Netzkonzeption erforderlich.

Beim Freischalten müssen Kondensatoren oder andere Betriebsmittel (z. B. lange Kabelstrecken), bei denen nach dem Ausschalten gefährliche Ladespannungen auftreten können, vor Beginn der Arbeiten mit geeigneten Vorrichtungen entladen werden. Sofern diese nicht fest eingebaut sind, müssen sie mit Isolierstangen an die Betriebsmittel herangeführt werden.

Organisation zum Freischalten

Die Aufsicht führende oder allein arbeitende Person, die das Freischalten durchführt, trägt die volle Fachverantwortung für die in diesem Zusammenhang notwendigen Maßnahmen.

Sind mehrere Personen an diesem Vorgang beteiligt, ist zur Vermeidung von Mißverständnissen und Verwechslungen eine einwandfreie Nachrichtenübertragung sicherzustellen. Entsprechend sind die Mittel der Verständigung auszuwählen.
Mündliche und fernmündliche Meldungen (auch Funksprechen) sind von den aufnehmenden Personen zu wiederholen. Dabei wird meistens eine genau festgelegte „Schaltsprache" verwendet. Voraussetzung für ein sicheres Arbeiten ist eine strenge Meldedisziplin, wenn der Arbeitende nicht selbst die Arbeitsstelle frei schaltet. Die Meldung muß die Namen und die Organisationseinheiten der für das Freischalten und der für die richtige Übermittlung verantwortlichen Person enthalten. Die Meldungen beziehen sich auf:

- die Anordnung der Freischaltung,
- die Ausführung der Freischaltung,
- die Bestätigung und Meldung der vollzogenen Freischaltung,
- die Wiederholung der Meldung durch die an der Arbeitsstelle Aufsicht führende oder arbeitende Person.

Das Fehlen der Spannung oder das Festlegen eines Zeitpunkts als verabredetes Kriterium für die vollzogene Freischaltung ist unzulässig.

9.3.2 Gegen Wiedereinschalten sichern

Schalter oder andere Betriebsmittel, mit denen Anlagen oder Teile von Anlagen freigeschaltet wurden, sind während der Dauer der Arbeiten gegen Wiedereinschalten zu sichern.
Sichern gegen Wiedereinschalten ist die zweite der fünf Sicherheitsregeln, die vor Beginn der Arbeiten an Betriebsmitteln und Anlagen zu beachten ist.
Sichern gegen Wiedereinschalten bedeutet, daß der freigeschaltete Zustand einer Anlage während der erforderlichen Zeitdauer erhalten bleibt. Zu verhindern ist sowohl unbeabsichtigtes Wiedereinschalten als auch beabsichtigtes Zuschalten durch Unbeteiligte. Die zweite Sicherheitsregel will Gefahren abwenden, die durch das Wiedereinschalten der Spannung während der Arbeiten entstehen können.
Das Sichern gegen Wiedereinschalten muß durch zuverlässige Maßnahmen erfolgen. Als solche gelten:

- Mechanische Verriegelungseinrichtungen bei handbetätigten Schaltern, z. B. durch mechanisch abschließbare Sperren, durch Bolzen, Riegel oder durch ein Vorhängeschloß am Antrieb des Schalters.
- Das Unwirksammachen der Antriebskraft oder der Steuerung, z. B. durch Ausschalten der Steuerspannung, bei Antrieben mit Druckluft durch Absperren und Öffnen der Zuleitung, bei Antrieben mit Federkraft durch Entspannen des Kraftspeichers oder durch Arretieren des Schalters mit geeigneten Sperrbolzen.
- Das Herausnehmen von Sicherungseinsätzen und ihre sichere Aufbewahrung. Das Ablegen an ihrem Einbauort gilt nicht als sichere Aufbewahrung. Evtl. vorhandene Ersatzsicherungen müssen sogar während des Freischaltens der Anlage entfernt werden.

- Maßnahmen im Rahmen der Fernsteuerung, wenn diese eine sichere Übertragung gewährleistet und nachstehende Bedingungen für die normalerweise am Einbauort durchzuführenden Maßnahmen erfüllt werden:
  - Zuverlässige Übertragung der Schalterstellungsanzeige zur Fernsteuerstelle (z. B. zwei getrennte Übertragungskanäle mit automatischer Fehlermeldung).
  - Eine unbeabsichtigte Betätigung des Steuerschalters wird durch eine geeignete Vorrichtung verhindert.
  - In der Fernsteuerstelle weist ein entsprechendes Verbotsschild oder eine geeignete Vorrichtung auf die Gefahren beim Betätigen des betreffenden Steuerschalters hin.
  - In der ferngesteuerten Anlage ist an auffälliger Stelle eine Anweisung mit dem Wortlaut ausgehängt: „Schalthandlungen an dieser Anlage dürfen nur auf Anweisung oder mit Zustimmung der betriebsführenden Fernsteuerstelle durchgeführt werden."
  - Die eingeschränkte Schaltbefugnis ist durch Betriebsanweisung dem zuständigen Personal bekanntzugeben.

In luftisolierten Mittelspannungsanlagen werden häufig nach dem Freischalten Platten aus Isolierstoff zwischen die Schaltkontakte der geöffneten Trennschalter oder Lasttrennschalter eingelegt. Diese Isolierplatten dürfen nicht als mechanische Ver-

Bild 9.9 Verbots- und Zusatzschild (Quelle: DIN 40008-3:1985-02)

riegelungseinrichtung zum Sichern gegen Wiedereinschalten verwendet werden. Sie dienen nur zum Abdecken unter Spannung stehender Teile (siehe Abschnitt 9.1.2). Für die Dauer der Arbeiten wird neben den Maßnahmen, die ein Schalten zuverlässig verhindern, zusätzlich ein Verbotsschild gefordert, das die Aussage enthält:

„Nicht schalten"

und erforderlichenfalls ergänzt wird durch die Hinweise (Zusatzschild) von **Bild 9.9**.
Das Verbotsschild muß an Schaltgriffen oder Antrieben von Schaltern, an Steuereinrichtungen, Druck- oder Schwenktastern, mit denen ein Anlagenteil freigeschaltet worden ist oder mit denen er unter Spannung gesetzt werden kann, angebracht sein. Wenn eine Anlage an mehreren Stellen freigeschaltet werden muß (z. B. bei Ring- oder Maschennetzen), sind alle Schalter mit dem Verbotsschild zu versehen. Es sind auch solche Stellen zu kennzeichnen, die bereits vor dem Freischalten ausgeschaltet waren, an denen Rückspannung anstehen kann oder deren Erd- und Kurzschlußverbindungen durch das Schalten aufgehoben werden.
Wenn das Verbotsschild nicht unmittelbar an den Betätigungselementen angebracht werden kann, z. B. Hochspannungstrennmesser, so muß es in der Nähe des Schaltgeräts in der Weise aufgehängt werden, das es für das Betriebspersonal, das solche Schalter betätigen will, deutlich sichtbar ist.

9.3.3 Spannungsfreiheit feststellen

Die Spannungsfreiheit muß an jeder Arbeitsstelle und an allen Ausschaltstellen allpolig festgestellt werden.
Die „Spannungsfreiheit feststellen" ist die dritte der fünf Sicherheitsregeln, die vor Beginn der Arbeiten an einer Anlage zu beachten sind. Sie soll das Betriebspersonal vor Gefahren aus Mißverständnissen und Verwechslungen schützen. Dies setzt genaue Kenntnisse über den Aufbau und die Funktion der Anlage und über die einschlägigen Sicherheitsnormen voraus. Außerdem wird sicherheitsgerechtes Verhalten verlangt. Das Feststellen der Spannungsfreiheit muß deshalb von Elektrofachkräften oder elektrotechnisch unterwiesenen Personen, die mit diesen Arbeiten vertraut sind, ausgeführt werden.
Da davon ausgegangen werden muß, daß im Zweifelsfall noch Spannung am Betriebsmittel anstehen kann, wird das Heranführen des Prüfgeräts an das aktive Teil als ein Arbeiten an unter Spannung stehenden Teilen definiert.
Es genügt nicht, die Spannungsfreiheit an den Ausschaltstellen zu überprüfen. Es muß auch die Spannungsfreiheit an den Arbeitsstellen selbst festgestellt werden. Nur so können Mißverständnisse, Versäumnisse, Verwechslungen und die sich daraus ergebenden Gefahren sicher vermieden werden. Im einzelnen lassen sich dabei feststellen, ob:

- beim Freischalten Schalter bzw. Stromkreise verwechselt wurden,
- Rückspannungen übersehen wurden,
- Beeinflussungsspannungen parallel geführter Leitungen vorhanden sind,
- Spannung aus einer durch das Ausschalten angelaufenen Ersatzstromversorgung ansteht,
- der Arbeitende sich am falschen Arbeitsplatz befindet.

Für die Feststellung der Spannungsfreiheit stehen unterschiedliche Prüfgeräte und Verfahren zur Verfügung, die ein sicheres Handhaben gewährleisten.

Spannungsprüfer
Die Prüfgeräte sind unter Berücksichtigung der Umgebungsbedingungen (Sonnenlicht, Lärm) so auszuwählen, daß eine verläßliche Anzeige möglich wird.
Die Funktionstüchtigkeit der Geräte sollte unmittelbar vor ihrer Benutzung mit Betriebsspannung überprüft werden. Beim Heranführen des Spannungsprüfers an aktive Teile ist die konstruktiv vorgesehene Handhabe zu benutzen und der notwendige Abstand zu benachbarten, unter Spannung stehenden Teilen einzuhalten.
Für Wechselspannungen über 1 kV werden einpolige Spannungsprüfer verwendet, die an aktive Teile herangeführt werden (Erreichen der Gefahrenzone) oder die als Abstands-Spannungsprüfer (Fernprüfer) verwendet werden. Alle Geräte sind unmittelbar vor ihrem Einsatz auf einwandfreie Funktion zu prüfen. Dies erfolgt an einem unter Spannung stehenden Anlagenteil oder bei Geräten mit Eigenprüfvorrichtung durch Einschalten der Funktionskontrolle. Dabei ist die Gebrauchsanleitung des Herstellers zu beachten.
Der Spannungsprüfer ist zum Prüfen nur an der Handhabe anzufassen, weil sonst der Sicherheitsabstand unzulässig verringert werden könnte. Der Prüfende hat ferner darauf zu achten, daß er den Sicherheitsabstand mit seinem Körper nicht unterschreitet.
Der Spannungsprüfer ist in regelmäßigen Abständen (zwei Jahre) auf seinen ordnungsgemäßen Zustand, z. B. in einem geeigneten Prüflaboratorium, einer Wiederholungsprüfung zu unterziehen.

Fest eingebaute Anzeigevorrichtungen
Fest eingebaute Anzeigevorrichtungen werden über Wandler oder kapazitive Ankopplungen versorgt. Solche Systeme haben sich besonders in gekapselten Schaltanlagen bewährt, weil die geschlossene Bauform auch beim Feststellen der Spannungsfreiheit erhalten bleibt. Die sicherste Form der Überprüfung der Spannungsfreiheit ist die Beobachtung der Anzeigegeräte während der Ausschaltung.

Einlegen fest eingebauter bzw. zwangsgeführter Erdungseinrichtungen
Die Spannungsfreiheit der freigeschalteten Anlagenteile kann auch durch Einlegen fest eingebauter Erdungseinrichtungen, wie z. B. durch einschaltfeste Erdungsschalter, durch Einfahren von Erdungswagen oder durch Heranführen von geeigne-

ten, zwangsgeführten ortsveränderlichen Geräten zum Erden und Kurzschließen festgestellt werden. Bei ferngesteuerten Erdungsschaltern ist deren Schalterstellungsanzeige in die Fernsteuerstelle zuverlässig zu übertragen. An der Arbeitsstelle können zur Ermittlung der Spannungsfreiheit Erdungsseile (Mindestquerschnitt 25 mm^2 Cu) mit Hilfe von Isolierstangen an die freigeschalteten Anlagenteile herangeführt werden. Bei Mittelspannungsfreileitungen mit nur einem Stromkreis können auch Wurferder verwendet werden.
Der Umgang mit den Erdungseinrichtungen muß jeweils so erfolgen, daß die ausführenden Personen dabei nicht gefährdet werden.

Erden von Kabeln und isolierten Leitungen an der Arbeitsstelle
Auf das Erden von Kabeln und isolierten Leitungen an der Arbeitsstelle kann verzichtet werden, wenn nachstehende Bedingungen erfüllt sind:

- Die Spannungsfreiheit wird an den Ausschaltstellen festgestellt.
- Die Kabelstrecke kann von den Ausschaltstellen bis zur Arbeitsstelle eindeutig verfolgt werden.
- Das Kabel kann zuverlässig an der Arbeitsstelle durch Kabelpläne, Kennzeichnungen, Kabelsuch- oder Kabelauslesegeräte ermittelt werden.

Werden diese Bedingungen nicht erfüllt oder bestehen auch nur geringe Zweifel an der Identität der Kabel, sollten Kabelschneidgeräte oder Kabelbeschußgeräte eingesetzt werden. Beim Umgang mit Kabelbeschußgeräten ist darauf zu achten, daß im ungünstigsten Fall nach dem Beschießen Spannung am Meißel, der in das Kabel eingetrieben wurde, anstehen kann und Störlichtbögen auftreten können. Es müssen geeignete organisatorische oder technische Maßnahmen getroffen werden, um die Spannungsfreiheit sicher zu erkennen.

9.3.4 Erden und Kurzschließen

Aktive Teile elektrischer Anlagen, an denen gearbeitet werden soll, müssen nach dem Feststellen der Spannungsfreiheit geerdet und kurzgeschlossen werden.
Erden und Kurzschließen ist die vierte der fünf Sicherheitsregeln, die vor Beginn der Arbeiten zu beachten ist. Die wirksame Verbindung der aktiven Teile untereinander und zum Erdpotential verhindert bei ungewollten Einschaltungen gefährliche Berührungsspannungen und baut mögliche Beeinflussungsspannungen, z. B. durch parallel geführte Leitungen, ab. Erden und Kurzschließen an der Arbeitsstelle dient dem Selbstschutz der arbeitenden Person.

Beim Erden und Kurzschließen gelten folgende Festlegungen:

- Aktive Teile werden immer zuerst geerdet und dann kurzgeschlossen. Beim Erden ist zu beachten, daß die Erdungseinrichtungen zunächst mit der Erdungsanlage zu verbinden sind, bevor die Verbindung zu den freigeschalteten Anlagenteilen hergestellt wird. Eine zulässige Ausnahme ist das Erden und Kurzschließen mit Schaltgeräten, bei denen alle Vorgänge gleichzeitig ablaufen.

- Das Erden und Kurzschließen soll nach Möglichkeit unmittelbar an der Arbeitsstelle erfolgen. Dies bedeutet, daß die Verbindungsstellen für den Arbeitenden sichtbar sein sollen. Bei mehreren Arbeitsstellen, an denen mehrere Personen tätig werden, sind gegebenenfalls an mehreren Stellen Erd- und Kurzschließverbindungen herzustellen. Das gilt in besonderer Weise für Freileitungen, damit mögliche Beeinflussungsspannungen keine gefährlich hohen Werte annehmen.
- Transformatoren werden auf der Ober- und Unterspannungsseite geerdet und kurzgeschlossen. Bei gekapselten Anschlüssen erfolgt dies an der nächstgelegenen Schaltstelle.
- Bei Unterbrechung des Leitungszugs während der Arbeiten ist die Anlage entweder auf beiden Seiten zu erden und kurzzuschließen, oder die unterbrochenen Anlagenteile sind kurzschlußfest zu überbrücken und einseitig zu erden und kurzzuschließen. Dies garantiert dasselbe Potential auf beiden Seiten des unterbrochenen Leitungszugs.
- Für Meßzwecke darf das Erden und Kurzschließen während der Messung aufgehoben werden, wenn die Meßverfahren dies erfordern.
- Durchgehende, allseitig geerdete Metallumhüllungen von Kabeln sind an der Arbeitsstelle vor ihrer Auftrennung durch eine Verbindungsleitung mit einem Mindestquerschnitt von 16 mm^2 Cu zu überbrücken, wenn die Kabel im Einflußbereich von Wechselstrombahnen oder starr geerdeten Hochspannungsnetzen liegen. Das Arbeiten an solchen Kabeln ist nur mit geeigneten Hilfs- und Schutzeinrichtungen zulässig, die gegen zu hohe Berührungsspannungen, z. B. Beeinflussungsspannung, schützen, es sei denn, es kann durch Rechnung oder Messung nachgewiesen werden, daß sowohl im ungestörten Betrieb als auch im Fehlerfall (z. B. bei Erdkurzschlüssen) die im Bild 9.5 in Abhängigkeit von der Fehlerdauer angegebenen Berührungsspannungen nicht überschritten werden.

Diese Arbeiten sind von Elektrofachkräften oder von elektrotechnisch unterwiesenen Personen unter Aufsicht einer Elektrofachkraft auszuführen.

Geräte zum Erden und Kurzschließen

Zum Erden und Kurzschließen werden vorzugsweise fest eingebaute Einrichtungen der Anlagen verwendet. Dies sind Erdungsschalter, Erdungswagen und zwangsgeführte Staberdungs- und Kurzschließvorrichtungen. Frei geführte Erdungs- und Kurzschließgeräte dürfen nur verwendet werden, wenn sie der Norm DIN VDE 0683 Teil 1 entsprechen. Lediglich in Niederspannungsanlagen dürfen auch blanke Kupferseile bzw. Kupferdrähte verwendet werden.

Für die zu erwartenden Kurzschließ- und Erdungsseile gelten Mindestquerschnitte, die in DIN VDE 0683 Teil 1 enthalten sind. Sie sind abhängig von der Anlagenart (z. B. Dreh- und Wechselstromanlagen), dem an der Einsatzstelle zu erwartenden Kurzschlußstrom und seiner Dauer. Es werden Querschnitte für Kupferseile von 16 mm^2 bis 150 mm^2 für Kurzschlußströme zwischen 1 kA und 42 kA und Kurzschlußdauern von Werten kleiner 0,5 s bis 10 s angegeben. Um eine einfachere

Handhabung durch Reduzierung des Gewichts zu gewährleisten, kann der Querschnitt des Erdungsseils gegenüber dem Kurzschließseil reduziert werden.
In der Praxis werden häufig Erdungs- und Kurzschließseile mit einem Querschnitt von 70 mm^2 Cu verwendet, die bei einem Kurzschlußstrom von 14 kA und einer Kurzschlußdauer von 1 s ausreichen. Bei höheren Werten können Erdungs- und Kurzschließgeräte parallel geschaltet werden. Dabei sind folgende Bedingungen zu erfüllen:

- gleiche Seillänge,
- gleiche Querschnitte,
- gleiche Anschlüsse, Anschlußstücke,
- Einbau der Geräte dicht nebeneinander,
- zulässige Strombelastbarkeit 75 % der in DIN VDE 0683 Teil 1 genannten Kurzschlußströme unter Beachtung der jeweiligen Kurzschlußdauer.

Die Länge der Erdungs- und Kurzschließseile muß mindestens dem 1,2-fachen Abstand zwischen den Anschlußstellen entsprechen. Gerüste, Maste und andere Konstruktionsteile dürfen zum Erden und Kurzschließen verwendet werden, wenn ihr Querschnitt mindestens den geforderten Kupferseilquerschnitten leitwertgleich ist und ihre mechanische Festigkeit nicht beeinträchtigt wird.
Bei Erdungsschaltern ist darauf zu achten, daß sie im eingeschalteten Zustand gegen unbeabsichtigtes Ausschalten zu sichern sind (vergleiche dazu sinngemäß die zweite Sicherheitsregel „Gegen Wiedereinschalten sichern", Abschnitt 9.3.2).

Ferner ist zu beachten:

- Freileitungen mit einer Nennspannung bis 30 kV:
  Erden und Kurzschließen an der Arbeitsstelle und mindestens an einer Ausschaltstelle.
- Freileitungen mit einer Nennspannung über 30 kV:
  Erden und Kurzschließen an der Arbeitsstelle und an jeder Ausschaltstelle.
- Mastschalter:
  Erden und Kurzschließen beiderseits an einem der nächsten Maste.
- Kabel und isolierte Leitungen, Kabelgarnituren:
  Erden und Kurzschließen an allen Ausschaltstellen bzw. an den Übergangsstellen von Freileitung auf Kabel.
- Elektrische Betriebsmittel (z. B. Motoren), die über Stichkabel angeschlossen werden:
  Erden und Kurzschließen an allen Ausschaltstellen.
- Bei ferngesteuerten Erdungsschaltern muß die Schalterstellungsanzeige des Erdungsschalters zuverlässig in die Fernsteuerstelle übertragen werden.
- Geräte zum Erden und Kurzschließen, die nicht Bestandteil der Anlage sind, müssen mit Erdungsstangen an die Leiter herangeführt werden.
- Wenn eine Anlage an allen Ausschaltstellen geerdet und kurzgeschlossen ist, genügt an der Arbeitsstelle eine Erdungs- und Kurzschließeinrichtung mit einem Querschnitt von 25 mm^2 Cu.

- Beim Arbeiten an nur einem Leiter einer Freileitung kann unter nachstehenden Bedingungen auf das Kurzschließen an der Arbeitsstelle verzichtet werden:
  – An allen Ausschaltstellen ist geerdet und kurzgeschlossen.
  – Der Leiter, an dem gearbeitet wird, ist an der Arbeitsstelle mit dem metallenen Mast über ein Erdungsseil (Mindestquerschnitt 25 mm^2 Cu) verbunden.
  – Es wird ein Mindestabstand des geerdeten Leiters, der Arbeitsstelle und der Arbeitskräfte zu den anderen Leitern desselben Stromkreises und zu anderen unter Spannung stehenden Teilen eingehalten. Der Mindestabstand beträgt:
    - bei Nennspannungen bis 110 kV: 2 m
    - bei Nennspannungen über 110 kV bis 220 kV: 3 m
    - bei Nennspannungen über 220 kV bis 380 kV: 4 m

9.3.5 Benachbarte, unter Spannung stehende Teile abdecken oder abschranken

Beim Arbeiten an freigeschalteten und gesicherten Anlagen müssen benachbarte, unter Spannung stehende Teile abgedeckt oder abgeschrankt werden, wenn von der Arbeitsstelle aus der vorgeschriebene Schutzabstand nicht eingehalten oder die Gefahrenzone erreicht werden kann.
„Benachbarte, unter Spannung stehende Teile abdecken oder abschranken" ist die letzte der fünf Sicherheitsregeln, die vor Beginn der Arbeiten zu beachten ist. Ihre Anwendung dient dem Schutz der arbeitenden Personen vor gefährlichen Berührungsströmen. Die Schutzmaßnahmen richten sich nach Art, Umfang und Dauer der auszuführenden Arbeiten und nach der Qualifikation der Arbeitskräfte.
Nach VDE 0105-100 sind Arbeiten in der Nähe unter Spannung stehender Teile Tätigkeiten aller Art, bei denen Personen mit Körperteilen oder Gegenständen den Schutzabstand unter Spannung stehender Teile (**Bild 9.10**), für die kein vollständiger Schutz gegen direktes Berühren besteht, unterschreiten, ohne bei Nennspannungen über 1 kV die Gefahrenzone zu erreichen. Als „Nähe unter Spannung stehender Teile" gilt der Bereich zwischen dem Schutzabstand und der Grenze der Gefahrenzone (Bild 9.11).
Diese Maße und die Bedingungen nach DIN VDE 0106 Teil 100 „Schutz gegen elektrischen Schlag, Anordnung von Betätigungselementen in der Nähe berührungsgefährlicher Teile" tragen dazu bei, die erforderlichen Sicherheitsmaßnahmen im Einzelfall festzulegen.
Zu Arbeiten in der Nähe von unter Spannung stehenden Teilen kommt es immer wieder an Anlagen in abgeschlossenen Betriebsstätten, an Freileitungen, beim Öffnen von Schaltfeldtüren, beim Entfernen von Abdeckungen an Anschlußstellen und bei vergleichbaren Maßnahmen, wenn die elektrischen Betriebsmittel nicht vorher freigeschaltet und der spannungsfreie Zustand gesichert wurden.
Mit dem Abdecken oder Abschranken der unter Spannung stehenden Teile muß mindestens ein teilweiser Schutz gegen das Erreichen der Gefahrenzone hergestellt werden. Dieser teilweise Schutz muß so ausgelegt sein, daß er das zufällige Berühren

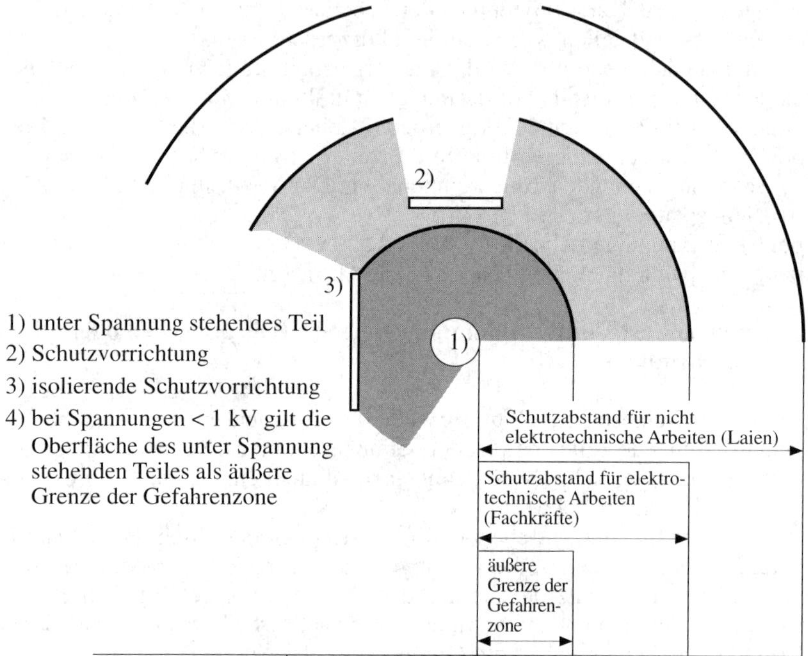

Netz-Nennspannung in kV	Anlage	Maße in mm		
≤ 1	Innenraum und Freiluft	0[4]	500	1000
6	Innenraum	90	1500	3000
10		120		
6	Freiluft	120		
10		150		
20	Innenraum und Freiluft	220		
30		320		
36		380	2000	
45		480		
66		630		
110		1100		
132		1200	3000	4000
220		2100		
380 [1]		2900	4000	5000
380 [2]		3400		

[1] bei Bemessungs-Stoßspannung von 950 kV
[2] bei Bemessungs-Stoßspannung von 1050 kV

Bild 9.10 Gefahrenzone und Schutzabstände in der Nähe unter Spannung stehender Teile (Quelle: DIN VDE 0105-100:1997-10)

durch die arbeitenden Personen verhindert. Deshalb wird der teilweise Schutz auch als Schutz gegen zufälliges Berühren bezeichnet. Er muß der Art der Arbeiten entsprechend und der verwendeten Werkzeuge und Materialien angemessen sein.
Die verantwortliche Elektrofachkraft muß sich mit der jeweiligen Situation vertraut machen, die für die Sicherheit des Montagepersonals richtigen Maßnahmen auswählen und, soweit erforderlich, die Schutzvorrichtungen anbringen oder unter ihrer Aufsicht anbringen lassen.
Der teilweise Schutz muß besonders sorgfältig ausgewählt werden, wenn mit Rohren, Schienen, Leitern oder anderen langen Metallteilen hantiert wird oder bei den Arbeiten mit unbeabsichtigten, unbewußten oder unkontrollierbaren Bewegungen, z. B. durch räumlich enge Verhältnisse, durch Abrutschen oder durch Herabfallen von Gegenständen, zu rechnen ist. Deshalb ist stets auch für einen festen Montagestandort zu sorgen, bei dem der Arbeitende beide Hände für seine Tätigkeiten frei zur Verfügung hat. In besonders kritischen Fällen ist ein vollständiger Schutz gegen direktes Berühren vorzusehen.
Die Unverwechselbarkeit der Arbeitsstelle ist grundsätzlich bei allen Arbeiten sicherzustellen. Für Arbeiten mit einem teilweisen Schutz gegen direktes Berühren sind die Grenzen des jeweiligen Arbeitsbereichs von besonderer Bedeutung. Diese Grenzen sind durch Markierungen (Flaggen, Aufkleber, Absperrseile) ebenso deutlich zu kennzeichnen wie die benachbarten, unter Spannung stehenden Anlagenteile. Der Arbeitsbereich ist den arbeitenden Personen genau anzugeben. Auf Besonderheiten ist hinzuweisen. Dazu gehört, daß die Arbeitenden selbst darauf zu achten haben, daß sie weder mit einem Teil ihres Körpers noch mit Gegenständen die Gefahrenzone erreichen, noch die vorgeschriebenen Schutzabstände unterschreiten dürfen. Die Unterrichtung ist in angemessenen Zeitabständen bzw. nach Änderung der Arbeitsbedingungen zu wiederholen. Laien müssen durch Elektrofachkräfte, in Ausnahmen auch durch elektrotechnisch unterwiesene Personen, beaufsichtigt werden.
Besondere Vorsicht ist bei Seilzieharbeiten parallel oder im Kreuzungsbereich von unter Spannung stehenden Freileitungen erforderlich. Zum Abbau von Beeinflussungsspannungen sind deshalb Seile, Seilwinden und andere Arbeitsgeräte während der gesamten Seilzieharbeiten zuverlässig zu erden. Werden Seile geschnitten oder zusammengefügt, müssen sie vor Beginn der Arbeiten auf beiden Seiten der Arbeitsstelle und an den Seilenden zuverlässig geerdet werden (vergleiche dazu Abschnitt „Erden und Kurzschließen"). Solche Erdverbindungen sollten bis unmittelbar vor der Inbetriebnahme der Anlagen bestehen bleiben. Bei Leitungskreuzungen werden zum Schutz üblicherweise Gerüste erstellt, die beim Ziehen oder beim Herunterfallen der Seile das Berühren der kreuzenden Leitungen bzw. das Erreichen ihrer Gefahrenzone verhindern.
Beim Abdecken benachbarter, unter Spannung stehender Teile sind weitere Festlegungen zu beachten:

- Einseitig unter Spannung stehende Einrichtungen zum Herstellen einer Trennstrecke müssen beim Arbeiten auf der freigeschalteten Seite mit geeigneten Isolierplatten oder isolierenden Formstücken mit ausreichender elektrischer und mechanischer Festigkeit als Schutz gegen direktes Berühren abgedeckt werden.

- Mit geeigneten isolierenden Abdeckungen mit ausreichender mechanischer Stabilität kann die Annäherungszone und Gefahrenzone eingeengt werden (vergleiche Bild 9.11 Fußnote 2). Die isolierende Abdeckung gilt dann als Grenze der Gefahrenzone.
- Abstand (Transportabstand) für Fahrzeuge und fahrbare Geräte beim Unterqueren von spannungsführenden Teilen ohne Schutzvorrichtung:
  - mindestens 500 mm,
  - ansonsten Transportabstand T = Mindestabstand N + 100 (mm) (gemäß Bild 6-5 nach E VDE 0101:1996-09).

  Personen dürfen sich auf den Fahrzeugen nur aufhalten, wenn geeignete Schutzvorrichtungen vorhanden sind, die das Erreichen der vorgenannten Abstände verhindern.
- Bei Freileitungen mit mehreren Stromkreisen darf an den frei geschalteten und gesicherten Stromkreisen nur gearbeitet werden, wenn die Schutzabstände nach Bild 9.11 eingehalten werden können. Es müssen Maßnahmen gegen ein Verwechseln der Stromkreise getroffen werden. Außerdem dürfen solche Arbeiten nur von Elektrofachkräften oder elektrotechnisch unterwiesenen Personen oder unter deren Aufsicht ausgeführt werden.
- Bei nicht elektrotechnischen Arbeiten wie z. B.:
  - Bauarbeiten,
  - Gerüstbauarbeiten,
  - Arbeiten mit Hebezeugen, Kranarbeiten,
  - Transportarbeiten,
  - Reinigungs- und Anstricharbeiten,

  ist der entsprechende größere Schutzabstand für elektrotechnische Laien einzuhalten (Bild 9.10). Der geringere Schutzabstand ist zulässig, wenn diese Arbeiten von Elektrofachkräften oder elektrotechnisch unterwiesenen Personen oder unter deren Aufsicht ausgeführt werden.

Ausführung von Schutzvorrichtungen

- Schutzvorrichtungen (Wände, Abdeckungen, Hindernisse) müssen mechanisch stabil sein und zuverlässig befestigt werden.
- Isolierende Schutzplatten müssen DIN VDE 0681 Teil 8 entsprechen. Damit sie den Betriebserfordernissen entsprechen, werden sie häufig vom Hersteller der Anlage mitgeliefert. Das Einführen und Herausnehmen der Isolierplatten muß möglich sein, z. B. durch Führungsschienen, ohne daß dabei Personen die Gefahrenzone erreichen.
- Türen zum Öffnen von Schaltfeldern, die einen Teil der Umhüllung darstellen, dürfen nur mit Werkzeug oder Schlüssel zu öffnen sein. Außerhalb von abgeschlossenen elektrischen Betriebsstätten sind solche Türen, die der Öffentlichkeit zugänglich sind, mit Sicherheitsschlössern zu versehen.

- Schutzvorrichtungen an öffentlich zugänglichen Stellen dürfen selbst mit Werkzeug nicht ohne weiteres entfernt werden können.
- Beim Einsatz beweglicher leitfähiger Schutzvorrichtungen muß sichergestellt werden, daß bei ordnungsgemäßer Benutzung der Schutzvorrichtungsabstand eingehalten wird. Andernfalls müssen Schutzvorrichtungen aus Isolierstoff verwendet werden.
- Schutzvorrichtungen müssen vor Feuchtigkeit, Schmutz und Beschädigung geschützt an gut zugänglichen Stellen aufbewahrt werden.

9.4 Literatur zu Kapitel 9

VDEW: Erdungen in Starkstromnetzen. 3. Aufl., Frankfurt am Main: VWEW Verlag, 1992

Krefter, K.-H.; Niemand, T.: Erdungen in Hochspannungsanlagen. Elektrizitätswirtschaft 88 (1989) H. 15

Brunner, W.: Auslegung der Erdungsanlagen im Hinblick auf die Erdungs- und Berührungsspannungen. ETG-Fachbericht 24. Berlin und Offenbach: VDE-VERLAG, 1988

Cichowski, R. R.; *Krefter, K.-H.*: Lexikon der Installationstechnik. Berlin und Offenbach: VDE-VERLAG, 1992

Niemand, T.; Kunz, H.: Erdungsanlagen: Schriftenreihe Anlagentechnik für elektrische Verteilungsnetze, Band 6. Frankfurt am Main: VWEW-Verlag, 1996

Tenckhoff, B.: Arbeitssicherheit. Schriftenreihe Anlagentechnik für elektrische Verteilungsnetze, Band 2. Frankfurt am Main: VWEW-Verlag, 1992

Stichwortverzeichnis

T

U

V

W

Z

Zu den Autoren

Prof. Ing. Dr. phil. **Gottfried Biegelmeier**, 1924 in Wien geboren, studierte in seiner Heimatstadt Elektrotechnik und Experimentalphysik, promovierte 1949 in Physik an der Wiener Universität und begann seine berufliche Laufbahn in den Prüfanstalten des Verbandes der Elektrizitätswerke Österreichs und der Bundesversuchsanstalt Arsenal. Von 1957 an als Ingenieurkonsulent für Elektrotechnik staatlich autorisiert, leitete er das Entwicklungslaboratorium für Niederspannungsschaltgeräte eines Industriebetriebs. Er spezialisierte sich auf die Gebiete Schutztechnik und Schutzmaßnahmen. Seit 1975 arbeitete er besonders auf dem Gebiet der Elektropathologie. Er führte Selbstversuche durch, die den Beweis der Wirksamkeit von FI-Schutzschaltern beim direkten Berühren aktiver Teile erbrachten. Außerdem hat G. Biegelmeier in nationalen und internationalen Gremien der elektrotechnischen Normung maßgeblich mitgearbeitet. 1996 gründete er die gemeinnützige Privatstiftung „Elektroschutz" in Wien mit der Aufgabe, Forschungsvorhaben auf dem Gebiet der Elektropathologie und des Elektroschutzes durchzuführen.

Prof. Dipl.-Ing. **Gerhard Kiefer**, Jahrgang 1938, sammelte seine Kenntnisse in einer 44jährigen beruflichen Laufbahn bei einem Elektrizitätsversorgungsunternehmen, wobei er zuletzt als Leiter des Bereichs Regionalnetze tätig war. Durch die Mitarbeit in DKE-Komitees und in VDEW-Gremien wurde er auch in die Verbandsarbeit einbezogen. An der Fachhochschule Karlsruhe, Fachbereich Energietechnik, war er Lehrbeauftragter für das Fach Elektrische Energiesysteme.

Obering. Dipl.-Ing. **Karl-Heinz Krefter**, Jahrgang 1937, begann nach dem Studium der Elektrotechnik seine berufliche Tätigkeit bei den Vereinigten Elektrizitätswerken Westfalen AG in Dortmund. Im Bereich Elektrotechnische Verteilungsnetze arbeitete er im Netzbetrieb und im Anlagenbau und war verantwortlich in der elektrotechnischen Planung tätig. Er leitet heute die Hauptabteilung Anlagentechnik und Beleuchtung und ist Geschäftsführer der VEW EUROtest, Gesellschaft für Technologietransfer, Energiedienstleitstungen, Systemzertifizierung und Technische Planung mbH. Im Rahmen der Vereinigung Deutscher Elektrizitätswerke VDEW und der Deutschen Elektrotechnischen Kommission DKE arbeitet er in Ausschüssen und Komitees mit, u. a. ist er seit 1977 Mitglied des DKE-Komitees K 221 „Errichten von Starkstromanlagen bis 1000 V". K.-H. Krefter hat eine Reihe von Fachaufsätzen und Fachbüchern veröffentlicht, u. a. das „Lexikon der Installationstechnik" in der VDE-Schriftenreihe. Er leitet sicherheitstechnische Seminare des Verbands Deutscher Elektrotechniker VDE und ist Lehrbeauftragter an der Fachhhochschule Dortmund für Schutzmaßnahmen und Arbeitssicherheit in der Elektrotechnik.